"十四五"职业教育河南省规划教材

新形态教材

U0653768

锅炉设备及运行

主　编　杨宏民　李文举

副主编　彭　丹　王廷举

参　编　杜婷婷　王恩营

　　　　张　玮　李新国

主　审　郭迎利

中国电力出版社

CHINA ELECTRIC POWER PRESS

内 容 提 要

　　本书主要介绍火力发电厂锅炉设备及运行，内容包括锅炉系统认知，锅炉燃料认知，锅炉燃烧物质平衡及计算，锅炉热平衡试验及分析，煤粉制备及运行，锅炉燃烧设备巡检及运行，锅炉蒸发系统运行及汽水处理，锅炉省煤器、空气预热器系统运行分析，过热器、再热器系统运行分析，锅炉系统运行等。本书为新形态教材，包含课件、视频、动画、微课等数字化资源。

　　本书可作为高职高专热能动力工程技术和发电运行技术专业的专业课教材，也可作为同类型相关专业在校学生及电厂锅炉运行、检修人员培训的教材和教学参考书，亦可供从事火力发电机组工作的技术人员参考。

图书在版编目（CIP）数据

锅炉设备及运行/杨宏民，李文举主编．—北京：中国电力出版社，2024.8
ISBN 978 - 7 - 5198 - 8427 - 7

Ⅰ.①锅…　Ⅱ.①杨…②李…　Ⅲ.①火电厂－锅炉运行－高等职业教育－教材　Ⅳ.①TM621.2

中国国家版本馆 CIP 数据核字（2024）第 111933 号

出版发行：中国电力出版社
地　　址：北京市东城区北京站西街 19 号（邮政编码 100005）
网　　址：http://www.cepp.sgcc.com.cn
责任编辑：李　莉（010 - 63412538）
责任校对：黄　蓓　常燕昆
装帧设计：赵姗姗
责任印制：吴　迪

印　　刷：北京九天鸿程印刷有限责任公司
版　　次：2024 年 8 第一版
印　　次：2024 年 8 月北京第一次印刷
开　　本：787 毫米×1092 毫米　16 开本
印　　张：16
字　　数：397 千字
定　　价：58.00 元

前　言

本书配套
数字资源

随着高等职业教育信息化整体水平的不断提高，"互联网＋"已与课堂教学深度融合，为了与新形势下的教学要求相适应，满足发电行业对高技术技能型人才的需求，在河南省教育厅的指导下，我们采用校企合作的方式编写了"十四五"职业教育河南省规划教材《锅炉设备及运行》。

本教材充分体现了高等职业教育的基本要求和特色，突出了现场实际操作技能及技术应用，内容充分考虑了现场岗位需求，从安全、节能、环保角度出发，以理论和实践密切结合的方式，本着贴近生产、实用原则，以超临界压力火电机组锅炉为主，兼顾汽包锅炉和垃圾焚烧发电锅炉等相关新设备、新工艺、新技术，全面系统地介绍了锅炉的原理、设备、运行及事故处理等方面的内容。

本教材定位为岗课赛证融通新形态融媒体教材，配套国家精品在线开放课程，服务于行动导向教学，以学生为主体、能力培养为目标，以任务为载体，适应教、学、做一体的具体实施。学生在教材引导和教师指导下，通过完成具体的项目及任务，达成学习目标。本教材集纸质和数字资源于一体，既保留了以往教材的特色，又包含大量课件、视频、动画、微课等数字化资源，实现立体可视化，能满足线上线下教学活动的需求。

本教材共分为十个项目，每个项目由若干个学习任务组成，每个任务分为相关知识、任务描述、实施评价、任务拓展四个内容。教师可根据学生情况按传统教学方式进行，也可按教、学、做一体化实施。

参加本教材编写的有郑州电力高等专科学校杨宏民、李文举、彭丹、张玮、李新国、博努力（北京）仿真技术有限公司王廷举、王恩营，濮阳豫能发电有限责任公司杜婷婷。其中项目一、项目六由李文举、张玮编写，项目二、项目七由杜婷婷、王恩营编写，项目三、项目四、项目十由杨宏民、王廷举编写，项目五、项目八、项目九由彭丹、李新国编写。书中视频、动画、微课等数字化资源由王廷举、王恩营制作。每个学习任务均配有网上相应的授课视频，视频由杨宏民、李文举、彭丹录制完成。本教材由杨宏民、李文举担任主编，彭丹、王廷举担任副主编，杨宏民负责全书的统稿工作。

本教材配套讲课视频及学习资源的中国大学 MOOC 网址为 https://www.icourse163.org/course/ZEPC－1002126025？tid=1468766484。

本教材在编写制作过程中，参阅了参考文献中列出的正式出版文献以及有关兄弟院校和企业的技术资料、说明书、图纸等，并得到了相关院校老师和企业同行的热情帮助，西安电力高等专科学校郭迎利教授担任主审，并提出许多宝贵的意见和建议，在此一并表示衷心的感谢。

由于编者水平有限，教材及资源中疏漏和不妥之处在所难免，恳请读者批评指正。

编者
2024.5

目　　录

项目一 锅炉系统认知

项目描述

锅炉是火力发电厂的三大主机之一。本项目主要学习电厂锅炉的作用、组成及工作过程，熟悉电厂锅炉的规范、型号、分类及其安全经济指标，了解汽包锅炉、直流锅炉及超临界压力锅炉的结构布置及基本特点。

学习目标

1. 技能目标

（1）能在 DCS 画面找到火力发电厂主要设备并描述其作用。

（2）能对应 DCS 画面描述火力发电厂生产流程。

（3）能在现场和 DCS 画面找到巡检和操作的锅炉设备。

（4）能对应 DCS 画面描述电厂锅炉汽水系统及风烟系统生产流程。

（5）能根据机组大小选择锅炉规范参数，能记录锅炉主要参数，并判断参数是否在额定值。

（6）能进行锅炉分类。

2. 知识目标

（1）掌握火力发电厂工作过程及原理。

（2）掌握电站锅炉工作过程及原理。

（3）熟悉锅炉规范及分类。

（4）熟悉直流锅炉的基本原理。

（5）了解超临界压力锅炉的结构及布置。

3. 价值目标

（1）建立能源安全意识、节能意识。

（2）了解我国锅炉技术的发展对节能环保的贡献。

任务 1　认识火力发电厂及锅炉

相关知识

一、发电方式

发电方式分为火力发电、风力发电、水力发电、核能发电、太阳能发电、生物质（垃圾）焚烧发电、潮汐能发电、地热能发电等。

二、火力发电厂的工作过程

火力发电厂的生产过程是将一次能源——燃料转换为二次能源——电能的过程。在火力发电厂中，燃料在锅炉内燃烧放热并将水加热成为具有一定压力和温度的过热蒸汽，蒸汽沿主蒸汽管道进入汽轮机膨胀做功并带动发电机一起高速旋转，从而发出电来，在汽轮机中做完功的蒸汽排入凝汽器凝结成水，后被凝结水泵打入除氧器，在除氧器中水被从抽汽管来的蒸汽加热除氧后，又通过给水泵加压打回锅炉。火力发电厂的生产过程就是不断重复上述循环的过程。

显然，在火力发电厂中存在着三种形式的能量转换过程：在锅炉中燃料的化学能转化为热能，在汽轮机中热能转化为机械能，在发电机中机械能转化为电能。

三、锅炉的作用

进行能量转换的主要设备——锅炉、汽轮机和发电机，被称为火力发电厂的三大主机，而锅炉是火力发电厂中实现最基本能量转换的设备。锅炉的作用是使燃料在炉内燃烧放热，并将锅内工质由水加热成具有足够数量和一定质量（汽压、汽温）的过热蒸汽，供汽轮机使用。因此锅炉的工作好坏对整个火力发电厂的安全和经济运行关系极大。

🎓 任务描述

该任务对应电厂巡检岗位，可巡视检查火力发电厂各主要设备，也是竞赛和证书考核内容中的具体对象，基本要求为能在现场和 DCS 画面找到巡检和操作的设备。课堂活动要求如下：

（1）上网选取火力发电厂主要设备照片分组发送到学习群并简单讲解。

（2）制作如下火力发电厂主要设备卡片（纸质或其他，一面写设备名称，一面写设备作用），连接火力发电厂工作流程。

主要设备包括：锅炉、汽轮机、发电机、凝汽器、凝结水泵、低压加热器、除氧器、给水泵、高压加热器、循环水泵、冷水塔等。

（3）描述火力发电厂工作过程。

（4）在 DCS 画面指出三大主机并说明其作用。

（5）在仿真机 DCS 画面找到巡检和操作的主要设备。

主要设备包括：锅炉、汽轮机、发电机、凝汽器、低压加热器、除氧器、给水泵、高压加热器、循环水泵、冷水塔、烟囱、凝结水泵等。

🌱 实施评价

1. 教师活动

（1）根据学生情况讲解相关知识并进行任务描述。

（2）将学生进行分组，提出项目实施的具体工作任务，明确任务要求，指导学生进行学习活动，做好现场答疑讲解工作。

（3）检查学生完成任务的情况，激发学生思考和总结问题，展示学生成果并点评。

（4）根据过程表现及完成任务结果综合评定学生成绩。

2. 学生活动

（1）通过中国大学 MOOC 学习讲课视频。

（2）根据任务描述，结合课堂知识讲解，查阅相关资料，明确具体任务。

（3）小组讨论，逐一完成所有任务。

3. 任务评价

满分 100 分，按考勤占 10%、网上学习情况占 25%、任务完成情况占 50%、职业素养占 15% 进行打分评价。

任务拓展

彩图 1-2
新能源发电方式

任务2　熟悉电厂锅炉的构成及系统工作过程

相关知识

一、电厂锅炉的构成

现代火力发电厂的锅炉由锅炉本体及辅助设备构成，以汽包锅炉为例，如图 1-1 所示。

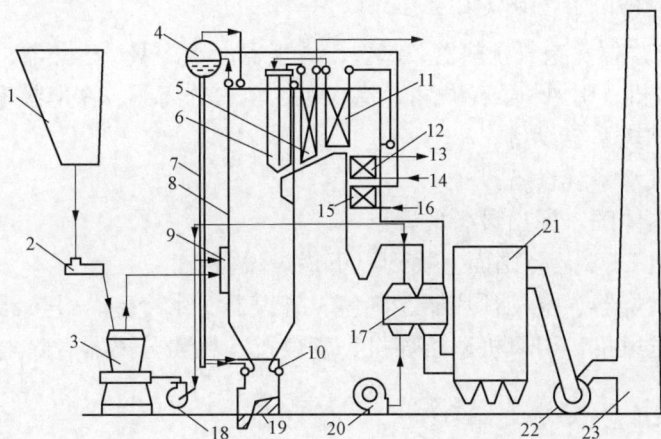

图 1-1　煤粉锅炉及其辅助系统示意图

1—原煤斗；2—给煤机；3—磨煤机；4—汽包；5—高温过热器；6—屏式过热器；7—下降管；
8—炉膛水冷壁；9—燃烧器；10—下联箱；11—低温过热器；12—再热器；13—再热蒸汽出口；
14—再热蒸汽进口；15—省煤器；16—给水；17—空气预热器；18—排粉风机；
19—排渣装置；20—送风机；21—除尘器；22—引风机；23—烟囱

　　锅炉本体设备由"锅"和"炉"两大部分组成。"锅"即汽水系统，它的任务是吸收燃料放出的热量，使水蒸发并最后变成具有一定参数的过热蒸汽，供汽轮机用汽。"锅"由省煤器、汽包、下降管、联箱、水冷壁、过热器、再热器等组成。"炉"即燃烧系统，它的任务是使燃料在炉内良好地燃烧，放出热量。"炉"由炉膛、烟道、燃烧器及空气预热器等组成。

　　锅炉辅助设备主要包括通风设备、输煤设备、制粉设备、给水设备、除尘除灰设备以及一些锅炉附件。

二、锅炉的工作过程

动画 1-2
锅炉机组

　　燃烧煤粉的电站锅炉可用图 1-1 煤粉锅炉及其辅助系统示意简要地说明其工作过程。由输煤皮带运来的煤落到原煤斗中，经给煤机送入磨煤机磨制成粉后，经燃烧器吹入炉膛燃烧。二次风自二次风管经燃烧器同时吹入炉膛助燃。燃烧后的烟气经水平烟道、垂直烟道、空气预热器、除尘器、引风机后通过烟囱排入大气。风经抽风管、送风机、空气预热器、热风管送入炉膛及制粉系统。上述煤、风、烟系统称为锅炉的燃烧系统，即一般说的"炉"。从给水泵来的给水送入省煤器和汽包，然后进入下降管、水冷壁加热后又回到汽包并经汽、水分离，分离出的水继续进入下降管循环，分离出的汽经屏式过热器和高温过热器升温后，通过主蒸汽管道送入汽轮机做功。上述为汽水系统，即一般说的"锅"。炉的任务是尽可能完成燃料有效放热，锅的任务是尽量把炉放出的热量被水和蒸汽有效吸收。锅和炉组成了一个完整的能量转换与传递系统。

任 务 描 述

　　该任务对应电厂巡检岗位，可巡视检查火力发电厂锅炉设备，也是竞赛和证书考核内容中的具体对象，基本要求为能在现场和 DCS 画面找到巡检和操作的锅炉设备。课堂活动要求如下。

　　（1）上网选取电站锅炉设备照片分组发送到学习群并简单讨论讲解。

　　（2）制作电站锅炉以下设备卡片：

　　炉膛、烟道、燃烧器、空气预热器、汽包、省煤器、水冷壁、过热器、再热器、汽水分离器、一次风机、送风机、引风机、给煤机、磨煤机、粗粉分离器、除尘器等。

　　（3）连接锅炉燃烧系统设备。

　　（4）连接锅炉汽水系统设备。

　　（5）画出锅炉本体图，标出设备位置。

　　（6）在仿真机组 DCS 运行画面上找到以下锅炉设备：

　　炉膛、烟道、燃烧器、空气预热器、汽包、省煤器、水冷壁、过热器、再热器、汽水分离器、一次风机、送风机、引风机、给煤机、磨煤机、粗粉分离器、除尘器等。

任 务 拓 展

动画 1-3　垃圾焚烧
发电机组工作过程

任务3 电站锅炉的技术规范及分类认知

相关知识

一、锅炉的规范

锅炉的主要技术规范有锅炉容量、锅炉蒸汽参数、给水温度等，可用来说明锅炉的基本工作特性。

（1）锅炉容量。一般指锅炉每小时的最大连续蒸发量，简称 MCR，又称为锅炉的额定容量或额定蒸发量。常用符号 D_e 表示，单位为 t/h。例如某 660MW 汽轮发电机组配用的锅炉容量为 2060t/h。锅炉容量是说明产汽能力大小的特性数据。

（2）锅炉蒸汽参数。通常是指锅炉过热器、再热器出口处的蒸汽压力和温度。蒸汽压力用符号 p 表示，单位为 MPa；蒸汽温度用符号 t 表示，单位为℃。我国常见的超（超）临界压力锅炉参数有 25.4MPa/571℃/569℃ 和 26.25MPa/605℃/603℃。锅炉蒸汽参数是说明锅炉蒸汽规范的特性数据。

（3）给水温度。锅炉给水温度是指给水在省煤器入口处的温度。不同蒸汽参数的锅炉，其给水温度也不相同。锅炉给水温度是说明锅炉给水规范的特性数据。

二、国产锅炉型号

锅炉型号反映了锅炉的某些基本特征。我国锅炉目前采用三组或四组字码表示其型号。

一般中、高压锅炉用三组字码表示。例如 HG-410/9.8-1 型锅炉，型号中第一组字码是锅炉制造厂名称的汉语拼音缩写，HG 表示哈尔滨锅炉厂有限责任公司（SG 表示上海锅炉厂有限公司，DG 表示东方锅炉股份有限公司）；型号中的第二组字码为一分数，分子表示锅炉容量（t/h），分母表示过热蒸汽压力（MPa，表压）；型号中第三组字码表示产品的设计序号，同一锅炉容量和蒸汽参数的锅炉其序号可能不同，序号数字小的是先设计的，序号数字大的是后设计的，不同的设计序号可以反映在结构上的某些差别或改进。例如 HG-410/9.8-1 型与 HG-410/9.8-2 型锅炉的主要区别：1 型为固态排渣、管式空气预热器、两段分段蒸发等；2 型为液态排渣、回转式空气预热器、无分段蒸发等。因此前述 HG-410/9.8-1 型锅炉即表示哈尔滨锅炉厂有限责任公司制造，容量为 410t/h，过热蒸汽压力为 9.8MPa（表压），第一次设计制造的锅炉。

超高压以上的燃煤机组均采用蒸汽中间再热，即锅炉装有再热器，故用四组字码表示。即在上述型号的二组、三组字码间又加了一组字码，该组字码也为一分数，其分子表示过热蒸汽温度，分母表示再热蒸汽温度。例如 DG-670/13.7-540/540-5 型锅炉即表示东方锅炉股份有限公司制造，容量为 670t/h，过热蒸汽压力为 13.7MPa（表压），过热蒸汽温度为540℃，再热蒸汽温度为 540℃，第五次设计制造的锅炉。

三、锅炉的分类

电厂锅炉根据其工作条件、工作方式和结构型式的不同，可有多种分类方法。

1. 按锅炉容量分

按锅炉容量的大小，锅炉有大、中、小型之分，但它们之间没有固定明确的分界。随着我国电力工业的发展,电站锅炉容量不断增大,大、中、小型锅炉的分界容量便不断变化。目前我国大容量锅炉达 3400t/h。

2. 按蒸汽压力分

按照主蒸汽压力,锅炉可分为中压锅炉 $3.8MPa \leqslant p < 5.3MPa$、次高压 $5.3MPa \leqslant p < 9.8MPa$、高压锅炉 $9.8MPa \leqslant p < 13.7MPa$(常见 9.8MPa)、超高压锅炉 $13.7MPa \leqslant p < 16.7MPa$(常见 13.7MPa)、亚临界压力锅炉 $16.7MPa \leqslant p < 22.1MPa$(常见 16.7MPa、18.3MPa),超临界压力锅炉 $p \geqslant 22.1MPa$。

习惯上又将超临界压力锅炉分为两个层次:①常规超临界压力锅炉,其主蒸汽压力一般为 24MPa 左右,主蒸汽和再热蒸汽温度为 540~580℃;②高效超临界压力锅炉,通常也称为超超临界参数锅炉或高参数超临界压力锅炉,其主蒸汽压力为 25~35MPa,主蒸汽和再热蒸汽温度为 580℃以上。理论和实践证明,常规超临界压力锅炉机组效率可比亚临界压力锅炉机组高 2% 左右,而对于高效超临界压力锅炉机组,其效率可比常规超临界压力锅炉机组再提高 4% 左右。

3. 按燃用燃料分

按燃用燃料分,锅炉可分为燃煤炉、燃油炉、燃气炉。

4. 按燃烧方式分

按燃烧方式分,锅炉可分为层燃炉、室燃炉(煤粉炉、燃油炉等)、旋风炉、沸腾炉等。

层燃炉是指煤块或其他固体燃料在炉箅上形成一定厚度的料层进行燃烧,通常把这种燃烧称为平面燃烧。室燃炉是指燃料在炉膛(燃烧室)空间呈悬浮状进行燃烧,通常把这种燃烧称空间燃烧,它是目前电厂锅炉的主要燃烧方式。旋风炉是一种以旋风筒作为主要燃烧室的炉子,粗煤粉(或煤屑)和空气在旋风筒内强烈旋转并进行燃烧。它基本上也属于空间燃烧,但其燃烧速度要比煤粉炉高得多。沸腾炉是指煤粒在炉箅(布风板)上上下翻腾,类似于液态沸腾状态进行燃烧。这是一种平面与空间相结合的燃烧方式,这种锅炉特别适宜于烧劣质煤。

5. 按工质在蒸发受热面中的流动特性即水循环特性分

按工质流动特性分,锅炉可分为自然循环锅炉、强制流动锅炉。强制流动锅炉又分为控制循环锅炉、直流锅炉、复合循环锅炉等。

6. 按煤粉炉的排渣方式分

按排渣方式分,锅炉可分为固态排渣炉和液态排渣炉。

上述每一种分类仅反映了锅炉某一方面的特征。为了全面说明某台锅炉的特征,常同时指明其容量、蒸汽压力、工质在蒸发受热面中的流动特性以及燃料特性等,例如某台锅炉为 1900t/h 超临界压力强制流动固态排渣煤粉炉。

任务描述

该任务对应电厂巡检及值班员岗位,可巡视检查火力发电厂锅炉主要运行参数,也是竞赛和证书考核内容中的具体对象,基本要求为能在现场和 DCS 画面找到巡检和操作的表计和数据信息,为更好地控制参数做准备。课堂活动要求如下。

(1)说明以下锅炉的规范参数并进行分类,选择对应 200、300、600、660、1000MW 机组的锅炉型号。

HG-410/9.8-1

DG - 670/13. 7 - 540/540 - 5

DG - 1000/18. 3 - 540/540 - 2

DG - 1900/25. 4 - 571/569 - II1

DG - 2060/28. 25 - 605/603 - II2

HG - 2980/26. 15 - 605/603 - YM2

SG - 3100/26. 15 - 605/603 - M546

（2）对以上锅炉进行分类。

（3）通过监视两台仿真机组 DCS 运行画面，分别记录满负荷时锅炉以下主要参数：机组负荷、锅炉蒸汽流量、过热蒸汽压力、温度、再热蒸汽压力、温度、给水温度、压力、汽包锅炉汽包压力、温度、直流锅炉汽水分离器的压力、温度。

（4）通过仿真机巡检就地过热蒸汽压力。

任务拓展

一、垃圾焚烧发电机组锅炉的规范型号

SLJ600 表示焚烧处理生活垃圾的机械炉排焚烧炉，额定焚烧垃圾量为 600t/d。SLL58 - 4.0/400 表示回收生活垃圾焚烧余热，本体结构型式为立式的余热锅炉，额定蒸发量为 58t/h，额定蒸汽压力为 4.0MPa，额定蒸汽温度为 400℃。

CG - 600 - 56.01/4.0/400 - LJ 型锅炉为四川锅炉厂生产的每天可处理 600t 垃圾的垃圾焚烧锅炉，锅炉的额定蒸发量为 56.01t/h，过热蒸汽压力为 4.0MPa，温度为 400℃。

二、我国超临界压力锅炉技术发展

我国通过技术引进和大量的研究工作，已完全掌握了超临界压力锅炉的制造技术，具备了批量生产超临界压力锅炉的能力，哈尔滨锅炉厂承担的浙江玉环电厂 4×1000MW（27.56MPa/605℃/603℃）机组，东方锅炉厂承担的山东邹县电厂 2×1000MW（26.15MPa/605℃/603℃）机组，上海锅炉厂承担的上海外高桥第三电厂 2×1000MW（27.9MPa/605℃/603℃）机组也相继投运。目前我国投运的百万千瓦的超超临界参数机组已达 100 多台，已经是世界上 1000MW 超超临界参数机组发展最快、数量最多、容量最大和性能最先进的国家。

任务4 认识超临界压力锅炉

相关知识

一、水的临界状态

火力发电厂的工质是水，在常规条件下水经加热温度达到给定压力下的饱和温度时，将产生相变，水开始从液态变成汽态，出现一个饱和水和饱和蒸汽两相共存的区域。当蒸汽压力达到 22.115MPa 时，汽化潜热等于零，汽水密度差也等于零，该压力称为临界压力。低于临界点压力，从低温下的水加热到过热蒸汽的过程中要经过汽化过程，即经过水和水蒸气共存的状态；而如果压力在临界压力或临界压力以上时，水在加热的过程中就没有汽水共存状态而直接

从水转变为蒸汽。水在临界压力下加热至 374.15℃时全部汽化，该温度称为临界温度。

二、直流锅炉与超临界压力锅炉

由于在临界参数下汽水密度相等，因此在超（超）临界压力下无法维持自然循环即不能采用汽包锅炉，直流锅炉成为唯一型式，即超（超）临界压力锅炉一定是直流锅炉。

直流锅炉无汽包，可以适用于任何压力等级，因此直流锅炉不一定是超临界压力锅炉，可以是亚临界或以下压力锅炉，但如果压力太低，则不如自然循环锅炉经济和安全，所以一般应用在 $p \geqslant 16\text{MPa}$ 的锅炉上。

超临界压力下水变成蒸汽不再存在汽水两相区，由此可知，超（超）临界压力直流锅炉由水变成过热蒸汽经历了两个阶段即加热和过热，而工质状态由水逐渐变成过热蒸汽。直流锅炉在亚临界压力由水变成过热蒸汽要经历加热、蒸发和过热三个阶段。

三、直流锅炉的工作原理

直流锅炉没有汽包，整个锅炉是由许多管子并联且并用联箱而成。给水在给水泵压头的推动下，依次流过省煤器、水冷壁、过热器受热面，完成水加热、汽化和蒸汽过热过程，循环倍率（指进入水冷壁的水流量 G 与水冷壁出口的蒸汽流量 D 的比值）$K=1$。图 1-2 示出了直流锅炉工作原理。图中受热管均匀吸热，热负荷 q、给水流量 G_{gs}、出口蒸汽流量 D_{gr}'' 各曲线表示了沿受热管子长度工质参数的变化过程。在加热水的热水段中，水温 t 与焓 h 逐步升高，压力 p 因流动阻力而有所下降，密度 ρ 也略有下降；在蒸发段

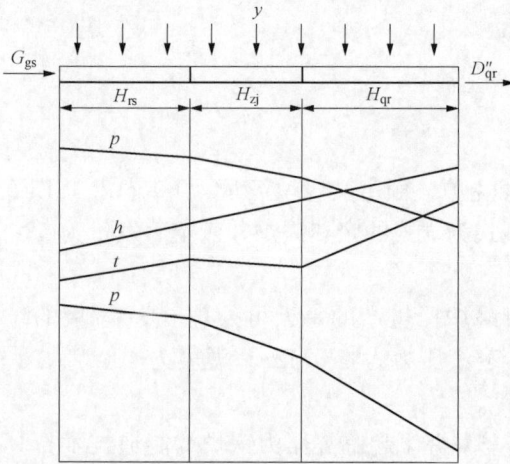

图 1-2　直流锅炉工作原理

中，水逐渐变成蒸汽，压力降低较快，密度也有较大的减小，蒸发段中的工质温度为饱和温度，随着压力下降而下降，但工质焓 h 不断上升；在过热段中，蒸汽的温度与焓都不断上升，压力和密度都不断下降。

四、我国超临界压力锅炉整体布置形式

1. Π 形布置

Π 形布置是传统普遍采用的方式，烟气由炉膛经水平烟道进入尾部烟道，在尾部烟道通过各受热面后排出。Π 形布置的主要优点是锅炉高度较低、尾部烟道烟气向下流动有自生吹灰作用、各受热面易于布置成逆流形式、对传热有利等；其主要缺点是烟气流经水平烟道和转弯烟室，引起灰分的浓缩集中，使尾部受热面的局部磨损加重；燃烧器布置比较困难，烟气分布的不均匀性较大；水平烟道中的受热面垂直布置不能疏水；炉膛前后墙结构差别大，后墙水冷壁的布置比较复杂等。我国电站锅炉普遍采用这种布置方式。

2. 塔式布置

塔式布置是将所有承压对流受热面布置在炉膛上部，烟气一路向上流经所有受热面后再折向后部烟道，流经空气预热器后排出。这种布置方式的最大优点是烟气温度比较均匀，对流受热面的磨损较轻，对流受热面水平布置易于疏水，水冷壁布置比较方便，穿墙管大大减少等，因而在大型锅炉中采用更为优越，在欧洲得到广泛的采用，积累了丰富的经验。我国

上海锅炉厂采用这种布置形式较多。

近几年，W形火焰燃烧方式的超临界压力锅炉在我国也有较多使用，其特点为炉膛温度高，燃尽时间长，对燃烧低挥发分的无烟煤有较强的适应能力。

任务描述

该任务对应电厂巡检岗位，可巡视检查火力发电厂各主要设备，也是竞赛和证书考核内容中的具体对象，基本要求为能在现场和DCS画面找到巡检和操作的设备。课堂活动要求如下。

（1）制作直流锅炉汽水系统主要设备卡片。

（2）连接直流锅炉汽水系统工作流程。

（3）画直流锅炉本体图，并标出主要设备位置。

任务拓展

一、DG-3110/26.15-Ⅱ2超超临界压力锅炉介绍

DG-3110-26.15-605/603-Ⅱ2是东方锅炉股份有限公司引进技术设计制造的复合变压运行的超超临界压力本生直流锅炉，为一次再热、单炉膛、尾部双烟道结构，采用烟气挡板调节再热汽温，固态排渣、全钢构架、全悬吊结构、平衡通风、露天布置、前后墙对冲燃烧，燃用贫煤。炉膛宽度31433.4mm，炉膛深度15558.4mm，顶棚拐点标高74500mm，水冷壁下联箱标高7500mm。锅炉总体结构如图1-3所示。

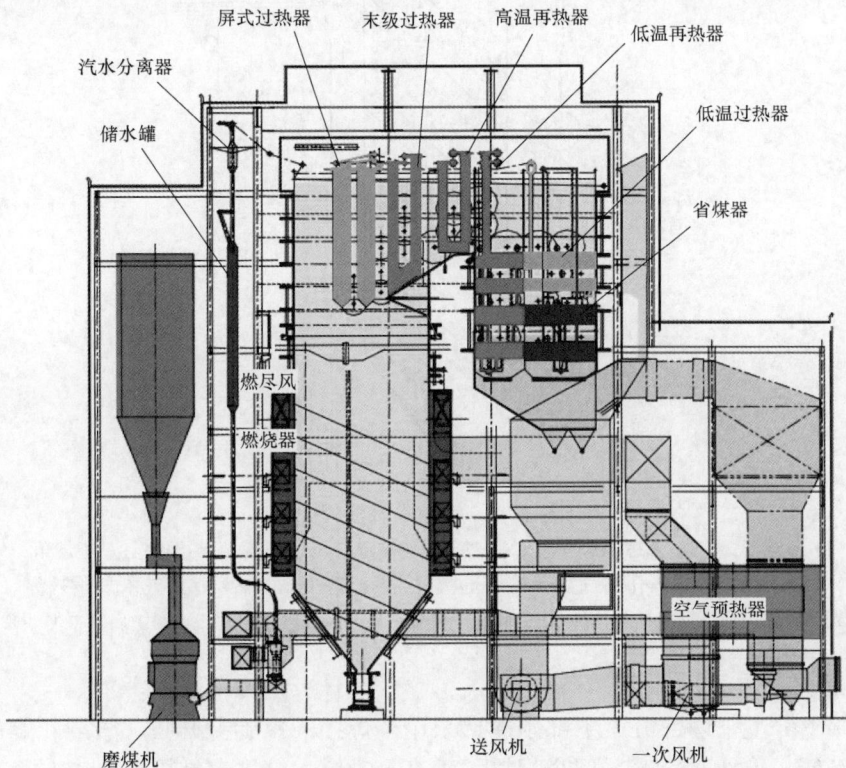

图1-3 锅炉总体结构

彩图1-3
锅炉总图

1. 水汽流程

自给水管路出来的水由炉侧一端进入位于尾部竖井后烟道下部的省煤器入口联箱中部两个引入口，水流经水平布置的省煤器蛇形管后由叉型管引出省煤器吊挂管至顶棚以上的省煤器出口联箱。由省煤器出口联箱两端引出集中下水管进入位于锅炉左右两侧的集中下降管分配头，再通过下水连接管进入螺旋水冷壁入口联箱。工质经螺旋水冷壁管、螺旋水冷壁出口联箱、混合联箱、垂直水冷壁入口联箱、垂直水冷壁管、垂直水冷壁出口联箱后进入水冷壁出口混合联箱汇集，经引入管引入汽水分离器进行汽水分离。循环运行时从分离器分离出来的水从下部排进储水罐，蒸汽则依次经顶棚管、后竖井/水平烟道包墙、低温过热器、屏式过热器和高温过热器。转直流运行后水冷壁出口工质已全部汽化，汽水分离器仅作为蒸汽通道用。过热蒸汽流程如图 1-4 所示。

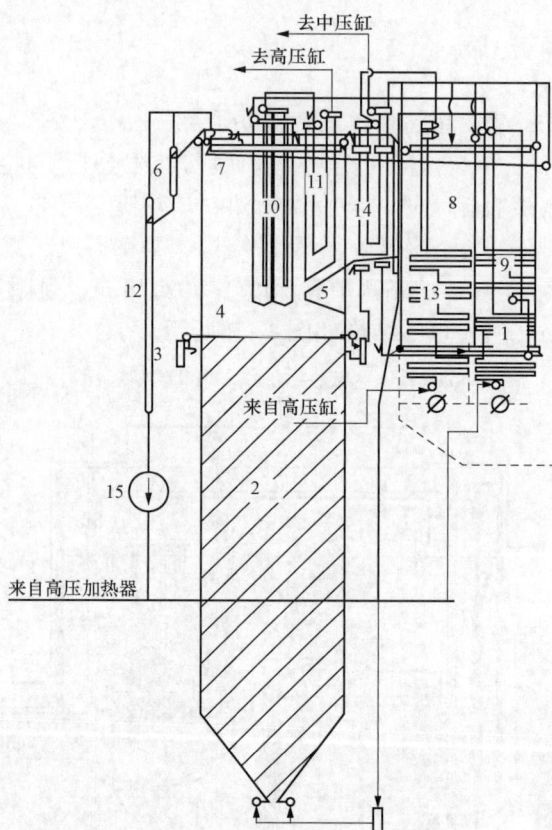

图 1-4　锅炉水汽流程图

1—省煤器；2—下部螺旋水冷壁；3—过渡段水冷壁；4—上部垂直水冷壁；5—折焰角；
6—汽水分离器；7—顶棚过热器；8—包墙过热器；9—低温过热器；10—屏式过热器；
11—高温过热器；12—储水罐；13—低温再热器；14—高温再热器；15—锅炉启动再循环泵

2. 锅炉受热面布置

炉膛水冷壁分上下两部分，下部水冷壁采用全焊接的螺旋上升膜式管屏，螺旋水冷壁管采用了内螺纹管，上部水冷壁采用全焊接的垂直上升膜式管屏，螺旋水冷壁与上部垂直水冷壁的连接方式采用过渡段水冷壁连接，在过渡段水冷壁区域设有中间混合联箱。

　　过热器受热面采用辐射-对流型布置。过热器受热面由四部分组成,第一部分为顶棚及后竖井烟道四壁及后竖井分隔墙;第二部分是布置在尾部竖井后烟道内的水平对流过热器;第三部分是位于炉膛上部的屏式过热器;第四部分是位于折焰角上方的末级过热器。

　　过热汽温调节采用煤水比和二级喷水减温,过热蒸汽管道在屏式过热器与高温过热器之间进行一次左右交叉,以减小两侧汽温偏差。

　　再热器受热面采用纯对流型布置,再热器由位于尾部前烟道的水平对流低温再热器及位于高温过热器后的高温再热器组成。再热汽温通过尾部双烟道平行烟气挡板调节。

　　省煤器布置在尾部后竖井水平低温过热器的下方。后竖井省煤器、水平低温过热器均通过省煤器吊挂管悬吊到大板梁上。

　　启动分离器布置在炉前,垂直水冷壁出口,采用旋风分离形式。分离器规格为 $\phi1064\times122mm$,总高度为 4.7m,数量为两个。经水冷壁加热以后的工质分别由 6 根连接管沿切向逆时针向下倾斜 15°进入两个分离器,分离出的水通过连接管进入分离器下方的储水罐。储水罐的规格为 $\phi1104\times127mm$,总高度为 24m,数量 1 个。

　　3. 烟、风流程

　　送风机将空气送往两台三分仓空气预热器,锅炉的热烟气将其热量传送给进入的空气,热一次风与部分冷一次风混合进入磨煤机,然后进入布置在前、后墙的煤粉燃烧器,热二次风进入燃烧器风箱,并通过各调节挡板进入每个燃烧器二次风、旋流二次风通道,同时部分二次风进入燃烧器上部的燃尽风喷口,另外有少量的二次风通过专门的中心风通道进入燃烧器中心。由燃料燃烧产生的热烟气将热传递给炉膛水冷壁和屏式过热器,继而穿过高温过热器、高温再热器进入后竖井包墙,后竖井包墙内的中隔墙将后竖井分成前、后两个平行烟道,前烟道内布置低温再热器,后烟道内布置低温过热器和省煤器。烟气调节挡板布置在低温再热器和省煤器后,烟气流经调节挡板后分成两个烟道进入脱硝装置,烟气经脱硝处理后,进入空气预热器在预热器进口烟道上设有烟气关断挡板,可实现单台空气预热器运行。最后烟气进入除尘器,流向烟囱,排向大气。

　　4. 燃烧设备

　　采用正压直吹式制粉系统,燃烧器采用前后墙对冲分级燃烧技术。在炉膛前后墙各分三层布置低 NO_x 旋流式煤粉燃烧器,如图 1-5 所示,每层布置 8 个,全炉共设有 48 个燃烧器。在最上层燃烧器的上部布置一层燃尽风喷口,每层 10 个。每个燃烧器均配有机械雾化油枪,用于启动和维持低负荷燃烧。油枪总输入热量相当于 30%B-MCR 锅炉负荷。

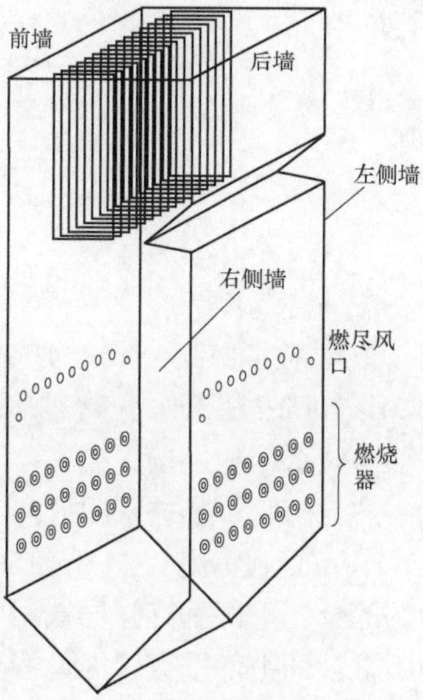

图 1-5　燃烧器布置

二、SG-3100/26.15-M546 超超临界压力锅炉

　　锅炉为 3100t/h 超超临界压力变压运行螺旋管圈直流锅炉,单炉膛塔式布置、四角切向燃烧、摆动喷嘴调温、平衡通风、全钢架悬吊结构、露天布置、采用机械排渣。锅炉设计燃用贫煤。炉后尾部布置 2 台转子直径为 $\phi16370$ 的三分仓容克式空气预热器。锅炉制粉系统

采用双进双出钢球磨直吹式系统，每台炉配备 6 台双进双出钢球磨煤机，BMCR 工况时，5 台投运，1 台备用。锅炉总体布置如图 1-6 所示。

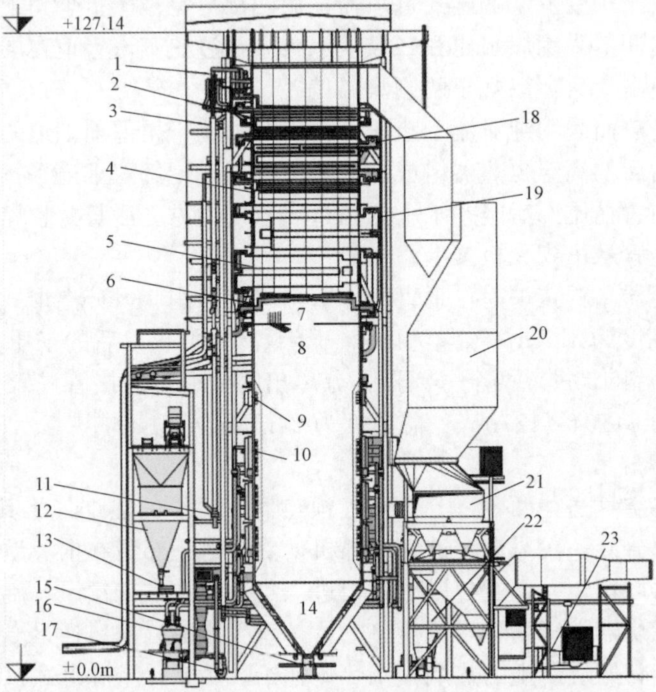

图 1-6　锅炉总体布置

1—汽水分离器；2—省煤器；3—汽水分离器疏水箱；4—二级过热器；5—三级过热器；6——一级过热器；
7—垂直水冷壁；8—螺旋水冷壁；9—燃尽风；10—燃烧器；11—炉水循环泵；12—原煤仓；13—给煤机；
14—冷灰斗；15—捞渣机；16—磨煤机；17—密封风机；18—低温再热器；19—高温再热器；
20—脱硝装置；21—空气预热器；22——一次风机；23—送风机

彩图 1-4
锅炉总体布置
示意图

1. 汽水系统

炉膛宽度 21480mm，炉膛深度 21480mm，锅炉炉前，沿着炉宽在垂直方向上布置 6 个 φ610×80mm 的汽水分离器，每个分离器进出口分别与水冷壁出口、一级过热器进口相连，下部与储水箱相连接。

炉膛由管子膜式壁围成，水冷壁采用螺旋管加垂直管的布置方式。从炉膛冷灰斗进口标高 4450mm 到标高 63553mm 处炉膛四周采用螺旋管圈，在此上方为垂直管屏。垂直管屏分为两部分，下部垂直管屏选用管子规格为 φ38，节距为 60mm；倒 Y 形的两根垂直管合并为 1 根管的上部垂直管屏，管子规格为 φ44.5，节距为 120mm。

来自省煤器的介质通过下降管到锅炉底部，经过 4 根水冷壁进口引入管进入水冷壁进口联箱。水冷壁进口联箱为前后方向共有 2 根。

水冷系统采用下部螺旋管圈和上部垂直管屏的型式，螺旋管圈分为灰斗部分和螺旋管上部，垂直管屏分为垂直管下部和垂直管上部。螺旋段水冷壁由 716 根 φ38 的管子组成，节距为 53mm。螺旋段水冷壁经水冷壁过渡连接管引至水冷壁中间联箱，经中间联箱混合后再由连接管引出，形成垂直段水冷壁，两者间通过管锻件结构来连接并完成炉墙的密封。垂直段水冷壁下部由 1432 根 $\phi38$ 的管子组成，节距为 60mm；垂直段水冷壁上部由 716 根 $\phi44.5$ 的管子组成，节距为 120mm，垂直管屏之间的过渡通过 Y 形三通来实现。

水冷壁垂直管上部引入到前后左右 4 个出口联箱，每个出口联箱各分 2 根管道，总共 8 根管道引出到水冷壁出口汇合联箱，4 根汇合联箱再通过 24 根管道，导入至 6 台汽水分离器。

水冷壁中间联箱上分出了 16 根前后墙的炉外悬吊管，引到了 4 根水冷壁出口汇合联箱上，这些悬吊管作为锅炉炉前联箱和炉后联箱的支吊梁的支座。

锅炉四周从下至上，在整个高度方向全部由水冷系统膜式壁构成。

锅炉上部沿着烟气流动方向依次分别布置有一级过热器、三级过热器、二级再热器、二级过热器、一级再热器、省煤器。锅炉上部的炉内受热面全部为水平布置，穿墙结构为金属全密封形式。所有受热面能够完全疏水干净。

来自分离器出口的 4 根蒸汽管道引入 2 根第一级过热器进口联箱，经由炉内悬吊管从上到下引到炉膛出口处的第一级屏式过热器，进入第一级过热器出口联箱。其中第一级过热器和第三级过热器布置在炉膛出口断面前，主要吸收炉膛内的辐射热量。第二级过热器布置在第一级再热器和末级再热器之间，主要靠对流传热吸收热量。第一、第二级过热器呈逆流布置，第三级过热器顺流布置。过热蒸汽系统的汽温调节采用燃料/给水比和两级八点喷水减温，在第一级过热器和第二级过热器、第二级过热器和第三级过热器之间设置二级喷水减温并通过两级受热面之间的连接管道的交叉，一级受热面外侧管道的蒸汽进入下一级受热面的内侧管道，来补偿烟气侧导致的热偏差。

再热器受热面分为两级，即第一级再热器（低温再热器）和第二级再热器（高温再热器）。第二级再热器布置在第二级过热器和第三级过热器之间，第一级再热器布置在省煤器和第二级过热器之间。第二级再热器（高温再热器）顺流布置，受热面特性表现为半辐射式；第一级再热器逆流布置，受热面特性为纯对流。再热器的汽温调节主要靠摆动燃烧器，在低温过热器的入口管道上布置事故喷水减温器，两级再热器之间设置有再热蒸汽微量喷水，内外侧管道采用交叉连接。

2. 燃烧系统

锅炉燃烧系统按配双进双出钢球磨直吹式制粉系统设计，配置 6 台磨煤机，每台磨煤机引出 4 根煤粉管道到炉膛四角，炉外安装煤粉分配装置，每根管道分成两根管道分别与两个相邻的一次风喷嘴相连，共计 48 个直流式燃烧器分 12 层布置于炉膛下部四角，在炉膛中呈四角切圆方式燃烧。

整台锅炉沿着高度方向燃烧器分成三组，最上一组燃烧器是分离式燃尽风，分有 6 层风室；接下来两组是煤粉燃烧器，每组有 6 层煤粉喷嘴，共有 48 个燃烧器喷嘴。每组燃烧器风箱设有 3 层机械雾化油枪，两组煤粉燃烧器共 6 层燃油喷嘴，24 支油枪。

项目二 锅炉燃料认知

项目描述

燃料成分及性质是锅炉设计和运行的重要依据。对于锅炉设计及运行人员，必须了解锅炉燃料的组成成分、性质及其对锅炉工作的影响，才能保证锅炉运行的安全性和经济性。本项目主要学习煤的成分与性质、煤的成分分析基准及换算、煤的发热量、煤灰的熔融性、煤的分类、煤粉及煤的可磨性等。

学习目标

1. 技能目标

（1）能进行煤的工业分析。

（2）能进行煤的成分基准间的换算及对煤进行分类。

（3）能进行煤的发热量的相关计算。

（4）能进行煤灰熔融性测量，理解三个特征温度。

（5）能进行煤粉细度及可磨性系数的测量。

2. 知识目标

（1）了解电力用煤政策。

（2）掌握煤的成分及其性质，理解煤的成分对锅炉工作的影响。

（3）掌握煤的分析基准间的计算及煤的分类方法。

（4）掌握煤的发热量及标准煤的定义，熟悉煤灰的熔融性测量方法及影响因素。

（5）掌握煤粉的特性及对锅炉工作的影响。

3. 价值目标

（1）培养规范、标准意识。

（2）培养团队协作精神。

（3）认真测量，一丝不苟，培养工匠精神。

任务1 煤的成分分析

相关知识

一、燃料简介

可以用来产生大量热能的物质称为燃料。目前所用的燃料可分为两大类，一是核燃料，二是有机燃料。电站锅炉大都是燃用有机燃料。所谓有机燃料就是能与氧发生强烈化学反应并放出大量热能的物质。

有机燃料按其物态可分为固体、液体、气体三大类，也可按其获得的方法不同分为天然燃料和人工燃料两大类，按其用途可分为动力燃料和工艺燃料两大类。

电站锅炉是耗用大量燃料的动力设备，只有不断地向炉内供给燃料，才能保证生产连续不断地进行。锅炉工作的安全性和经济性，与燃料性质密切相关，燃料种类不同，锅炉燃烧方式、炉膛结构和布置以及运行方式也不同。燃料成分及性质是锅炉设计和运行的重要依据。锅炉设计及运行人员必须了解锅炉燃料的组成成分、性质及其对锅炉工作的影响，才能保证锅炉运行的安全性和经济性。

火电厂在选用燃料时应遵循以下原则：一般应燃用其他部门不便利用的劣质燃料，尽可能不占用其他工业部门所需的优质燃料；尽可能采用当地燃料，建设坑口电站，就地利用资源，向外输送电力，可以减轻运输负担，也可以促进各地区天然资源的开发利用；提高燃料的使用经济效益，节约能源，尽量减少燃料燃烧生成物对环境的污染。

二、煤的成分及其性质

煤是由有机化合物和无机矿物质、水分组成的一种复杂物质。要掌握煤的性质和进行锅炉有关计算，就必须了解煤的组成成分。为了使用方便，可按元素分析法和工业分析法研究煤的组成及性质。

1. 煤的元素分析成分及性质

全面测定煤中所含化学成分的分析法称为元素分析法。煤中的化学元素达三十多种，对燃烧有影响的主要组成成分包括：碳（C）、氢（H）、氧（O）、氮（N）、硫（S）五种元素和灰分（A）、水分（M）两种成分。其中碳、氢和部分硫是可燃成分，其余都是不可燃成分。各元素成分的含量用质量百分数表示。

（1）碳（C）。碳是煤中主要的可燃元素，也是煤的发热量的主要来源。其含量一般为$40\% \sim 95\%$。1kg 纯碳完全燃烧生成二氧化碳（CO_2）约放出 32700kJ 的热量，如果 1kg 纯碳不完全燃烧生成一氧化碳（CO）则只能放出 9270kJ 的热量。

煤中的碳一部分与氢、氧、氮和硫结合成挥发性有机化合物，其燃点较低易着火；而其余部分呈单质状态的称为固定碳，固定碳燃点高，不易着火，燃烧缓慢，火苗短，难燃尽，但发热量大。煤的地质年代越长，碳化程度越深，含碳量就越高，固定碳的含量相应也越多。因此，固定碳含量越高的煤，着火及燃烧就越困难。

（2）氢（H）。是煤中发热量最高的可燃元素。含量不多，一般为$3\% \sim 6\%$。含氢量多的煤着火及燃尽都较容易。1kg 氢完全燃烧生成水时约放出 143000kJ 的热量。

（3）氧与氮（O、N）。煤中的氧和氮是不可燃元素，称为煤的内部杂质。煤中氧的含量从1%到最高可达40%，一般为$1\% \sim 3\%$，碳化程度越浅的煤氧含量越多。煤中氮的含量很少，一般为$0.5\% \sim 2\%$，氮易生成污染大气的有害气体氧化氮（NO_x），对人体和植物都十分有害，被视为有害元素。

（4）硫（S）。硫是煤中的可燃元素之一，煤中的硫以三种形态存在：有机硫（与碳、氢、氧等元素结合成复杂化合物）、黄铁矿中的硫（与铁元素组成的硫化铁）及硫酸盐中的硫（与钙、镁等元素组成的各种盐类）。前两种硫均能燃烧放出热量，称为可燃硫或挥发硫，硫酸盐中的硫不能燃烧，一般都归入灰分。煤中硫酸盐硫含量很少，常以全硫代替可燃硫。1kg 的硫完全燃烧生成二氧化硫（SO_2）时，能放出 9050kJ 的热量。

硫虽然在燃烧时也放出热量，但其燃烧产物 SO_2 中的一部分进一步氧化成三氧化硫

SO_3。它与烟气中的水蒸气作用生成亚硫酸及硫酸蒸汽,硫酸蒸汽凝结在锅炉低温金属受热面上会造成金属的腐蚀,烟气中的 SO_3 在一定条件下还可造成过热器、再热器烟气侧的高温腐蚀。硫是煤中的有害元素。煤中的硫含量为 0.5%～8%,对含硫高的燃料(在 1.5% 以上),可采用炉外预先脱硫或炉内燃烧脱硫的办法。

(5)灰分(A)。煤中所含的矿物杂质燃烧后即形成灰分。灰分是煤中的主要不可燃成分,是煤中的有害的杂质。各种煤的灰分含量相差很大,一般在 5%～50%。灰分对锅炉工作的影响:煤中灰分增加,则可燃元素的含量相对减少,这不仅降低了煤的发热量,而且会阻碍可燃质与氧的接触,影响煤的着火与燃尽程度;灰分增加,还会使炉膛温度下降,燃烧不稳定,也增加不完全燃烧热损失;灰分增加,灰粒随烟气流过受热面,如果烟气流速高,使受热面磨损严重,如果烟气流速低,使受热面的积灰加重,削弱传热效果,并使排烟温度升高,增加排烟热损失,降低锅炉热效率;当灰熔点低时,熔融灰粒会黏结在高温受热面上形成结渣,影响锅炉的安全性和经济性;灰分增多,还会增加煤粉制备的能量消耗;灰分增加,使烟气中的灰粒增多,积灰严重时还会堵塞低温受热面的通道,使引风机电耗增加,影响锅炉的正常运行。

(6)水分(M)。水分是煤中的主要不可燃成分,也是一种有害杂质。各种煤的水分含量相差很大,少的仅有 3% 左右,多的可达 50%～60%。一般随煤的地质年代的增长而减少。

煤中水分由表面水分和固有水分组成。表面水分又称外在水分,它是在开采、储运和保管过程中附着于煤粒表面的外来水分,如雨雪、地下水等影响而进入煤中。表面水分可以通过自然干燥除去,自然干燥一直进行到煤中水蒸气分压力与空气中水蒸气分压力相等为止。去掉表面水分后煤所具有的水分,称为内部水分(或固有水分),内在水分不能通过自然干燥除掉,必须将煤加热至 105～110℃,并保持一定的时间才能除去。外在水分和内在水分两部分之和为全水分。

水分增加对锅炉工作的影响:①可燃元素的含量相对减少,降低了煤的发热量;②会增加着火热,使着火推迟;③水分蒸发还要吸热量,会使炉膛温度降低,使着火困难,燃烧不完全,使机械和化学不完全燃烧热损失增加,降低锅炉的热效率;④会使燃烧生成的烟气容积增加,使排烟热损失和引风机耗电量增加;⑤为低温受热面的积灰、腐蚀创造条件;⑥会给煤粉制备增加困难,会造成原煤仓、给煤机及落煤管中堵塞及磨煤机出力下降等不良后果。

2. 煤的工业分析

(1)煤的工业分析成分。煤的元素分析方法比较复杂,电厂经常采用的是简单的煤的工业分析。煤的工业分析是利用煤在加热燃烧过程中的失重进行定量分析,测定煤的水分、挥发分、固定碳和灰分的各成分的质量百分含量。这些成分正是煤在炉内燃烧过程中分解的产物。因此,煤的工业分析成分更直接地反映煤的燃烧特性,也是发电用煤分类的依据。根据煤的工业分析组成数据,可以了解煤在燃烧方面的特性,以便正确地进行燃烧调整,改善燃烧工况,提高运行的经济性。

(2)挥发分。把失去水分的煤样在隔绝空气的条件下加热到一定温度时,煤中有机物质会分解成各种气体成分析出,这些气体称为挥发分。挥发分不是煤中固有物质,而是煤加热分解后析出的产物。挥发分主要由可燃气体组成,如氢、一氧化碳、甲烷、硫化氢、碳氢化合物等,此外,还有少量不可燃气体,如氧、二氧化碳、氮等。挥发分容易着火燃烧,挥发分着火后会对焦炭产生强烈的加热作用，促使其迅速地着火燃烧；同时挥发分析出后会使焦炭变得比较松散而多孔，有利于燃烧过程的发展。因此，含挥发分多的煤容易着火，燃烧反应快，火焰长。所以挥发分是锅炉燃烧设备设计布置及运行调整的重要依据，挥发分含量是评定煤燃烧性能的一个重要指标。

工业分析比较简单，同时通过工业分析成分可以了解煤在燃烧方面的特性，所以火力发电厂中通常采用工业分析。

任务描述

该任务对应电厂燃料化验员及值班员岗位，可对燃料进行化验并根据化验结果燃烧控制，也是竞赛和证书考核内容中的具体对象，基本要求为能对燃料进行工业分析，为更好的燃烧控制做准备。课堂活动要求如下。

（1）观察原煤及煤粉，思考煤的组成成分。分别用称量瓶、坩埚或灰皿称取 1g 煤样并做好记录。

（2）编写煤的工业分析实验报告。

（3）进行煤的工业分析实验，体验准确细心及团队协助。

1）水分。用玻璃称量瓶称取一定量的空气干燥煤样，置于 105～110℃ 干燥箱中，在空气流中干燥到质量恒定。然后根据煤样的质量损失计算出水分的百分含量。

2）挥发分。称取一定量的空气干燥煤样，放在带盖的瓷坩埚中，在 900±10℃ 温度下，隔绝空气加热 7min。以减少的质量占煤样质量的百分数，减去该煤样的水分含量 M_{ad} 作为挥发分产率。

3）灰分。将装有煤样的灰皿由炉外逐渐送入预先加热至（815±10）℃的马弗炉中灰化并灼烧至质量恒定。以残留物的质量占煤样质量的百分数作为灰分产率。

4）固定碳的计算。

（4）讲述水分对锅炉工作的影响。

知识拓展

垃圾的成分及性质

1. 元素分析和工业分析

（1）元素分析包含：C、H、O、S、N、Cl。

（2）工业分析一般包含：水分、灰分、可燃质。

2. 典型的生活垃圾元素与水分、灰分范围见表 2-1。

表 2-1   典型的生活垃圾元素与水分、灰分范围

元素名称	符号	范围	元素名称	符号	范围
碳	C	10%～22%	氮	N	0.5%～1.5%
氢	H	1%～3%	氯	Cl	0.1%～1.0%
氧	O	8%～15%	灰分	A	10%～25%
硫	S	0.1%～0.6%	水分	M	40%～60%

任务 2 煤的分析基准及分类

相 关 知 识

一、燃煤的分析基准

由于煤中灰分和水分含量容易受外界条件的影响而发生变化，所以单位质量的煤中其他成分的质量百分数也会随之而变化。即使是同一种煤，也会出现上述情况。因此，需要根据煤存在的条件或根据需要而规定的"成分组合"作为基准，才能正确地反映煤的性质。常用下列四种基准。

1. 收到基

以收到状态的煤为基准来表示煤中各组成成分的百分比称为收到基，其中包括全部水分，收到基以下角标 ar 表示。

元素分析：

$$C_{ar} + H_{ar} + O_{ar} + N_{ar} + S_{ar} + A_{ar} + M_{ar} = 100\% \tag{2-1}$$

工业分析：

$$FC_{ar} + V_{ar} + A_{ar} + M_{ar} = 100\% \tag{2-2}$$

2. 空气干燥基

由于煤的外部水分变动很大，在分析时常把煤进行自然干燥，使其失去外部水分，以这种状态为基准进行分析得出的成分称为空气干燥基，以下角标 ad 表示。

3. 干燥基

以假想无水状态的煤为基准来表示煤中成分的组合称为干燥基，以下角标 d 表示。由于已不受水分的影响，灰分含量百分数比较稳定，可用于比较两种煤的含灰量。

4. 干燥无灰基

以假想无水、无灰状态的煤为基准计算煤中成分的组合称为干燥无灰基，以下角标 daf 表示。由于不受水分、灰分影响，常用于比较两种煤中的碳、氢、氧、氮、硫成分含量的多少。

煤的成分与分析基准间的关系如图 2-1 所示。

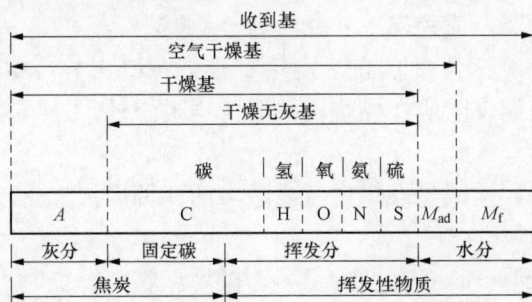

图 2-1 煤的成分与分析基准间的关系

二、各种分析基准之间的换算

对同一种煤，各基准间可进行换算，不同基准的换算系数 K 见表 2-2。

表 2 - 2   不同基准的换算系数 K

已知 ＼ 所求	收到基	空气干燥基	干燥基	干燥无灰基
收到基	1	$\frac{100-M_{ad}}{100-M_{ar}}$	$\frac{100}{100-M_{ar}}$	$\frac{100}{100-A_{ar}-M_{ar}}$
空气干燥基	$\frac{100-M_{ar}}{100-M_{ad}}$	1	$\frac{100}{100-M_{ad}}$	$\frac{100}{100-A_{ad}-M_{ad}}$
干燥基	$\frac{100-M_{ar}}{100}$	$\frac{100-M_{ad}}{100}$	1	$\frac{100}{100-A_d}$
干燥无灰基	$\frac{100-A_{ar}-M_{ar}}{100}$	$\frac{100-A_{ad}-M_{ad}}{100}$	$\frac{100-A_d}{100}$	1

三、煤的分类

我国煤炭资源丰富，种类繁多，为了能够合理地使用各类煤，就应对煤进行科学分类。我国电力用煤主要参照 V_{daf} 把煤分为四类。

1. 无烟煤 ($V_{daf}<10\%$)

无烟煤的特点是含碳量很高，挥发分含量很小，故不易点燃，燃烧缓慢，燃烧时无烟且火焰很短；因无烟煤的干燥无灰基含碳量达 $95\%\sim96\%$，但含氢量少，故无烟煤发热量可能较烟煤低也可能较烟煤高，其发热量部分为 20930～25120kJ/kg（或 5000～6000kcal/kg）；焦炭无焦结性；无烟煤表面具有黑色光泽；密度较大，且质硬不易研磨；无烟煤储存时不易风化和自燃。

2. 贫煤 ($V_{daf}=10\%\sim20\%$)

贫煤性质介于无烟煤与烟煤之间。其碳化程度比无烟煤稍低，挥发分含量 V_{daf} 仅为 $10\%\sim20\%$，亦不易点燃，燃烧时火焰短，但稍胜于无烟煤；焦炭无焦结性。

3. 烟煤 ($V_{daf}=20\%\sim40\%$)

烟煤的特点是含碳量较无烟煤低，挥发分含量较多，故大部分烟煤都易点燃，燃烧快，燃烧时火焰长；烟煤因其含碳量较高，发热量也较高，大部分为 18850～27210kJ/kg（4500～6500kcal/kg）；多数具有或强或弱的焦结性，锅炉只能燃用那些不宜炼焦的烟煤；烟煤表面呈灰黑色，有光泽，质松易碎；储存时会自燃。

烟煤还有一种灰分、水分含量较高，发热量较低（Q 多在 18850kJ/kg 以下）的品种，称为劣质烟煤。燃用劣质烟煤除应在燃烧上采取适当措施外，还应考虑受热面积灰、结渣和磨损等问题。

烟煤在我国各地均有，是锅炉燃煤中数量最多的一种煤。

4. 褐煤 ($V_{daf}>40\%$)

褐煤的特点是含碳量不多，含挥发分很高，极易点燃，燃烧时火焰长；又因其水分、灰分及氧的含量均较高，故发热量低，大部分为 10500～14700kJ/kg（2500～3500kcal/kg），不耐烧焦炭无焦结性；褐煤外表多呈棕褐色，褐煤质脆易风化；储存时极易发生自燃。

任务描述

该任务对应电厂燃料化验员及值班员岗位，可对燃料进行基准间的换算和对燃料进行分类，并根据燃料分类进行燃烧控制，也是竞赛和证书考核内容中的具体对象，基本要求为能对燃料进行基准间的换算和分类，为燃烧控制做准备。课堂活动要求如下。

（1）写出四种基准的元素分析和工业分析表达式。

（2）对比元素分析成分和工业分析成分的异同。

（3）已知收到基成分，求干燥基成分。

（4）已知某电厂燃用煤成分：$C_{daf}=82.06\%$，$H_{daf}=5.55\%$，$O_{daf}=8.88\%$，$N_{daf}=1.57\%$，$S_{daf}=1.94\%$，$M_{ar}=11.30\%$，$A_d=41.47\%$，试计算该煤的收到基成分。

（5）说出煤种的判断方法。

任务拓展

一、生活垃圾的一般分类

根据 GB/T 19095—2019《生活垃圾分类标志》规定，生活垃圾可分为 4 个大类 11 个小类，4 大类为可回收物、有害垃圾、厨余垃圾、其他垃圾。其中可回收物又可分为纸类、塑料、金属、玻璃、织物 5 小类；有害垃圾又可分为灯管、家用化学品、电池 3 小类；厨余垃圾又可分为家庭厨余垃圾、餐厨垃圾、其他厨余垃圾 3 小类。

二、垃圾的热灼减率

热灼减率是指焚烧残渣经灼热减少的质量占原焚烧残渣质量的百分数。其计算方法如下：

$$P = (A - B)/A \times 100\% \tag{2-3}$$

式中　P——热灼减率，%；

　　　A——焚烧残渣经 110℃ 干燥 2h 后在室温下的质量，其中还含有未燃烧的物质，g；

　　　B——焚烧残渣经 600℃（±25℃）3h 灼热后冷却至室温的质量，认为是可燃物完全燃烧后的质量，g。

在生活垃圾焚烧中，灰渣热灼减率的控制是非常重要的。焚烧炉灰渣的热灼减率反映了垃圾的焚烧效果，对灰渣热灼减率的控制可降低垃圾焚烧的机械未燃烧损失，提高燃烧的热效率，同时减少垃圾残渣量，提高垃圾焚烧后的减容量；灰渣热灼减率可以通过焚烧炉炉排的调节、垃圾的特性及合理配风来控制。炉渣热灼减率应控制在 3%～5%。

任务3　煤的发热量及煤灰的熔融性分析

相关知识

一、煤的发热量

煤的发热量不仅是火电厂进煤的计价依据，也是火力发电厂计算标准煤耗的主要参数。

1. 定义

煤的发热量是指单位质量的煤在完全燃烧时所放出的热量，用符号 Q 表示，单位是 kJ/kg。

2. 常用发热量的表示方法

（1）空气干燥基弹筒发热量 Q_b。弹筒发热量是在实验室中用氧弹式量热计测定的实测值。测定方法是将约 1g 的煤样置于氧弹中，氧弹内充满压力为 2.8～3.2MPa 的氧气，点火燃烧，然后使燃烧产物冷却到煤的原始温度（20～50℃），在此条件下单位质量的煤所放出的热量即为弹筒发热量。这时，煤样中的碳完全燃烧生成二氧化碳；氢燃烧并经冷却生成液态水；硫和氮在氧弹内瞬时燃烧温度达 1500℃ 左右，与过剩氧作用生成三氧化硫 SO_3 和 NO_x，并溶于事先置于氧弹内的水中而形成硫酸和硝酸。生成酸的反应要放出热量，因而弹筒发热量要比在锅炉实际燃烧中煤释放的热量要高，故实测出来的弹筒发热量还要经过换算成煤的空气干燥基煤的高位发热量和低位发热量后才能使用。

（2）煤的高位发热量 Q_{gr}。高位发热量是指单位质量的煤完全燃烧时所放出的热量，它包括煤完全燃烧所生成的水蒸气全部凝结成水时放出的汽化潜热，称为高位发热量，用 Q_{gr} 表示。煤在常压空气流中燃烧时，其中的硫只能生成 SO_2，氮则会转化为游离氮，因此，煤在空气中燃烧便与氧弹内的燃烧生成物不同。煤样在氧弹内燃烧时产生的热量（即弹筒发热量 Q_b）减去硫和氮生成酸的校正值后所得的热量，即为高位发热量。

（3）煤的低位发热量 Q_{net}。低位发热量是指单位质量的煤完全燃烧时所放出的热量，它不包括煤完全燃烧所生成的水蒸气全部凝结成水时放出的汽化潜热，用 Q_{net} 表示。

现代大容量锅炉为防止尾部受热面低温腐蚀，排烟温度一般均在 120℃ 以上，烟气中的水蒸气在常压下不会凝结，汽化潜热未被利用。因此，我国在锅炉的有关计算中采用低位发热量。

3. 发热量的换算

我国在锅炉设计和计算中采用低位发热量，但煤的发热量又由弹筒式量热计中测得，测得的是弹筒发热量，因此要经过换算。

（1）由弹筒发热量换算成高位发热量公式为

$$Q_{gr,ad} = Q_{b,ad} - (95S_{b,ad} + \alpha Q_{b,ad}) \qquad (2-4)$$

式中　$Q_{gr,ad}$——分析试样的空气干燥基高位发热量，kJ/kg；

　　　$Q_{b,ad}$——分析试样的空气干燥基弹筒发热量，kJ/kg；

　　　$S_{b,ad}$——由弹筒洗液测得的含硫量，%；

　　　α——硝酸生成热的校正系数。

（2）收到基高位发热量与低位发热量之间的关系为

$$Q_{net,ar} = Q_{gr,ar} - 225H_{ar} - 25M_{ar} \qquad (2-5)$$

（3）空气干燥基高位发热量与低位发热量之间的关系为

$$Q_{net,ad} = Q_{gr,ad} - 225H_{ad} - 25M_{ad} \qquad (2-6)$$

（4）干燥基高位发热量与低位发热量之间的关系为

$$Q_{net,d} = Q_{gr,d} - 225H_d \qquad (2-7)$$

（5）干燥无灰基高位发热量与低位发热量之间的关系为

$$Q_{net,daf} = Q_{gr,daf} - 225H_{daf} \qquad (2-8)$$

不同基准的发热量是不同的，在进行不同基准发热量之间的换算时，应考虑水分的影响。对于高位发热量来说，水分存在只是占据质量的一部分，使可燃成分减少，导致发热量降低。因此，高位发热量之间可以采用像不同基准成分换算一样，选用相应的换算系数直接换算即可。

不同基准低位发热量的换算可以按下述方法进行：先将已知的低位发热量换算成同基准的高位发热量，然后查出相应的换算系数，进行不同基准的高位发热量的换算，求出所求基准的高位发热量，最后，进行所求基准高、低位发热量换算，即得出所求的低位发热量。

4. 折算成分

在锅炉的设计和运行中，为了更好地鉴别煤的性质，更准确地比较煤中各种有害成分（水分、灰分和硫分）对锅炉工作的影响，常用折算成分的概念来考虑。规定把相对于每4190kJ/kg（即 1000kcal/kg）收到基低位发热量的煤所含收到基水分、灰分和硫分，分别称为折算水分、折算灰分、折算硫分，并用下列各式计算。

折算水分：

$$M_{ar,zs} = \frac{M_{ar}}{\dfrac{Q_{net,ar}}{4190}} = 4190 \frac{M_{ar}}{Q_{net,ar}} \quad \% \tag{2-9}$$

折算灰分：

$$A_{ar,zs} = \frac{A_{ar}}{\dfrac{Q_{net,ar}}{4190}} = 4190 \frac{A_{ar}}{Q_{net,ar}} \quad \% \tag{2-10}$$

折算硫分：

$$S_{ar,zs} = \frac{S_{ar}}{\dfrac{Q_{net,ar}}{4190}} = 4190 \frac{S_{ar}}{Q_{net,ar}} \quad \% \tag{2-11}$$

当煤中的 $M_{ar,zs} > 8\%$ 时，称为高水分煤；当 $A_{ar,zs} > 4\%$ 时，称为高灰分煤；当 $S_{ar,zs} > 0.2\%$ 时，称为高硫分煤。

5. 标准煤和标准煤耗率

（1）标准煤。各种不同种类的煤具有不同的发热量，并且往往差别很大，同一燃烧设备在相同的工况下，燃烧发热量低的煤其煤耗量就大，反之，燃烧发热量高的煤，其煤耗量就小，所以不能简单地用实际煤耗量的大小作为比较各厂之间设备运行经济性好坏的依据。为了使各厂之间的设备运行经济性具有可比性，引用了标准煤的概念。

所谓标准煤是指收到基低位发热量为 29310kJ/kg（7000kcal/kg）的煤称为标准煤，可用下式计算标准煤耗量，即

$$B_b = \frac{B \cdot Q_{net,ar}}{29310} \quad kg/h \tag{2-12}$$

式中　B——电厂实际煤耗量，kg/h；

B_b——电厂标准煤耗量，kg/h。

在比较两个电厂的煤耗时，可用式（2-12）先折算为标准煤耗后再比较。

（2）原煤煤耗率是指发电厂或机组生产 1kWh（即 1 度电）的电能所消耗的原煤量，用符号 b 表示，单位为 kg/kWh，即

$$b = \frac{B}{N} \quad kg/kWh \tag{2-13}$$

式中 N——发电厂或机组每小时生产的电能，kWh/h。

（3）标准煤耗率是指发电厂或机组生产 1kWh 的电能所消耗的标准煤量，用符号 b_b 表示，单位为 kg/kWh，即

$$b_b = \frac{B_b}{N} \quad \text{kg/kWh} \tag{2-14}$$

标准煤耗率是全厂性或整台发电机组的经济指标，它与锅炉、汽轮机、发电机等设备及其系统的运行经济性有关，特别是锅炉的运行经济性对降低电厂煤耗率影响较大。一般中压电厂的发电煤耗率为 450～500g（标准煤）/kWh，高压电厂的发电煤耗率为 350～400g（标准煤）/kWh，超高压电厂的发电煤耗率约在 350g（标准煤）/kWh 以下。

二、煤灰的熔融特性

1. 煤灰成分及煤灰熔融特性

煤在燃烧后残存的灰分是由各种矿物成分组成的混合物，灰的成分主要有氧化硅（SiO_2）、氧化铝（Al_2O_3）、各种氧化铁（FeO、Fe_2O、Fe_3O_4）、钙镁氧化物（CaO、MgO）及碱金属氧化物（K_2O、Na_2O）等。这些成分的熔化温度各不相同。由于灰是由多种成分组成，所以它没有固定的由固相转为液相的熔融温度。因此，煤灰的熔融过程需要经历一个较宽的温度区间。煤灰在高温灼烧时，某些低熔点组分开始熔融，并与另外一些组分发生反应形成复合晶体，此时它们的熔融温度将更低。在一定温度下，这些组分还会形成熔融温度更低的某种共熔体。这种共熔体有进一步溶解灰中其他高熔融温度物质的能力，从而改变煤灰的成分及其熔体的熔融温度。

目前普遍采用的煤灰熔融温度测定方法为角锥法。角锥法的角锥是底边长为 7mm 的等边三角形，高为 20mm。将锥体放在可以调节温度的并充满弱还原性（或半还原性）气体的

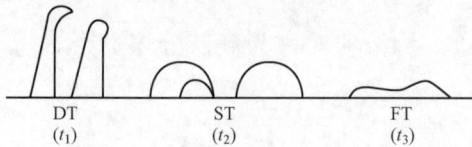

图 2-2 灰的熔融特性示意

专用硅碳管高温炉或灰熔点测定仪中，以规定的速率升温，加热到一定程度后，灰锥在自重的作用下，开始发生变形，随后软化和出现液态，角锥法就是根据目测灰锥在受热过程中形态的变化，用三种形态对应的特征温度来表示煤灰的熔融特性，如图 2-2 所示。

（1）变形温度 DT 是灰锥顶端开始变圆或弯曲时的温度。

（2）软化温度 ST 是灰锥锥体顶点弯曲至锥底面或锥体变成球形时的温度。

（3）熔化温度 FT 是灰锥锥体熔化成液体并能在底面流动时的温度。

通常用 DT、ST、FT 这三个特征温度来表示灰的熔融特性，在锅炉技术中多用软化温度作为熔融特性指标（或称为灰熔点）。

由于煤灰中含有多种成分，没有固定的熔点，故 DT、ST、FT 是液相和固相共存的三个温度，而不是固相向液相转化的界限温度，仅表示煤灰形态变化过程中的温度间隔。这个温度间隔对锅炉的工作有较大的影响，当温度间隔值在 200～400℃时，意味着固相和液相共存的温度区间较宽，煤灰的黏度随温度变化慢，冷却时可在较长时间保持一定黏度，在炉膛中易于结渣，这样的灰渣称为长渣，可用于液态排渣炉。当温度间隔值在 100～200℃时为短渣，此灰渣黏度随温度急剧变化，凝固快，适用于固态排渣炉。

2. 影响煤灰熔融性的因素

煤灰的熔融特性是判断锅炉运行中是否会结渣的主要因素之一，实际上影响灰熔融性的因素是多方面的，主要是煤灰的化学组成、煤灰周围高温的环境介质（气氛）性质及煤灰含量。

（1）煤灰化学成分。煤灰的化学成分比较复杂，分为酸性氧化物，如 SiO_2、Al_2O_3、TiO_3 和碱性氧化物 Fe_2O_3、CaO、MgO、Na_2O 和 K_2O 等，一般来说灰中高熔点成分（SiO_2、Al_2O_3、CaO、MgO）越多时，灰的熔点也越高；相反，含低熔点成分（FeO、Na_2O、K_2O）越多时，灰的熔点也越低。但是这些物质在纯净状态下本身熔点大都较高，当煤灰成分结合为共晶体或共晶体混合物时，会使灰熔点降低。

（2）煤灰周围高温介质的性质。煤灰周围高温介质的性质对灰熔融性有较大影响。当介质中存在还原性气体时，这些气体与灰中的高价氧化铁（Fe_2O_3）相遇，就会使高价氧化铁还原成低熔点的氧化亚铁（FeO），并可能与其他氧化物形成共熔体，使灰熔点降低。灰熔点随含铁量的增加而迅速下降。因此，介质气氛不同，会使灰熔点变化 $200\sim300℃$。

在锅炉运行中，炉内烟气难免有少量 CO 等还原性气体，通常把这种含少量还原性气的烟气称为半原性气氛或弱还原性气氛。为了使实验室测出的灰熔点与炉内实际情况比较接近，故一般在保持弱还原性气氛的电炉中测定灰的熔融特性。

（3）煤中灰分含量。当灰的成分和其所处周围高温介质性质相同而煤中灰分含量不同时，灰的熔点也会发生变化。灰量越多时灰中各种成分相互接触频繁，从而在高温下产生化合、分解、助熔作用的机会增多，使灰的熔点降低。

任务描述

该任务对应电厂燃料化验员及值班员岗位，可进行燃料发热量和煤灰的熔融性的测量，并根据测量结果进行燃料管理和燃烧控制，也是竞赛和证书考核内容中的具体对象，基本要求为掌握燃料发热量和煤灰的熔融性的测量方法，理解其对的燃烧的影响。课堂活动要求如下：

（1）了解煤的发热量的测量，进行煤的发热量的计算。

（2）进行标准煤和标准煤耗率的计算，对不同机组进行经济性比较。

（3）了解煤灰的熔融性测量过程，熟悉煤灰的熔融性参数。

任务拓展

垃圾的发热量

生活垃圾发热量是指单位质量的可燃垃圾完全燃烧时所放出的热量。随着我国国民经济的不断发展和人民生活水平的不断提高，日常生活垃圾的发热量不断提高。目前垃圾的发热量水平相当于普通煤炭的 $1/4$，热值具体数据在 $5400kJ/kg$ 左右，稳定燃烧过程中不需要添加煤、油或天然气等辅助燃料而能保持持续燃烧。现在国内的机械炉排炉都比较成熟，均能彻底焚烧生活垃圾，焚烧后的残渣是一种密实的、不会腐败的惰性稳定物质。

当垃圾的发热量小于 $3300kJ/kg$ 时，一般不易焚烧处理，$3300\sim5000kJ/kg$ 可采用焚烧处理，高于 $5000kJ/kg$ 适宜焚烧处理，经济性考虑要达到 $6280\sim7000kJ/kg$。通常采用生活垃圾分类收集和垃圾池储存 5~7 天降低入炉前水分的方法提高入炉垃圾发热量。

任务 4   煤粉及煤的可磨性认知

相关知识

煤粉细度及煤的可磨性的特性对于制粉系统的工作、锅炉燃烧的经济性和整个机组的工作都有很大的影响，为此必须加以研究。煤粉的特性主要表现在以下几个方面。

一、煤粉的流动性

通常电厂煤粉炉燃用的煤粉由形状很不规则、大小在 $0\sim500\mu m$ 的颗粒组成，其中大部分为 $20\sim50\mu m$ 的煤粉颗粒。新磨制的煤粉的堆积密度为 $0.45\sim0.5t/m^3$。当煤粉存放久后，由于震动和上层压力等的影响，堆积密度可增加到 $0.8\sim0.9t/m^3$，并使流动性减小，因此，煤粉仓中的煤粉亦不应存放太久。

新磨制的干煤粉，由于小而轻，因而在其表面上有吸附大量空气的能力，煤粉能够与空气混合而具有良好的流动性，制粉系统正是利用这个特性用管道对煤粉进行气力输送。煤粉的流动性给运行工作带来的不利方面是：煤粉会从不严密处泄漏出来，影响制粉系统安全运行和污染环境；此外，煤粉自流也会给运行带来不利影响。故对制粉系统的严密性和煤粉自流问题应给予足够的重视。

另外，干燥的煤粉也具有很强的吸湿性。煤粉吸收水分以后，会严重影响到其流动性能，从而影响煤粉的正常气力输送。故在制粉系统的煤粉仓设计中，要设法去除可能造成煤粉受潮的环境条件。

二、煤粉的自燃性和爆炸性

煤粉（挥发分很少的无烟煤除外）堆积在某一死区里，由于缓慢氧化而放出一些热量，会使其温度升高，而温度升高又会加剧煤粉的氧化，在散热不良的情况下会使温度到达煤的着火温度，造成煤粉自燃，这种现象称为煤粉的自燃性。

制粉系统中的煤粉自燃或由其他火源，会使气粉混合物被点着并迅速传播，形成大面积的着火燃烧，使压力升高到 $0.2\sim0.3MPa$ 并发出巨大的声响，这一现象称为煤粉的爆炸。煤粉爆炸将危及人身设备安全，并影响锅炉正常工作。为此，制粉系统的防爆十分重要。

影响煤粉爆炸的因素：煤粉的挥发分、水分、煤粉细度、气粉混合物的浓度、气粉混合物的流速、输送煤粉的气体中氧占的比例。

（1）煤粉挥发分。含挥发分多的煤粉易爆炸，含挥发分少的煤粉不易爆炸。当挥发分含量 $V_{daf}<10\%$ 时（无烟煤），一般是没有爆炸危险的。但当挥发分含量 $V_{daf}>20\%$ 时（烟煤等），因其很容易自燃，故爆炸的可能性很大。

（2）煤粉水分。煤粉越干燥越容易爆炸，反之潮湿的煤粉爆炸危险性就小。煤粉水分与磨煤机出口气粉混合物的温度有关。对于不同的煤种和制粉系统，只要控制适当的出口气粉混合物温度就可以防止煤粉过干引起爆炸。磨煤机出口气粉混合物温度不应超过表 2-3 中的规定。

表 2-3　　　　　　　　　　　磨煤机（分离器）出口气粉混合物的温度　　　　　　　　单位：℃

燃料	储仓式		直吹式	
	$M_{ar} \leqslant 25\%$	$M_{ar} \geqslant 25\%$	非竖井磨	竖井磨
页岩				80
褐煤	70	80	80	100
烟煤				130
贫煤	130		130	—
无烟煤	不限制			—

（3）煤粉细度。煤粉越细，越容易自燃和爆炸；反之煤粉越粗，爆炸性就越小。例如烟煤煤粉颗粒直径大于 0.1mm，几乎不会爆炸。对于挥发分含量高的煤不应磨得过细。

（4）煤粉浓度。煤粉浓度是影响煤粉爆炸的重要因素，实践证明，浓度为 1.2～2.0kg（煤粉）/m³（空气）时爆炸性最大，这是因为在该浓度下，火焰传播速度最快。大于或小于该浓度时，爆炸的可能性都会减小。在实际运行中一般很难避开这一危险浓度，然而气粉混合物只有在遇火源后才有可能发生爆炸，因此控制煤粉自燃对于防止煤粉爆炸是极为重要的。

（5）气粉混合物的流速。气粉混合物的流速对煤粉自燃和爆炸也有影响。流速过低，易造成煤粉沉积在某些死角上而引起自燃；流速过高又会引起静电火花，也将导致煤粉爆炸，故流速一般应控制在 16～30m/s 的范围内。

（6）输送煤粉的气体中氧占的比例。输送煤粉的气体中，氧占的比例越大，爆炸的可能性就越大，如气体中氧所占的比例小于 15%（体积分数）时则不会爆炸。

基于以上分析，对于含挥发分高的易爆燃料，为了防止煤粉爆炸现象的发生，应采取严格措施控制磨煤机出口气粉混合物的温度；将煤粉磨得粗些，在输送煤粉的气体中掺入适量的烟气（因其中含有 CO_2、N_2 等）以控制氧的比例；为了防止煤粉沉积，在制粉系统中应采取避免倾斜度小于 45°的管段且不得有死角、严格控制气粉混合物的流速、严格按规程对煤粉仓定期降粉和停炉时应将煤粉仓中的煤粉用尽、加强原煤管理、防止易燃和易燃物混入煤中等措施；在制粉系统中装设足够数量的防爆门，一旦发生煤粉爆炸，不致造成设备严重损坏。

三、煤粉水分

煤粉水分对煤粉流动性、煤粉爆炸性、燃烧的经济性以及磨煤机出力等都有很大的影响。

煤粉水分过大时，会使煤粉着火推迟，燃烧不易完全，煤粉水分太大，流动性差，还会使煤粉在煤粉仓、落粉管以及给粉机内结块，引起堵塞。煤粉如过于干燥，对于挥发分较高的烟煤和褐煤则将增加自燃和爆炸的可能性，另外深度干燥还将降低制粉系统的干燥出力，从而限制磨煤机的出力。所以煤粉水分应该根据输送的可靠性、燃烧的经济性以及制粉系统的安全性和经济性综合考虑。

四、煤粉细度和经济细度

1. 煤粉细度

煤粉细度是表明煤粉颗粒大小的指标，也是衡量煤粉品质的重要指标。煤粉过粗，在炉膛内不易烧尽，增加不完全燃烧热损失；煤粉过细，又会使制粉系统的电耗和金属磨耗增加。因此，煤粉细度应适当。

煤粉细度一般是按规定方法用标准筛来测定。将一定量的煤粉试样放在筛子上筛分，筛分后剩余在筛子上的煤粉量占筛分前总煤粉量的百分比，就称为煤粉细度，用 R_x 表示。

$$R_x = \frac{a}{a+b} \times 100\% \qquad (2-15)$$

式中　a——留在筛子上的煤粉重量；

　　　b——通过筛孔的煤粉重量；

　　　x——筛孔宽度，μm。

用同一号筛子筛分，残留在筛子上的煤粉量越多，R_x 值越大，煤粉越粗；若残留量相同即 R_x 值相同时，筛孔内边尺寸 X 越小，煤粉越细。各国标准筛的规格是不同的，我国采用的标准筛见表 2-4。

发电厂常用筛孔宽度为 $90\mu m$ 和 $200\mu m$ 的两种筛子，也就是说，常用 R_{90} 和 R_{200} 来表示煤粉细度。如果只用一个数值来表示煤粉细度，则常用 R_{90}。

表 2-4　　　　　　　　　　　　　　　煤粉筛子规格

筛号	每厘米长度上的筛格数	每平方厘米上的筛孔数	筛孔宽度/μm	金属丝宽度/μm
10	10	100	600	400
30	30	900	200	130
50	50	2500	120	80
70	70	4900	90	55
80	80	6400	75	50
100	100	10000	60	40

2. 煤粉的经济细度

煤粉细度对锅炉燃烧和制粉系统运行的经济性有较大影响。煤粉颗粒越细，越容易燃

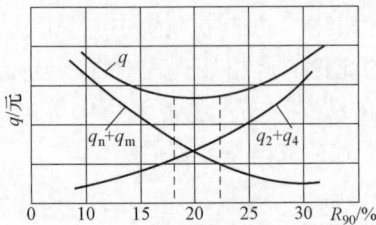

图 2-3　煤粉经济细度的确定

q_2—排烟热损失；q_4—机械不完全燃烧热损失；q_n—制粉耗电量；q_m—制粉金属磨损

尽，有利于减少机械不完全燃烧热损失 q_4；煤粉细可适当减少炉内过量空气量，降低锅炉排烟热损失 q_2。但煤粉过细，会增大制粉耗电量 q_n 和制粉过程的金属磨损 q_m，从而增加制粉系统运行费用。使 q_2、q_4、q_n、q_m 之和为最小的煤粉细度称为煤粉的经济细度，如图 2-3 所示。

煤粉经济细度和煤的性质、制粉设备的工作特性和燃烧设备等因素有关。一般挥发分较多易于燃烧的煤种为降低制粉电耗，煤粉颗粒允许磨得粗一些；而挥发分较少的煤，为减少机械不完全燃烧热损失，煤粉颗粒应相对磨得细一些。实际工作中对于不同煤种和不同燃烧设备，煤粉经济细度可通过试验确定，如无试验数据，可参考表 2-5 选用。

表 2-5　　　　　　　　　　　　　　　经济煤粉细度推荐值

煤种	$R_{90}/\%$
褐煤	30～60
烟煤	15～35
贫煤	12～20
无烟煤	5～12

五、煤粉的均匀性

煤粉的颗粒特性单用煤粉细度来表示是不全面的,还要看煤粉的均匀性。

煤粉的均匀性是表示煤粉颗粒大小均匀一致的特性,煤粉均匀性对燃烧和制粉系统的经济性均有影响,也是衡量煤粉品质的一个重要指标。煤粉颗粒粗细不一,其过粗的煤粉将增大不完全燃烧热损失,过细的煤粉又会增大制粉电耗和金属损耗,使锅炉运行经济性下降。

六、煤的可磨性系数

不同煤种的机械强度不同,其破碎的难易程度不同。这一性质称为煤的可磨性。煤的可磨性用可磨性系数 K_{km} 表示,即在空气干燥状态下,将相同质量的标准煤和试验煤由相同初始粒度破碎到相同的煤粉细度时所消耗能量的比值:

$$K_{km} = \frac{E_b}{E_s} \tag{2-16}$$

式中 E_b、E_s——磨制标准煤和试验煤时所消耗的能量。

标准煤取用极难磨制的无烟煤。显然,标准煤的可磨性系数 $K_{km}=1$。比标准煤软的煤,磨制时消耗的能量较少,其可磨性系数 $K_{km}>1$。通常认为,$K_{km}<1.2$ 的煤是难磨的煤种,$K_{km}>1.5$ 的煤是易磨的煤种。

另外,一些国家常采用一种哈氏可磨性系数 K_{km}^{ha} 来表示。K_{km}^{ha} 与 K_{km} 只是测定的方法不同,两者的关系可用式(4-6)换算,即

$$K_{km} = 0.0034 (K_{km}^{ha})^{1.25} + 0.61 \tag{2-17}$$

哈氏法是以一小型中速球磨机作为测试机,当主轴运转 60 转后,测定 50g 一定粒度的煤样中通过孔径为 74μm 筛子的煤粉量。可磨性系数可按下式确定:

$$K_{km}^{ha} = 6.93G + 13 \tag{2-18}$$

式中 G——通过孔径为 74μm 筛子的煤粉量,g。

煤的可磨性系数对磨煤机的出力和制粉电耗有较大的影响,是选择磨煤机类型、计算磨煤机出力与电耗的重要依据。

任务描述

该任务对应电厂燃料化验员及值班员岗位,可进行煤粉细度及可磨性系数的测量,并根据测量结果进行燃料管理和燃烧控制,也是竞赛和证书考核内容中的内容。课堂活动要求如下。

(1)进行煤粉细度的测量及计算。

(2)进行煤可磨性系数的测量及计算。

(3)编写煤粉细度及煤可磨性系数测量的实验报告。

任务拓展

超临界压力机组煤粉细度

超临界压力机组煤粉细度经常用 200 目筛通过量来表达,标准目数 200 目是指 1 英寸×1 英寸(1 英寸约合 2.54cm)内有 200 个网孔的筛网,筛孔尺寸约为 0.0750mm。例如某电厂设计煤粉细度为 200 目筛通过量 85%。

项目三　锅炉燃烧物质平衡及计算

项 目 描 述

　　锅炉分物质平衡和能量平衡，物质平衡即锅炉燃料燃烧计算，指输入锅炉的物质和输出锅炉物质之间的质量平衡关系；能量平衡即锅炉热平衡计算，指输入锅炉的能量和输出锅炉能量之间的平衡关系。本项目主要任务是确定燃料完全燃烧所需的空气量、燃烧生成的烟气量和烟气焓等。燃烧计算是进行锅炉设计、改造以及选择锅炉辅机的基础，也是正确进行锅炉经济运行调整的基础。

学 习 目 标

1. 技能目标
（1）能进行燃料燃烧所需的空气量和生成烟气量的计算。
（2）能进行烟气成分分析。
（3）能对锅炉运行时的烟气量、过量空气系数进行计算。
（4）能进行某受热面漏风量的计算并判断漏风程度。
（5）能根据公式进行空气和烟气焓的计算。

2. 知识目标
（1）理解燃烧所需空气量及过量空气系数的概念。
（2）熟悉烟气成分，掌握烟气分析的定义及方法。
（3）掌握过量空气系数及漏风系数的计算方法。
（4）了解烟气焓的计算方法。

3. 价值目标
通过计算体会锅炉节能环保要求。

任务1　燃烧所需空气量及烟气量的计算

相 关 知 识

一、燃料燃烧所需空气量及过量空气系数
　　燃烧是燃料中可燃元素（C，H，S）与空气中的氧气（O_2）在高温条件下所发生的强烈化学反应并放热的过程。因此，燃烧所需空气量可根据燃烧的化学反应关系进行计算。计算中把空气与烟气中的组成气体都当成理想气体，即在标准状态（0.101MPa 大气压力和0℃）下，1kmol 理想气体的容积等于 22.4m^3。

1. 理论空气量

1kg（或 1m³）收到基燃料完全燃烧而又没有剩余氧存在时所需要的空气量称为理论空气需要量，用符号 V^0 表示，其单位为 m³/kg（或 m³/m³）。理论空气量可根据燃料的燃烧方程式推导出的 1kg 燃料完全燃烧所需的空气量，以 1kg（或 1m³）收到基燃料为基础。

煤的燃烧实际上是煤中可燃物碳、氢、硫的燃烧。

（1）碳的燃烧反应。

碳完全燃烧时，其化学反应式为

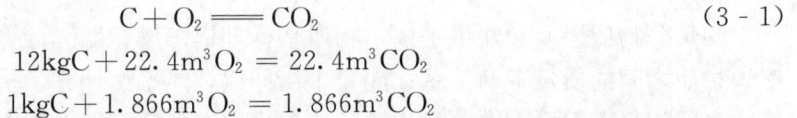

$$C + O_2 = CO_2 \tag{3-1}$$
$$12kgC + 22.4m^3O_2 = 22.4m^3CO_2$$
$$1kgC + 1.866m^3O_2 = 1.866m^3CO_2$$

由此可得：1kg 碳完全燃烧时需要 1.866m³ 氧气，并生成 1.866m³ 二氧化碳。

1kg 燃料中含碳量为 $\frac{C_{ar}}{100}$kg，1kg 燃料中的碳完全燃烧需要的氧气量为 $1.866\frac{C_{ar}}{100}$m³。

（2）氢的燃烧反应。

氢的燃烧反应式为

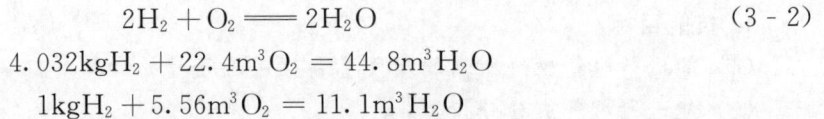

$$2H_2 + O_2 = 2H_2O \tag{3-2}$$
$$4.032kgH_2 + 22.4m^3O_2 = 44.8m^3H_2O$$
$$1kgH_2 + 5.56m^3O_2 = 11.1m^3H_2O$$

1kg 氢完全燃烧时需要 5.56m³ 氧气，并产生 11.1m³ 水蒸气。

1kg 燃料中含氢 $\frac{H_{ar}}{100}$kg，1kg 燃料中的氢完全燃烧所需要的氧气量为 $5.56\frac{H_{ar}}{100}$m³。

（3）硫的燃烧反应。

硫的燃烧反应式为

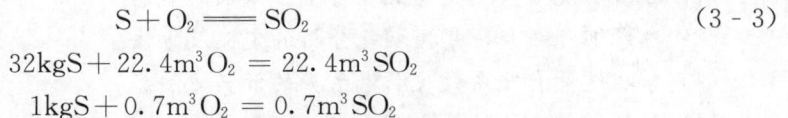

$$S + O_2 = SO_2 \tag{3-3}$$
$$32kgS + 22.4m^3O_2 = 22.4m^3SO_2$$
$$1kgS + 0.7m^3O_2 = 0.7m^3SO_2$$

1kg 硫完全燃烧时需要 0.7m³ 氧气，并产生 0.7m³ 二氧化硫。

1kg 燃料中含硫 $\frac{S_{ar}}{100}$kg，1kg 燃料中的硫完全燃烧需要的氧气量为 $0.7\frac{S_{ar}}{100}$m³。

燃料燃烧时，1kg 燃料本身释放出的氧气量为 $0.7\frac{O_{ar}}{100}$m³ $\left(\frac{22.41}{32}\times\frac{O_{ar}}{100}\right)$

综上所述，1kg 燃料完全燃烧时，需要从空气中取得的理论氧气量为

$$V^0_{O_2} = 1.866\frac{C_{ar}}{100} + 5.56\frac{H_{ar}}{100} + 0.7\frac{S_{ar}}{100} - 0.7\frac{O_{ar}}{100} \quad m^3/kg \tag{3-4}$$

空气中氧的体积含量为 21%，所以 1kg 燃料完全燃烧所需要的理论空气量为

$$V^0 = \frac{V^0_{O_2}}{0.21} = 0.0889C_{ar} + 0.265H_{ar} + 0.0333S_{ar} - 0.0333O_{ar}$$
$$= 0.0889(C_{ar} + 0.375S_{ar}) + 0.265H_{ar} - 0.0333O_{ar} \quad m^3/kg \tag{3-5}$$

式（3-5）中把 C_{ar} 和 S_{ar} 合并在一起，是因为 C 和 S 的完全燃烧反应可写成通式 $R + O_2 = RO_2$，其中 $R = C_{ar} + 0.375S_{ar}$，相当于 1kg 燃料中"当量碳量"。此外还因为进行烟气分

析时，它们的燃烧产物 CO_2 和 SO_2 的体积总是一起测定。

2. 实际供给空气量

燃料在炉内燃烧时很难与空气达到完全理想的混合，如仅按理论空气需要量给它供应空气，必然会有一部分燃料得不到它所需要的氧而达不到完全燃烧，为了使燃料在炉内能够燃烧完全，减少不完全燃烧热损失，实际送入炉内的空气量要比理论空气量大些，这一空气量称为实际供给空气量，用符号 V_k 表示，单位为 m^3/kg（或 m^3/m^3）。

3. 过量空气系数

实际供给空气量与理论空气量之比，称为过量空气系数，用符号 α 表示（在空气量计算时用 β 表示），即

$$\alpha = \frac{V_k}{V^0} \tag{3-6}$$

有了过量空气系数 α，实际空气量即可表示为

$$V_k = \alpha V^0 \quad m^3/kg \tag{3-7}$$

实际供给空气量与理论空气量之差，称为过量空气量，用 ΔV 表示，即

$$\Delta V = V_k - V^0 = (\alpha - 1)V^0 \quad m^3/kg \tag{3-8}$$

对相同成分的燃料，其理论空气量相同，此时只要确定 α，即可表示其实际供应空气量的多少，对不同类型的锅炉、不同的燃料，其 α 不同。实际过量空气系数 α，一般是指炉膛出口处的过量空气系数，这是因为炉内燃烧过程是在炉膛出口处结束。过量空气系数是锅炉运行的重要指标，太大会增大烟气容积使排烟损失增加，太小则不能保证燃料完全燃烧。α 的大小与燃料种类、燃烧方式以及燃烧设备的完善程度有关，应通过试验确定。各种锅炉在燃用不同燃料时的 α 值列于表 2-4 中。

二、烟气成分

燃料燃烧后生成的产物是烟气及其携带的灰粒和未燃尽的碳粒。烟气中的固体颗粒占容积百分比很小，通常计算时都略去不计。烟气是由多种气体成分组成的混合物，烟气中包含的气体成分如下：

用 V_y 表示 1kg 燃料燃烧生成的烟气总容积，用 V_{CO_2}、V_{SO_2}、V_{H_2O}、V_{N_2}、V_{O_2}、V_{CO} 分别表示二氧化碳（CO_2）、二氧化硫（SO_2）、水蒸气（H_2O）、氮气（N_2）、氧气（O_2）、一氧化碳（CO）的分容积。

（1）当 $\alpha=1$ 且完全燃烧时，烟气是由 CO_2、SO_2、N_2 和 H_2O 四种气体成分组成。故烟气容积为上述四种气体成分分容积之和，即

$$V_y = V_{CO_2} + V_{SO_2} + V_{N_2} + V_{H_2O} \quad m^3/kg \tag{3-9}$$

（2）当 $\alpha>1$ 且完全燃烧时，烟气是由 CO_2、SO_2、N_2、O_2 和 H_2O 五种气体成分组成，故烟气容积为上述五种气体成分分容积之和，即

$$V_y = V_{CO_2} + V_{SO_2} + V_{N_2} + V_{O_2} + V_{H_2O} \quad m^3/kg \tag{3-10}$$

（3）当 $\alpha\geqslant1$ 且不完全燃烧时，烟气中除上述五种气体成分外还有 CO、H_2 及 CH_4 等可燃气体。通常烟气中的 H_2 及 CH_4 等可燃气体的含量极微，可以忽然不计，而只考虑 CO 成分，故烟气可认为是由 CO_2、SO_2、CO、N_2、O_2 和 H_2O 六种气体成分组成。而烟气容积为上述六种气体成分分容积之和，即

$$V_y = V_{CO_2} + V_{SO_2} + V_{CO} + V_{N_2} + V_{O_2} + V_{H_2O} \quad m^3/kg \tag{3-11}$$

三、根据燃烧化学反应计算烟气容积

在设计锅炉时，是根据 $\alpha>1$ 且完全燃烧时的化学反应关系来计算烟气容积的。为便于理解，一般先计算理论烟气容积，在此基础上再考虑过量空气容积和随同这部分过量空气带入的水蒸气容积，即可算出该烟气的实际（总）容积。

1. 理论烟气容积 V_y^0

当 $\alpha=1$ 且燃料完全燃烧时，这时生成的烟气容积称为理论烟气容积，用符号 V_y^0 表示，其单位为 m^3/kg。

由上可知，理论烟气容积是由四种气体成分分容积组成，即

$$V_y^0 = V_{CO_2} + V_{SO_2} + V_{N_2}^0 + V_{H_2O}^0 \quad m^3/kg \tag{3-12}$$

（1）二氧化碳和二氧化硫的容积（V_{RO_2}）的计算。1kg 燃料中的 C 和 S 完全燃烧时生成的 CO_2 与 SO_2 的容积为

$$V_{RO_2} = V_{CO_2} + V_{SO_2} = 1.866\frac{C_{ar}}{100} + 0.7\frac{S_{ar}}{100} = 1.866\left(\frac{C_{ar} + 0.375S_{ar}}{100}\right) \quad m^3/kg \tag{3-13}$$

（2）理论氮气容积（$V_{N_2}^0$）的计算。

烟气中的氮气来源于理论空气量中的氮和 1kg 燃料本身所含的氮，即

$$V_{N_2}^0 = 0.79V^0 + 0.8\frac{N_2}{100} \quad m^3/kg \tag{3-14}$$

（3）理论水蒸气容积（$V_{H_2O}^0$）的计算。

对于固体燃料，烟气中的理论水蒸气容积来源于三个方面，即

1）1kg 燃料中的 H 完全燃烧生成的水蒸气为

$$11.1 \times \frac{H_{ar}}{100} = 0.111H_{ar} \quad m^3/kg$$

2）1kg 燃料中的水分形成的水蒸气为

$$\frac{22.4}{18} \times \frac{M_{ar}}{100} = 0.0124M_{ar} \quad m^3/kg$$

3）理论空气量 V^0 带入的水蒸气为

空气含湿量是指 1kg 干空气带入的水蒸气量，用符号 d_k 表示，单位为 g/kg（干空气），一般为 10g/kg（干空气）。因此

$$1.293 \times \frac{d_k}{1000} \times \frac{22.4}{18} V^0 = 1.293 \times \frac{10}{1000} \times \frac{22.4}{18} V^0 = 0.0161V^0 \quad m^3/kg$$

理论水蒸气容积为

$$V_{H_2O}^0 = 0.111H_{ar} + 0.0124M_{ar} + 0.0161V^0 \quad m^3/kg \tag{3-15}$$

2. 实际烟气容积

1kg 燃料在 $\alpha>1$ 的情况下完全燃烧时，即在有过量空气的情况下进行。这部分过量空气不参与化学反应全部进入烟气中，随同这部分过量空气还带入一部分水蒸气，即实际烟气容积 V_y 为理论烟气容积、过量空气容积与过量空气所带入的水蒸气容积三部分之和，即

$$V_y = 1.866\left(\frac{C_{ar} + 0.375S_{ar}}{100}\right) + 0.8\frac{N_{ar}}{100} + 0.79V^0 + 11.1\frac{H_{ar}}{100} + 1.24\frac{M_{ar}}{100}$$
$$+ 0.0161V^0 + (a-1)V^0 + 0.0161(a-1)V^0$$

$$= 0.01866(C_{ar} + 0.375S_{ar}) + 0.008N_{ar} + 0.111H_{ar} + 0.0124M_{ar}$$
$$+ 1.0161aV^0 - 0.21V^0 \quad m^3/kg \tag{3-16}$$

任 务 描 述

该任务对应值班员、锅炉专工及技术员岗位，可进行理论空气量、实际空气量及烟气量的计算，也是竞赛和证书考核的内容，为机组节能分析及燃烧控制做准备。课堂活动要求如下。

某电厂燃料及热平衡计算结果见表 3-1（后面多项任务均用到该表中数据）。

表 3-1   某电厂燃料及热平衡计算结果

序号		项目	符号	单位	获得方法	数值	
1		锅炉负荷	D	t/h	测量	80%负荷	100%负荷
2	燃料特性	收到基碳分	C_{ar}	%	计算	57.99	57.65
		收到基氢分	H_{ar}	%	计算	2.67	2.6
		收到基氧分	O_{ar}	%	计算	3.85	3.67
		收到基氮分	N_{ar}	%	计算	0.8	0.78
		收到基硫分	S_{ar}	%	计算	0.31	0.37
		收到基灰分	A_{ar}	%	计算	25.17	25.93
		收到基水分	M_{ar}	%	计算	0.74	0.63
		收到基低位发热量	$Q_{ar,net}$	kJ/kg	计算	22537.8	22382
3		燃料物理显热	i	kJ/kg	计算	42.66	37.24
4		输入热量	Q_r	kJ/kg	计算	22580.4	22419.23
5		飞灰份额	α_{fh}	%	选取	0.9	0.9
6		炉渣份额	α_{lz}	%	计算	0.1	0.1
7		飞灰可燃物含量	C_{fh}	%	计算	6.6	6.4
8		炉渣可燃物含量	C_{lz}	%	计算	4.4	5.2
9		固体未完全燃烧损失	q_4	%	计算	2.5	2.55
10		燃料特性系数	β		计算	0.08969	0.08821
11		煤粉细度	R_{90}	%	测量	15.44	15.44
12	排烟成分	排烟的 RO_2	RO_2	%	测量	12.28	13.13
		排烟的 O_2	O_2	%	测量	7.02	6.68
		排烟的 N_2	N_2	%	计算	80.07	80.19
13		排烟过量空气系数	α		计算	1.5605	1.5342
14		排烟处干烟气容积	V_{gy}	m^3/kg	计算	8.6122	8.4009
15		理论空气量	V^0	m^3/kg	计算	5.7458	5.7024
16		空气含湿量	d	kJ/kg	测量	0.01263	0.01099
17		排烟处水蒸气量	V	m^3/kg	计算	0.5534	0.5214
18		排烟温度	t	℃	测量	145.75	147.49

续表

序号	项目	符号	单位	获得方法	数值	
19	冷空气温度	t	℃	测量	31.02	27.2
20	排烟处烟气焓	H	kJ/kg	计算	1437.17	1467.04
21	排烟热损失	q_2	%	计算	6.36	6.54
22	化学不完全燃烧热损失	q_3	%	计算	0	0
23	排烟处飞灰比焓	h_{fh}	kJ/kg	查表	97.61	102.4
24	炉渣温度	t	℃	选取	800	800
25	炉渣比焓	h_{lz}	kJ/kg	查表	740.53	744.21
26	灰渣物理热损失	q_6	%	计算	0.19	0.2
27	额定负荷散热损失	q^e	%	查图	0.65	0.65
28	试验负荷散热损失	q_5	%	计算	0.81	0.65
29	热损失总和	Σq	%	计算	9.87	9.95
30	锅炉热效率	η	%	计算	90.13	90.05

（1）根据表 3-1 中试验数据进行理论空气量计算并与表中结果对照。

（2）根据表 3-1 中试验数据进行理论烟气量计算。

任务拓展

微课 3-1
碳达峰碳中
和战略概述

任务2 烟 气 分 析

相 关 知 识

一、烟气成分分析

烟气成分是指以 1kg 燃料燃烧生成的干烟气容积 V_{gy} 为基础，测出烟气中各气体成分分容积占干烟气容积的百分数。如果以 CO_2、SO_2、O_2、N_2 和 CO 分别表示干烟气中二氧化碳、二氧化硫、氧、氮和一氧化碳的成分容积含量百分数，则有

$$CO_2 = \frac{V_{CO_2}}{V_{gy}} \times 100\% \tag{3-17}$$

$$SO_2 = \frac{V_{SO_2}}{V_{gy}} \times 100\% \tag{3-18}$$

$$O_2 = \frac{V_{O_2}}{V_{gy}} \times 100\% \qquad\qquad (3-19)$$

$$CO = \frac{V_{CO}}{V_{gy}} \times 100\% \qquad\qquad (3-20)$$

$$N_2 = \frac{V_{N_2}}{V_{gy}} \times 100\% \qquad\qquad (3-21)$$

$$CO_2 + SO_2 + O_2 + CO + N_2 = 100\% \qquad\qquad (3-22)$$

上列各式中 V_{CO_2}、V_{SO_2}、V_{O_2}、V_{N_2}、V_{CO}、V_{gy} 为 1kg 燃料燃烧生成的烟气中相应气体的容积，单位为 m^3/kg。

因为二氧化碳和二氧化硫在烟气分析时不易分开，故 $CO_2 + SO_2 = RO_2$。上式可改写成

$$RO_2 + O_2 + CO + N_2 = 100\% \qquad\qquad (3-23)$$

二、烟气分析仪

烟气中的各种气体成分含量是用烟气分析仪测定的。目前发电厂较为普遍使用的是奥氏烟气分析仪。随着测试技术的发展，色谱分析仪、红外线烟气分析仪等也逐步得到使用。奥氏烟气分析仪是将一定容积的烟气试样顺序和某些化学吸收剂相接触，对烟气的各组成气体逐一进行选择性吸收，每次减少的容积即是被测成分在烟气中所占的容积。这种方法又称为化学吸收法。

奥氏烟气分析仪包括三个吸收瓶、一个量管、一个平衡瓶和梳形管等，如图 3-1 所示。

（1）吸收瓶。第一个吸收瓶内装有氢氧化钾 KOH 水溶液，用来吸收烟气中 RO_2（$RO_2 = CO_2 + SO_2$），即二氧化碳 CO_2 和二氧化硫 SO_2；第二个吸收瓶内装有焦性没食子酸 $C_6H_3(OH)_3$ 的碱溶液，用来吸收烟气中的氧气 O_2，它也能吸收二氧化碳和二氧化硫；第三个吸收瓶内装有氯化亚铜氨 $Cu(NH_3)_2Cl$ 溶液，用来吸收烟气中的一氧化碳 CO，它也能吸收氧气。

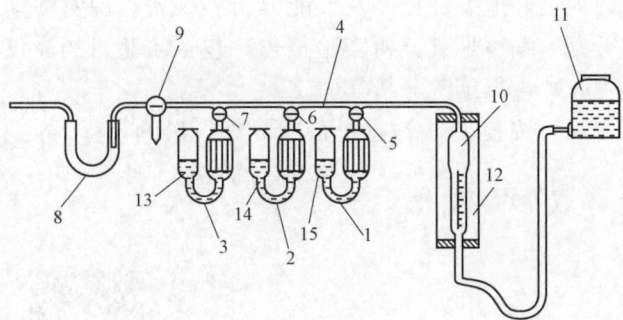

图 3-1 奥氏分析仪

1、2、3—吸收瓶；4—梳形管；5、6、7—旋塞；8—过滤器；
9—三通旋塞；10—量管；11—平衡瓶；12—水套管；
13、14、15—缓冲瓶

（2）量管。量管上标有刻度，用来测量气体容积。量管顶部有引入气体或排出气体的通口，末端用橡胶管与平衡瓶相连。

（3）平衡瓶。平衡瓶内装有一定量的饱和食盐水，与大气相通，底部的出口与量筒下端用橡胶管相连，通过提升或降低平衡瓶的位置，使量筒内的溶液上升或下降，排出或吸入烟气。

（4）梳形管。梳形管是连接量筒和各吸收瓶的通道。

操作步骤：先检查系统的严密性，将旋塞 9 打开，将平衡瓶 11 提高，使量管内的水面提高到一定高度，关闭旋塞 9，观察水面保持不变，即观察严密性。再打开旋塞 9，将平衡瓶 11 提高，使量管中的空气排放掉，关闭旋塞 9，再打开旋塞 5，把平衡瓶放低，将吸收瓶 1 内的空气吸到量管中，关闭旋塞 5，将旋塞 9 打开，将平衡瓶 11 提高，使量管中的空气排

放掉，同样方法将吸收瓶 2 和 3 内的空气排放掉，将旋塞 9 打开，放低平衡瓶，将经过过滤器 8 的烟气吸入量管至 100 处，关闭旋塞 9，提高平衡瓶，将烟气驱入吸收瓶 1 中，反复多次后，将烟气吸回到量管中，则烟气中的三原子气体 RO_2 被吸收尽，利用量管上的刻度可以测出烟气减少的容积，这减少的容积即为干烟气中三原子气体容积含量的百分数 RO_2。按同样的方法用吸收瓶 2 测出 O_2，用吸收瓶 3 测出 CO，最后在量管中剩余的气体即为 N_2。上述吸收程序不容颠倒。每次读数时，需将平衡瓶水位面与量管中的水位面对齐。由于 RO_2、O_2、CO 均已测出，N_2 也可求出。

应当指出，不论吸进烟气分析仪中的烟气是干烟气还是湿烟气，其分析结果均是干烟气成分的容积含量百分数。这是因为干烟气或湿烟气在吸入分析仪后，在量管中一直和水接触，因此烟气已是饱含水蒸气的饱和气体了。在定温、定压下饱和气体中的水蒸气和干烟气的容积比例是一定的。因此在选择性吸收过程中，随着烟气中某一成分被吸收，水蒸气也成比例地被凝结，这样量筒上读到的读数就是干烟气各成分的容积百分数。

任务描述

该任务对应电厂值班员、节能专工、锅炉专工及技术员等岗位，可对烟气进行化验分析，并根据化验结果进行燃烧控制，也是竞赛和证书考核内容，基本要求为能进行烟气分析，为更好地燃烧控制及节能分析做准备。课堂活动要求如下。

（1）编写烟气分析实验报告，包括实验目的、仪器、步骤、注意事项、结果及分析。

（2）进行烟气分析实验。

（3）按表 3-1 数据进行实际烟气量的计算。

知识拓展

微课 3-2
锅炉漏风

任务3 运行时锅炉烟气量、过量空气系数及漏风计算

相关知识

一、运行时锅炉烟气量计算

1. 根据烟气成分分析结果计算烟气容积

对于正在运行的锅炉，可根据烟气分析结果计算烟气容积。

由烟气分析可得

$$CO_2 + SO_2 + CO = \frac{V_{CO_2} + V_{SO_2} + V_{CO}}{V_{gy}} \times 100\% \qquad (3-24)$$

由燃料燃烧的化学反应可知，1kg 碳（C）不论生成二氧化碳（CO_2）还是生成一氧化碳（CO），其容积都是 $1.866m^3/kg$，因而 1kg 燃料中的碳燃烧时生成的二氧化碳（CO_2）和生成一氧化碳（CO）的容积计算如下：

$$V_{CO_2} + V_{CO} = 1.866\frac{C_{ar}}{100} \quad m^3/kg \qquad (3-25)$$

$$V_{CO_2} + V_{SO_2} + V_{CO} = 1.866\frac{C_{ar} + 0.375S_{ar}}{100} \quad m^3/kg \qquad (3-26)$$

由上两式可得干烟气容积

$$V_{gy} = 1.866\frac{C_{ar} + 0.375S_{ar}}{RO_2 + CO} \quad m^3/kg \qquad (3-27)$$

烟气总容积为

$$V_y = 1.866\frac{C_{ar} + 0.375S_{ar}}{RO_2 + CO} + V_{H_2O} \quad m^3/kg \qquad (3-28)$$

实际水蒸气容积比理论水蒸气容积仅仅多了过量空气带入的那部分水蒸气，即

$$V_{H_2O} = V_{H_2O}^0 + 1.293 \times \frac{10}{1000} \times \frac{22.4}{18}(\alpha-1)V^0 \quad m^3/kg \qquad (3-29)$$

2. 完全燃烧方程式

假定燃料在炉膛中完全燃烧，烟气分析所得的 RO_2 和 O_2 与燃料特性之间必然存在一定的关系，这种关系的表达式称为完全燃烧方程。

完全燃烧方程为

$$21 - O_2 = (1+\beta)RO_2 \qquad (3-30)$$

式中，O_2 和 RO_2 均为烟气成分分析数据；β 为燃料特性系数，与燃料特性有关，仅取决于燃料元素分析成分。计算如下：

$$\beta = 2.35\frac{H_{ar} - 0.126O_{ar} - 0.038N_{ar}}{C_{ar} + 0.375S_{ar}} \qquad (3-31)$$

由完全燃烧方程有

$$RO_2 = \frac{21 - O_2}{1+\beta} \quad \% \qquad (3-32)$$

燃料成分已定，β 也已知时，由式（3-32）可知，RO_2 的值是随烟气中 O_2 的大小而变化，而 O_2 又随过量空气系数大小而变化，当燃烧完全且烟气中无剩余氧（$\alpha=1$）时，$O_2 = 0$，由式（3-32）可知烟气中三原子气体所占份额将达到它的最大值，用 RO_2^{max} 表示，即

$$RO_2^{max} = \frac{21}{1+\beta} \quad \% \qquad (3-33)$$

可见 RO_2^{max} 的数值仅取决于燃料元素分析成分，也是表征燃料的一个特性值。在一定程度上可以判断用烟气分析仪测出的 RO_2 值是否正确。

3. 不完全燃烧方程式

当燃烧不完全且烟气中可燃物只有一氧化碳时，烟气分析所得的 RO_2、O_2 和 CO 与燃料特性之间的定量关系表达式称为不完全燃烧方程。

不完全燃烧方程

$$21 - O_2 = (1 + \beta)RO_2 + (0.605 + \beta)CO \qquad (3-34)$$

由不完全燃烧方程可以求出一氧化碳的含量，即

$$CO = \frac{21 - O_2 - (1+\beta)RO_2}{0.605 + \beta} \% \qquad (3-35)$$

二、运行时过量空气系数的计算

过量空气系数直接影响炉内燃烧的好坏及热损失的大小，所以运行中必须严格控制其大小。对于正在运行的锅炉，过量空气系数可根据烟气分析结果加以确定。

当燃料完全燃烧且忽略燃烧过程中燃料本身释放出来的氮时，过量空气系数可由下式计算：

$$\alpha = \frac{21}{21 - 79 \dfrac{O_2}{100 - (RO_2 + O_2)}} \qquad (3-36)$$

当燃料不完全燃烧且燃烧产物中只有一氧化碳存在时，过量空气系数为

$$\alpha = \frac{21}{21 - 79 \dfrac{O_2 - 0.5CO}{100 - (RO_2 + O_2 + CO)}} \qquad (3-37)$$

当不需要 α 的精确数值时，也可用下面的近似公式进行过量空气系数的计算：

$$\alpha \approx \frac{RO_2^{max}}{RO_2} \approx \frac{RO_2^{max}}{CO_2} \qquad (3-38)$$

将式（3-32）和式（3-33）代入上式，又可得

$$\alpha \approx \frac{RO_2^{max}}{RO_2} = \frac{21}{21 - O_2} \qquad (3-39)$$

由式（3-38）可知，对于一定的燃料，RO_2^{max} 为一定值，这样只要测烟气中 RO_2 含量或 CO_2 含量，就可以近似地确定出测量处的过量空气系数 α 的大小。由于发电厂中燃用的煤种是经常变动的，当燃料成分发生改变时，RO_2^{max} 也随之发生变化。此时尽管运行中继续保持原来的 RO_2 值，而实际上过量空气系数 α 已经改变了。这就表明用 RO_2 或 CO_2 值监视过量空气系数受燃料种类影响很大，相同的 RO_2 值，对于不同的燃料却表征不同的过量空气系数值，因此，在运行中，仅用 CO_2 含量确定 α 值，就可能引起误操作。

由式（3-39）可知，只要测出烟气中的氧量 O_2，就可以近似地确定过量空气系数 α 的大小。而且 O_2 与 α 二者之间存在这样的关系，即 O_2 大时，α 就大；反之 O_2 小时，α 就小。电厂锅炉一般采用磁性氧量计或氧化锆氧量计来测定烟气中的氧量 O_2。由于用烟气中过剩氧量 O_2 来监视过量空气系数大小，则煤种变化时对过量空气系数的影响很小，所以电厂采用氧量计监视运行中的过量空气系数较为普遍。

三、漏风系数的计算

一般电厂锅炉多为平衡通风负压运行（即炉内压力略低于外界大气压力），在炉膛及烟道的结构不十分严密的情况下，会有空气从炉外漏入炉内，从而沿烟气流程过量空气系数 α 不断增大。为了查明炉膛及烟道中各受热面的漏风程度，引用了漏风系数的概念。某一级受热面的漏风系数 $\Delta\alpha$ 为该级受热面的漏风量 ΔV 与理论空气量 V^0 的比值，即

$$\Delta\alpha = \frac{\Delta V}{V^0} \qquad (3-40)$$

某级受热面的漏风系数，也可用该级受热面出口过量空气系数 α'' 和进口过量空气系数 α'

的差表示，即

$$\Delta\alpha = \alpha'' - \alpha' \tag{3-41}$$

由式（3-40）或式（3-41）可知，只要测出某级受热面进、出口烟气中的 O_2 量或 CO_2 量，即可确定漏风系数的大小。

锅炉漏风直接关系到锅炉的安全经济运行，因此必须尽可能减少锅炉漏风。漏风系数与锅炉结构、安装及检修质量、运行操作情况等有关，烟道某处的过量空气系数可等于炉膛进口过量空气系数与前面各段烟道的漏风系数之和。

🎓 任 务 描 述

该任务对应值班员、节能专工、锅炉专工及技术员岗位，可进行运行时锅炉烟气量、过量空气系数及漏风量的计算，也是竞赛和证书的考核内容，为机组节能分析及燃烧控制做准备。课堂活动要求如下：

（1）根据表3-1中试验数据进行锅炉运行时烟气量的计算。

（2）根据表3-1中试验数据进行过量空气系数的计算。

（3）进行某受热面漏风系数的计算并判断漏风情况。

🌱 任 务 拓 展

烟气中飞灰浓度

飞灰浓度是指单位质量（或单位容积）的烟气中含的飞灰质量，用符号 μ 表示，单位是 kg/kg（或 kg/m³）。

$$\mu = \frac{A_{ar}\alpha_{fh}}{100G_y} \quad \text{kg/kg} \tag{3-42}$$

$$\mu = \frac{A_{ar}\alpha_{fh}}{100V_y} \quad \text{kg/m}^3 \tag{3-43}$$

式中　A_{ar}——燃料中灰的收到基成分；

　　　α_{fh}——烟气中飞灰量占燃料总灰量的份额，简称飞灰份额，固态排渣煤粉炉为0.95；

　　　G_y——1kg 收到基的燃料燃烧所生成的烟气质量，kg/kg。

燃料中除灰分以外，其余的物质都能在燃烧中气化而成为烟气的一部分，另外燃料燃烧时除给它供空气外，再没有加入其他物质，因此烟气的质量应等于除去灰分的燃料质量与给它供应的空气质量之和。对于1kg 燃料来说，除去灰分的燃料质量等于 $1-\dfrac{A_{ar}}{100}$；供应的空气质量等于 αV^0 乘以空气密度。已知干空气的密度 $\rho_{gk}=1.293$kg/m³（标准状态下），给燃料供应的空气一般是含有水蒸气的湿空气，由前已知，对应于每1kg 干空气的含湿量约10g，因此对应于每立方米干空气的湿空气的质量为

$$1.293 + 1.293 \times \frac{10}{1000} = 1.306 \quad \text{kg/m}^3$$

1kg 燃料燃烧生成的烟气质量 G_y 应为

$$G_y = 1 - \frac{A_{ar}}{100} \times 1 + 1.306\alpha V^0 \quad \text{kg/kg}$$

任务 4 空气和烟气焓的计算

相 关 知 识

在进行锅炉热力计算以及整理锅炉热平衡试验结果时都需要知道空气焓和烟气焓。

一、空气焓的计算

1. 理论空气焓的计算

1kg 燃料燃烧所需理论空气量在定压（通常为大气压）下从 0℃加热 θ℃到所要的热量称为理论空气焓，用 H_k^0 表示，单位为 kJ/kg。

理论空气焓用下式计算：

$$H_k^0 = V^0 (c\theta)_k \quad \text{kJ/kg} \tag{3-44}$$

式中　V^0——理论空气量，m^3/kg；

c_k——湿空气的比热容，$kJ/(m^3 \cdot ℃)$；

θ_k——空气温度（计算烟气焓时用烟气温度），℃。

2. 实际空气焓的计算

1kg 燃料燃烧所需实际空气量在定压（通常为大气压）下从 0℃加热 θ_k℃到所要的热量称为实际空气焓，用 H_k 表示，单位为 kJ/kg。

实际空气焓的计算

$$H_k = \beta H_k^0 = \beta V^0 c_k \theta_k \quad \text{kJ/kg} \tag{3-45}$$

式中　β——在空气量计算时表示过量空气系数的符号。

二、根据燃烧反应计算烟气焓

按燃烧反应计算烟气焓的公式如下：

$$H_y = H_y^0 + (\alpha - 1)H_k^0 + H_{fh} \quad \text{kJ/kg} \tag{3-46}$$

式中各项符号意义及计算如下：

（1）H_y^0——理论烟气的焓（$\alpha = 1$，完全燃烧），用下式计算：

$$H_y^0 = (V_{RO_2} c_{co_2} + V_{N_2}^0 c_{N_2} + V_{H_2O}^0 c_{H_2O})\theta_y \quad \text{kJ/kg} \tag{3-47}$$

式中　　V_{RO_2}——1kg 燃料燃烧生成的二氧化碳和二氧化硫的容积，m^3/kg；

$V_{N_2}^0$——1kg 燃料燃烧生成的理论氮气的容积，m^3/kg；

$V_{H_2O}^0$——1kg 燃料燃烧生成的理论水蒸气的容积，m^3/kg；

c_{CO_2}、c_{N_2}、c_{H_2O}——二氧化碳、氮气和水蒸气的比热容，$kJ/(m^3 \cdot ℃)$；

θ_y——烟气温度，℃。

（2）H_{fh}——飞灰的焓，用下式计算：

$$H_{fh} = \frac{A_{ar}}{100}\alpha_{fh}c_h\theta_y \quad \text{kJ/kg} \tag{3-48}$$

式中　A_{ar}——燃料的收到基灰分，%；

α_{fh}——飞灰中纯灰量占燃料总灰量的份额；

c_h——灰的比热容，$kJ/(m^3 \cdot ℃)$。

燃料含灰较少时 $\left(4190\dfrac{A_{ar}\alpha_{fh}}{Q_{ar,net}}\leqslant 6\right)$，$H_{fh}$ 可忽略不计。

任务描述

该任务对应节能专工、锅炉专工及技术员岗位，可进行空气焓、烟气焓的计算，也是竞赛和证书的理论考核内容，为机组节能分析及燃烧控制做准备。课堂活动要求如下：

根据表 3-1 中试验数据进行空气焓和烟气焓的计算。

任务拓展

焓 - 温表

由于烟气焓不仅随烟道各部的烟气温度不同而变化，而且也随烟道各部过量空气系数不同而变化，故计算烟道各部位的烟气焓将是一项十分繁杂的工作。为了简化计算手续和使用方便，在进行锅炉热力计算时，都需要事先编制烟气焓 - 温表或焓 - 温图，以便在不同的过量空气系数下知道温度可立即查出焓，或者知道焓立即可以查出温度。烟气焓 - 温表的编制如下：

（1）选择炉膛出口的过量空气系数及烟道各处的漏风系数，并根据分别为某段烟道的进口与出口过量空气系数的关系，计算出烟道各处的过量空气系数。

（2）对应于每一个值，根据该段烟道的温度范围假定几个烟气温度，分别用计算公式求得假定温度下的焓。

（3）根据各个过量空气系数下的烟气温度和焓，绘制成焓 - 温表。焓 - 温表的一般格式见表 3-2。

表 3-2 　　　　　　　　　　　　　　**烟气焓 - 温表**

θ_y/℃	H_y^0/ (kJ/kg)	H_k^0/ (kJ/kg)	H_{fh}/ (kJ/kg)	$H_y = H_y^0 + (\alpha-1)H_k^0 + H_{fh}$					
				α_1		α_2		…	
				H_y	ΔH_y	H_y	ΔH_y	H_y	ΔH_y
100									
200									
300									
…									

项目四　锅炉热平衡试验及分析

项目描述

锅炉热平衡是指输入锅炉的能量和输出锅炉能量之间的平衡关系。它是计算锅炉热效率、分析影响锅炉热效率的影响、提高锅炉热效率途径的基础,也是锅炉热效率试验的基础。本项目主要学习锅炉热平衡的意义、正反平衡求锅炉热效率的方法,了解锅炉热平衡试验方法。

学习目标

1. 技能目标
(1) 能进行锅炉正平衡求效率的计算。
(2) 能进行锅炉反平衡求效率的计算。
(3) 能根据反平衡求效率的计算结果分析锅炉运行状况。
(4) 能在现场和 DCS 画面找到反映锅炉效率的参数并记录。

2. 知识目标
(1) 理解锅炉热平衡的概念,能对锅炉热平衡进行分析。
(2) 掌握锅炉热效率的计算方法。
(3) 掌握各项热损失的影响因素。
(4) 掌握最佳过量空气系数、锅炉经济小指标的意义。
(5) 了解锅炉机组热平衡试验方法。

3. 价值目标
(1) 按章操作,认真负责,诚实守信。
(2) 团结协作,树立规范、标准意识。
(3) 追求精益求精,弘扬工匠精神。

任务 1　锅炉热平衡分析

相关知识

一、锅炉热平衡概念

燃料在锅炉中燃烧放出大量的热能,其中绝大部分热量被锅炉受热面中的工质吸收,这是被利用的有效热量。在锅炉运行中,燃料实际上不可能完全燃烧,其可燃成分未燃烧造成的热量损失称为锅炉未完全燃烧热损失;此外,燃料燃烧放出的热量也不可能完全得到有效的利用,有的热量被排烟、灰渣带走或透过炉墙损失了。这些损失的热量称为锅炉热损失,其大小决定了锅炉的热效率。

从能量平衡的观点来看，在稳定工况下，输入锅炉的热量应与输出锅炉的热量相平衡，锅炉的这种热量收、支平衡关系，就称为锅炉热平衡。输入锅炉的热量是指伴随燃料送入锅炉的热量。输出锅炉的热量可以分成两部分，一部分是有效利用热量，另一部分就是各项热损失。

锅炉热平衡是按 1kg 固体或液体燃料（对气体燃料则是 1m³）为基础进行计算的。在稳定工况下，锅炉热平衡方程式可写为

$$Q_r = Q_1 + Q_2 + Q_3 + Q_4 + Q_5 + Q_6 \quad kJ/kg \tag{4-1}$$

式中　Q_r——随 1kg 燃料的输入锅炉的热量，kJ/kg；

Q_1——对应于 1kg 燃料锅炉的有效利用热量，kJ/kg；

Q_2——对应于 1kg 燃料的排烟损失的热量，kJ/kg；

Q_3——对应于 1kg 燃料的化学不完全燃烧损失的热量，kJ/kg；

Q_4——对应于 1kg 燃料的机械不完全燃烧损失的热量，kJ/kg；

Q_5——对应于 1kg 燃料的锅炉散热损失的热量，kJ/kg；

Q_6——对应于 1kg 燃料的灰渣物理热损失的热量，kJ/kg。

将式（4-1）除以 Q_r 并表示成百分数，则可以建立以百分数表示的热平衡方程式，即

$$100 = q_1 + q_2 + q_3 + q_4 + q_5 + q_6 \quad \% \tag{4-2}$$

式中　$q_1 = \dfrac{Q_1}{Q_r} \times 100\%$——锅炉有效利用热量占输入热量的百分数；

$q_2 = \dfrac{Q_2}{Q_r} \times 100\%$——排烟热损失占输入热量的百分数；

$q_3 = \dfrac{Q_3}{Q_r} \times 100\%$——气体未完全燃烧热损失占输入热量的百分数；

$q_4 = \dfrac{Q_4}{Q_r} \times 100\%$——固体未完全燃烧热损失占输入热量的百分数；

$q_5 = \dfrac{Q_5}{Q_r} \times 100\%$——锅炉散热损失占输入热量的百分数；

$q_6 = \dfrac{Q_6}{Q_r} \times 100\%$——灰渣物理热损失占输入热量的百分数。

二、锅炉热平衡的意义

研究锅炉热平衡的目的和意义，就在于弄清燃料中的热量有多少被有效利用，有多少变成热损失，以及热损失分别表现在哪些方面和大小如何，以便判断锅炉设计和运行水平，进而寻求提高锅炉经济性的有效途径。锅炉设备在运行中应定期进行热平衡试验（通常称为热效率试验），以查明影响锅炉热效率的主要因素，作为改进锅炉工作的依据。

三、正、反平衡求锅炉热效率的方法

锅炉热效率可以通过两种测验方法得出，一种方法是测定输入热量 Q_r 和有效利用热量 Q_1 计算锅炉的热效率，称为正平衡求效率法或直接求效率法；另一种方法是通过测定锅炉的各项热损失 q_2、q_3、q_4、q_5、q_6 计算锅炉热效率，称为反平衡求效率法或间接求效率法。

四、常用反平衡求锅炉热效率的原因

目前电厂锅炉常用反平衡法求效率。这一方面是因为大容量高效率锅炉机组用正平衡法

求效率看来似乎比较简单，但由于燃料消耗量的测量相当困难，以及在有效利用热量的测定上常会引入较大的误差，此时反而不如利用反平衡法求效率更为方便和准确；另一方面是正平衡法只求出锅炉的热效率，而未求锅炉的各项热损失，因而就不利于对各项损失进行分析和提出改进锅炉效率的途径；再一方面是正平衡法要求比较长时间保持锅炉稳定工况，这是比较困难的。对于低效率（如 $\eta < 80\%$）的小容量锅炉，用正平衡法比较易于测定且误差也不大，如若只需要知道锅炉效率，而无需知道锅炉各项热损失，则可以采用正平衡法。

任务描述

该任务对应节能专工、锅炉专工及技术员岗位，可进行锅炉热平衡分析，也是竞赛和证书的理论考核内容，为机组节能分析及燃烧控制作准备。课堂活动要求如下：

根据表 3 - 1 中试验及计算数据进行锅炉热平衡分析。

任务拓展

超临界压力锅炉的主要热力特性的表达方式

某 600MW 超临界压力锅炉的主要热力特性计算结果如下：

锅炉热力特性（B - MCR 工况）

干烟气热损失	4.51%
氢燃烧生成水热损失	0.38%
燃料中水分引起的热损失	0.08%
空气中水分引起的热损失	0.06%
未燃尽碳热损失	0.70%
辐射及对流热损失	0.17%
未计入热损失	0.30%
计算热效率	89.47%（按 ASME PTC4.1 计算）
计算热效率（按低位发热量）	93.8%

任务2 锅炉正平衡求效率

相关知识

用正平衡法求锅炉效率是基于锅炉有效利用热量占输入热量的百分数，即

$$\eta = q_1 = \frac{Q_1}{Q_r} \times 100\% \tag{4 - 3}$$

可见，只要知道输入热量 Q_r 和有效利用热量 Q_1 就可求得锅炉热效率。

一、锅炉输入热量

锅炉输入热量是由锅炉范围以外输入的热量，不包括锅炉范围内循环的热量。对应于1kg 固体或液体，输入锅炉的热量 Q_r 包括燃料收到基低位发热量、燃料的物理显热、外来热源加热空气时带入的热量和雾化燃油用蒸汽带入的热量。

$$Q_r = Q_{net,ar} + Q_{rx} + Q_{wh} + Q_{wr} \quad kJ/kg \qquad (4-4)$$

式中　$Q_{net,ar}$——燃料的收到基低位发热量，kJ/kg；

　　　Q_{rx}——燃料的物理显热，kJ/kg；

　　　Q_{wh}——雾化燃油所用蒸汽带入的热量，kJ/kg；

　　　Q_{wr}——外来热源加热空气时带入的热量，kJ/kg。

燃料的物理显热在多数情况下是很小的，可忽略不计。只有用外来热源加热燃料时或固体燃料的水分较大 $\left(M_{ar} \geqslant \dfrac{Q_{net,ar}}{628}\%\right)$ 时才考虑。

对于燃煤锅炉，如煤和空气都未用外来热源进行加热而且煤的水分 $M_{ar} \leqslant \dfrac{Q_{net,ar}}{630}$，则锅炉输入热量 Q_r 等于煤的收到基低位发热量 $Q_{net,ar}$。

二、锅炉有效利用热量

锅炉有效利用热量包括过热蒸汽的吸热、再热蒸汽的吸热、饱和蒸汽的吸热和汽包连续排污时污水的吸热。对于非供热机组，锅炉有效利用热量计算如下：

$$Q_1 = \frac{D_{gq}(H''_{gq} - H_{gs}) + D_{zq}(H''_{zq} - H'_{zq}) + D_{pw}(H_{pw} - H_{gs})}{B} \qquad (4-5)$$

式中　D_{gq}、D_{zq}、D_{pw}——过热蒸汽、再热蒸汽、排污水的流量，kg/h；

　　　H''_{gq}、H_{pw}、H_{gs}——过热器出口、排污水、给水的焓，kJ/kg；

　　　H''_{zr}、H'_{zr}——再热器出口、进口蒸汽的焓，kJ/kg。

🎓 任 务 描 述

该任务对应节能专工、锅炉专工及技术员岗位，可进行锅炉正平衡求效率分析，也是竞赛和证书的理论考核内容，为机组节能分析做准备。课堂活动要求如下：

进行锅炉正平衡计算。

🌱 任 务 拓 展

锅炉试验分类和试验一般特性

锅炉机组的热工试验，按其任务可分两大类。第一类是工业运行试验，目的是确定锅炉机组的热工性能，如热效率、蒸发量、热损失、蒸汽压力与温度以及其他运行特性（如烟风系统压降及泄漏、汽水品质）等，以掌握锅炉运行的技术经济特性和结构缺陷，确定锅炉最佳运行方式，从而保证锅炉机组的安全、经济运行。第二类试验属于科研或校核试用的新结构、新部件，探索新规律等，它不具备典型通用性。

按照试验的目的，第一类试验就其复杂程度可分为三个等级。

第一级试验是锅炉性能鉴定试验和验收试验，用来校核设备制造及供货一方所提出的技术保证，涉及的主要考核指标：锅炉蒸发量、效率，蒸汽参数和蒸汽品质，锅炉辅机的特性等。此时要测定所有的热损失、炉膛的空气平衡和受热面的吸热量等。这些试验是在锅炉安装后投入运行初期时进行，内容广泛，燃烧调整试验常常只是它的一项内容。

第二级试验是锅炉运行中的热平衡及热效率试验，试验目的是求锅炉的出力和热效率，判断锅炉经济运行水平，查明各项热损失，分析热损失增加的原因，从而找出降低热损失、提高热效率和节约燃料的方法。这级试验一般在新投产的锅炉按设计负荷试运转之后、锅炉改装之后、锅炉燃用燃料种类变化之后，或在锅炉某些参数偏离额定值过大的情况下，以及定期对锅炉经济运行考核时进行。另外，在额定负荷或其他负荷下为确定锅炉的最佳运行条件（如火焰位置、过量空气系数、风量分配情况、炉膛温度等）而进行的全面燃烧调整试验中，为求出锅炉机组实际经济指标及各项热损失、烟风道阻力特性和锅炉辅机的特性曲线等，也必须进行热平衡及热效率的测定。

第三级试验是运行工况校整试验，目的是调整锅炉的运行工况，确定某些单项指标的最佳值或确定在安全允许条件下锅炉某些部件运行工况的变化范围，找出最合理的运行方式。本级试验方法较简单，只要能够得到被测参数或数据的变化规律，确定或保持最佳运行工况，就可以达到试验的目的，常在锅炉机组正常大修、改造或燃料变化之后进行。它可使运行人员更好地了解锅炉运行特征，掌握燃料燃烧规律，查明锅炉运行当中存在的问题，为制订或修改锅炉运行操作规程提供依据，还可以确定合理的过量空气系数、风量分配等。

任务3　锅炉反平衡及各项热损失计算

相 关 知 识

锅炉热效率也可以根据式（4-2）按下式得，即

$$\eta = q_1 = [100 - (q_2 + q_3 + q_4 + q_5 + q_6)] \quad \% \tag{4-6}$$

用上式求锅炉热效率，则需要知道锅炉各项热损失 q_1、q_2、q_3、q_4、q_5、q_6，这就是前面所述的反平衡求效率。下面分别就各项热损失产生的原因、大小的计算及影响因素作一介绍。

一、固体未完全燃烧损失

固体未完全燃烧损失是由于灰中含有未燃尽的碳造成的热损失。在煤粉炉中，它是由炉烟带出的飞灰和炉底排出的炉渣中的残碳造成的热损失。在层燃炉中，还有炉箅漏煤造成的热损失。

1. 固体未完全燃烧热损失的计算

在设计锅炉时，固体未完全燃烧的热损失不能计算，只能按经验推荐数据来选取。对于运行锅炉，其固体未完全燃烧损失是根据锅炉每小时的飞灰量、炉渣量，以及飞灰和炉渣中残碳的含量百分数来计算的。

假定以 G_{fh}、G_{lz} 分别表示每小时的飞灰量和炉渣量，单位为 kg/h；以 C_{fh}、C_{lz} 分别表示飞灰与炉渣中残碳的质量含量百分数；每千克碳的发热量是 32866kJ/kg（7850cal/kg）；B 表示锅炉每小时的燃料消耗量，单位为 kg/h。根据以上假设飞灰和炉渣中的残碳造成的固体未完全燃烧损失的热量计算公式为

$$Q_4^{fh} = 32866 \frac{G_{fh}}{B} \times \frac{C_{fh}}{100} \quad kJ/kg$$

$$Q_4^{lz} = 32866 \frac{G_{lz}}{B} \times \frac{C_{lz}}{100} \quad kJ/kg$$

$$Q_4 = Q_4^{fh} + Q_4^{lz} \quad kJ/kg$$

$$q_4 = \frac{Q_4}{Q_r} \times 100 = \frac{32866}{BQ_r}(G_{fh}C_{fh} + G_{lz}C_{lz}) \quad \% \tag{4-7}$$

用式（4-7）求 q_4 的飞灰量 G_{fh} 在运行中很难测定，一般是采用灰平衡法间接求出。

所谓灰平衡是指入炉煤的含灰量等于灰和炉渣中的灰量之和。已知燃料中的灰分为 A_{ar}，当以 A_{fh}、A_{lz} 分别表示飞灰和炉渣中纯灰的质量含量百分数时，则灰平衡关系可用下式表示：

$$B\frac{A_{ar}}{100} = G_{fh} \times \frac{A_{fh}}{100} + G_{lz} \times \frac{A_{lz}}{100}$$

因为 $A_{fh} + C_{fh} = 100$、$A_{lz} + C_{lz} = 100$，所以用 $100 - C_{fh}$ 代替上式中的 A_{fh}，用 $100 - C_{lz}$ 代替上式中的 A_{lz}，即

$$B\frac{A_{ar}}{100} = \frac{G_{fh}(100 - C_{fh}) + G_{lz}(100 - C_{lz})}{100}$$

得

$$G_{fh} = \frac{BA_{ar} - G_{lz}(100 - C_{lz})}{100 - C_{fh}} \quad \text{kg/h} \tag{4-8}$$

将式（4-8）代入式（4-7）中，即可求出 q_4。

对于大容量锅炉，常采用水力除灰，不但飞灰量很难准确收集，而且炉渣量也很难准确收集。为此，飞灰量和炉渣量可根据经验法求出，即根据在运行炉上的试验统计资料，总结出不同类型锅炉的飞灰份额与炉渣份额，用灰平衡关系求出。飞灰份额是指飞灰中的灰占燃料总灰分的份额，用符号 α_{fh} 表示；炉渣份额是指炉渣中的灰占燃料总灰分的份额，用符号 α_{lz} 表示。

在已知 α_{fh}、α_{lz} 的情况下，可写出下列形式的灰平衡式：

$$G_{fh}\frac{A_{fh}}{100} = \frac{A_{ar}}{100}\alpha_{fh}B = G_{fh}\frac{(100 - C_{fh})}{100}$$

$$G_{lz}\frac{A_{lz}}{100} = \frac{A_{lz}}{100}\alpha_{lz}B = G_{lz}\frac{(100 - C_{lz})}{100}$$

或

$$G_{fh} = \frac{A_{ar}B\alpha_{fh}}{A_{fh}} = \frac{A_{ar}B\alpha_{fh}}{100 - C_{fh}} \quad \text{kg/h}$$

$$G_{lz} = \frac{A_{ar}B\alpha_{lz}}{A_{lz}} = \frac{A_{ar}B\alpha_{lz}}{100 - C_{lz}} \quad \text{kg/h}$$

将上两式的 G_{fh}、G_{lz} 代入式（4-7）中，则

$$q_4 = \frac{32866A_{ar}}{Q_r}\left(\frac{a_{fh}C_{fh}}{100 - C_{fh}} + \frac{a_{lz}C_{lz}}{100 - C_{lz}}\right) \quad \% \tag{4-9}$$

2. 影响机械不完全燃烧热损失的因素

从计算 q_4 的基本式（4-7）可以看出，影响 q_4 大小的主要与炉灰量 G_{fh}、G_{lz} 和灰中可燃物有关。其中炉灰量主要与燃料中灰含量有关，而炉灰中的残碳含量则与燃料性质、燃烧方式、炉膛结构、锅炉负荷以及司炉的操作调整水平有关，机械不完全燃烧热损失是锅炉热损失中的一个主要项目，通常仅次于排烟热损失。固态排渣煤粉炉的气体未完全燃烧损失 q_4 为 1%～5%。

煤中灰分和水分越少，挥发分越多，煤粉越细，则 q_4 越小。不同燃烧方式的数值差别很大，例如层燃炉、沸腾炉这项损失较大，旋风炉较小，煤粉炉介于两者之间，固态排渣煤粉炉又较液态排渣煤粉炉大。炉膛容积小或高度不够以及燃烧器的结构性能不好或布置不合

适，都会减少煤粉在炉内停留时间并降低风粉混合的质量，使 q_4 增大。锅炉负荷过高，会使煤粉停留时间过短来不及烧透，而锅炉负荷过低，又会使炉温降低，燃烧反应减慢从而使 q_4 增加。炉内空气动力工况不良，火焰不能很好地充满炉膛，q_4 增加。此外，过量空气系数控制不当，一、二次风调整不合适，都会使 q_4 增加。

为了减少煤粉炉的 q_4 的损失，除应使炉子结构设计得合理外，在运行中还应做好燃烧调整工作。

二、气体未完全燃烧热损失

气体未完全燃烧热损失是指排烟中含有未燃尽的 CO、H_2、CH_4 等可燃气体未燃烧所造成的热损失。

1. 气体未完全燃烧热损失的计算

对于运行中的锅炉，其气体未完全燃烧损失的热量 Q_3 应等于烟气中所有可燃气体的发热量之和，对于煤粉炉，q_3 一般不超过 0.5%。

当燃用固体燃料时，烟气中 CH_4、H_2 的含量极少，常忽略不计。只考虑一氧化碳时 q_3 按下式计算：

$$q_3 = \frac{V_{gy}}{Q_r} \times 12640CO \times \frac{100 - q_4}{100}\%$$

$$= \frac{236(C_{ar} + 0.375S_{ar})CO}{Q_r(RO_2 + CO)}(100 - q_4) \quad \% \tag{4-10}$$

正常燃烧时 q_3 值很小。在进行锅炉设计时，q_3 值可按燃料种类和燃烧方式选取。煤粉炉，$q_3 = 0\%$；燃油燃气炉，$q_3 = 0.5\%$；高炉煤气炉，$q_3 = 1.5\%$。

2. 影响气体未完全燃烧热损失的主要因素

影响气体未完全燃烧热损失的主要因素是炉内过量空气系数、燃料的挥发分、炉膛温度、燃料与空气混合情况、燃烧器结构与布置、炉膛结构等。

过量空气系数过小，氧气供应不足，会使 q_3 增大。过量空气系数过大，又会使炉温降低，故过量空气系数必须适当。一般用挥发分较多的燃料，炉内可燃气体增多而炉内空气动力工况不好，易出现不完全燃烧，会使 q_3 增大。炉膛容积小，高度不够，水冷壁布置过多以及燃烧器布置不合理等也会使 q_3 增大。此外锅炉在低负荷下运行时，会使炉温降低，燃烧不稳定，使 q_3 增加。

为了减少此项损失，除应在设计中做到使炉子结构合理外，在运行中还应设法保持较高的炉膛温度、适当的过量空气系数并使燃料与空气充分混合，这一点对燃用高挥发分燃料尤为重要。

三、排烟热损失

排烟热损失是指离开锅炉的烟气温度高于外界空气，排烟带走一部分锅炉的热量所造成的热损失。

1. 排烟热损失的计算

排烟热损失可由排烟焓 H_{py}（kJ/kg）与冷空气焓 H_{lk}（kJ/kg）来计算，即

$$q_2 = \frac{Q_2}{Q_r} \times 100 = \frac{H_{py} - \alpha_{py}H_{lk}}{Q_r} \times (100 - q_4) \quad \% \tag{4-11}$$

式中　H_{py}——排烟的焓，kJ/kg；

H_{lk}——理论冷空气焓，kJ/kg；

α_{py}——排烟处过量空气系数。

2. 影响排烟热损失的因素及分析

在室燃炉的各项热损失中，排烟热损失是最大的一项，为 $4\%\sim8\%$。由式（4-11）可知，影响排烟热损失的主要原因是排烟焓 H_{py}，而排烟焓又取决于排烟容积和排烟温度。显然，排烟容积大，排烟温度高，则排烟热损失也大。

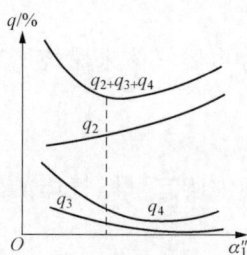

图 4-1　最佳过量空气系数的确定

排烟容积的大小取决于炉内过量空气系数和锅炉漏风量。过量空气系数越大，漏风量越大，则排烟容积越大。

炉膛出口过量空气系数 α_1'' 过大或过小，都会使锅炉热效率降低（热损失总和增加）。一般来说，q_2 随 α_1'' 增加而增加；而 q_3、q_4 则随 α_1'' 增加而降低，除非 α_1'' 过大，使炉温降低较多及燃料在炉内停留时间缩短时例外。对应于 q_2、q_3、q_4 之和为最小的 α_1'' 称为最佳过量空气系数。最佳过量空气系数的值可用图 4-1 的曲线求得。最佳 α_1'' 值与燃料种类、燃烧方式以及燃烧设备的结构完善程度等因素有关，可通过燃烧调整试验确定。最佳 α_1'' 值大致范围：对于固态排渣煤粉炉，当燃用无烟煤、贫煤及劣质煤时 α_1'' 为 $1.20\sim1.25$；当燃用烟煤、褐煤时 α_1'' 为 $1.15\sim1.20$。

炉膛及烟道各处漏风，都将使排烟处的过量空气系数增大，只能增加 q_2 和引风机电耗而不能改善燃烧，炉膛漏风还会给燃烧带来不利影响。

排烟温度升高会使排烟焓增加，q_2 也就增大。一般排烟温度每升高 $15\sim20℃$，排烟热损失约增加 1%，所以应尽量降低排烟温度。但降低排烟温度，会使传热平均温差减小，传热减弱，以致必须增加较多数量的金属受热面，还将使气流阻力增加。所以合理的排烟温度，应考虑燃料、金属价格以及引风机电耗，通过技术经济比较确定。此外，排烟温度的降低，还受到尾部受热面酸性腐蚀的限制，当燃料中的水分和硫分含量较高时，排烟温度也应保持得高一些以免空气预热器被腐蚀。

另外，锅炉运行情况，也对 q_2 有影响。当受热面结渣、积灰和结垢时，会使传热减弱，排烟温度升高，q_2 增大。所以运行时，应及时吹灰清渣，并注意监视给水、炉水和蒸汽品质，以保持受热面内外清洁，降低排烟温度，提高锅炉效率。

四、散热损失

散热损失是指锅炉在运行中，由于汽包、联箱、汽水管道、炉墙等的温度均高于外界空气温度而散失到空气中去的那部分热量。

1. 散热损失的计算

由于散热损失通过试验来测定是非常困难的，所以通常是根据大量的经验数据绘制出锅炉额定蒸发量 D_e 与散热损失 q_5^e 的关系曲线，如图 4-2 所示，已知锅炉额定蒸发量，即可查出该额定蒸发量下的散热损失 q_5^e

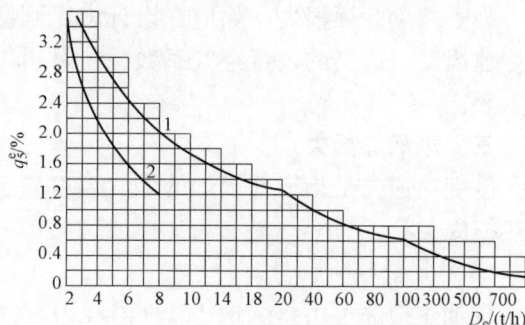

图 4-2　锅炉额定蒸发量下的散热损失

1—有尾部受热面的锅炉；2—无尾部受热面的锅炉

的数值。当锅炉额定蒸发量大于 900t/h 时，q_5^e 按 0.2% 计算。

当锅炉在非额定蒸发量下运行时，散热损失 q_5 则按下式计算：

$$q_5 = q_5^e \frac{D_e}{D} \quad \% \tag{4-12}$$

式中　q_5^e——额定蒸发量的散热损失，%；

D_e、D——锅炉额定蒸发量和锅炉实际蒸发量，t/h。

2. 影响散热损失的因素

影响散热损失的主要因素有锅炉额定蒸发量（即锅炉容量）、锅炉实际蒸发量（即锅炉负荷）、外表面积、水冷壁和炉墙结构、管道保温以及周围环境等。

一般来说，锅炉容量越大，散热损失 q_5 就越小。对同一台锅炉来说，运行负荷越小，散热损失越大。这是由于锅炉外表面积并不随负荷的降低而减少，同时散热表面的温度变化又不大，所以 q_5 与锅炉负荷近似成反比关系。

若水冷壁和炉墙等结构严密紧凑，炉墙及管道的保温良好，外界空气温度高且流动缓慢，则散热损失小。

在进行锅炉热力计算时，需要涉及各段受热面所在烟道的散热损失。当烟气流过某个受热面时所放出的热量，其中绝大部分被受热面中工质吸收，很少一部分热量则是以散热方式损失了。通常把某段烟道中烟气放出的热量被受热面吸收的程度用保热系数来考虑，为了简化计算，对各段烟道在结构以及所处环境上的差别不予考虑，即认为各段烟道受热面中工质吸收热量仅与该段烟道中的放热量成正比，这样各段烟道的保热系数可取同一数值，并可按整台锅炉保热系数 φ 来计算，即

$$\varphi = \frac{Q_1}{Q_1 + Q_5} = 1 - \frac{q_5}{\eta + q_5} \tag{4-13}$$

有了保热系数，知道某受热面烟气侧放热量就可以算出工质侧吸热量，或者知道工质侧的吸热量就可以求出烟气侧的放热量。

五、灰渣物理热损失

灰渣物理热损失是指高温炉渣排出炉外所造成的热量损失。

1. 灰渣物理热损失的计算

$$q_6 = \frac{Q_6}{Q_r} \times 100 = \frac{A_{ar} \alpha_{lz} c_h \theta_h}{Q_r} \quad \% \tag{4-14}$$

式中　A_{ar}——收到基燃料灰分，%；

c_h——炉渣比热容，kJ/（kg·℃）；

α_{lz}——炉渣份额；

θ_h——炉渣温度，℃。固态排渣时可取 600℃，液态排渣时取 FT+100℃。

2. 影响灰渣物理热损失的因素

影响灰渣物理热损失的因素有燃料灰分、炉渣份额以及炉渣温度。炉渣份额大小主要与燃烧方式有关，固态排渣量较小，液态排渣量较大。炉渣温度主要与排渣方式有关，液态排渣温度高，固态排渣温度低。所以，液态排渣煤粉炉的 q_6 必须考虑，而对于固态排渣煤粉炉，只有当燃料灰分很高时，$A_{ar} \geqslant \frac{Q_{net,ar}}{419}$ % 时，才考虑此项损失。

任务描述

该任务对应节能专工、锅炉专工及技术员岗位，可进行锅炉热平衡分析，也是竞赛和证书的理论考核内容，为机组节能分析及燃烧控制做准备。课堂活动要求如下：

（1）根据表 3-1 中试验数据进行锅炉反平衡计算。

（2）对表 3-1 中锅炉反平衡计算结果进行分析。

（3）在机组 DCS 画面找到反映锅炉效率的参数并记录。

任务拓展

锅炉燃料消耗量

1. 实际燃料消耗量

实际燃料消耗量是指每小时实际耗用的燃料量，一般简称为燃料消耗量，用符号 B 表示，单位为 kg/h。由式（4-3）和式（4-10）可得

$$B = \frac{100}{\eta Q_r}[D_{gq}(h''_{gq} - h_{gs}) + D_{zq}(h''_{zq} - h'_{zq}) + D_{pw}(h_{pw} - h_{gs})] \quad \text{kg/h} \quad (4-15)$$

对于大容量燃煤锅炉，考虑到燃料消耗量难以测准，故通常是在测定锅炉输入热量 Q_r、锅炉每小时有效利用热量 Q_g 以及用反平衡法求出锅炉热效率 η 的基础上，用式（4-15）求出燃料消耗量 B。

2. 计算燃料消耗量

计算燃料消耗量是指考虑到机械不完全燃烧热损失 q_4 的存在，在炉内实际参与燃烧反应的燃料消耗量，用符号 B_j 表示。由于 1kg 入炉燃料只有 $\left(1 - \frac{q_4}{100}\right)$ kg 燃料参与燃烧反应，所以它与燃料消耗量 B 存在如下关系，即

$$B_j = B\left(1 - \frac{q_4}{100}\right) \quad (4-16)$$

两种燃料消耗量各有不同的用途。在进行燃料输送系统和制粉系统计算时要用燃料消耗量 B 来计算，但在计算空气需要量及烟气容积等时则需要用计算燃料消耗量 B_j 来计算。

任务4　锅炉机组热平衡试验

相关知识

在新锅炉安装结束后的移交验收鉴定试验中、锅炉使用单位对新投产锅炉按设计负荷试运转结束后的运行试验中、改造后的锅炉进行热工技术性能鉴定试验中、大修后的锅炉进行检修质量鉴定和校整设备运行特性的试验中以及运行锅炉由于燃料种类变化等原因进行的燃烧调整试验中，都必须进行热平衡试验。

一、热平衡试验的目的

（1）求出锅炉的热效率 η。

（2）求出锅炉的各项热损失并分析热损失高于设计值的原因，并拟定降低热损失和使热

效率达到设计值的措施。

（3）确定锅炉机组在各种负荷下的合理运行方式，如过量空气系数、煤粉细度、火焰位置以及燃料和空气在燃烧器及其各层之间的分配情况等。

二、热平衡试验的组织和准备工作

锅炉热效率试验的组织和准备工作如下：

（1）熟悉锅炉机组的技术资料和运行特性。

（2）全面检查锅炉机组及其辅助设备、测量表计、自动调节装置的情况，以了解其是否处于完好状态。

（3）将所检查出的设备缺陷提交于有关车间予以处理。

（4）制定试验计划，其内容包括：试验任务和要求、试验准备工作（如安装测点和取样设备、准备测试仪器等）、试验顺序、测试内容和方法、人员组织和进度等。试验计划应征得生技部门和有关车间同意。

（5）在制定试验计划的基础上，编写试验准备工作的任务书，并提交技术部门领导审批。其内容包括试验所需器具装置的制造和安装等项目。

（6）组织试验小组并就试验所需人员征得有关车间同意。

（7）准备好所需试验仪器。

（8）对试验用配件的安装进行技术监督，并培训试验观测人员。

上述组织和准备工作条款同样也适合于锅炉其他试验。

三、热平衡试验的要求

（1）试验前，须以预先将锅炉负荷调整到试验规定的数值并稳定一个阶段。在此阶段内可以调整燃烧工况达到试验要求。

试验前负荷稳定阶段的持续时间由炉墙结构、试验负荷与稳定负荷的差值而定。当原来负荷低于或高于规定试验负荷的20%以上时，将负荷调整到规定工况后一般要求稳定1~2h再进行试验。

（2）在试验中应避免进行吹灰、除灰、打焦、定期排污及起停制粉系统等操作，以防影响试验的顺利进行和试验的准确性。

（3）试验期间，应尽可能地维持锅炉蒸汽参数及过量空气系数等稳定，其允许波动范围一般如下：

锅炉负荷　　　　　　　　　　±5%

汽压 { 对高压锅炉　　　　　　±0.1MPa
对低压锅炉　　　　　　±0.05MPa

汽温　　　　　　　　　　　　±5℃

过量空气系数　　　　　　　　±0.05

在试验期间，为维持上述指标，煤粉炉应尽可能使进风量与燃料量不变，而负荷的调整由并列的邻炉担任。此外，在整个试验期间，给水温度不应有较大的波动。

（4）试验每改变一种工况，原则上应重复进行两次试验。如两次试验的结果相差过大，需重做一次或多次。

（5）对于燃煤锅炉，一般规定每一工况下正平衡试验的延续时为8h，反平衡试验延续时间为4h，但根据具体情况可适当减少，正平衡4h反平衡2h亦可。煤粉炉一般不推荐用正平衡试验方法，因为反平衡法要更简单准确。

四、热平衡试验测定内容

热平衡试验测定内容应根据试验要求而定，一般进行热平衡试验的主要测定项目如下。

1. 入炉原煤的采样

原煤的采样和分析对效率计算的准确度影响颇大，因而是锅炉试验最基本而又关键的测量项目。

煤粉炉的原煤取样一般在给煤机处进行。人工采样时需要的工具是铲子和储样桶。

储样桶应由金属或塑料制成，带有可密封的盖子。在采样和保存过程中，储样桶必须盖好盖子，保持密封状态，以避免水分蒸发。

采取的试样应能代表试验期间所用燃料的平均品质。给煤机处取样，一般每隔 15min 取一次，每次约取 1kg。

2. 飞灰取样

在锅炉试验时，采取飞灰样并分析其可燃物含量是最重要的基本测量项目之一，对煤粉炉来讲，更是反映燃烧效果的主要技术指标。在日常运行中，为了不断改进运行操作，也需要经常采集飞灰试样。

在各种燃烧方式的锅炉上，应在尾部烟道的适宜部位安装专用的取样系统，连续抽取少量的烟气流并在系统中将其所含的飞灰全部分离出来作为飞灰试样。

如果锅炉装有效率较高的干式除尘器，也可取其排灰的样品作为飞灰试样。

如装有固定的旋风捕集飞灰取样器时，应在试验前取样瓶内的灰倒净。在试验期间收 2～3 次即可。

试验中最常用的飞灰取样器系统，主要由取样管和旋风捕集器构成。其工作原理是：利用引风机负压，使烟气等速进入取样管并沿切线方向进入旋风捕集器内，由于烟流在其内旋转，烟中灰粒在离心力作用下被甩到器壁落下并收集在中间灰斗中，借助取样瓶可以从中间灰斗取出飞灰试样。

3. 炉渣采样

炉渣采样对煤粉炉来说，炉渣采样同飞灰采样相比是次要的，当其可燃物含量少时，甚至可忽略采样。液态排渣炉无需采集炉渣试样做可燃物分析。

当煤粉炉进行试验时，为了保持燃烧稳定和避免漏风，一般不放灰和冲灰。炉渣采样可待试验结束后，用长手柄的铁铲由灰斗内分不同部位掏取。

如煤粉炉在试验期间连续冲灰，可每隔 30min 采样一次。一般来说炉渣的原始试样数量应不少于炉渣总量的 5%。

4. 烟气成分分析

在锅炉试验中，为下列目的，需要分别采取烟气样品进行成分分析。

（1）为了确定炉膛出口过量空气系数，最好在过热器出口烟道内取样。

（2）为了确定锅炉的排烟热损失，需要测定排烟过量空气系数和烟气容积，应该在锅炉尾部最末级受热面后的烟道内取样，取样截面和排烟温度的测量截面要尽量靠近。

（3）为了确定气体未完全燃烧损失，可在烟道中任何截面上取样。但最好与上述某一项结合，以免再重复分析。

（4）为了确定某一段烟道的漏风情况，需测定该烟道进出、口的过量空气系数，应在其进、出口处取样。

由于大容量锅炉的烟道很宽，烟气成分很可能不均匀，所以每一取样处应在左右两侧取样分析。

采用奥氏烟气分析器就地分析烟气成分含量时，一般可每隔 15min 取样分析一次。

一般情况下，烟气中的 CO 含量很少，难以用奥氏分析器测定，此时可用烟气全分析器进行测定或根据奥氏分析器测定的 RO_2、O_2 含量用 CO 含量计算公式进行计算。在要求不甚严格情况下，也可认为 CO 含量为 0，这就不需要测定或计算 CO 含量。

5. 排烟温度的测定

如表盘上的排烟温度表的准确性较差时，应就地测量排烟温度。由于烟道两侧的排烟温度可能不相等，特别是装有回转式空气预热器的排烟温度两侧相差很大，甚至高达 50℃，所以应在烟道两侧都进行测量。

6. 主要参数的记录

试验期间的温度、压力、流量等重要参数应每隔 15min 记录一次，需记录的项目应根据试验要求选定。

每次试验结束后，首先要进行数据的整理工作。对试验中重复多次测取的测量参数，一般取其算术平均值作为其直接测值。

在进行热平衡试验时，尤其是当试验次数较多时，常将有关效率计算的内容，根据具体情况编制成表格的形式，以利循序计算、校核对比及查找方便。

任务描述

该任务对应节能专工、锅炉专工及技术员岗位，可进行锅炉热平衡分析，也是竞赛和证书的理论考核内容，为机组节能分析及燃烧控制做准备。课堂活动要求如下：

（1）对表 3-1 中试验数据及计算结果进行分析。

（2）对表 3-1 中锅炉运行状况进行分析。

（3）在机组 DCS 画面找到反映锅炉效率的参数并记录。

任务拓展

试验报告的编制

试验技术报告的编写取决于试验的特点和内容，主要包括如下项目：

（1）试验目的。

（2）设备的主要技术特性，运行情况和必要的简图以及燃料特性。

（3）测试方法与测点布置。

（4）试验结果综合表及曲线图。

（5）对试验结果的分析与评价（包括误差分析）。

（6）结论和建议。

项目五　煤粉制备及运行

项目描述

制粉系统是锅炉的主要辅助系统，磨煤机又是耗能较大的设备，其工作直接影响锅炉的安全经济运行。因此，了解制粉设备的构造与工作非常重要，本项目将介绍制粉设备和系统及工作过程、燃烧基本概念及煤粉气流的燃烧过程。

学习目标

1. 技能目标

(1) 能说出筒式钢球磨煤机和中速磨煤机的工作原理。

(2) 能在锅炉制粉系统图中识别出主要设备并描述其作用。

(3) 能对应仿真机 DCS 画面描述火力发电厂制粉流程。

(4) 能在现场和 DCS 画面找到制粉系统巡检和操作的设备。

(5) 能在仿真机上完成锅炉制粉系统的启动及运行调整操作。

(6) 能绘制出直吹式制粉系统的流程图并标注出主要设备名称。

(7) 能描述出两种制粉系统各自的特点。

(8) 能提出煤粉燃烧的合理组织与强化措施。

2. 知识目标

(1) 掌握中速磨煤机的工作原理、影响因素及结构特点。

(2) 掌握两种制粉系统的流程及特点。

(3) 了解给煤机的任务及基本结构。

(4) 熟悉锅炉制粉系统的启动操作步骤和注意事项。

(5) 掌握提高燃烧速度的方法、掌握煤粉燃烧的合理组织与强化措施。

3. 价值目标

(1) 能源安全意识、节能降耗意识。

(2) 制粉系统节能降耗措施。

(3) 规范操作意识。

任务1　磨煤机及巡检

相关知识

一、磨煤机的作用和分类

磨煤机是制粉系统中的主要设备，其作用是将原煤磨成煤粉并干燥到一定程度。磨煤机磨煤的原理主要有撞击、挤压、研磨三种。

根据磨煤部件的工作转速，电站用磨煤机大致分为以下三类：

（1）低速磨煤机：转速 16～25r/min，如筒式钢球磨煤机。

（2）中速磨煤机：转速 50～300r/min，如中速平盘式磨煤机、中速钢球式磨煤机、中速碗式磨煤机及 MPS 磨煤机等。

（3）高速磨煤机：转速为 500～1500r/min，如风扇磨煤机。

我国燃煤电厂目前广泛应用中速磨煤机。

二、筒式钢球磨煤机

筒式钢球磨煤机简称球磨机，有单进单出和双进双出两种类型。

（一）单进单出钢球磨煤机

1. 结构及工作原理

球磨机的工作原理：筒身经电动机、减速装置传动以低速旋转，在离心力与摩擦力作用下，护甲将钢球与燃料提升至一定高度，然后借重力自由下落。煤主要被下落的钢球撞击破碎，同时还受到钢球之间、钢球与护甲之间的挤压、研磨作用。原煤与热空气从一端进入磨煤机，磨好的煤粉被气流从另一端输送出去。热空气不仅是输送煤粉的介质，同时还起到干燥原煤的作用。因此，进入磨煤机的热空气被称作干燥剂。

单进单出筒式钢球磨煤机，其结构如图 5-1 所示。它的磨煤部件是一个直径为 2～4m、长为 3～10m 的圆筒，筒内装有许多直径为 30～60mm 的钢球。筒圆自内到外共有五层：第一层是用锰钢制的波浪形钢瓦组成的护甲，其作用是增强抗磨性和把钢球带到一定高度；第二层是绝热石棉层，起绝热作用；第三层是筒体本身，它是由 18～25mm 厚的钢板制作而成；第四层是隔音毛毡，其作用是隔离和吸收钢球撞击钢瓦产生的声音；第五层是薄钢板制成的外壳，其作用是保护和固定毛毡。圆筒两端各有一个端盖，其内面衬有扇形锰钢钢瓦。端盖中部有空心轴颈，整个球磨机重量通过空心轴颈支承在大轴承上。两个空

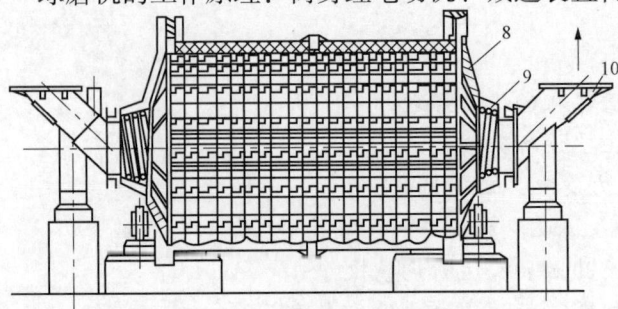

(a)纵剖图

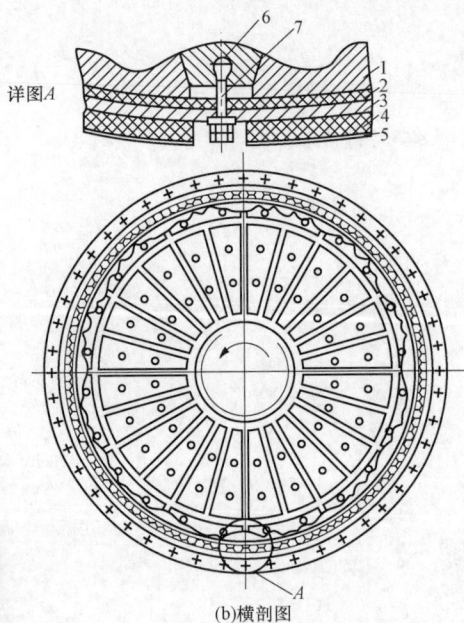

详图A

(b)横剖图

图 5-1　筒式钢球磨煤机结构

1—波浪形护甲；2—石棉层；3—筒身；4—隔音毛毡；
5—薄钢板外壳；6—压紧用的楔形块；7—螺栓；
8—端盖；9—空心轴颈；10—短管

动画 5-1
单进单出
球磨机

心轴颈的端部各接一个倾斜 45°的短管，其中一个是原煤与干燥剂的进口，另一个是气粉混合物的出口。

2. 球磨机的磨煤出力及影响因素

磨煤机的磨煤出力是指单位时间内，在保证一定煤粉细度条件下磨煤机所能磨制的原煤量，用 B_m 表示，单位是 t/h。

影响钢球磨煤机出力的因素有如下几种：

（1）球磨机的工作转速。球磨机圆筒的转速太低，钢球不能提到应有的高度，磨煤作用很小，而且磨制好的煤粉也不能从钢球层中吹走；如果转速太高，钢球的离心力过大，以致钢球紧贴圆筒内壁和圆筒一起作圆周转动，起不到磨煤作用。适当的转速应是把钢球带到一定高度，然后落下，才能有最佳的磨煤效果。当钢球所受离心力和重力相等，可得临界转速的计算公式，即

$$n_{lj} = \frac{42.3}{\sqrt{D}} \quad \text{r/min} \tag{5-1}$$

式中　D——圆筒的内壁直径，m。

这一公式说明，圆筒直径越大，则临界转速越低。显然，球磨机达到临界转速时是不能磨制煤粉的，为此圆筒转速应小于临界转速。

最佳转速是指能把钢球带到适当高度落下，此时钢球对原煤的撞击作用最强，磨煤出力最大。使磨煤效果最好的转速用符号 n_{zj} 表示如下：

$$n_{zj} = \frac{32}{\sqrt{D}} \quad \text{r/min} \tag{5-2}$$

（2）钢球装载量与钢球直径。单位电耗 E 与钢球装载量的关系如图 5-2 所示。钢球直径应按磨煤电耗与磨煤金属损耗总费用最小的原则选用。当充球系数一定时，钢球直径越小，撞击次数及作用面积越大，磨煤出力提高，但球的磨损加剧。随着球径减小，球的撞击力减弱，不宜磨制硬煤及大块煤。因此，一般采用的球径为 30～40mm，当磨制硬煤或大块煤时，则选用直径为 50～60mm 的钢球。运行中，由于钢球不断磨损，为维持一定的充球系数及球径，应定期向磨煤机内添加钢球。

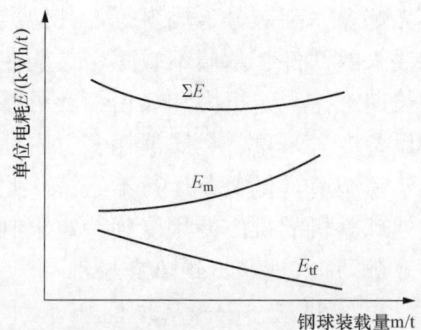

图 5-2　单位电耗 E 与钢球
装载量 m 的关系（通风量
不变，煤粉细度不变）

E_m——磨煤单位电耗；E_{tf}——通风单位电耗

（3）护甲形状完善程度。形状完善的护甲，可增大钢球与护甲的摩擦系数，有助于提升钢球和燃料，磨煤出力得以提高。磨损严重的护甲，钢球与护甲间有较大的相对滑动，将有较多能量消耗在钢球与护甲的摩擦上，不能用于提升钢球，磨煤出力明显下降。

（4）通风量。磨煤机内磨好的煤粉需一定的通风量将其带出。由于燃料沿筒体长度分布不均，当通风量太小时，筒体通风速度较低，仅能带出少量细粉，部分合格煤粉仍留在筒内被反复碾磨，使磨煤出力降低。适当增大通风量可改善燃料沿筒体长度的分布情况，提高磨煤出力，降低磨煤单位电耗。但是，当通风量过大时，部分不合格的粗粉也被带出，经粗粉

分离器分离后，又返回磨煤机再磨，造成无益的循环。这时，不仅通风单位电耗增大，制粉单位电耗也会增大。当钢球装载量不变，制粉单位电耗最大值所对应的磨煤通风量，称为最佳磨煤通风量 V_{tf}^{zj}，如图 5-3 所示。最佳磨煤通风量可通过试验确定。

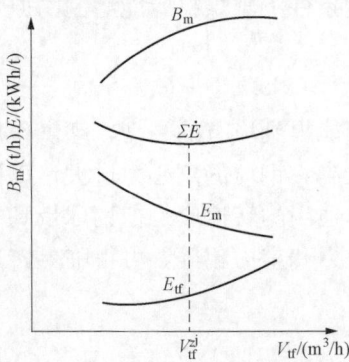

图 5-3　单位电耗 E 与磨煤通风量 V_{tf} 的关系（钢球装载量不变）

（5）载煤量。球磨机滚筒内载煤量较少时，钢球下落的动能只有一部分用于磨煤，另一部分白白消耗于钢球的空撞磨损。随着载煤量的增加，磨煤出力相应增大。但载煤量过大时，由于钢球下落高度减小，钢球间煤层加厚，部分能量消耗于煤层变形，磨煤出力反而降低，严重时将造成滚筒入口堵塞。因此，每台球磨机在钢球装载量一定时有一个最佳载煤量，按最佳载煤量运行磨煤出力最大。运行中载煤量可通过磨煤机电流和磨煤机进出口压差来反映。

（6）燃料性质。燃料性质对磨煤出力影响较大。煤的挥发分不同，对煤粉细度的要求不同。低挥发分煤要求煤粉磨得较细，则消耗的能量较多，磨煤出力因此降低。煤的可磨性系数值越大，破碎到相同细度煤粉所消耗的能量越小，磨煤出力就越高。

原煤水分越大，磨粉过程由脆性变形过渡到塑性变形，改变了煤的可磨性，额外增加了磨粉能量消耗，磨煤出力因而降低。进入磨煤机的原煤粒度越大，磨制成相同细度的煤粉所消耗的能量也越大，磨煤出力则越低。

钢球筒式磨煤机的主要特点是适应煤种广，能磨任何煤，特别是硬度大、磨损性强的煤及无烟煤、高灰分劣质煤等，其他类型的磨煤机都不宜磨制，只有采用球磨机。球磨机对煤中混入的铁件、木屑不敏感，又能在运行中补充钢球，从而延长了检修周期。因此，球磨机能长期维持一定出力和煤粉细度可靠地工作，且单机容量大，磨制的煤粉较细。其主要缺点是设备庞大笨重、金属消耗多、占地面积大，初投资及运行电耗、金属磨损都较高，特别是它不易调节，低负荷运行不经济。此外，球磨机运行噪声大，磨制的煤粉不够均匀。这些缺点使球磨机的推广使用受到一定限制。

（二）双进双出钢球磨煤机

1. 双进双出钢球磨煤机概述

双进双出钢球磨煤机是传统钢球磨煤机的改进形式，但也是钢球磨煤机的一种。其本体结构与传统钢球磨煤机差异不大，只是在通风口和进煤口有所改进，重要的是将原来的单面进单面出的方式演变成了两面进和两面出的方式，即从磨煤机的两侧同时进煤和热风，又同时送出煤粉。"双进双出"由此而来。

双进双出钢球磨煤机的采用相对于传统钢球磨煤机而言，系统相对简单且维修方便，而与中速磨煤机相比，运行可靠性好。特别在钢球磨制高灰分、高腐蚀性煤，以及要求煤粉细度较细的情况下，有其独特的优势。

2. 双进双出钢球磨煤机结构特点与工作原理

双进双出钢球磨煤机的工作原理与一般钢球磨煤机基本相同，区别在于：对于一般钢球磨煤机来讲，颗粒粗大的原煤和热风从钢球磨煤机的一端进入，细煤粉又由热风从钢球磨煤机另一端带出；对于双进双出钢球磨煤机，颗粒粗大的原煤和热风从钢球磨煤机的两端进入，同时，细煤粉又由热风从钢球磨煤机两端带出；就像在钢球磨煤机的中间有一个隔板一样，热风在钢球磨煤机内循环，而不像一般钢球磨煤机热风直接通过钢球磨煤机。

目前，双进双出钢球磨煤机大致可分为两大类型，一类是在钢球磨煤机轴颈内带有热风空心管，另一类在轴颈内不带热风空心管。现分别介绍如下。

（1）轴颈内带有热风空心管的双进双出球磨机。双进双出球磨机每端进口有一个空心圆管，圆管外围有用弹性固定的螺旋输煤器，螺旋器和空心圆管可随磨煤机筒体一起转动，螺旋输煤器如连续旋转的铰刀，使从给煤机下落的煤由端头下部不断地被刮向筒内。

螺旋铰刀与空心圆管的径向外侧有一个固定的圆筒外壳体，圆筒外壳体与带螺旋的空心圆管之间有一定间隙，这个间隙的作用是：下部可通过煤块，上部可通过磨制后的风粉混合物。对于硬件杂物可能使螺旋铰刀被卡涩时，因为螺旋铰刀是弹性固定在空心圆管上的，允许有一定位移变形作用，因而不易卡坏。

磨煤机端部出口一般有两种方式与粗粉分离器连接：一种布置是粗粉分离器与磨煤机是一个整体，落煤管是从粗粉分离器中间下来，煤块直接落到端部螺旋铰刀的下部，如图5-4所示。磨制后的风粉混合物从端部的上半部间隙直接进入粗粉分离器入口，从外表看磨煤机端部只有与粗粉分离器的接口和进入空心管的热风接口。该种布置比较紧凑，但煤粉分离性能稍差些；另一种布置是粗粉分离器与磨煤机分开布置，进入分离器风粉管有一定的垂直高度，粗粉分离器即为高位布置，一般在煤仓运行层，其落煤管单独连接，粗粉分离器有回粉管，管路布置比"整体式"复杂，但因粗粉分离器进口管有一定高度，本身预先就起到了一定重力分离的作用，其煤粉细度控制比"整体式"可能好些。

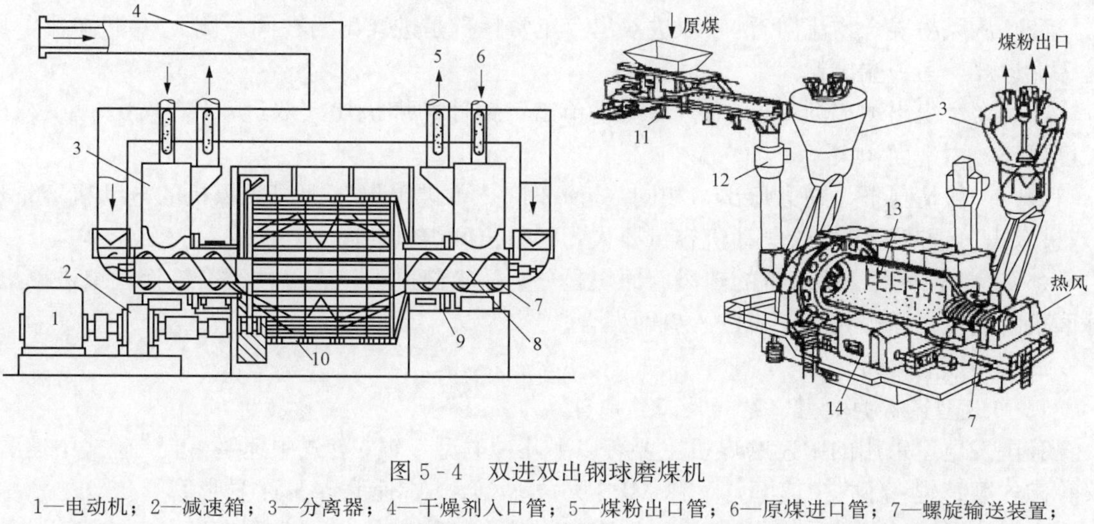

图5-4　双进双出钢球磨煤机

1—电动机；2—减速箱；3—分离器；4—干燥剂入口管；5—煤粉出口管；6—原煤进口管；7—螺旋输送装置；
8—中心管；9—主轴承；10—磨煤机筒体；11—给煤机；12—混料箱；13—钢球；14—传动装置

（2）在轴颈内不带有热风空心管的双进双出球磨机。在轴颈内不带有热风空心管的双进双出球磨机的筒体两端，各安装有一个进出口料斗。料斗从中间隔开，一边用来进煤，另一边用来出粉。空心轴颈内有可以用于螺旋管更换的护套，在磨煤机与空心轴颈一起旋转时，原煤经过进出口料斗的一侧沿护套进入磨煤机，磨细的煤粉随着热风经进出口料斗的另一侧进入粗粉分离器。

3. 双进双出钢球磨煤机特点

（1）可靠性高、灵活性显著、可用率高。据国外运行情况表明，包括给煤机在内的此种球磨机制粉的年事故率仅为1%，而且磨煤机本身几乎不出事故。

动画 5-2
双进双出球磨机

（2）维护简便、维护费用低。与中、高速磨煤机相比，此种球磨机维护最简便，维护费用也最低，只需定期更换大齿轮油脂和补充钢球。

（3）出力稳定，能长期保持恒定的容量和要求的煤粉细度。

（4）能有效地磨制坚硬、腐蚀性强的煤。

（5）储粉能力强。它的筒体就像一个大的储煤罐，有较大的煤粉储备能力，大约相当于磨煤机运行10~15min的出粉量。

（6）在较宽的负荷范围内有快速反应能力。试验表明，此种球磨机直吹式制粉系统对锅炉负荷的响应时间几乎与燃油和燃气炉一样快，其负荷变化率每分钟可以超过20%。它的自然滞留时间是所有磨煤机中最少的，只有10s左右。

（7）煤种适应能力强。双进双出钢球磨煤机对煤中的杂物不敏感，但是对于球磨机两端的螺旋输送器，对煤中杂物的限制比一般磨煤机严格。

（8）能保持一定的风煤比。

（9）低负荷时能增加煤粉细度。

（10）无石子煤泄漏。

4. 与传统球磨机的主要区别

（1）结构上，"双进双出"两端均有转动的螺旋输煤器，"单进单出"的没有螺旋输煤器。

（2）从风粉混合物流向看："双进双出"正常运行是进煤出粉在同一侧，"单进单出"则是一端进煤，另一端出粉。

（3）在磨煤出力相同（近）时，"单进单出"钢球磨煤机比"双进双出"钢球磨煤机的长度要长，占地面积大。

（4）一般情况下，在磨煤出力相同（近）时，"单进单出"钢球磨煤机的电动机容量比"双进双出"钢球磨煤机的电动机容量要大，即单位磨煤电耗高。

（5）"双进双出"球磨机的热风、原煤是分别从端部进入，在磨内混合，而"单进单出"球磨机的热风、原煤在磨煤机的入口即混合。

三、中速磨煤机

1. 中速磨煤机的类型、结构及工作原理

我国发电厂采用的中速磨煤机主要有以下几种类型：辊-盘式中速磨；辊-碗式中速磨，又称碗式磨；辊-环式中速磨，又称MPS磨；球-环式中速磨，又称E形磨。

中速磨的类型虽多，但它们的工作原理与基本结构大体相同。原煤都是落在两组相对运动的碾磨部件表面间，在压紧力作用下受挤压和碾磨而破碎。磨成的煤粉在碾磨件旋转产生的离心力作用下，被甩至磨煤室四周的风环处。作为干燥剂的热空气经风环吹入磨煤机，对煤粉进行加热并将其带入碾磨区上部的分离器中。煤粉经过分离，不合格的粗粉返回碾磨区碾磨，细粉被干燥剂带出磨外。混入原煤中难以磨碎的杂物，如石块、黄铁矿、铁块等被甩至风环处，由于它们质量较大，风速不足以阻止它们下落，从而落

至杂物箱中。

平盘磨、碗式磨的碾磨件均为磨辊与磨盘，它们都以磨盘的形状命名。磨盘作水平旋转，被压紧在磨盘上的磨辊，绕自己的固定轴在磨盘上滚动，煤在磨辊与转盘间被粉碎，E 型磨的碾磨件像一个大型止推轴承。下磨环被驱动作水平旋转，上磨环压紧在钢球上。多个大钢球在上下磨环间的环形滚道中自由滚动，煤在钢球与磨环间被碾碎。MPS 中速磨是在 E 形磨和平盘磨的基础上发展起来的。它取消了 E 形磨的上磨环，三个凸形磨辊压紧在具有凹槽的磨盘上，磨盘转动，磨辊靠摩擦力在固定位置绕自身的轴旋转。各种类型的中速磨碾磨件的压紧力，靠弹簧或液压气动装置实现。

动画 5-3
辊 - 盘式中速磨

2. 影响中速磨煤机工作的主要因素

（1）转速。中速磨的转速考虑到最小能量消耗下的最佳磨煤效果，同时还考虑到碾磨件合理的使用寿命。转速太高，离心力过大，煤来不及磨碎即通过碾磨件，大量粗粉循环使气力输送的电耗增加；而转速太低，煤磨得过细，又将使磨煤电耗增加。随着磨煤机容量的增大，碾磨件的直径相应增大，为了限制一定的圆周速度，以减轻碾磨件的磨损并降低磨煤电耗，中速磨的转速趋向降低。

（2）通风量。通风量的大小，影响磨煤出力与煤粉细度，并影响石子煤的排放量。因此，中速磨需维持一定的风煤比，如 E 型磨推荐的风煤比为 1.8～2.2kg（风）/kg（煤）；RP 型磨一般约为 1.5kg（风）/kg（煤）。

（3）风环气流速度。合理的风环气流速度应能保证一定煤粉细度下的磨煤出力，并减少石子煤的排放量。通风量确定后，风环气流速度通过风环间隙控制在一定范围，如 E 形磨一般为 70～90m/s。

（4）碾磨压力。碾磨件上的平均载荷称碾磨压力。碾磨压力过大，将加速碾磨件的磨损，过小将使磨煤出力降低、煤粉变粗。因此，运行中要求碾磨压力保持一定。随着碾磨件的磨损，碾磨压力相应减小，运行中需随时进行调整。

（5）燃料性质。中速磨主要靠碾压方式磨煤，燃料在磨煤机内扰动不大，干燥过程不太强烈，对于活动部件穿过机壳的小型辊磨，由于密封条件不好，只适合负压运行，冷风漏入降低了磨煤机的干燥能力，因此一般适于磨制原煤水分 $M_{ar} < 12\%$ 的煤。E 形磨、RP 型磨、MPS 磨具有良好的气密结构，适合于正压运行，干燥能力大为改善。当锅炉能提供足够高温的干燥剂时，可以磨制 M_{ar} 为 $20\% \sim 25\%$ 的原煤。为了减轻磨损、延长碾磨件的寿命，并保证一定的煤粉细度，中速磨一般适合磨制烟煤及贫煤。

3. 中速磨煤机的特点

中速磨煤机与分离器装配成一体，结构紧凑，占地面积小，质量轻，金属消耗量小，投资省；磨煤电耗低，特别是低负荷运行时单位电耗量增加不多；运行噪声小；空载功率小，适宜变负荷运行，煤粉均匀性指数较高。因此，在煤种适宜条件下应优先采用中速磨煤机。其缺点是结构复杂，磨煤部件易磨损，需严格地定期检修；不宜磨硬煤和灰分大的煤，也不宜磨水分大的煤。

四、高速磨煤机

1. 风扇磨煤机的结构特点

高速磨煤机指的是风扇磨煤机，风扇磨煤机的结构与风机类似，它由叶轮、外壳、轴和轴承箱等组成。叶轮以 $500\sim1500r/min$ 的速度旋转，具有较高的自身通风能力。原煤从磨煤机的轴向或切向进入磨煤机，在磨煤机中同时进行干燥、磨煤和输送三个工作过程。进入磨煤机的煤粒受到高速旋转的叶轮的冲击而破碎，同样又依靠磨煤机的鼓风作用把用于干燥和输送煤粉的热空气或高温炉烟吸入磨煤机内，一边强烈地进行干燥，一边把合格的煤粉带出磨煤机，经燃烧器喷入炉膛内燃烧。风扇磨煤机集磨煤机与鼓风机于一体，并与粗粉分离器连接在一起，使制粉系统十分紧凑。

2. 风扇磨煤机的运行特点

与中速磨煤机一样，风扇磨煤机的功率消耗随出力的增加而增加，因此它可以比较经济地在低负荷下运行。这一点是球磨机所不及的。风扇磨煤机在高于额定出力的负荷下运行时，不仅功率消耗增大，而且更重要的是受到磨煤机内储煤量增加而堵塞以及叶片严重磨损的影响，磨出的煤粉也较粗。因此，风扇磨煤机不宜磨制硬煤、强磨损性煤及低挥发分煤，一般适合磨制褐煤和烟煤。

风扇磨煤机工作时能产生一定的抽吸力，因此可省掉排粉风机。它本身能同时完成燃料磨制、干燥、吸入干燥剂、输送煤粉等任务，从而大大简化了系统。风扇磨煤机还具有结构简单、尺寸小、金属消耗少、运行电耗低等优点；其主要缺点是碾磨件磨损严重，机件磨损后磨煤出力明显下降，煤粉品质恶化，因此维修工作频繁。此外，磨出的煤粉较粗而且不够均匀。由于风扇磨煤机提供的风压有限，所以对制粉系统设备及管道布置均有所限制。

五、磨煤机类型的选择

磨煤机类型的选择主要应考虑以下几个方面：燃料的性质（特别是煤的挥发分）、可磨性系数、碾磨细度要求、运行的可靠性、磨损指数、投资费、运行费（包括电耗、金属磨损、折旧费、维护费等），以及锅炉容量、负荷性质。必要时还得进行技术经济比较。原则上当煤种适宜时，应优先选用中速磨煤机。燃用多水分的褐煤时，应优先选用风扇磨煤机。对于煤质较硬的无烟煤、贫煤以及杂质较多的劣质煤可考虑选用钢球磨煤机。

任务描述

该任务对应电厂巡检和运行岗位，可巡视检查磨煤机各主要设备、完成磨煤机的启动和运行调整，也是竞赛和证书考核内容中的具体对象，基本要求为能在现场和DCS画面找到磨煤机巡检和操作的设备。课堂活动要求如下：

（1）上网选取不同火力发电厂磨煤机照片分组发送到学习群，并简单讲解所选的磨煤机类型及其工作原理。

（2）在磨煤机拆解平台进行磨煤机的拆解和组装（要求不少不漏、顺序正确）。

（3）观看MPS中速磨煤机的结构和工作原理并能够复述。

（4）用简易导图的方式绘出磨煤机的选择原则。

任务拓展

HP碗式中速磨煤机的结构

HP碗式中速磨煤机的结构如图5-5所示。

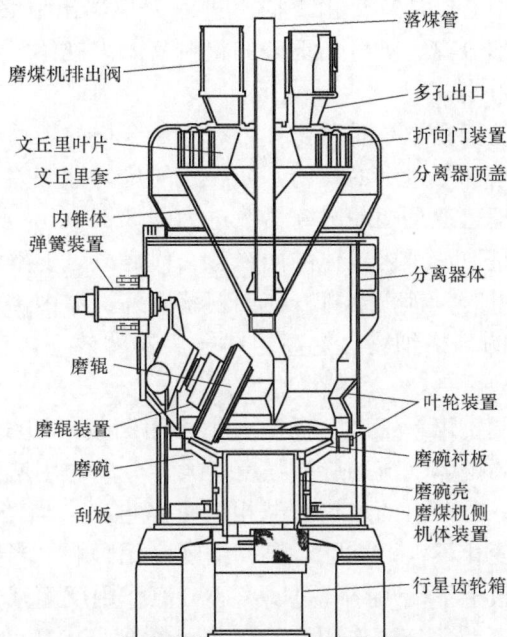

图 5-5 HP 碗式中速磨煤机的结构

彩图 5-1 HP 碗式中速磨煤机

任务 2 制粉系统设备及巡检

相 关 知 识

一、粗粉分离器

粗粉分离器的作用是将过粗的煤粉分离出来，送回磨煤机再进行碾磨。保证煤粉细度合格，减少不完全燃烧热损失；调节煤粉细度以保证煤种改变时能维持一定的煤粉细度。

粗粉分离器的工作原理包括：重力分离、惯性分离、离心分离、撞击分离。

1. 离心式粗粉分离器

普通型离心式粗粉分离器结构如图 5-6（a）所示，是由两个空心锥体组成。来自磨煤机的煤粉气流从底部进入粗粉分离器外锥体内，由于锥体内流通截面积增大，气流速度降低，在重力的作用下，较粗的粉粒得到初步分离，随即落入外锥体下部回粉管。然后气流经内筒上部沿整个周围装设的折向挡板切向进入粗粉分离器内锥体，产生旋转运动，粗粉在离心力的作用下被抛向圆锥内壁

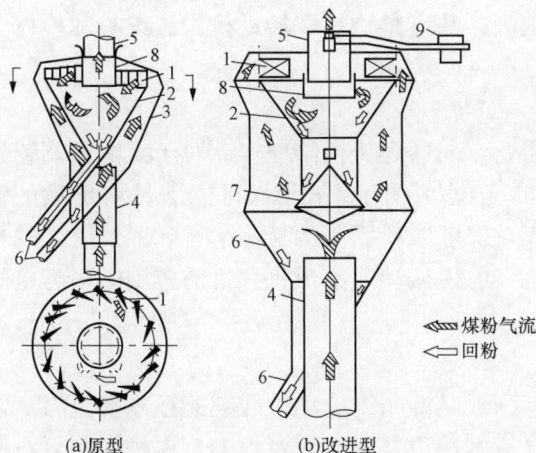

图 5-6 离心式粗粉分离器
1—折向挡板；2—内圆锥体；3—外圆锥体；
4—进口管；5—出口管；6—回粉管；
7—锁气器；8—出口调节筒；9—平衡重锤

(a)原型 (b)改进型

煤粉气流
回粉

而脱离气流。最后，气流折向中心经活动环由下向上进入分离器出口管，气流改变方向时，气流受到惯性力的作用再次得到分离。被分离下来的粗粉落入内锥体下部的回粉管内，而合格的细煤粉则被气流从出口管带走。

由于粗粉分离器分离出来的回粉中总难免要夹带有少量合格的煤粉，这些合格细粉返回磨煤机后就会磨得更细，这就增加了过细的煤粉，使煤粉的均匀性变差，同时也增加了磨煤电耗。为此，国内许多发电厂把普通型粗粉分离器改进为图 5-6（b）所示的结构。

改进型粗粉分离器的特点是取消了内锥体的回粉管，代之以可上下活动的锁气器。由内锥体分离出来的回粉达到一定量时，锁气器打开使回粉落到外锥体中，从而使其中的细粉又被吹起，这样可以减少回粉中的合格细粉，提高粗粉分离器的效率，达到增加制粉系统出力、降低电耗的目的。

改变折向挡板的开度可以调整煤粉细度，开度大小可用挡板与切线方向的夹角来表示。关小折向挡板的开度，进入内圆锥体气流的旋流强度增大，分离作用增强，分离出的煤粉变细；反之，折向挡板开度越大，分离出的煤粉就越粗。应当指出，当挡板开度大于 75° 且继续开大时，由于气流旋流强度变化不大，实际对煤粉细度已无影响。当挡板开度小于 30° 时，气流阻力过大，部分气流从挡板上下端短路绕过，离心分离作用反而减弱，煤粉变粗。变动出口调节筒 8 的上下位置可改变惯性分离作用大小，也可达到调节煤粉细度的目的。此外，通风量的变化对煤粉细度也有影响。通风量增大，气流携带煤粉的能力增强，带出的煤粉也较粗。

2. 回转式粗粉分离器

回转式粗粉分离器有一个空心锥体，锥体上部安装了一个带叶片的转子，由电动机带动旋转。气流由下部引入，在锥体内进行初步分离。进入锥体上部后，气流在转子叶片带动下作旋转运动，在离心力的作用下大部分粗粉被分离出来。气流最后通过转子进入分离器出口时，部分粗粉被叶片撞击而脱离气流。这种分离器最大的特点是可通过改变转子转速来调节煤粉细度，转子速度越高，离心作用和撞击作用越强，分离后气流带走的煤粉颗粒越细。

回转式粗粉分离器尺寸小，通风阻力小，煤粉细度调节方便，适应负荷的能力较强，尤其在高出力大风量条件下仍能获得较高的煤粉细度；缺点是增加了转动机构，维护和检修工作量较大。

二、给煤机

给煤机的作用是根据磨煤机或锅炉负荷的需要，向磨煤机供给原煤。对于直吹式制粉系统，通过给煤机控制给煤量，以适应锅炉负荷的变化。因此要求给煤机能满足供煤量的需要，具有良好的调节特性，能连续、均匀地给煤，保证制粉系统的经济运行和锅炉燃烧的稳定。传统给煤机有刮板式给煤机、皮带式给煤机、电磁振动式给煤机。目前应用的多为电子称重式皮带给煤机。

1. 刮板式给煤机

刮板式给煤机有一副环形链条，链条上装有刮板。链条由电动机经减速箱传动。煤从落煤管落到上台板，通过装在链条上的刮板，将煤带到左边并落在下台板上，再将煤刮至右侧落入出煤管送往磨煤机。改变煤层厚度和链条转动速度都可以调节给煤量。

刮板式给煤机调节范围大，不易堵煤，密闭性能较好，煤种适应性广，水平输送距离大，在电厂得到广泛应用；但链条磨损后，易造成"爬链"和被煤块卡死等问题。

2. 皮带式给煤机

皮带式给煤机实际上是小型皮带输送机。它可通过调节煤闸门开度改变煤层厚度和调节皮带速度等方法调节给煤量。皮带式给煤机带有自动煤秤装置。煤秤的计量装置有机械式和电子式两种。煤秤的输出信号经过比较和放大，去控制煤闸门的开度或给煤机的转速，以控制给煤量在给定值。

皮带式给煤机可适应各种煤种，不易堵煤，水平输送距离大。新型皮带式给煤机最大的特点是自动计量、累计和调节，计量精度可达0.5%以内，为锅炉技术管理和热效率试验提供了极大的方便。电子称重式皮带给煤机的结构如图5-7所示。

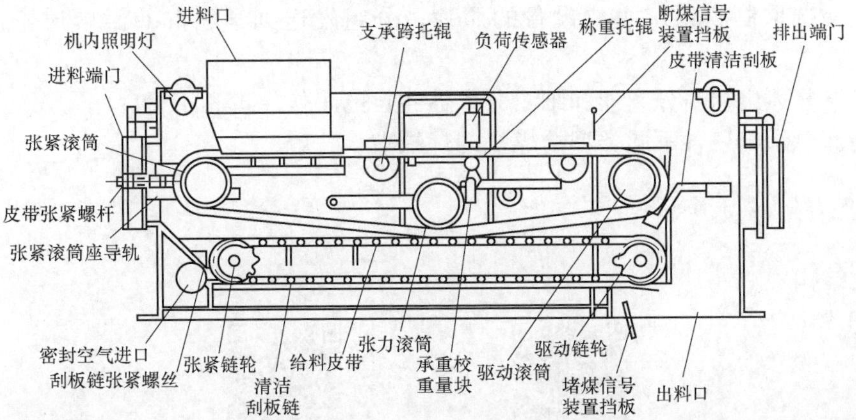

图5-7　电子称重式给煤机的结构

三、细粉分离器

细粉分离器用于中间储仓式制粉系统，其作用是将风粉混合物中的煤粉分离出来，储存于煤粉仓中。

细粉分离器也称旋风分离器，它的工作原理是利用气流旋转所产生的离心力，使气粉混合物中的煤粉与空气分离开来。从粗粉分离器来的气粉混合物从切向进入细粉分离器，在筒内形成高速的旋转运动，煤粉在离心力的作用下被甩向四周，沿筒壁落下。当气流折转向上进入内套筒时，煤粉在惯性力作用下再一次被分离，分离出来的煤粉经锁气器进入煤粉仓。气流则经中心筒引至出口管。中心筒下部有导向叶片，它可使气流平稳地进入中心筒，不产生旋涡，因而避免了在中心筒入口形成真空，将煤粉吸出而降低效率。这种分离器的效率高达90%～95%。

四、给粉机

给粉机的作用是连续、均匀地向一次风管给粉，并根据锅炉的燃烧需要调节给粉量。常用的给粉机是叶轮式给粉机。叶轮式给粉机给粉均匀，严密性好，不易发生煤粉自流，又能防止一次风倒冲入煤粉仓；其缺点是结构较为复杂，且易被木屑等杂物所堵塞，甚至损坏机件。

动画5-4
叶轮给粉机

五、螺旋输粉机

螺旋输粉机的作用是相互输送相邻锅炉制粉系统的煤粉，以提高锅炉给粉的可靠性。

六、锁气器

锁气器是一种只允许煤粉通过而不允许气流通过的设备，装设在粗粉分离器回粉管、细粉分离器下粉管等处，防止气流随着煤粉一齐通过，破坏制粉系统的正常工作。

任务描述

该任务对应电厂巡检岗位，可巡视检查火力发电厂制粉系统各设备，也是竞赛和证书考核内容中的具体对象，基本要求为能在现场和 DCS 画面找到制粉系统巡检和操作的主要设备。课堂活动要求如下。

（1）上网选取制粉系统主要设备的照片，分组发送到学习群并简单讨论讲解其工作原理。

（2）能够复述出粗粉分离器和细粉分离器各自的工作原理和用途。

（3）能够总结出三种不同类型给煤机的优缺点。

任务拓展

给煤机结构

彩图 5-2
给煤机

动画 5-5
电子称重式
给煤机

任 务 3　制 粉 系 统 分 析

相 关 知 识

制粉设备不同的连接方式构成不同的制粉系统，我国采用的制粉系统分为直吹式和中间储仓式两大类。

制粉系统的主要任务是煤粉的磨制、干燥与输送。对于储仓式系统来说，还有煤粉的储存与调剂任务。

一、直吹式制粉系统

直吹式制粉系统是指磨煤机磨制的煤粉被直接吹入炉膛燃烧的系统。直吹式制粉系统的特点是磨煤机的磨煤量任何时候都与锅炉的燃料消耗量相等，即制粉量随锅炉负荷变化而变化。因此，锅炉正常运行依赖于制粉系统的正常运行。直吹式制粉系统宜采用变负荷运行特性较好的磨煤机，如中速磨煤机、高速磨煤机、双进双出钢球磨煤机。

1. 中速磨煤机直吹式制粉系统

在中速磨煤机直吹式制粉系统中，按磨煤机工作压力可以分为正压直吹式系统和负压直吹式系统两种连接方式。按制粉系统工作流程，排粉机在磨煤机之后，整个系统处于负压下工作，称为负压直吹式系统，如图 5-8（a）所示。在负压直吹式系统中，燃烧所需的全部煤粉均通过排粉机，因此，排粉机叶片磨损严重。这一方面影响了排粉机的效率和出力，增加了运行电耗；另一方面也使系统可靠性降低，维修工作量加大。负压直吹式系统的主要优点是磨煤机处于负压状态，不会向外喷粉，工作环境比较干净。

按制粉系统工作流程，排粉机（称一次风机）在磨煤机之前，整个系统处于正压下工作，称为正压直吹式系统，如图 5-8（b）所示。在正压直吹式系统中，通过排粉机的是洁净空气，正压直吹式系统的排粉机（一次风机）不存在叶片的磨损问题，但该系统要求排粉机（称一次风机）在高温下工作，运行可靠性较低；另外，磨煤机需采取密封措施，否则易向外喷粉，影响环境卫生和设备安全。

图 5-8（b）所示的正压直吹式系统中的排粉机输送的是高温空气，排粉风机的工作效率和运行可靠性有所下降。将一次风机置于空气预热器前，形成冷一次风机正压直吹式系统，如图 5-8（c）所示，这时流过风机的介质为冷空气，温度较低，大大提高了系统安全性。由于一次风机的风压比二次风机的风压高得多，所以必须采用三分仓空气预热器，将一、二次风流通区域分开，因此使空气预热器结构复杂，造价提高。

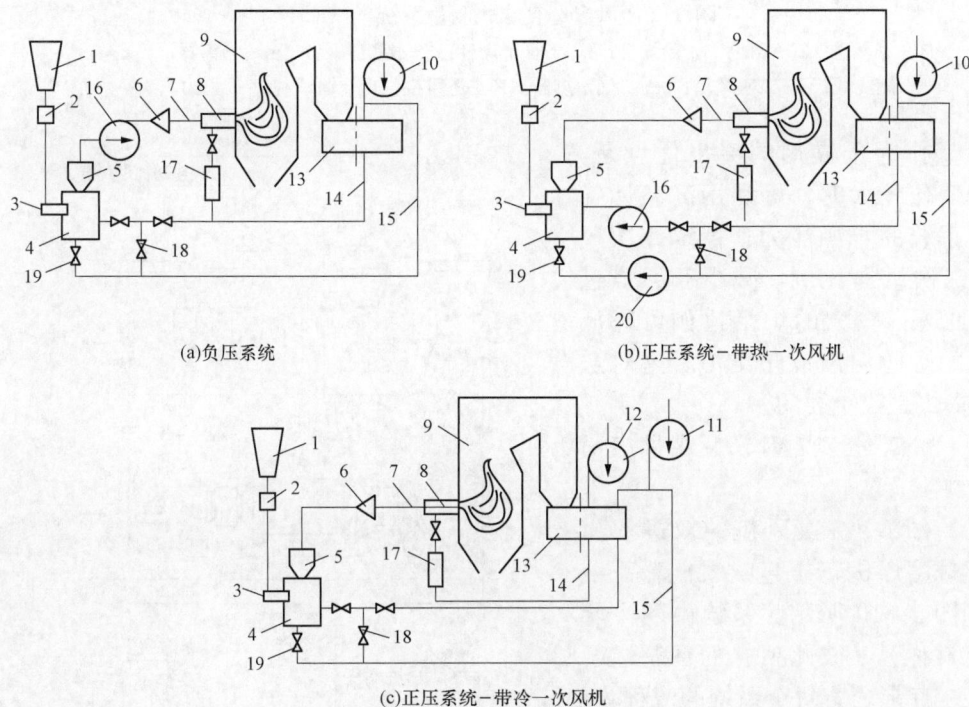

(a)负压系统　　　　　　　　　　　　　(b)正压系统-带热一次风机

(c)正压系统-带冷一次风机

图 5-8　中速磨煤机直吹式制粉系统

1—原煤仓；2—煤秤；3—给煤机；4—磨煤机；5—粗粉分离器；6—煤粉分配器；
7——次风管；8—燃烧器；9—锅炉；10—送风机；11——次风机；12—二次风机；
13—空气预热器；14—热风道；15—冷风道；16—排粉机；17—二次风箱；
18—调温冷风门；19—密封冷风门；20—密封风机

动画 5-6
中速磨煤机
直吹式制粉系统

2. 风扇磨煤机直吹式制粉系统

风扇磨煤机直吹式制粉系统如图5-9所示。风扇磨煤机适宜磨制褐煤，对于水分高的褐煤采用热风作干燥剂，如图5-9（a）所示。

对于磨制水分较高的褐煤，可采用热空气加炉烟作为干燥剂，以利于燃料的干燥和防爆，如图5-9（b）所示。在抽取炉烟时，可以根据干燥和防爆的要求来决定抽取高温炉烟（炉膛出口）还是低温炉烟（除尘器后）或是高低温混合炉烟。

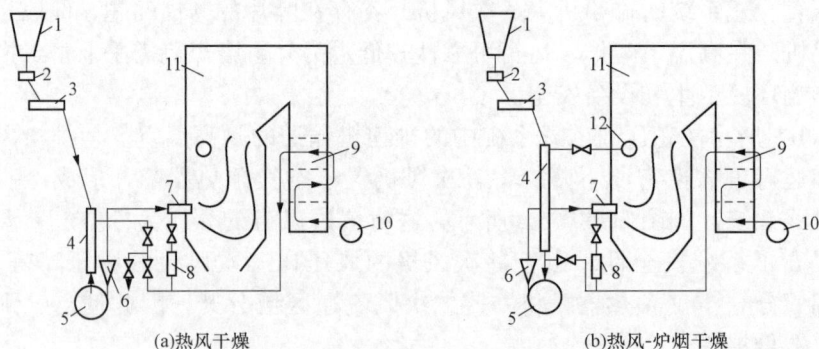

(a)热风干燥   (b)热风-炉烟干燥

图5-9 风扇磨直吹式制粉系统
1—原煤仓；2—煤秤；3—给煤机；4—下行干燥管；5—磨煤机；6—粗粉分离器；
7—燃烧器；8—二次风箱；9—空气预热器；10—送风机；11—锅炉；12—抽烟口

抽取炉烟作为干燥剂的突出优点是，当燃料水分变化较大时，可利用高温烟气来调节制粉系统的干燥能力，稳定一次风温度和一、二次风的比例，减少对燃烧过程的影响。此外，较大的炉烟比例可降低燃烧器附近的炉膛温度以防结渣，这对灰熔点较低的褐煤是很重要的。

3. 双进双出钢球磨煤机直吹式制粉系统

动画5-7
双进双出钢球
磨煤机直吹式
制粉系统

采用冷一次风机的双进双出钢球磨煤机正压直吹式制粉系统如图5-10所示。系统由两个相互对称、又彼此独立的系统组合在一起形成。每个系统的流程为：煤从原煤仓经刮板式给煤机落入混料箱，与进入混料箱的高温旁路风混合，在落煤管中进行预干燥。之后进入中空轴，由螺旋输送装置送入磨煤机筒内进行粉碎。空气由一次风机送入空气预热器，加热后进入热风管道，一部分作为旁路风，一部分

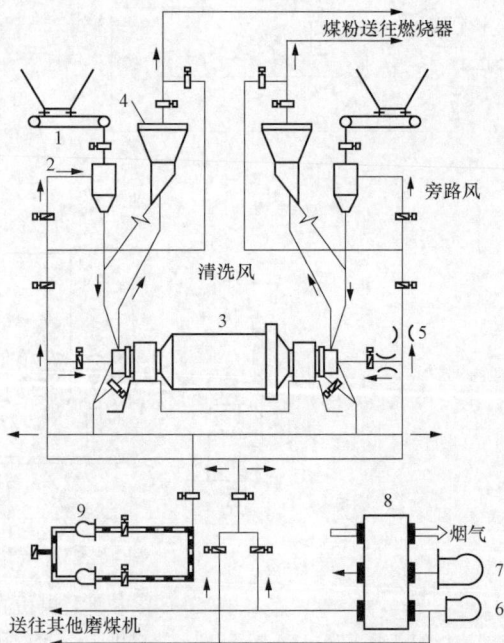

图5-10 双进双出钢球磨煤机正压直吹式制粉系统
1—给煤机；2—混料箱；3—双进双出钢球磨煤机；
4—粗粉分离器；5—风量测量装置；6—一次风机；
7—二次风机；8—空气预热器；9—密封风机

作为干燥剂，经中空轴内的中心管进入磨煤机筒体，与对面进入的热空气流在筒体中部相对冲后，向回折返，携带煤粉从空心轴的环行通道流出筒体。煤粉空气混合物与落煤管出口煤预热旁路空气混合，进入粗粉分离器，分离出来的粗粉经返料管与原煤混合，返回磨煤机重新磨制。圆锥形粗粉分离器上部装有导向叶片，改变导向叶片倾角可以调节煤粉细度。从分离器出来的一次风气粉混合物经煤粉分配器后进入一次风管道，经燃烧器被送入炉内燃烧。停机时应用清洗风吹扫一次风管道和燃烧器。

二、中间储仓式制粉系统

单进单出钢球磨煤机中间储仓式制粉系统如图 5－11 所示，磨煤机磨制成的煤粉不直接送入炉膛，而是将煤粉从输送气流中分离出来送入煤粉仓储存，锅炉燃烧所需要的煤粉再从煤粉仓取用。为此，中间储仓式制粉系统除需要煤粉仓外，还需增加细粉分离器、螺旋输粉机和给粉机等设备。细粉分离器的作用是将煤粉从输粉气流中分离出来送入煤粉仓；螺旋输粉机用来将煤粉输送到邻炉的煤粉仓中；给粉机根据锅炉燃烧需要用来调节供粉量。在中间储仓式制粉系统中，磨煤机的出力不受锅炉负荷的影响，可以维持在稳定的经济工况下运行。这一优点使筒形球磨机得以广泛用于中间储仓式制粉系统。

动画 5－8
中间储仓式
制粉系统

气粉分离后，从细粉分离器上部引出的磨煤乏中含有约 10％的煤粉。为了利用这部分煤粉，一般经排粉机生压后送入炉内燃烧。乏气可作一次风输送煤粉进入炉膛，这种系统称为乏气送粉系统，如图 5－11（a）所示，适用于原煤水分含量较少，挥发分含量较高易于着火和燃烧的煤种。乏气是不利于燃烧的，当燃用无烟煤、贫煤及劣质煤时，为改善着火燃烧条件，常采用热风作一次风输送煤粉，称为热风送粉系统，如图 5－11（b）所示。这时，磨煤乏气由燃烧器专门喷口送入炉内燃烧，称为三次风。这一系统适用于燃烧无烟煤、贫煤、劣质烟煤等不易着火和燃烧的煤种。

三、两种制粉系统的比较

（1）直吹式制粉系统简单，设备部件少，布置紧凑，耗钢材少，输粉管道短、初投资少，运行电耗较低，占地面积小。中间储仓式制粉系统相反，系统复杂，耗钢材多，输粉管道长、初投资多，运行电耗较高，占地面积大，而且煤粉易于沉积，自燃、爆炸和漏风也较严重。

（2）直吹式制粉系统的出力受锅炉负荷的制约，制粉系统的故障直接影响锅炉的正常运行，供粉的可靠性较差，要求磨煤机的备用容量较大，负压直吹式系统的排粉机磨损严重对制粉系统工作安全影响较大。中间储仓式制粉系统供粉可靠，运行工况对锅炉运行的影响相对较小，磨煤机可在经济工况下运行。

（3）当锅炉负荷变动时，中间储仓式制粉系统有煤粉仓储存煤粉，并可通过螺旋输粉机在相邻制粉系统间调剂煤粉，只要调节给粉机就能适应需要，调节灵敏方便。直吹式制粉系统则需从改变给煤量开始，经整个系统才能达到改变煤粉量的目的，调节惰性较大。

🎓 任 务 描 述

该任务对应电厂巡检和运行岗位，可巡视检查火力发电厂制粉系统设备，进行制粉系统的启停操作和运行调整，也是竞赛和证书考核内容中的具体对象，基本要求为能在仿真机上进行制粉系统启动和运行调整操作。课堂活动要求如下：

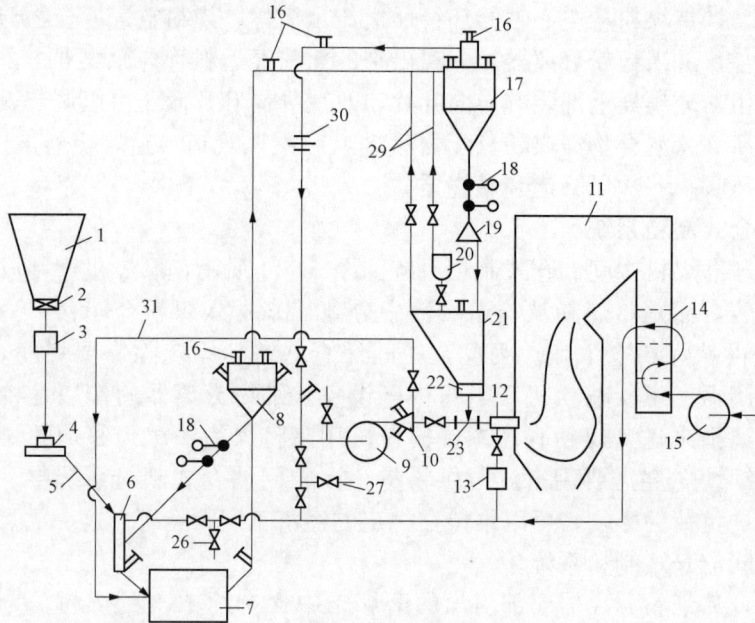

(a)磨煤乏气送粉

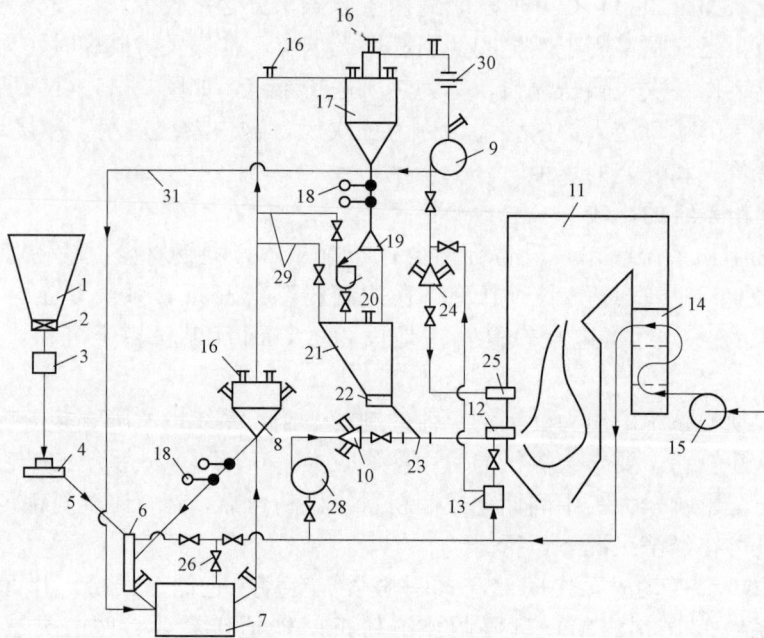

(b)热风送粉

图 5-11 中间储仓式制粉系统

1—原煤仓；2—煤闸门；3—煤秤；4—给煤机；5—落煤管；6—下行干燥管；7—球磨机；8—粗粉分离器；
9—排粉机；10——次风箱；11—锅炉；12—主燃烧器；13—二次风箱；14—空气预热器；15—送风机；
16—防爆门；17—细粉分离器；18—锁气器；19—换向阀；20—输粉绞笼；21—煤粉仓；22—给粉机；
23—混合器；24—乏气风；25—乏气喷嘴；26—冷风门；27—大气门；28——次风机；
29—吸潮管；30—干燥剂流量测量装置；31—再循环管

（1）绘制中速磨煤机直吹式制粉系统的流程图并能准备标注出主要设备名称（包括负压系统和正压系统）。

电站锅炉制粉系统包括原煤仓、给煤机、磨煤机、粗粉分离器、煤粉分配器、一次风管、燃烧器、锅炉、送风机、空气预热器、热风道、冷风道、排粉机、二次风箱、调温冷风门、密封冷风门、密封风机等。

（2）在仿真机组 DCS 运行画面上找到以下制粉系统主要设备。

给煤机、磨煤机、粗粉分离器、一次风管、燃烧器、锅炉、送风机、空气预热器、热风道、冷风道、排粉机、二次风箱、调温冷风门、密封冷风门、密封风机。

（3）在仿真机上按照操作票进行制粉系统的启动操作，自行总结操作要领，要求反复练习至满分。

（4）在仿真机上进行制粉系统的运行调整操作。

任 务 拓 展

一、锅炉制粉系统的启动操作演示视频

微课 5-1
锅炉制粉系统
的启动操作

二、垃圾焚烧发电厂锅炉给料系统

垃圾焚烧发电厂垃圾运输采用专用垃圾运输车，厂区入口处设置有全自动电子汽车衡，用于进出厂区物料的称重。垃圾车经称重后进入垃圾卸料平台，根据垃圾门上方交通指示灯，倒车至指定的卸料位，将垃圾卸至焚烧厂垃圾储坑，垃圾经发酵 3~5 天后，垃圾吊车将垃圾从垃圾储坑抓起并投入给料斗，给料装置与推料器相连，通过推料器的往复推送运动，将垃圾送入焚烧炉炉排上进行焚烧。

任务 4　煤粉燃烧过程及分析

相 关 知 识

一、燃烧基本概念

1. 燃烧程度

燃烧程度即燃烧的完全程度。燃烧有完全燃烧与不完全燃烧之分。

例如，碳在完全燃烧时生成 CO_2，可放出 32866kJ/kg 的热量，而在不完全燃烧时，生成 CO，仅能放出 9270kJ/kg 的热量。这样就有 23596kJ/kg 的热量白白地浪费了。如果碳没有燃烧，以致燃烧生成的飞灰和炉渣中含有大量的碳，其热损失就更大。

总之，为了减少不完全燃烧热损失，提高锅炉热效率，应尽量使燃料燃烧达到完全程度。

　　燃烧的完全程度可用燃烧效率表示，即输入锅炉的热量扣除固体未完全燃烧损失的热量和气体未完全燃烧损失的热量后占输入锅炉热量的百分比，用符号 η_r 表示，并可用下式计算：

$$\eta_r = \frac{Q_r - Q_3 - Q_4}{Q_r} \times 100\%$$ 　　　　　　　　(5 - 3)

　　2. 燃烧速度

　　所谓燃烧，是指燃料中的可燃元素和空气中的氧进行的强烈化学反应，放出大量热量的过程。在这个化学反应过程中，燃料与氧化剂不属于同一形态，称为多相燃烧，例如固体燃料在空气中的燃烧及油在空气中的燃烧。

　　对于多相燃烧，燃烧速度是指单位时间内参与燃烧反应的氧浓度变化率。燃烧速度的快慢取决于燃烧过程中化学反应时间的快慢（即化学反应速度）和氧化剂供给燃料时间的快慢（即物理扩散速度），最终取决于两者之中较慢者。这可从碳粒的燃烧过程来说明。

　　碳粒的燃烧反应是在碳粒表面进行的，周围环境中的氧不断向炽热碳粒表面扩散，在其表面进行燃烧，其一次反应为

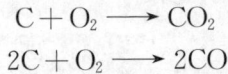

$$C + O_2 \longrightarrow CO_2$$
$$2C + O_2 \longrightarrow 2CO$$

　　温度较高时，生成的 CO 多于 CO_2，反应生成的 CO_2 和 CO 既可向周围气体扩散，也可向碳粒表面扩散。CO 向外扩散遇氧生成 CO_2；CO_2 向碳粒扩散，在高温下与碳进行气化反应生成 CO。反应生成物的二次反应为

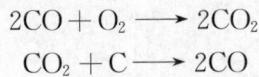

$$2CO + O_2 \longrightarrow 2CO_2$$
$$CO_2 + C \longrightarrow 2CO$$

　　一、二次反应综合的结果，在离碳粒表面一定距离，CO_2 达最大值，从周围环境扩散来的氧不断被消耗，碳粒表面缺氧或氧量不足将限制燃烧过程的进一步发展。燃烧的温度不同，气体的分布情况将有所变化。

　　上述情况说明，碳粒的燃烧主要包括两个过程，一是扩散过程，即氧扩散到碳粒表面和反应生成物从碳粒表面扩散离开，两者是相互联系的；另一个是碳粒表面的化学反应过程，碳粒燃烧过程的快慢，决定于这两个过程中的较慢者。

　　煤粉的燃烧属于多相燃烧，关键是指其中碳的燃烧。这是由于焦炭中的碳是煤中可燃质的主要部分，其发热量占煤总发热量的 40%（泥煤）～95%（无烟煤），同时焦炭着火迟，燃烧所占的时间最长。因此，以上碳粒的燃烧过程就反映了煤粒的燃烧过程，其燃烧速度的快慢既取决于燃烧过程中化学反应时间的快慢（即化学反应速度），也取决于氧化剂供给燃料时间的快慢（即物理扩散速度）。

　　3. 化学反应速度及其影响因素

　　化学反应过程的快慢通常是指单位时间内反应物或生成物浓度的变化。化学反应速度取决于参加反应的原始反应物的性质，同时还受反应进行时所处条件的影响，其中主要是浓度、压力和温度。

　　(1) 浓度对化学反应速度的影响。对多相燃烧，化学反应速度是指单位时间碳粒单位表面上氧浓度的变化，即碳粒单位表面上的耗氧速度。在一定温度下而反应容积不变时，增加反应物的浓度即增加反应物的分子数，分子间碰撞的机会增多，所以反应速度增快。

（2）压力对化学反应速度的影响。在温度和容积不变条件下，反应物压力越高，则反应物浓度越大，化学反应速度越快。目前大力研究正压燃烧技术，正是通过提高炉膛压力来强化燃烧。

（3）温度对化学反应速度的影响。在实际燃烧设备中，燃烧过程是在燃料和空气按一定比例连续供应的情况下进行，因此可以认为反应物质的浓度不变。当反应物浓度不变时，化学反应速度与温度呈指数关系，随着温度升高，化学反应速度迅速加快。

实际上在炉内燃烧过程中，反应物的浓度、炉膛压力基本不变，因此化学反应速度主要与温度有关，其影响相当显著，运行中常用提高炉温的方法强化燃烧。

4. 氧的扩散速度及其影响因素

气体扩散过程的快慢用氧的扩散速度表示。它指单位时间向碳粒单位表面输送的氧量，即碳粒单位表面上的供氧速度。由于化学反应消耗氧，碳粒表面氧浓度小于周围介质中的氧浓度，介质中的氧就向碳粒表面扩散。氧的扩散速度不仅与氧的浓度差有关，还与碳粒直径及气流与碳粒的相对速度有关。

物质的转移有分子扩散与紊流扩散两种形式，分子扩散是由于气体中温度、浓度或速度不同引起的分子不规则运动。在静止气流或层流运动的气体中物质的转移就是属于分子扩散。紊流扩散是由于流体运动引起的分子微团的运动，质量比分子的质量大得多，因此紊流扩散比分子扩散要强烈得多，并随着流速的增大紊流扩散增强。碳粒燃烧过程中，气流与碳粒的相对速度越大，紊流扩散越强，不仅氧向碳粒表面的供应速度增大，同时燃烧产物离开碳表面扩散出去的速度也增大，使氧的扩散速度加快。

碳的燃烧是在碳粒表面进行，碳粒直径越小，表面积越小，若碳粒表面的氧浓度不变，则单位面积的氧浓度越大。从宏观来看，碳粒越小，单位质量碳粒的表面积越大，与氧的反应面积增大，这都说明碳粒在气流中扩散能力加强，氧的扩散速度增大。

因此，增大气流相对速度或减小碳粒直径都会加强碳粒燃烧的扩散过程。

5. 燃烧速度与燃烧区域

碳粒的燃烧速度是指碳粒单位表面上的实际反应速度，一般用耗氧速度来表示。它既与化学反应速度有关，又与氧的扩散速度有关，最终取决于两者中的较慢者。在锅炉技术上，燃烧过程按其燃烧速度受限的因素不同，分为动力燃烧控制区、扩散燃烧控制区和过渡燃烧控制区。

（1）动力燃烧控制区。当温度较低时（小于1000℃），碳粒表面化学反应速度较慢，氧的供应速度远远大于化学反应的耗氧速度，燃烧速度主要取决于化学反应速度，而与扩散速度关系不大，这种燃烧工况称为处于动力燃烧控制区。随着温度升高，燃烧速度将急剧增加。因此提高温度是强化动力燃烧工况的有效措施。

（2）扩散燃烧控制区。温度很高时（大于1400℃），碳粒表面化学反应速度很快，耗氧速度远远超过氧的供应速度，碳粒表面的氧浓度实际为零，燃烧速度主要取决于氧的扩散条件，与温度关系不大，这种燃烧工况称为处于扩散燃烧控制区。加大气流与碳粒的相对速度或减小碳粒直径都可提高燃烧速度。

（3）过渡燃烧控制区。介于上述两种燃烧工况的中间温度区，氧的扩散速度与碳粒表面的化学反应速度较为接近，燃烧速度同时受化学反应条件与扩散混合条件的影响，这种燃烧工况称为处于过渡燃烧控制区。要强化燃烧，既要提高温度，又要加强碳粒与氧的混合条件。

在一定条件下，可以使燃烧过程由一个区域移向另一个区域。例如在反应温度不变的条件下，增加煤粉与气流的相对速度或减小煤粉颗粒直径（即煤粉变细），可使燃烧过程由扩散控制区移向过渡控制区，甚至动力控制区。随着碳粒直径减小或相对速度增大，氧向碳粒表面的扩散过程加强，从动力燃烧控制区过渡到扩散燃烧控制区的温度将相应提高。

煤粉的燃烧主要取决于焦炭的燃烧。就焦炭在炉内燃烧情况来看，在高温燃烧中心粗焦粒可能处于扩散控制区，大部分细焦粒则处于动力控制区或过渡控制区，所以提高炉温和加强煤粉与气流的混合都是不可忽视的；而焦炭在炉内燃尽区，由于此处烟温较低，且烟气中含氧量较少，若扩散混合条件较好，燃烧可处于动力控制区，若扩散混合条件较差，燃烧亦可能处于扩散控制区。

6. 煤粉迅速而又完全燃烧的条件

良好燃烧要求燃烧过程既快又完全地进行。能否实现又快又完全的良好燃烧，除了取决于燃料的化学反应能力和颗粒大小外，还在于能否创造下列良好燃烧的条件。

（1）相当高的炉温。炉温越高，燃烧速度越快，有利于可燃物在炉内燃烧完全。但炉温太高，由于燃烧产物的离解增强，不完全燃烧损失反而增大。任何化学反应都是可逆的，可同时向正反两个方向进行。当外界条件变化时，平衡的移动方向总是趋向于减弱外界条件的影响。一般锅炉炉膛内的燃烧是在 0.101MPa 压力下进行，最高温度为 1500～1600℃。但过高的炉温会引起炉膛结渣，从而影响安全经济运行。

（2）合适的空气量。炉内空气量太少，燃烧不完全。适当增加空气量，燃烧速度加快，不完全燃烧损失减小，但空气量太多，炉温下降，燃烧速度反而降低，不完全燃烧损失及排烟的热损失相应增大。因此，合适的空气量应根据最佳炉膛过量空气系数来供应。

（3）燃料与空气良好的混合。供应炉内的空气量足够，若空气中的氧不能及时补充到碳粒表面，并保证每个氧分子与可燃物分子接触，则仍不能实现完全燃烧。因此，一般常采用提高气流相对速度或减小煤粒直径，增强气流的紊流扩散来达到良好强烈的混合。煤粉炉一般采用一、二次风组织燃烧，一次风携带煤粉进入炉膛，二次风高速喷入炉内与煤粉混合，形成强烈扰动，以强行扩散代替自然扩散，从而提高扩散混合速度。

（4）足够的炉内停留时间。每种燃料在一定条件下完全燃烧都需要一定的时间。只有燃料在炉内停留时间大于燃料完全燃烧所需时间，才能保证燃料在炉内燃烧完全。一般煤粉炉煤粉从燃烧器出口到炉膛出口需要 2～3s。在这段时间内煤粉必须完全烧掉，否则到了炉膛出口处，因受热面多，烟气温度很快下降，燃烧就会停止从而造成不完全燃烧热损失。

不难看出，若具备良好燃烧的前三个条件，则燃料完全燃烧所需时间缩短，为实现第四个条件提供了保证。

以上各个条件主要依靠燃烧设备合理的结构和布置，以及燃烧工程的合理组织来实现。

二、煤粉气流的燃烧过程

煤粉的燃烧过程，大致可分为以下三个阶段：

1. 着火前的准备阶段

煤粒受热后首先水分蒸发，接着干燥的煤进行热分解析出挥发分。挥发分析出的数量和成分取决于煤的特性、加热温度与速度。挥发分析出过程一直延续到 1100～1200℃。显然，着火前的准备阶段是吸热阶段。要使煤粉着火快，可以从两方面着手：一方面应尽量减少煤粉气流加热到着火温度所需的热量，这可以通过对燃料预先干燥、减少输送煤粉的一次风风量和提高输送煤粉的一次风风温等方法来达到；另一方面应尽快给煤粉气流提供着火所需的热量，这可以通过提高炉温和使煤粉气流与高温烟气强烈混合等方法来实现。

2. 燃烧阶段

当煤粉温度升高至着火温度而煤粉浓度又合适时，煤粉就开始着火燃烧，进入燃烧阶段。燃烧阶段是一个强烈的放热阶段，包括挥发分和焦炭的燃烧。首先是挥发分着火燃烧，放出热量，并加热焦炭粒，使焦炭的温度迅速升高并燃烧起来。焦炭的燃烧不仅时间长，且不易燃烧完全，所以要使煤粉燃烧又快又好，关键在于对焦炭的燃烧组织得如何，因此使炉内保持足够高的温度、保证空气充分供应并使之强烈混合，对于组织好焦炭的燃烧是十分重要的。

3. 燃尽阶段

燃尽阶段是燃烧阶段的继续。一些内部未燃尽而被灰包围的炭粒在此阶段继续燃烧，直至燃尽。这一阶段的特点是氧气供应不足，风粉混合较差，烟气温度较低，以致这一阶段需要的时间较长。为了使煤粉在炉内尽可能燃尽，以提高燃料的利用率，应保证燃尽阶段所需的时间，并应设法加强扰动来击破灰衣，以便改善风粉混合，使灰渣中的可燃物燃透烧尽。

煤粒由水分、挥发分、固定碳和灰分组成。挥发分与灰分的存在，使煤粒的燃烧不同于碳粒的燃烧。特别是挥发分对煤粒的燃烧速度影响较大。大颗粒煤慢速加热时，挥发分首先析出并着火燃烧，随后才是焦炭的着火燃烧。挥发分析出与燃烧的时间仅占煤粒燃烧总时间的 1/10 左右。而煤粉在高温下快速加热时，往往是细小煤粉首先着火燃烧，接着才是挥发分的析出。因此，煤粒的着火燃烧可能发生在挥发分着火之前或之后，或同时进行，这取决于煤粒大小和加热温度。由于挥发分析出过程很长，在高温炉膛中挥发分的析出量一般比实验室的分析值高一些。

上述各阶段并没有明显的界线，实际上往往是相互交错进行。

对应于煤粉燃烧的三个阶段，可以在炉膛空间中划分出三个区域，即着火区、燃烧区与燃尽区。由于燃烧的三个阶段不是截然分开的，因而，对应的三个区域也就没有明确的分界线，一般认为：燃烧器出口附近的区域是着火区，与燃烧器处于同一水平的炉膛中部以及稍高的区域是燃烧区，高于燃烧区直至炉膛出口的区域都是燃尽区。其中着火区很短，燃烧区也不长，而燃尽区却比较长。根据对 $R_{90}=5\%$ 的煤粉实验，其中 97% 的可燃质是在 25% 的时间内燃尽的，而其余 3% 的可燃质却要在 75% 的时间才燃尽。

图 5-12 表示了三个区域的火炬情况。图中表明：气流温度 θ 的变化是在着火区和燃烧区中温度上升，在燃尽区中温度降

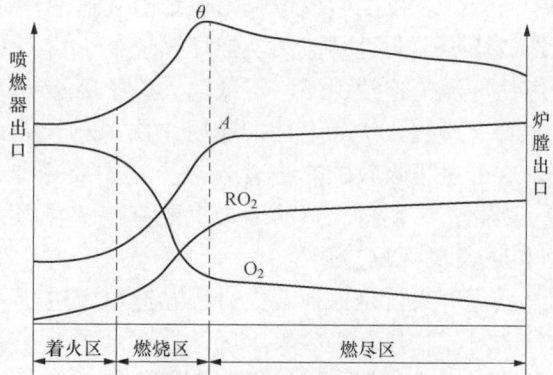

图 5-12　火炬工况曲线

θ—气流温度，℃；A—煤粉颗粒中灰分，%；
RO_2—气体中 RO_2 体积分数，%；
O_2—气体中 O_2 体积分数，%

低。煤粉气流进入炉膛时温度很低（通常只有几十度到 300℃左右），吸收了炉内热量后温度升高，到着火温度就开始着火，随着着火煤粉增多，温度上升速度加快。当可燃质开始大量燃烧，温度突然很快上升时，可以认为气流进入燃烧区。如果是绝热燃烧的话，火焰的最高温度可达 2000℃左右，但由于炉膛周围有水冷壁不断吸热，所以火焰中心温度只有 1600℃左右。当大部分可燃质烧掉后，气流温度开始下降，这时可以认为气流进入燃尽区。在燃尽区内，燃烧放热很少，而水冷壁仍在不断吸热，故烟气温度不断下降，到炉膛出口降至 1100℃左右。

煤粉中灰分 A 的含量在整个过程中是不断增大的。在着火区，由于水分、挥发分析出，灰分含量逐渐增加；到燃烧区，由于固定碳大量燃烧，使灰分含量大大增加；到燃尽区，燃烧减缓，灰分的增加也就慢了；到炉膛出口，飞灰中仍会有很少量未燃尽的碳，煤粉炉一般不超过飞灰总量的 5%，而灰分则高达 95% 以上。

气流中氧 O_2 的含量在整个过程中不断减少，但在燃烧区减少得很快。燃烧产物 RO_2 的含量在整个过程中不断增加，但在燃烧区增加得特别快。O_2 含量在燃烧器出口处约为 21%，到炉膛出口处下降到 3%～5%。RO_2 在燃烧器出口处约为零，到炉膛出口处上升到 16%～17%。

总之，火炬工况在燃烧区都有剧烈的变化，而在着火区，尤其是在燃尽区，变化较缓慢。由此可见，燃烧过程的关键是燃烧阶段。在燃烧阶段中焦炭的燃烧是主要的，这是因为一方面焦炭的燃烧时间最长，另一方面焦炭中的碳又是大多数固体燃料可燃质的主要部分，因而是放出热量的主要来源，并决定了其他阶段的强烈程度。因此整个燃烧过程中，关键在于组织好焦炭中碳的燃烧。

三、煤粉气流的着火与强化

煤粉气流喷入炉内，主要通过紊流扩散卷吸高温烟气进行对流加热，同时也受高温火焰的辐射加热而着火。煤粉气流的着火首先是从与烟气接触的边界层开始，然后以一定速度向射流轴心传播，形成稳定的着火面。煤粉气流最好离喷口不远就能迅速稳定地着火。着火越快，才能保证可燃物在炉内短暂的停留时间内充分燃尽。否则，不仅 q_4 损失增大，而且火焰中心上移，可能造成炉膛出口结渣和过热汽温偏高。但着火点离喷口也不能太近，否则可能造成燃烧器附近结渣甚至烧坏燃烧器。恰当的着火距离一般为 300～500mm。稳定着火是指煤粉气流能连续引燃，不致因火焰中断造成灭火。

着火过程，实际上是指煤粉一次风气流从入炉前的初始温度加热至着火温度的吸热过程，这个过程吸收的热称着火热。它主要用于加热煤粉和一次风，并使煤中水分蒸发和过热。因此，影响着火热的因素主要有着火温度 t_{zh}、一次风煤粉混合物的初温 t_1、一次风量 V_1 和原煤水分 M_{ar} 等。

强化着火就是保证着火过程迅速稳定进行，为此一方面应减少着火热，另一方面应加强烟气的对流加热，提高着火区的温度水平，保证着火热的供应。这既与燃料性质、一次风的初始状态有关，又与燃烧设备、运行工况有关。下面分析影响煤粉气流着火的主要因素及强化着火的措施。

1. 燃料性质

挥发分是判断燃料着火特性的主要指标。一般挥发分越高的煤，着火温度越低，即越容易着火；而挥发分越低的煤，着火温度就越高，就越不容易着火。在煤粉炉炉内相同加热条件下测出的煤粉气流着火温度为：褐煤（$V_{daf}=50\%$）为 550℃，烟煤（$V_{daf}=20\%\sim40\%$）为 840~650℃，贫煤（$V_{daf}=14\%$）为 900℃，无烟煤（$V_{daf}=4\%$）为 1000℃。由此可见贫煤、无烟煤着火比较困难。

原煤水分 M 增大，不仅着火热增加，同时水分蒸发、过热要消耗热量，使烟温降低，显然这对着火不利。

灰分在燃烧过程中不仅不能放热，而且还要吸热。当燃用高灰分劣质煤时，由于煤本身发热量低，大量灰分在着火过程吸热较多使炉温下降，煤粉气流不仅着火推迟，而且着火的稳定性也有所降低。

煤粉越细，表面积越大，对流换热的热阻越小，因此细粉比粗粉着火快。另外，煤粉的均匀性指数 n 越小，粗煤粉就越多，燃烧完全程度会降低。因此烧挥发分低的煤时，应该用较细较均匀的煤粉。

2. 一次风温

一次风温对气流的着火、燃烧速度影响较大。提高一次风温，可降低着火热，使着火位置提前。运行实践表明，提高一次风温还能在低负荷时稳定燃烧。有的试验发现，当煤粉气流的初温从 20℃ 提高到 300℃ 时，着火热可降低 60% 左右。显而易见，提高一次风气流的温度对煤粉着火十分有利。因此，提高一次风温度是提高煤粉着火速度和着火稳定性的必要措施之一。我国电厂在燃用无烟煤、劣质煤和某些贫煤时，为了使煤粉气流的初温尽可能接近 300℃，将空气预热器出口的热风温度提高到 350~420℃，并采用热风作一次风输送煤粉。

根据煤中挥发分含量的大小，一次风温既应满足使煤粉尽快着火、稳定燃烧的要求，又应保证煤粉输送系统工作的安全性。一次风温超过煤粉输送的安全规定时，就可能发生爆炸或自燃。当然，一次风温太低对锅炉运行也不利，除了推迟着火，燃烧不稳定和燃烧效率降低之外，还会导致炉膛出口烟温升高，引起过热器超温或汽温升高。

3. 一次风量和风速

一次风量主要取决于煤质条件。当锅炉燃用的煤质确定时，一次风量对煤粉气流着火速度和着火稳定性的影响是主要的。一次风量越大，煤粉气流加热至着火所需的热量就越多，即着火热越多。这时，着火速度就越慢，因而，距离燃烧器出口的着火位置延长，使火焰在炉膛内的总行程缩短，即燃料在炉内的有效燃烧时间减少，导致燃烧不完全。显然，这时炉膛出口烟温也会升高，不但可能使炉膛出口的受热面结渣，还会引起过热器或再热器超温等一系列问题，严重影响锅炉安全经济运行。但一次风量太小，着火阶段部分挥发分和细煤粉燃烧得不到足够的氧，将限制燃烧过程的发展。

对于不同的燃料，由于它们的着火特性的差别较大，所需的一次风量也有所不同。在保证煤粉管道不沉积煤粉的前提下，尽可能减小一次风量。显而易见，一次风量应该既能满足煤粉中挥发分着火燃烧所需的氧量，又能满足输送煤粉的需要。如果同时满足这两个条件有矛盾，则应首先考虑输送煤粉的需要。例如，对于贫煤和无烟煤，因挥发分含量很低，如按挥发分含量来决定一次风量，则不能满足输送煤粉的要求，为了保证输送煤粉，必须增大一次风量，但因此却增加了着火的困难，这又要求加强快速与稳定着火的措施，即提高一次风温度或采用其他稳燃措施。

一次风量通常用一次风量占总风量的比值表示，称为一次风率。一次风率的推荐值见

表 5 - 1。

表 5 - 1 各种煤的一次风率推荐值

煤种	干燥无灰基挥发分/%	一次风率/%
无烟煤	<10	15~20
贫煤	10~20	20~25
烟煤	20~40	25~45
褐煤	>40	40~45

气粉混合物通过燃烧器一次风喷口截面的速度称为一次风速。一次风速越高，气粉混合物流经着火区的容积流量越大，要求的着火热越多，使加热过程延长，着火推迟。但一次风速也不能太低，否则紊流扩散减弱，不利于高温烟气对煤粉气流的对流加热，着火也要推迟；同时还可能造成燃烧器冷却不良而烧坏、煤粉管道堵粉等故障。挥发分高的煤易着火，一次风速应适当高一些，以免着火离燃烧器太近而烧坏燃烧器；难着火的煤，一次风速应适当低一些，使煤粉气流在着火区得到充分加热。

在燃烧器结构和燃用煤种一定时，确定了一次风量就等于确定了一次风速。一次风速不但决定着火燃烧的稳定性，而且还影响着一次风气流的刚度。一次风速过高，会推迟着火，引起燃烧不稳定，甚至灭火。任何一种燃料着火后，当氧浓度和温度一定时都具有一定的火焰传播速度。当一次风速过高、大于火焰传播速度时，就会吹灭火焰或者引起"脱火"。即便能着火，也可能产生其他问题。因为较粗的煤粉惯性大，容易穿过剧烈燃烧区而落下，形成不完全燃烧。有时甚至使煤粉气流直冲对面的炉墙，引起结渣。当然，一次风速过低，对稳定燃烧和防止结渣也是不利的。原因在于：

（1）煤粉气流刚性减弱，易弯曲变形，偏斜贴墙，切圆组织不好，扰动不强烈，燃烧缓慢。

（2）煤粉气流的卷吸能力减弱，加热速度缓慢，着火延迟。

（3）气流速度小于火焰传播速度时，可能发生"回火"现象，或因着火位置距离喷口太近，将喷口烧坏。

（4）易发生空气、煤粉分层，甚至引起煤粉沉积、堵管现象。

（5）引起一次风管内煤粉浓度分布不均，从而导致一次风射出喷口时，在喷口附近出现煤粉浓度分布不均的现象，这对燃烧也是十分不利的。

燃烧器配风风速的推荐值列于表 5 - 2。

表 5 - 2 一次风速和二次风速的推荐值 单位：m/s

燃烧器的类型及风速		无烟煤	贫煤	烟煤	褐煤
旋流式燃烧器	一次风	12~16	16~20	20~25	20~26
	二次风	15~22	20~25	30~40	25~35
直流式燃烧器	一次风	20~25	20~25	25~35	18~30
	二次风	45~55	45~55	40~55	40~60
	三次风	50~60	50~60	—	—

4. 着火区的温度水平

煤粉气流在着火阶段的温度较低，燃烧处于动力燃烧区，迅速提高着火区的温度可加速着火过程。

燃烧中心区的高温烟气回流到着火区，对煤粉进行对流加热往往是着火热的主要来源。回流的烟气量越大，着火区温度越高，着火就越快。

为了提高着火区温度，燃用难着火的煤时，常将燃烧器附近的水冷壁用耐火材料覆盖，构成卫燃带，以减少水冷壁的吸热，提高着火区的温度。

炉膛的温度水平是随锅炉负荷的高低而升降的。锅炉负荷降低，炉温降低，着火区的温度水平也降低。当锅炉负荷低到一定程度时，就危及着火的稳定，甚至造成灭火。固态排渣煤粉炉一般规定 50%～70%MCR 为最低负荷，在最低负荷以下运行应采取稳燃措施。

5. 煤粉气流的着火周界面

煤粉气流与烟气的接触周界面越大，传热量越多，着火越快。为此，常通过燃烧器将煤粉气流分割为若干小股，或使气流旋转扩散，以增大着火周界面。

四、燃烧中心区的混合

煤粉气流一旦着火就进入燃烧中心区。在这里，除少量粗粉接近扩散燃烧工况外，大部分煤粉处于过渡燃烧工况。因此，强化燃烧过程既要加强氧的扩散混合，又不得降低炉温。

煤粉气流着火后放出大量的热，炉温迅速升高，火焰中心的温度可达 1500～1600℃。燃烧速度很快。一次风中的氧很快耗尽，碳粒表面缺氧限制了燃烧过程的发展。及时供应二次风并加强一、二次风的混合，是强化燃烧的基本途径。所谓及时是指二次风应在煤粉气流着火后立即混入。混入过早，失去限制一次风的意义，将使着火推迟；混入过晚，氧量供应不足，将使燃烧速度减慢，不完全燃烧损失增加。由于二次风温比烟温低得多，为了不降低燃烧中心区的温度，二次风最好在煤粉气流着火后，随着燃烧过程的发展及时、充分地供应。煤粉在悬浮状态下燃烧，由于高温火焰的黏度很大，空气与煤粉的相对速度很小，混合条件很不理想。因此，二次风除补充空气外，还得通过紊流扩散，加强一、二次风的混合，为此，二次风必须以很高的速度喷入，并与一次风保持一定的速度比，其最佳值取决于煤种和燃烧器类型，二次风速一般都大于一次风速，推荐的二次风速见表 5 - 2。实际运行中，二次风速应根据具体情况决定，不必一定要符合推荐值。

当燃用的煤质一定时，一次风量就被确定了，这时二次风量随之确定。对于已经运行的锅炉，由于燃烧器喷口结构未变，故二次风速只随二次风量变化。

锅炉运行中，重要的问题是如何根据煤质和燃烧器的结构特性以最佳方式投入二次风。我国火电厂运行人员总结了"正塔型""倒塔型"和"腰鼓型"的配风方式。"正塔型"指二次风量自下而上依次递减；"倒塔型"则相反；"腰鼓型"指两头小，中间大，即上、下二次风量小，而中间二次风量大。一般认为，在燃用烟煤及烟煤类混煤时，宜采用均匀配风方式，但在有些锅炉上的实践表明，采用"腰鼓型"配风方式燃烧效率高。在燃用无烟煤、贫煤时，"倒塔型"配风方式的着火稳定性和燃烧效率比较高。

运行经验表明，"正塔型"配风能托起颗粒较粗的煤粉，防止煤粉离析，可有效地降低炉渣含碳量。

可见，配风方式不仅影响燃烧稳定性和燃烧效率，还关系到结渣、火焰中心高度的变化、炉膛出口烟温的控制，从而进一步影响过热汽温与再热汽温。因此，运行人员可根据煤质和燃烧设备本身的条件,在运行中不断摸索经验、合理组织燃烧器的配风,以适应运行煤质多变的需要。

从燃烧角度看,二次风温越高,越能强化燃烧,并能在低负荷运行时增强着火的稳定性。但是二次风温的提高受到空气预热器传热面积的限制,传热面积越大,金属耗量就越多,不但增加投资,还会使预热器结构庞大,不便布置。热风温度的推荐数值列于表5-3。

表5-3　　　　　　　　　　　　　　　　热风温度推荐值

煤种	热风温度/℃
无烟煤	380～450
贫煤、劣质烟煤	330～380
烟煤	280～350
褐煤	热风干燥（350～380）；烟气干燥（300～350）

五、燃尽区的强化

大部分煤粉在燃烧中心区燃尽,剩下少量粗碳粒在燃尽区继续燃烧。从图5-12的煤粉火炬工况曲线可知,燃尽区的燃烧条件,不论可燃质的浓度、氧浓度、温度水平及气流扰动强度都处于最不利情况。因此,燃烧速度相当缓慢,燃尽过程延续很长,占据了很大部分的炉膛空间。为了提高燃烧过程的完全程度,减少q_4损失,强化燃尽过程是非常重要的。从良好燃烧的四个条件来看,燃尽区的强化主要靠延长可燃物在炉内停留时间来保证,具体措施有:

(1) 选择适当的炉膛容积及火炬长度,保证煤粉在炉内停留的总时间。

(2) 强化着火与中心区的燃烧,使着火与燃烧中心区火炬行程缩短,在一定炉膛容积内等于增加燃尽区的火炬长度,延长碳粒在炉内燃烧时间。

(3) 改善火焰在炉内充满程度,火焰所占容积与炉膛几何容积之比称为火焰充满程度。充满程度越高,炉膛的有效容积越大,可燃物在炉内实际停留时间越长。

(4) 保证煤粉细度,提高煤粉均匀度。

在煤粉气流燃烧过程中,着火是良好燃烧的前提,燃烧是整个燃烧过程的主体,燃尽是完全燃烧的保证。燃烧过程的强化,很大程度依靠燃烧设备合理的结构与布置来实现。

任务描述

该任务对应电厂设计人员、电厂技术改造员、集控运行值班员岗位,可作为锅炉燃烧设备设计、改造及运行的理论依据,也是竞赛和证书考核内容中的具体对象,基本要求为能够提出燃料如何尽快稳定地着火、保证燃烧过程的顺利进行,如何提供燃烧速度等。课堂活动要求如下。

(1) 分组讨论碳粒燃烧的动力燃烧区、扩散燃烧区与过渡燃烧区的特点,不同燃烧区的燃烧速度主要取决于哪些因素、如何强化。

(2) 写出燃烧过程为什么要既快又完全,良好燃烧与燃料的化学、物理性质之间有何关系,良好燃烧的条件有哪些。

(3) 能够描述出煤粉气流在炉膛内的燃烧过程分哪几个阶段,各阶段的特点、要求有哪些。

(4) 能够总结出影响煤粉气流着火与燃烧的因素有哪些,如何强化煤粉气流的着火、燃烧和燃尽。

（5）能够准备写出一次风、二次风、三次风的定义及作用，同时能够描述出对它们风量、风速的要求。

🌱 **任 务 拓 展**

影响生活垃圾焚烧的主要因素

在理想状态下，生活垃圾进入焚烧炉后，依次经过干燥、热解和燃烧三个阶段，其中的有机可燃物在高温条件下完全燃烧，生成二氧化碳气体，并释放热量。但是，在实际的燃烧过程中由于焚烧炉内的操作条件不能达到理想效果，致使燃烧不完全，严重的情况下将会产生大量的黑烟，并且从焚烧炉排出的炉渣中还含有有机可燃物。生活垃圾焚烧的影响因素包括：生活垃圾的性质、停留时间、温度、炉膛内烟气流动的湍流度、过量空气系数及其他因素。其中停留时间、温度及湍流度称为"3T"要素，是反映焚烧炉性能的主要指标。

项目六　锅炉燃烧设备巡检及运行

项 目 描 述

电厂锅炉的燃烧设备主要包括煤粉燃烧器、点火装置及炉膛。煤粉燃烧器是燃煤锅炉燃烧设备的主要部件，其作用是向炉内输送燃料和空气，保证煤粉进入炉膛后尽快、稳定地着火，组织燃料和空气及时、充分地混合，迅速完全地燃尽。要求燃烧器一、二次风的风速比要适当，着火迅速稳定，火焰充满程度好，风粉混合强烈，燃烧迅速，流动阻力小，具有较大的调节范围。煤粉燃烧器按其出口气流的特征可以分为直流燃烧器和旋流燃烧器两大类。本项目主要学习煤粉燃烧器、点火装置及炉膛结构，煤粉燃烧技术及应用，煤粉炉吹扫及点火等。

学 习 目 标

1. 技能目标

（1）能绘出直流煤粉燃烧器图，能在 DCS 画面找到燃烧器，分辨出布置及燃烧方式。

（2）能绘出煤粉炉炉膛结构图，能在 DCS 画面找到炉膛结构图，标出额定工况各处烟气温度。

（3）能对锅炉进行吹扫操作。

（4）能在 DCS 画面找到锅炉点火画面，分辨出点火方式，能进行锅炉点火操作。

（5）能对一次风量、温度、燃料量进行调整。

（6）能对锅炉总风量进行调整。

2. 知识目标

（1）了解煤粉燃烧器的分类结构，熟悉不同燃烧器的特点。

（2）熟悉煤粉炉炉膛结构，掌握影响炉膛结渣的原因及处理方法。

（3）掌握锅炉吹扫、点火的条件，熟悉锅炉点火的方式方法。

（4）掌握直流煤粉燃烧器的布置及特性。

（5）掌握旋流煤粉燃烧器的布置及特性。

（6）掌握煤粉低氮稳燃技术原理。

（7）熟悉锅炉风烟系统流程。

3. 价值目标

（1）团结协作，节约成本，降耗增效。

（2）保护环境，文明生产，追求精益求精。

（3）树立规范、标准意识，弘扬工匠精神。

任务 1 煤粉燃烧器认知

相关知识

一、直流煤粉燃烧器的类型及特点

1. 直流射流的特点

直流煤粉燃烧器通常由一列矩形喷口组成。煤粉气流和热空气从喷口射出后，形成直流射流进入炉膛。从燃烧器喷口射出的气流以一定的速度进入炉膛，由于气流的紊流扩散，带动周围的热烟气一道向前流动，这种现象称为卷吸。由于卷吸，射流不断扩大，不断向四周扩张。同时，主气流的速度由于衰减而不断减小。正是由于射流的这种卷吸作用，将高温烟气的热量源源不断地输送给进入炉内的新煤粉气流，煤粉气流才得到不断加热而升温，当煤粉气流吸收了足够的热量并达到着火温度后，便首先从气流的外边缘开始着火，然后火焰迅速向气流深层传播，达到稳定着火状态。

当煤粉气流没有足够的着火热源时，虽然局部的煤粉通过加热也可达到着火温度，并在瞬间着火，但这种着火不能稳定进行，即着火后还容易灭火。这样的着火极易引起爆燃，因而是一种十分危险的着火工况。

2. 直流煤粉燃烧器的类型

直流煤粉燃烧器按照配风方式不同分为均等配风直流煤粉燃烧器和分级配风直流煤粉燃烧器，如图 6-1 所示。

彩图 6-1/ 动画 6-1
直流煤粉燃烧器

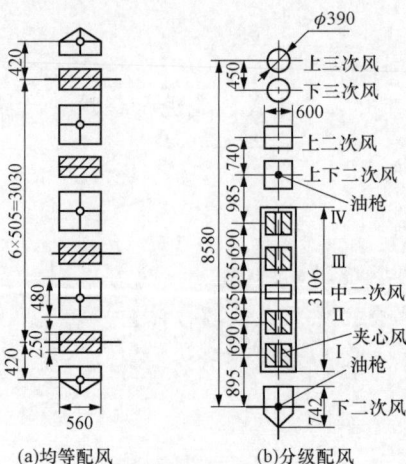

(a)均等配风 (b)分级配风

图 6-1　直流煤粉燃烧器（单位：mm）

均等配风方式是指一、二次风喷口相间布置，即在两个一次风喷口之间均等布置一个或两个二次风喷口，或者在每个一次风喷口的背火侧均等布置二次风喷口。在均等配风方式中，由于一、二次风喷口间距相对较近，一、二次风自喷口流出后能很快得到混合，使煤粉气流着火后不致由于空气跟不上而影响燃烧，故一般适用于烟煤和褐煤，所以又称为烟煤-褐煤型直流煤粉燃烧器。随着锅炉容量的增大、燃烧技术的进步及燃烧器性能的提高，现代大型超临界压力锅炉对于较难着火的煤种也采用均等配风煤粉燃烧器。

分级配风方式是指把燃烧所需要的二次风分级分阶段地送入燃烧的煤粉气流中，即将一次风喷口较集中地布置在一起，而二次风喷口分层布置，且一、二次风喷口保持较大的距离，以便控制一、二次风的混合时间，这对于无烟煤的着火与燃烧是有利的。故此种燃烧器适用于无烟煤、贫煤和劣质煤，所以又称为无烟煤型直流煤粉燃烧器。

3. 直流煤粉燃烧器的周界风和夹心风

现代大型电站锅炉直流煤粉燃烧器的一次风喷口周围或中间布置有一股高速二次风，称

为周界风和夹心风。

周界风或夹心风主要是用来解决煤粉气流高度集中时着火初期的供氧问题，数量约占二次风量的 $10\%\sim15\%$。实际运行中，由于漏风，周界风或夹心风的风率可达 20% 以上。在燃用无烟煤、贫煤或劣质煤时，周界风或夹心风的速度比较高，为 $50\sim60\text{m/s}$；在燃用烟煤时，周界风的速度为 $30\sim40\text{m/s}$，主要是为了冷却一次风喷口。燃烧褐煤的燃烧器一次风喷口上一般布置有十字风，其作用类似于夹心风。实践表明，周界风和夹心风使用不当时，对煤粉着火产生不利影响。

4. 摆动式燃烧器

直流式煤粉燃烧器的喷口可做成固定式的，也可做成摆动式的。摆动式燃烧器的各喷口一般可同步上下摆动 $20°$ 或 $30°$，用来改变火焰中心位置的高度，调节再热蒸汽温度，并便于在启动和运行中进行燃烧调节，控制炉膛出口烟温，避免炉膛内受热面结渣。

为了适应煤质的变化，在有些燃烧器上把一次风口做成固定式的，二、三次风口做成摆动式的。这样可以改变二次风和一次风的相交混合位置，以根据煤质变化条件适当推迟或提前一、二次风的混合。这种燃烧器喷口的摆动幅度不能太大，以免一、二次风过早混合，因而对火焰中心位置的调节范围有限，其摆动喷口的目的并不是用来调节汽温，而是为了稳定燃烧。

摆动式燃烧器运行中容易出现的问题是：因喷口受热变形，使摆动机构卡死或摆动不灵活。摆动机构上的传动销磨损或受热太大时，容易被剪断。这时应立即停止摆动，待修复后再投入运行。

摆动式燃烧器一般适用于燃烧烟煤，也可燃烧较易着火的贫煤，但不适于烧难于着火的无烟煤、贫煤、劣质烟煤。这是因为燃烧器喷口向上摆动时，会减弱上游火焰对邻角煤粉气流的引燃作用，使燃烧变得不稳定，燃烧效率降低，炉膛上部受热面结渣。

在大容量锅炉上，采用摆动式燃烧器主要是为了调节再热汽温。但摆动角度必须有一定限度，一般为 $-20°\sim+30°$，汽温调节幅度可达 $\pm(40\sim50)℃$。当大量投入三次风时，将明显降低摆动式燃烧器的调温效果。

采用摆动式燃烧器的调温方法是：当汽温下降时，喷口向上摆动；当汽温上升时，喷口向下摆动。

二、直流煤粉燃烧器的布置及工作特性

1. 直流煤粉燃烧器布置方式

直流煤粉燃烧器一般布置在炉膛四角上，如图 6-2 所示。煤粉气流在射出喷口时，虽然是直流射流，但当四股气流到达炉膛中心部位时，以切圆形式汇合，形成旋转燃烧火焰，同时在炉膛内形成一个自下而上的旋涡气流，因而这种燃烧方式称为四角切圆燃烧。

彩图 6-2
四角切圆
燃烧模拟

直流煤粉燃烧器的布置，直接关系到四角切向燃烧的组织。比较理想的炉内气流流动状况是在炉膛中心形成的旋转火焰不偏斜、不贴墙、火焰的充满程度好、热负荷分布比较均匀。当然，要达到上述要求，还与燃烧器的高宽比和切圆直径等因素有关，甚至还与炉膛负压大小有关。

直流煤粉燃烧器的布置不仅影响火焰的偏斜程度，还影响燃烧的稳定性和燃烧效率。例

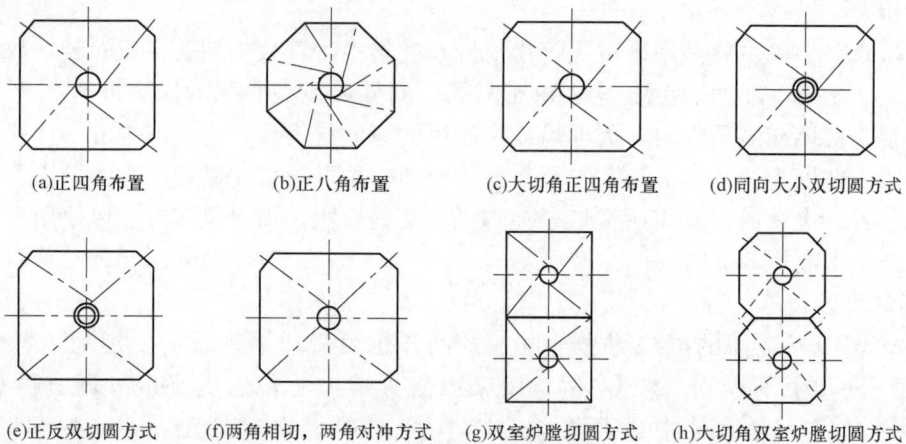

図6-2　直流煤粉燃烧器的布置方式

如，一次风对冲布置时，气流扰动强烈、混合好，但着火条件差、炉内气流流动不稳定。而上下不等切圆布置时，上层小切圆减弱了切向燃烧方式邻角互相点燃的作用，使着火条件变差。

我国电站在组织四角切圆燃烧方面具有丰富的经验。不少电厂对四角切圆燃烧方式进行了改进，其主要特点如下：

（1）一、二次风不等切圆布置。这种方法是将一、二次喷口按不同角度组织切圆，二次风靠炉墙一侧，一次风靠内侧布置。这种布置方式既保持了邻角相互点燃的优势，又使炉内气流流动稳定、火焰不贴炉墙，因而防止了结渣；但容易引起煤粉气流与二次风的混合不良、可燃物的燃烧不充分。

（2）一次风正切圆、二次风反切圆布置。这种布置方法可减弱炉膛出口气流残余旋转，从而减小了过热器的热偏差，并能防止结渣。

（3）一次风对冲、二次风切圆布置。这种方法减小了炉内一次风气流的实际切圆直径，使煤粉气流不易贴壁，因而能防止结渣，而且能减弱气流的残余旋转。

（4）一次风喷口侧边布置侧边二次风，也称为偏转二次风。这种方法的特点是在燃料着火后及时供应二次风，将火焰与炉墙"隔开"，形成一层"气幕"，在水冷壁附近区域造成氧化性气氛，可提高灰熔点温度，减轻水冷壁的结渣，还可以降低 NO_x 的生成量，适用于燃用烟煤及挥发分较高的贫煤。

2. 直流煤粉燃烧器四角切圆燃烧的着火特性

在直流煤粉燃烧器四角切圆布置时，炉膛四角的四股煤粉气流具有相互"自点燃"作用，即煤粉气流向火的一侧受到上游邻角高温火焰的直接撞击而被点燃，这是煤粉气流着火的主要条件。背火的一侧也卷吸炉墙附近的热烟气，但这部分卷吸获得的热量较少。此外，一次风与二次风之间也进行着少量的过早混合，但这种混合对着火的影响不大。

煤粉气流着火的热源不仅来自卷吸热烟气和邻角火焰的撞击，而且还来自炉内高温火焰的辐射加热，但着火的主要热源来自卷吸加热，占总着火热源的 60%～70%。

煤粉气流在正常燃烧时，一般在距离喷口 0.3～0.5m 处开始着火，在离开喷口 1～2m 的范围内，煤粉中大部分挥发分析出并烧完，此后是焦炭和剩余挥发分的燃烧，需要延续 10～20m，甚至更长的距离。当燃料到达炉膛出口处时，燃料中 98％以上的可燃物可以完全燃尽。

四角燃烧方式具有较好的着火、燃烧、燃尽能力。气流由四角喷入炉内后，一方面由于气流在炉膛中心发生旋转，另一方面由于引风机抽力，迫使气流上升，结果在炉膛中心形成一股螺旋上升的气流。从着火的角度来看，每股煤粉气流除依靠本身卷吸高温烟气和接受炉膛辐射热外，由于每个燃烧器都能将一部分高温火焰吹向相邻燃烧器的根部，形成相邻煤粉气流互相引燃。此外，气流旋转上升时，由于离心力的作用，气流向四周扩展，使炉膛中心形成负压，造成高温烟气由上向下回流到火焰根部。由此看来，煤粉气流的着火条件是理想的。从燃烧角度看，由于气流在炉膛中心强烈旋转燃烧，使炉膛中心形成一个高温火球，而且煤粉与空气的混合也较好，这就加速了煤粉的燃烧，所以煤粉气流的燃烧条件也是理想的。从燃尽角度来看，由于旋转上升气流改善了炉内气流的充满程度，又延长了煤粉在炉内停留时间，这对于煤粉的燃尽是有利的。由于切圆燃烧具有良好的炉内空气动力场，对煤种具有较广的适应性，因而在我国得到广泛的应用。

值得注意的是在四角切圆燃烧锅炉中，燃烧器区域形成的旋转火焰不但旋转稳定、强烈，而且黏性很大。高温烟气流到达炉膛出口的过程中，其旋转强度虽然逐渐减弱，但仍有残余旋转。残余旋转不但造成炉膛出口处的烟温偏差，而且造成烟速偏差。气流逆时针方向旋转时，右侧烟温高于左侧烟温，右侧烟速高于左侧烟速；气流顺时针方向旋转时，左侧烟温高于右侧烟温，左侧烟速高于右侧烟速。一般烟温偏差达 100℃左右，偏差严重的甚至达到 300℃。

3. 四角切圆燃烧的气流偏斜问题

采用四角燃烧方式的锅炉，运行中容易发生气流偏斜而导致火焰贴墙，引起结渣以及燃烧不稳定现象。造成燃烧器出口气流偏斜的主要原因如下：

（1）邻角气流的横向推力是气流偏斜的主要原因。横向推力的大小与炉内气流的旋转强度，即炉膛四角射流的旋转动量矩有关，其中二次风射流的动量矩起主要作用。二次风动量及其旋转半径越大，中心旋转强度越大，横向推力也越大，致使一次风射流的偏转加剧。

一次风射流抵抗偏斜的能力与本身的动量有关。一次风射流动量越大，刚性越强，射流的偏斜也就越小。

试验和运行实践证明，增加一次风动量或减少二次风动量，或者降低二次风与一次风的动量比，会减轻一次风射流的偏斜。但应注意二次风动量降低导致气流扰动减弱对燃烧带来的不利影响。

（2）射流偏斜还受射流两侧"补气"条件的影响。由于射流自喷口射出后仍然保持着高速流动，射流两侧的烟气被卷吸着一道前进，射流两侧的压力就随着降低，这时，炉膛其他地方的烟气就纷纷赶来补充，这种现象称为"补气"。如果射流两侧的补气条件不同，就会在射流两侧形成压差，向火面的一侧受到邻角气流的撞击，补气充裕，压力较高；而背火面的一侧补气条件差，压力较低。这样，射流两侧就形成了压力差，在压力差的作用下，射流被迫向炉墙偏斜，甚至迫使气流贴墙，引起结渣。

燃烧器四角布置的炉膛，如果炉膛断面成正方形或接近正方形时，射流两侧补气条件不会差别较大。由于射流两侧炉墙夹角相差较大，射流两侧的补气条件就会显著不同，从而造成较大的射流偏斜。

（3）燃烧器的高宽比对射流弯曲变形影响较大。燃烧器的高宽比值越大，射流卷吸能力越强，速度衰减越快，其刚性就越差，因而，射流越容易弯曲变形。

在大容量锅炉上，由于燃煤量显著增大，燃烧器的喷口通流面积也相应增大，所以喷口数量必然增多。为了避免气流变形和减小燃烧器区域水冷壁的热负荷，将燃烧器沿高度方向拉长，并把喷口沿高度分成 2～3 组，相邻两组喷口间留有空档。空档相当于一个压力平衡孔，用来平衡射流两侧的压力，防止射流向压力低的一侧弯曲变形。

4. 切圆直径

炉内四股气流的相互作用，不仅影响到气流偏斜程度，也影响到假想切圆直径，而切圆直径又影响着气流贴墙、结渣情况和燃烧稳定性，此外，还影响着汽温调节和炉膛容积中火焰的充满程度。当锅炉燃用的煤质变化较大时，切圆直径的调整十分重要。这种情况下，单纯依靠运行调节如果难以见效，就需要对燃烧器和燃烧系统进行技术改造，以适应煤质的变化。

当切圆直径较大时，上游邻角火焰向下游煤粉气流的根部靠近，煤粉的着火条件较好。这时炉内气流旋转强烈，气流扰动大，使后期燃烧阶段可燃物与空气流的混合加强，有利于煤粉的燃尽。但是切圆直径过大，也会带来以下问题：

（1）火焰容易贴墙，引起结渣。

（2）着火过于靠近喷口，容易烧坏喷口。

（3）火焰旋转强烈时，产生的旋转动量矩大，同时因为高温火焰的黏度很大，到达炉膛出口处时残余旋转较大，这将使炉膛出口烟温分布不均匀程度加大，因而既容易引起较大的热偏差，也可能导致过热器结渣，还可能引起过热器超温。

在大容量锅炉上，为了减轻气流的残余旋转和气流偏斜，假想切圆直径有减小的趋势，对于 300MW 机组锅炉，切圆直径一般设计为 700～1000mm。同时，适当增加炉膛高度或采用燃烧器顶部消旋二次风（一次风和下部二次风正切圆布置，顶部二次风反切圆布置）对减弱气流的残余旋转，减轻炉膛出口的热偏差有一定的作用，但不可能完全消除。

当然，切圆直径也不能过小，否则容易出现对角气流对撞、四角火焰的"自点燃"作用减弱、燃烧不稳定、燃烧不完全、炉膛出口烟温升高等一系列不良现象，影响锅炉安全运行，或者给锅炉运行调节带来许多困难。

三、旋流煤粉燃烧器

1. 旋流煤粉燃烧器

旋流煤粉燃烧器的一、二次风喷口为圆形喷口，这种燃烧器的二次风是旋转射流。一次风射流，可为直流射流或旋流射流。气流在离开燃烧器之前，在圆形喷管中做旋转运动，当旋转气流离开喷口失去管壁控制时，气流将沿螺旋线的切线方向运动，形成辐射状的空心锥气流。

旋流射流有如下特性：

（1）旋转射流的扩散角比较大，扰动强烈，而且在气流中心距离喷口不远处轴向速度出现负值，说明气流中心出现烟气回流区。显然，这有助于煤粉气流的着火。

（2）切向速度和轴向速度都衰减得较快，致使气流速度旋转的强度很快减弱，气流射程较短，这是因为气流大量卷吸周围的烟气和消耗动能的缘故。

旋流强度表征了旋转气流切向运动相对于轴向运动的强度。它由气流的旋转动量矩和轴向动量及喷口的定性尺寸来决定。射流外边界所形成的夹角称为扩散角，用符号 θ 表示。旋流强度越大，则切向运动速度越大，气流的扩散角也越大，射程越短，回流区越大；旋流强度小，气流的扩散角小，气流中心回流区小甚至失去回流区。

旋流强度过大，气流扩散角随之增大，射流外缘与炉墙之间间距减小，气流周界回流区补气困难，负压增大，射流在内侧压力的作用下被压向炉墙，气流贴墙流动，形成"飞边"现象。飞边容易引起喷口附近严重结渣、烧坏喷口以及附近水冷壁被严重磨损等问题，所以在锅炉运行中应注意控制旋流强度不应过大，避免飞边现象的产生。

旋流强度是由燃烧器中的旋流器产生的，按旋流器的不同，旋流煤粉燃烧器主要分为蜗壳式和叶片式两类：前者由于阻力大，调节性能差，大型锅炉已很少采用，后者应用较多。

叶片式旋流煤粉燃烧器按其结构分为切向叶片式和轴向叶轮式两种，如图6-3所示。这两种燃烧器，一次风为直流或弱旋射流，二次风则用切向叶片或轴向叶片产生旋转气流。切向叶片式的叶片是可调的，调节叶片倾角即可调节气流的旋流强度。轴向叶轮式叶片是不可调的，但叶轮通过拉杆可在轴向移动。叶轮推到底部就和圆锥套紧贴，二次风全部通过叶轮，旋流强度最大，叶轮外拉时，叶轮与锥套之间构成环形通道，部分二次风在叶轮外环形通道直流通过，旋流强度减弱，叶轮外移距离越大，旋流强度越小。

彩图6-3
旋流燃烧器照片

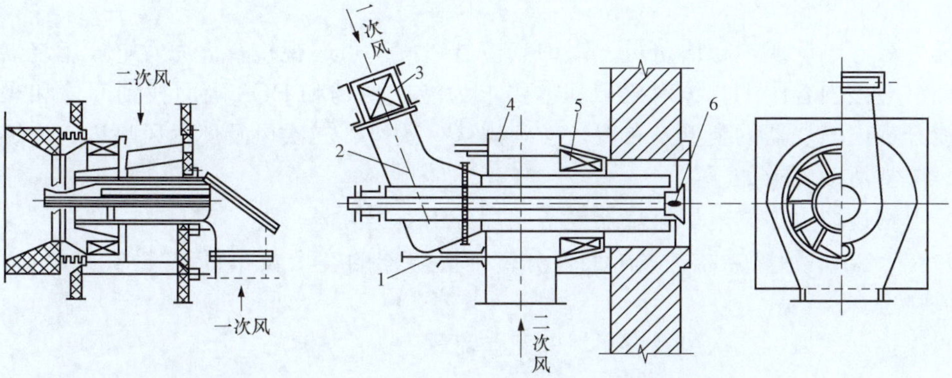

(a)切向叶片式旋流煤粉燃烧器　　(b)轴向叶轮式旋流煤粉燃烧器

图6-3 叶片式旋流煤粉燃烧器
1—拉杆；2——一次风管；3——一次风舌形挡板；4—二次风筒；5—二次风叶轮；6—油枪

叶片式旋流煤粉燃烧器的调节性能较好，一、二次风阻力也较小，出口气流煤粉分布较均匀，所以应用较广。旋流煤粉燃烧器扩散角大，扰动大，动能衰减快，射程短，适应高挥发分燃料。

2. 旋流燃烧器布置及特点

旋流燃烧器在炉膛的布置多采用前墙或两面墙对冲式交错布置，其布置方式对炉内空气动力场和火焰充满程度影响很大。通常，燃烧器前墙布置，煤粉管道最短，且各燃烧器阻力系数相近，煤粉气流分配较均匀，沿炉膛宽度方向热偏差较小；但火焰后期扰动混合较差，气流死滞区大，炉膛火焰充满程度往往不佳。燃烧器对冲布置，两火炬在炉膛中央撞击后，大部分气流扰动增大，火焰充满程度相对较高。如若两燃烧器负荷不对称，易使火焰偏向一侧，引起局部结渣和烟气温度分布不均。两面墙交错布置时，炽热的火炬相互穿插，改善了火焰的混合和充满程度。

在切圆燃烧方式锅炉中，由于炉膛内烟气的旋转，机组通常会遇到出口烟气能量的偏差，一般烟温偏差达 100℃ 左右，偏差严重的甚至达到 300℃。在旋转烟气流中，灰粒子受离心力的作用，部分有冲刷和贴到水冷壁上，造成结渣和水冷壁腐蚀的问题。在燃用高灰分煤也会遇到水冷壁管磨损问题。通过将更多的风布置在靠近壁面的位置，这些问题会有所缓解，但是这种燃料和风的分离不可避免地会影响燃尽效果。

对冲旋流方式燃烧锅炉单个旋流煤粉燃烧器具有良好的燃料、空气分布，旋流煤粉燃烧器射流在喷入炉膛时依靠射流旋转时产生的中心回流来稳定燃烧，其特点是单一燃烧器可以组织燃烧。旋流煤粉燃烧器也分输送煤粉的一次风与助燃的二次风，旋流煤粉燃烧器稳定燃烧的关键是通过气流的切向旋转在燃烧器出口中心附近形成稳定的、合适的轴向回流区。旋流煤粉燃烧器的旋转强度决定了旋流煤粉燃烧器的工作特性，旋流强度既要足够地大以满足稳定着火的需要，同时又要避免过大的旋流强度造成火焰刷墙，引起燃烧器区域炉壁结渣。在中小容量的锅炉中主要采用单面墙布置的方式，在大容量锅炉中，随着炉膛容积的增大，都采用前后墙布置的方式。从单个旋流煤粉燃烧器的特点来看，前期的混合比较强烈，后期的混合显得比较薄弱，利用前后墙对冲布置的方式弥补了后期混合的不足。

🎓 任 务 描 述

该任务对应电厂巡检、值班员、锅炉点检员岗位，可巡视检查火力发电厂燃烧器，也是竞赛和证书考核内容中的具体对象，基本要求为能在现场和 DCS 画面找到巡检和操作的设备，并能分辨出燃烧器的类型及布置，准确辨认一次风、二次风及燃尽风喷口，为燃烧调整做准备。课堂活动要求如下：

(1) 上网选取火力发电厂燃烧器设备照片分组发送到学习群。

(2) 在 DCS 找到燃烧器有关画面，分辨出燃烧器的类型及布置，辨别一次风、二次风及燃尽风喷口。

(3) 连接一次风、二次风及燃尽风的工作流程。

🌱 任 务 拓 展

DBC - OPCC 型旋流煤粉燃烧器介绍

DBC - OPCC 型旋流煤粉燃烧器为东方锅炉厂自主开发的旋流煤粉燃烧器，采用前后墙对冲燃烧方式。燃烧器配风示意如图 6 - 4 所示。煤粉及其输送用风（即一次风）经煤粉管道、燃烧器一次风管、煤粉浓缩器后喷入炉膛；内二次风（兼作停运燃烧器的冷却风）经二次风大风箱和燃烧器内、外二次风通道喷入炉膛；其中内二次风为直流，通过手柄调节套筒位置来进行风量的调节，外二次风为旋流，依靠电动执行器进行风量的调节。单个燃烧器内、外二次风的风量分配可通过调节各自内二次风套筒开度和外二次风调风器开度来实现。

1. 一次风

一次风粉混合物首先进入燃烧器的一次风入口弯头，然后经过燃烧器一次风管和布置在一次风管中的煤粉浓缩器，浓缩器使煤粉气流产生径向分离，浓煤粉气流从一次风管圆周外侧经过一次风管出口处的稳焰齿环进入环形回流区着火燃烧；淡煤粉气流从一次风管中心区域喷入炉内，并进入内回流区着火燃烧。

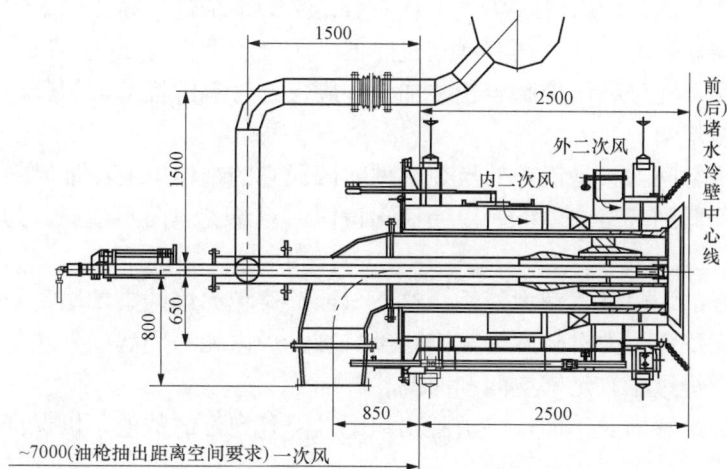

图 6-4　燃烧器配风示意（单位：mm）

动画 6-2
旋流煤粉燃烧器

2. 二次风、三次风

燃烧器大风箱为运行燃烧器提供二次风和三次风，为停运燃烧器提供冷却风。二次风和三次风通过燃烧器内同心的二次风、三次风环形通道在燃烧的不同阶段喷入炉内（外侧为三次风），实现分级供风，降低 NO_x 的生成量。

3. 中心风

燃烧器内设有中心风管，其中布置油枪、高能点火器等设备。一股小流量的中心风通过中心风管送入炉膛，在油枪运行时用作燃油配风；在油枪停运时（指同一磨煤机层的一排油枪全部停运）用作调节燃烧器中心回流区的位置，控制着火点，获得最佳燃烧工况；同时还起到冷却、防止烟气倒灌及灰渣积聚的作用。

4. 燃尽风

主要由中心风、内二次风、外二次风、调风器及壳体等组成。中心风为直流风，内、外二次风为旋流风。其中内、外二次风通过调节挡板、调风器（其开度通过调节机构来调节）实现风量的调节。燃尽风总风量的调节通过风箱入口的风门执行器来实现调节。

各层燃烧器总风量的调节通过风箱入口风门执行器来实现调节。锅炉总风量的调节应通过送风机来调节，不属于风门挡板的调节范围。整个烟风系统至少需设置总风量测量装置及燃尽风风量测量装置。

任务 2　煤粉炉及点火装置认知

相 关 知 识

一、炉膛结构及要求

固态排渣煤粉炉是以煤粉为燃料进行燃烧的，它具有燃烧迅速、完全、容量大、效率高、适应煤种广、便于控制调节等优点。炉膛也称为燃烧室，它是供煤粉燃烧的地方。

固态排渣煤粉炉的炉膛是一个由炉墙围成的长方体空间，其四周布满水冷壁。炉底是由前后水冷壁管弯曲而成的倾斜冷灰斗。炉顶一般是平炉顶结构，高压以上锅炉一般在平炉顶布置顶棚管过热器，炉膛上部悬挂有屏式过热器，炉膛后上方为烟气出口。为了改善烟气对屏式过热器的冲刷，充分利用炉膛容积并加强炉膛上部气流的扰动。炉膛出口的下部有后水冷壁弯曲而成的折焰角。

炉膛既是燃烧空间，又是锅炉的换热部件，因此它的结构应能保证燃料完全燃烧，又能使炉膛出口烟温降低到灰熔点以下，以便使出口以后对流受热面不结渣。为此，炉膛应满足以下要求：

（1）要有良好的炉内空气动力特性，这不仅能够避免火焰冲击炉墙，防止炉膛水冷壁结渣，而且还能使火焰在炉内有较好的充满程度，减少炉内死滞旋涡区，从而充分利用炉膛容积，以保证煤粉燃烧过程有足够空间和时间。

（2）应能布置足够的受热面，将炉膛出口烟温降到允许的数值，以保证炉膛出口及其后的受热面不结渣。

（3）要有合适的热强度。按热强度确定的炉膛容积及其截面尺寸和高度应能满足煤粉气流在炉内充分发展、均匀混合和完全燃烧的要求。

二、炉膛热强度

炉膛热强度包括炉膛容积热强度、炉膛断面热强度和燃烧器区域壁面热强度。

1. 炉膛容积热强度和断面热强度

炉膛容积常由炉膛容积热强度来决定。炉膛容积热强度 q_V 是指单位时间、单位炉膛容积燃料燃烧放出的热量，即

$$q_V = \frac{BQ_{net,ar}}{V_1} \quad kW/m^3 \qquad (6-1)$$

我国与西方国家惯用的差别在于发热量的取值不同，我国惯用收到基低位发热量，而西方国家则惯用高位发热量。B 则均按最大连续出力的燃煤量计算。显然 q_V 只是作为在炉膛设计中的选用值，在锅炉运行中实际的发热量是随锅炉的运行出力变化而变化的。

炉膛容积热负荷表明了锅炉容积的相对大小，或者说是为燃料燃烧过程提供的炉内停留时间的多少。q_V 过大，炉膛容积过小，煤粉在炉内停留时间短，燃烧不完全，同时水冷壁面积小，炉温过高，容易造成结渣。q_V 过小，炉膛容积过大，炉膛温度过低，对燃烧不利，同时使锅炉造价和金属耗量增加。因此，q_V 的数值要选得合适。根据经验，对于各种煤和炉型规定了不同的 q_V，q_V 的设计选用值是与燃用燃料的燃烧特性或易燃程度而变化的。难燃的无烟煤等热量值相对低些，易燃的天然气或油则高些。对于煤粉炉而言，其热量数值的推荐值常在 $97 \sim 167 kW/m^3$，它取决于燃用煤种挥发分，其数值见表 6-1。从表中可以看出，越是容易燃烧的煤，所允许的 q_V 值越大。实际锅炉的 q_V 值都应接近并小于表上所列的数据。

表 6-1		炉膛容积热强度推荐值		单位：kW/m^3
煤种	固态排渣炉	煤种	固态排渣炉	
无烟煤	110～140	烟煤	140～198	
贫煤	116～163	褐煤	93～151	

q_V 也与锅炉容量有关，当锅炉容量增大到一定范围后，由于炉膛容积与尺寸的立方成比例，而炉壁面积则与尺寸的平方成比例，使在锅炉容积增大到一定范围后会出现因炉壁面积

不能满足敷设水冷壁的要求，而不得不取用较大的炉膛尺寸，因此大型电站锅炉的 q_V 常取偏低的值。某超临界压力锅炉炉膛宽深为 21.48m×21.48m，容积热负荷为 76.7kW/m³。某电厂 1000MW 锅炉炉膛断面尺寸为 32.084m（宽）×15.670m（深），炉膛全高为 65.5m，炉膛容积热负荷为 82.7kW/m³。

　　炉膛容积确定后，炉膛尺寸仍未定。同样的炉膛容积，可以把炉膛做成瘦长形或矮胖形。过于瘦长的炉膛，火焰的充满程度好，但燃烧器区域由于没有足够水冷壁冷却烟气，从而使燃烧器区域局部温度过高，引起燃烧器区域结渣。过于矮胖的炉膛，会使燃烧器附近温度低，对着火不利，而且火焰不易较好地充满炉膛，煤粉在炉内停留时间短，不完全燃烧热损失增加。因此，炉形必须合适。

　　炉膛的大体形状常由炉膛断面热强度 q_A 和炉膛容积热强度 q_V 一起来确定。炉膛断面热强度是指单位时间、单位炉膛横断面积燃料燃烧放出的热量，即

$$q_A = \frac{BQ_{net,ar}}{A_1} \quad kW/m^2 \qquad (6-2)$$

　　显然，当 q_V 一定时，q_A 取得大，炉膛横断面 A_1 就小，炉膛就瘦长些；q_A 取得小，炉膛横断面 A_1 就大，炉膛就矮胖些。

　　根据经验，对于不同容量的锅炉规定了不同的炉膛断面热强度 q_A，其数值见表 6-2。

表 6-2　　　　　　　　　　　　　炉膛断面热强度推荐值

锅炉容量/t·h	q_A/（kW/m³）	锅炉容量/t·h	q_A/（kW/m³）
220	2.1~3.5	670	3.3~4.7
400~410	2.8~4.5	1000	4.3~5

　　炉膛断面热强度确定后，用式（6-2）求得炉膛横断面积，用它除炉膛容积，就得出炉膛平均高度，但炉膛宽度和深度仍需要决定。

　　根据我国实际情况，低挥发分煤趋向于用直流燃烧器四角布置，这种炉子要求炉膛宽度与深度大致相等，亦即宽深比约等于 1，最大也不超过 1.2。随着锅炉容量增加，超超临界压力锅炉炉膛可采用双切圆形式。采用旋流煤粉燃烧器对冲燃烧锅炉炉膛，可增加炉膛宽度以布置足够数量的燃烧器。

　　2. 燃烧器区域壁面热强度

　　对于大容量锅炉，仅仅采用 q_V、q_A 指标还不能全面反映出炉内的热力特性。因此，近年来又采用燃烧器区域壁面热强度 q_r 作为炉膛设计和判断运行工况的辅助指标。燃烧器区域壁面热强度 q_r 是指单位时间、单位燃烧器区域壁面面积燃料燃烧放出的热量，即

$$q_r = \frac{BQ_{net,ar}}{A_r} \quad kW/m^2 \qquad (6-3)$$

　　q_r 越大，说明火焰越集中，燃烧器区域的温度水平就越高。这对燃料的着火和维持燃烧的稳定是有利的。但 q_r 过高，意味着火焰过分集中，使燃烧器区域局部温度过高，容易造成燃烧器区域水冷壁结渣。按固态排渣煤粉炉，对于褐煤 q_r 可取 0.93~1.16MW/m²；对于贫煤和无烟煤 q_r 可取 1.4~2.1MW/m²；对于烟煤 q_r 可取 1.28~1.4MW/m²。

　　三、煤粉炉的结渣

　　在固态排渣煤粉炉中，熔融的灰黏结并积聚在受热面或炉壁上的现象，称为结渣或

结焦。

1. 结渣的危害

结渣会严重危害及影响锅炉运行的安全和经济，造成以下不良后果：

（1）受热面上结渣时，会使传热减弱，工质吸热量减少，排烟温度升高，排烟热损失增加，锅炉效率降低。为了保持锅炉蒸发量，在增加燃料量的同时必须相应增加风量，这就使送、引风机负荷增加，厂用电增加。因此，结渣会降低锅炉运行的经济性。

（2）受热面结渣时，为了保持蒸发量，就必须增加风量。若此时通风设备容量有限，加上结渣容易使烟气通道局部堵塞而使风量无法增加，锅炉只能降低蒸发量运行。

（3）炉内结渣时，炉膛出口烟温升高，导致过热汽温升高，加上结渣不均匀造成的热偏差，很容易引起过热器超温损坏。此时，为了不使过热器超温，也需要限制锅炉蒸发量。

（4）水冷壁结渣会使自身各部分受热不均，以致膨胀不均或水循环不良，引起水冷壁管损坏。

（5）炉膛上部结渣掉落时，可能会砸坏冷灰斗的水冷壁管。

（6）冷灰斗处结渣严重时会使冷灰斗出口逐渐堵塞，使锅炉无法继续运行。

（7）燃烧器喷口结渣，会使炉内空气动力工况受破坏，从而影响燃烧过程的进行，喷口结渣严重而堵塞时，锅炉只能降低蒸发量运行，甚至停炉。

（8）结渣严重时，除渣时间过长，可能导致灭火。

总之，结渣不但严重危及锅炉安全运行，还可能使锅炉降低蒸发量运行，甚至停炉，而且增加了锅炉运行和检修工作量，所以应尽最大努力来减轻和防止锅炉结渣。

2. 结渣的过程和原因

在炉膛高温区域内，燃料中的灰分一般为液态或呈软化状态。随着烟气的流动，烟温会因水冷壁吸热而不断降低。当接触到受热面或炉墙时，如果烟中的灰粒已冷却到固体状态就不会造成结渣；如果烟中的灰粒仍保持软化状态或熔化状态，就会黏结在壁面上，形成结渣。

结渣通常发生在炉内和炉膛出口的受热面上，特别是未受水冷壁保护的暴露面积较大的炉墙或卫燃带上，因为它们表面的温度高而且又很粗糙，液态渣粒很容易附上去。

结渣是一个自动加剧的过程。这是因为发生结渣后，由于传热受阻，炉内烟气温度和渣层表面温度都将升高，再加上渣层表面粗糙，渣与渣之间的黏附力很大，渣粒就更容易黏附上去，从而使结渣过程愈演愈烈。显而易见，形成结渣的主要原因是炉膛温度过高或灰熔点过低。造成炉膛温度过高的原因如下：

炉膛设计的容积热强度过大或锅炉超负荷运行，使温度过高；火焰偏斜，使高温火焰靠近水冷壁；炉膛设计的断面热强度或燃烧器区域壁面热强度过大，使燃烧器区域水冷壁温度过高；炉底漏风等使火焰中心上移，以致炉膛出口烟温增高，这些都容易引起结渣。

除煤质不好造成结渣外，炉内空气供应不足、燃料与空气混合不充分等都会在炉内产生较多的还原性气体，以致灰的熔点降低，引起或加剧了结渣。

吹灰、除渣不及时也会加剧结渣。这是因为积灰、结渣的壁面粗糙，容易结渣，而且随着渣面温度的升高，结渣将自动加剧，越来越重。

3. 防止结渣的措施

防止结渣主要从不使炉温过高和防止灰熔点降低着手。主要措施如下：

（1）防止壁面及受热面附近温度过高。设计中应力求使炉膛容积热强度、炉膛断面热强度、燃烧器区域壁面热强度设计合理；运行中避免锅炉超负荷运行，从而达到控制炉内温度水平，防止结渣；堵塞炉底漏风，降低炉膛负压，不使漏入空气量过大；直流煤粉燃烧器尽量利用下排燃烧器、旋流煤粉燃烧器适当加强二次风旋流强度等都能防止火焰中心上移，以免炉膛出口结渣。

保持各喷口给粉量平衡，使直流煤粉燃烧器四角气流的动量相等，切圆合适，一、二次风正确配合，风速适宜，防止燃烧器变形等，都能防止火焰偏斜，以免水冷壁结渣。

（2）防止炉内生成过多还原性气体。保持合适的空气动力场，不使空气量过小，能使炉内还原性气体减少，防止结渣。

（3）做好燃料管理，保持合适的煤粉细度和均匀度等。尽量固定燃料品种、避免燃料多变、清除煤中的石块，均可使炉膛结渣的可能性减小，或者因煤粉落入冷灰斗又燃烧而形成结渣。

（4）加强运行监视，及时吹灰除渣。运行中应根据仪表指示和实际观察来判断是否有结渣。例如发现过热汽温偏高、排烟温度升高，燃烧室负压减小等现象，就要注意燃烧室及炉膛出口是否结渣。一旦发现结渣，就应及时清除。此外吹灰器也应处于完好状态，以保证定时有效地进行受热面的吹灰工作。

（5）做好设备检修工作。检修时应根据运行中的结渣情况，适当地调整燃烧器。检查燃烧器有无变形或烧坏情况，及时校正修复。检修时应彻底清除已积灰渣，而且应做好堵塞漏风工作。

四、煤粉炉的点火装置

煤粉炉的点火装置除了在锅炉启动时利用它来点燃主燃烧器的煤粉气流外，在运行中当锅炉负荷过低时或煤质变差引起燃烧不稳定时，也可以利用点火装置维持燃烧稳定。

煤粉炉的点火装置类型可分为带煤粉预燃室的点火装置和采用过渡燃料的点火装置两大类。

1. 带煤粉预燃室的点火装置

带煤粉预燃室的点火装置又可分为马弗炉点火装置、旋流煤粉预燃室燃烧器点火装置和无油点火装置三种。

（1）马弗炉点火装置。马弗炉是一个用耐火砖砌成的燃烧室，也称为煤粉预燃室，下部装有炉箅。点火时，在炉箅上先用木柴将煤块引燃，待煤块在炉箅上稳定燃烧并放出热量将预燃室烧热以后，可经旋流煤粉燃烧器向马弗炉送入煤粉空气混合物。煤粉气流中的粗粉落在马弗炉的炉箅上燃烧。细粉在马弗炉空间点燃后进入煤粉炉炉膛燃烧，待炉膛加热到一定程度后，即可投入主燃烧器，将其喷出的煤粉气流点燃。

（2）旋流煤粉预燃室燃烧器点火装置。国内自20世纪60年代初期开始改用液体或气体燃料作为点火燃料。它是由旋流煤粉燃烧器和预燃室两部分组成。预燃室是个圆筒形内衬耐火涂料不冷却的燃烧室，二次风沿切向送入预燃室内。

锅炉启动时，先点燃引火小油枪，用其加热预燃室筒壁的耐火砖。预燃室被烧热后，可经旋流煤粉燃烧器向预燃室投入煤粉一次风气流，待煤粉气流在预燃室内稳定着火燃烧后，即可切断燃油。此后煤粉火炬靠气流旋转产生的中心回流来维持着火和燃烧过程的进行。由于煤粉在预燃室内停留的时间有限，因而大部分煤粉是在炉膛内继续燃烧，而后即可投入主燃烧器,将其喷出的煤粉气流点燃。

这种点火装置是利用少量的油点燃燃烧室中的煤粉气流,再由燃烧器喷出的煤粉火炬点燃主燃烧器喷出的煤粉气流,因而可以节约点火和低负荷稳定燃烧用油。

(3)无油点火装置

最近几年,由于气体和液体燃料供应出现紧张局面,国内外已开始向无油点火方式发展,其中之一就是利用高能电弧来代替燃油直接点燃煤粉气流。其原理是:利用等离子喷枪将空气加热至几千度,使氧气部分电离,形成一个高能电弧,用它点燃预燃室内的煤粉气流,再由预燃室喷出的煤粉火炬点燃主燃烧器喷出的煤粉气流。

2. 采用过渡燃料的点火装置

采用过渡燃料的点火装置有气-油-煤三级系统和油-煤二级系统两种。通常采用的电气引燃方式有电火花点火、电弧点火和高能点火等。

(1)电火花点火装置。电火花点火装置主要是由打火电极、火焰检测器和可燃气体燃烧器三部分组成。点火杆与外壳组成打火电极。点火装置是借助于 $5000\sim10000\text{V}$ 高电压在两极间产生电火花把可燃气体点燃。再用可燃气体火焰点燃油枪喷出的油雾,最后由油火焰点燃主燃烧器的煤粉气流,这种点火装置击穿能力较强,点火可靠。

(2)电弧点火装置。电弧点火装置是由电弧点火器和点火轻油枪组成。电弧点火的起弧原理与电焊相似,即借助于大电流在电极间产生电弧。电极由碳棒和碳块组成,通电后,碳棒和碳块先接触再拉开,在其间隙处形成高温电弧,足以把气体燃料或液体燃料点着。

煤粉点燃的顺序是:电弧点火器点燃轻油或点燃燃气,轻油再点燃重油,再由重油点燃煤粉;也可直接点燃重油,再由重油点燃煤粉。点火完成后,为防止碳极和油枪嘴被烧坏,利用气动装置将点火器退入风管内。由于电弧点火装置可直接引燃油类,且性能比较可靠,因而是国内煤粉炉上使用的点火装置的主要形式。

(3)高能点火装置。为了简化点火程序,近年来又出现了高能点火装置。这种高能点火装置中装有半导体电阻。当它的两极处在一个能量很大、峰值很高的脉冲电压作用下时,在半导体表面就可产生很强的电火花,足以将重油点着。

五、少油及无油点火技术

正常情况下,锅炉从冷态启动并网带负荷到稳定燃烧退出油枪需要烧大量燃油。为了在设备启停、低负荷下稳燃且节约燃油,降低发电成本,将最下层煤粉燃烧器改造成少油或无油点火煤粉燃烧器,收到了良好节能效果。下面对近几年常用的等离子点火技术与气化小油枪少油点火技术进行介绍。

(一)等离子点火技术

1. 等离子的点火原理

等离子的点火原理是利用直流电流在等离子载体空气中接触引弧,并在强磁场控制下获得稳定功率的直流空气等离子体,该等离子体在专门设计的燃烧器的中心燃烧筒中形成温度大于 5000K 的温度梯度极大的局部高温区,煤粉颗粒通过该等离子“火核”受到高温作用,并在 10^{-3}s 内迅速释放出挥发分,使煤粉颗粒破裂粉碎,从而迅速燃烧。由于反应是在气相中进行,混合物组分的粒级和成分发生了变化,有助于加速煤粉的燃烧,大大减少了点燃煤粉所需要的引燃能量。等离子点火原理如图 6-5 所示。

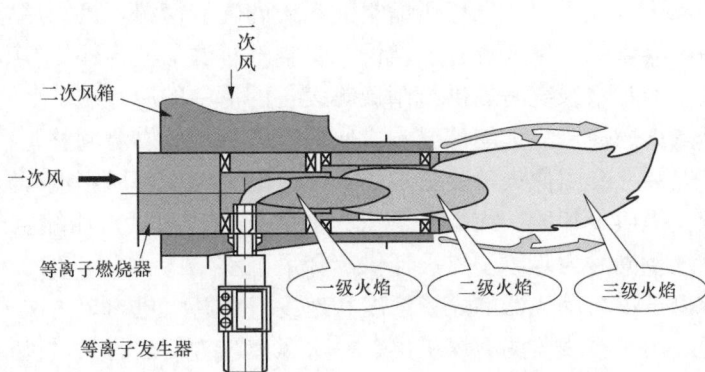

图 6-5　等离子点火原理

彩图 6-4　等离子点火原理图

等离子发生器为磁稳空气载体等离子发生器，它由线圈、阴极、阳极组成，如图 6-6 所示。其中阴极材料采用高导电率的金属材料如银等，阳极由高导电率、高导热率及抗氧化的金属材料制成，它们均采用水冷方式，以承受电弧高温冲击。线圈在高温 250℃ 情况下具有抗 2000V 的直流电压击穿能力，电源采用全波整流并具有恒流性能，其拉弧原理为：首先设定输出电流，当阴极前进同阳极接触后，整个系统具有抗短路的能力且电流恒定不变，当阴极缓缓离开阳极时，电弧在线圈磁力的作用下拉出喷管外部。一定压力的空气在电弧的作用下被电离为高温等离子体，其能量密度高达 $105\sim106W/cm^2$，为点燃不同的煤种创造了良好的条件。

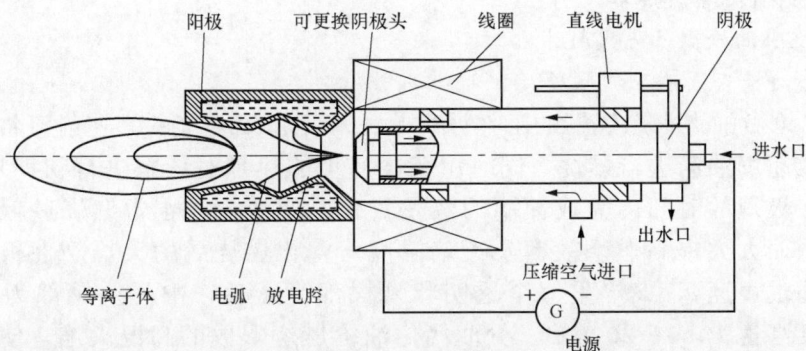

图 6-6　等离子装置的结构和组成

根据高温等离子体有限能量不可能同无限的煤粉量及风速相匹配的原则设计了多级燃烧器。它的意义在于应用多级放大的原理，使系统的风粉浓度、气流速度处于一个十分有利于点火的工况条件，从而完成一个持续稳定的点火、燃烧过程。

2. 等离子点火系统组成及作用

等离子点火系统组成主要由等离子体点火燃烧器、等离子体发生器、等离子体电源及控制系统、冷炉制粉系统、风粉在线检测系统、压缩空气系统、循环冷却水系统以及火焰检测等系统构成。

燃烧器与等离子发生器配套使用点燃煤粉；电源柜及供电系统将三相 380V 电源整流成直流，使等离子发生器产生功率为 $60\sim130kW$ 的等离子体；等离子发生器采用稳压、洁净、干燥的空气作为等离子载体，根据电厂压缩空气系统的配置情况，可利用电厂的杂用压缩空气系统为等离子发生器供气，供气母管上增设一套空气过滤器；为保护等离子装置本身，需用水冷却阴、阳极，冷却水系统是提供给阳极等设备的清洁的冷却水。

为监视等离子点火燃烧器的火焰情况，方便运行人员进行燃烧调整，在经过改造的等离子点火燃烧器上各安装一套图像火检装置。如果原有的火检冷却风容量有限，需要增加火检冷却风机为火检探头提供冷却风。在等离子点火器停止工作以后，压缩空气系统停止供气，图像火检冷却风系统将同时为等离子点火器供冷却风。

为便于控制等离子煤粉燃烧器的煤粉浓度和速度，在磨煤机出口一次风管上各安装一套风速在线监测装置，用于在线监测磨煤机出口一次风速，方便运行人员进行燃烧调整。

等离子点火技术的应用，首先要解决的是煤粉来源，一般采取以下三种方案：

（1）安装热风联络管道，借用老机组热风制粉。

（2）在对应的磨煤机入口热风管道加装蒸汽换热器的方案，蒸汽来源于临炉或启动锅炉。

（3）采用小油枪加热风道进行热风冷炉制粉。在对应的磨煤机热风管路上增加热风旁路管道，旁路中装有小流量的油枪。在冷炉状态时，通过小油枪产生的热量加热冷风，达到磨煤机制粉条件，实现冷炉制粉。小油枪配有火检，保证油枪在管路中的安全运行。

等离子燃烧器改造一般布置在下层原主燃烧器位置，将该下层燃烧器一部分或全部改造为等离子燃烧器，600MW 以下的锅炉，一般每台炉设 2～6 台等离子燃烧器，800MW 以上锅炉一般设 8 台等离子燃烧器。

（二）气化小油枪微油点火技术

1. 气化小油枪点火的工作原理

气化小油枪微油点火燃烧器的工作原理是先利用压缩空气的高速射流将燃料油直接击碎，雾化成超细油滴进行燃烧，同时用燃烧产生的热量对燃料进行初期加热、扩容，后期加热，在极短的时间内完成油滴的蒸发气化，使油枪在正常燃烧过程中直接燃烧气体燃料，从而大大提高燃烧效率及火焰温度。气化燃烧后的火焰刚性极强，其传播速度极快（超过声速），火焰呈完全透明状（根部为蓝色，中间及尾部为透明白色），火焰中心温度高达 1500～2000℃。少油气化油枪燃烧形成的高温火焰，使进入一次室的浓相煤粉颗粒温度急剧升高、破裂粉碎，并释放出大量的挥发分迅速着火燃烧，然后由已着火燃烧的浓相煤粉在二次室内与稀相煤粉混合并点燃稀相煤粉，实现了煤粉的分级燃烧，燃烧能量逐级放大，达到点火并加速煤粉燃烧的目的，大大减少了煤粉燃烧所需引燃能量，满足了锅炉启、停及低负荷稳燃的需求。图 6-7 所示为微油点火燃煤粉燃烧器示意。

2. 少油点火的系统组成

气化微油点火燃烧器一般安装在最下的一层或二层主燃烧器位置，安装数量与等离子基本相同。系统由燃油系统、送粉系统、控制系统、辅助系统等部分组成。

燃油系统由燃油系统、压缩空气系统、高压风系统及气化小油枪等组成；控制系统根据机组控制系统不同而采取不同方式，主要有就地手动控制与远程保护、PLC 控制与 FSSS 联合保护、DCS 控制与 BMS（或 FSSS）保护等几种；辅助系统包括一次风速在线监测、燃烧

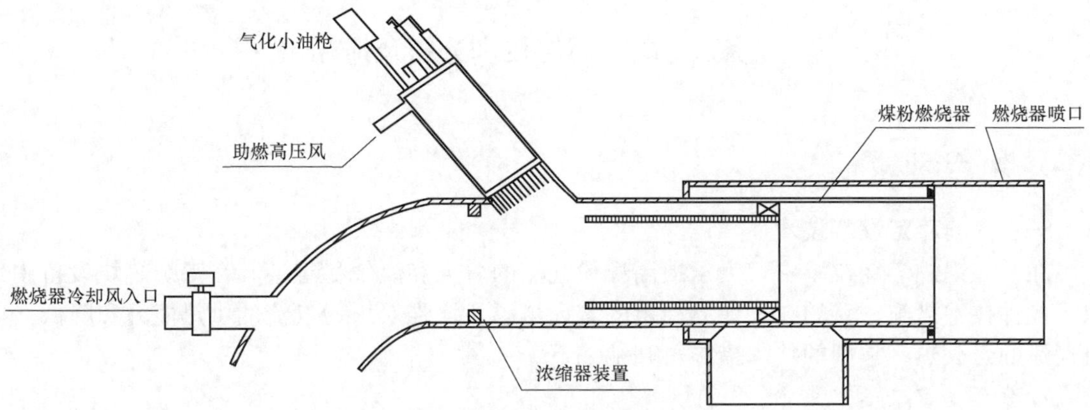

图 6-7 微油点火燃煤粉燃烧器示意

器壁温监测、图像火焰监测、二次风等系统构成。

任务描述

该任务对应电厂巡检、值班员、锅炉点检员岗位，可巡视检查炉膛及点火装置，也是竞赛和证书考核内容中的具体对象，基本要求为能在现场和 DCS 画面找到巡检和操作的设备，并能分辨点火方式，为锅炉点火做准备。课堂活动要求如下：

（1）上网收集火力发电厂炉膛设备照片。

（2）在 DCS 找到炉膛及点火有关画面，分辨点火方式。

（3）画出炉膛结构图。

（4）讨论炉膛结渣的处理措施。

任务拓展

垃圾焚烧炉炉膛及点火装置

垃圾焚烧炉炉膛是由炉排上表面至顶部高温烟气出口、四周炉墙包围起来供生活垃圾燃烧的立体空间。垃圾由抓斗供入垃圾给料斗，经过搭桥破解装置和溜槽，由推料器推入焚烧炉炉膛燃烧。焚烧炉排由干燥炉排、燃烧炉排和燃尽炉排三部分组成，垃圾灰烬进入炉渣溜管通过排渣机排出。炉排上方一般是由材料为 20G 的锅炉管组成的膜式水冷壁，烟气经过三个垂直辐射通道进入卧式布置的水平对流区域，最后排入烟气处理设备。每台焚烧炉配 1 台点火燃烧器和 2 台辅助燃烧器，用天然气作为燃料。点火燃烧器系统是为了在焚烧炉启动时，提高炉温而设置的。点火燃烧器以 15° 的倾角安装在焚烧炉后壁的外壳上，该角度与炉排的倾角相同。在 DCS 和就地均可操作燃烧器点火和燃烧器风机的启动和停止。辅助燃烧器的作用是在焚烧炉启动时提升炉内温度或当炉内温度降低时保持适当的温度以遏制二噁英的产生。

任务 3 煤粉燃烧技术分析及应用

相 关 知 识

一、煤粉稳定燃烧技术

在燃煤锅炉燃烧技术中，为了提高煤粉气流的着火和燃烧稳定性，在锅炉燃烧设备中采取了各种技术措施，目的在于建立稳定的着火热源、增强对煤粉气流的供热能力和降低一次风气流的着火热。常用的技术措施可归纳如下。

1. 制粉系统方面

（1）加强燃煤的统筹调度和管理，尽量避免煤质的大幅度变化。

（2）根据煤质特性、磨煤机类型、燃烧方式、炉膛结构和热负荷等因素，选择经济的煤粉细度。

（3）合理提高一次风粉混合物温度。

（4）适当提高风粉混合物中煤粉浓度。燃烧反应速度与一次风粉气流中煤粉浓度和氧浓度有关。在一定的煤粉细度和空气温度条件下，一定的煤粉浓度范围内，随着煤粉浓度的增大，反应速度加快，煤粉气流的着火和燃烧稳定性也变好。国外在一台 200MW 四角切圆燃烧锅炉上的试验表明，当将煤粉浓度提高 1.7 倍，即在 50% MCR 负荷时，煤粉浓度由 0.39kg/kg（空气）提高到 0.65kg/kg（空气），可使煤粉气流着火温度降低 700℃。

2. 炉膛设计方面

炉膛的结构对炉内空气动力特性和传热条件有直接影响，应合理选择炉型。它关系到炉内烟气温度水平、一次风粉气流与高温烟气的热量和质量交换等，即直接影响煤粉气流的着火和稳燃。

3. 燃烧方面

燃烧方面技术措施包括：

（1）在燃烧器喷口内或出口创造合理的空气动力结构和一次风粉气流与高温的热质交换条件，建立起有利的着火区。

（2）合理的喷口布置和配风。燃烧器喷口的布置和配风情况对着火热，着火点一次风粉气流升温速度和供氧条件，一、二次风气流混合时间，火炬长度和燃尽时间等都会造成影响。

（3）增加预燃点火稳燃装置，提供稳定的着火和稳燃热源。在上述各项技术措施中，最关键的是燃烧器的作用。目前国内电站锅炉上主要应用的为浓淡分离式的新型煤粉燃烧器，如钝体燃烧器、多级浓缩燃烧器、宽调节比燃烧器等，在超临界压力锅炉应用的有双通道浓淡 PM 燃烧器、阿尔斯通低 NOx 同轴燃烧器、HT‐NR3 燃烧器，三井‐巴布科克的 LNASB 轴流式燃烧器等。

4. 浓淡型煤粉燃烧器的原理及特点

所谓浓淡型燃烧器，就是利用离心力或惯性力及燃烧器喷口内特殊的结构将一次风煤粉气流分成富粉流和贫粉流两股气流，分别通过不同喷口进入炉膛内燃烧。这样，可在一次风总量不变的条件下，分离出一股高煤粉浓度的富粉流。富粉流中燃料在过量空气系数远小于

1 的条件下燃烧，贫粉流中燃料则在过量空气系数大于或接近 1 的条件下燃烧，两股气流合起来使燃烧器出口的总过量空气系数仍保持在合理的范围内。由于高浓度煤粉气流具有良好的着火和稳燃性，因此它不需要特别强的热回流。这样，不仅使实现强化着火在技术上简单易行，还可避免热回流过强带来的弊端。这种燃烧器有较宽的煤种适应性，不仅用于燃用高灰分劣质烟煤和高水分褐煤，也用于燃用无烟煤和贫煤。

富粉流中煤粉浓度的提高，即该股气流一次风份额降低，将使着火热减少，火焰传播速度提高，燃料着火提前。但是，煤粉浓度并非越高越好。如果煤粉浓度过高，则会因氧量不足影响挥发分燃烧，煤粉颗粒升温速度降低，反而使火焰传播速度下降，着火距离拉长，并会产生煤烟。因此，有一个使火焰传播速度最大、着火距离最短的最佳煤粉浓度值。最佳煤粉浓度值与煤种有关，试验研究表明一般低挥发分煤和劣质烟煤的最佳值高于烟煤。

富粉流着火后，为贫粉流提供了着火热源，后者随之着火，整个火炬的燃烧稳定性增强，从而扩大了锅炉不投油助燃的负荷调节范围及煤种适应性。

实现煤粉浓淡燃烧方式的关键是，如何将一次风煤气流中的煤粉分离成浓淡两股风煤气流。四角切圆直流燃烧器有利用一次风粉气流经过弯头的离心力和隔板，将其分成浓淡两股煤粉气流，如 PM 燃烧器（见图 6-8）、WR 型燃烧器（见图 6-9）等；有采用燃烧器喷口内特殊的结构将一次风煤粉气流分成浓淡两股煤粉气流的，如百叶窗浓淡燃烧器（见图 6-10）、撞击式浓淡分离器（见图 6-11）等。旋流煤粉燃烧器一般采用煤粉浓淡燃烧器实现浓淡分离。

图 6-8 PM 燃烧器

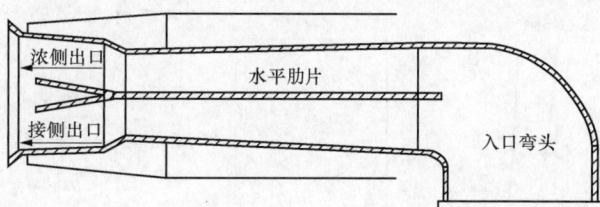

图 6-9 WR 燃烧器

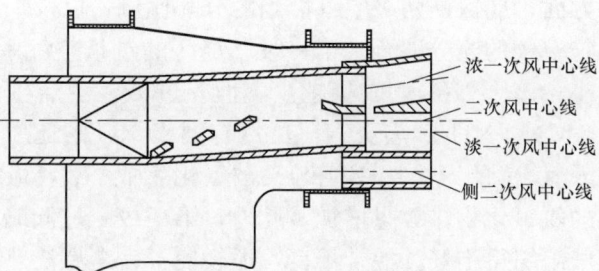

图 6-10 百叶窗浓淡燃烧器

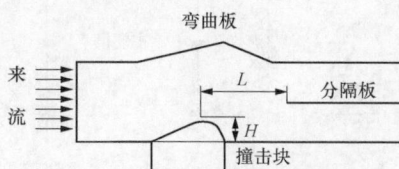

图 6-11 撞击式浓淡分离器

L—撞击块最高点到分隔板的间距；

H—撞击块的高度

浓淡燃烧器因能降低燃烧产物中 NO_x 的排放量，所以也是一种低 NO_x 燃烧器。这种降低 NO_x 的方法是使大部分煤粉形成的浓煤粉气流在过量空气系数远小于 1 的条件下燃烧，而另一部分煤粉气流在过量空气系数远大于 1 的条件下燃烧。煤粉在高浓度燃烧时，由于缺氧产生的燃料型 NO_x 减少，煤粉低浓度燃烧时，由于空气量多，使燃烧温度降低，产生的

温度型 NO_x 减少。这样，就形成了两个燃烧区段，有效地控制了燃烧产物中 NO_x 的排放量。

二、燃烧过程中 NO_x 的控制技术

电厂锅炉燃烧产生的 NO_x 污染排放控制技术主要通过两种方式来进行，即采用低氮燃烧技术来减少 NO_x 生成和采用烟气脱硝技术来减少 NO_x 排放。

根据燃烧过程中 NO_x 的生成机理，低 NO_x 燃烧技术降低 NO_x 的主要途径有：选用氮含量较低的燃料；减少过量空气及降低燃烧区域的氧浓度；降低燃烧温度；对热力型 NO_x，缩短在高温区的停留时间，而对燃料型 NO_x，在氧浓度较低情况下，增加可燃物在火焰前峰和反应区中的停留时间。具体的措施有：分级燃烧、再燃烧、烟气再循环和各种低 NO_x 燃烧器等。采用低氮燃烧技术来减少 NO_x 生成的方法主要依赖燃烧设备和燃烧技术的进步，通过改进工艺和设备、改进燃烧来降低燃料燃烧过程中 NO_x 的生成。该方法脱硝效率有限，如果燃烧器性能不好，往往会降低热效率，使得不完全燃烧热损失增加。目前，采用各种低 NO_x 燃烧技术一般可以使 NO_x 的排放量降低 30%～60%，挥发分越高的煤，NO_x 的排放量降低越多，但若要使烟气中 NO_x 的含量有更大程度的降低，还须采用烟气脱硝技术和研究新的低 NO_x 燃烧技术。下面主要介绍超临界压力锅炉常用的低 NO_x 燃烧技术。

1. 分级燃烧技术

燃烧室中的分级燃烧方法是，在主燃烧器上部装设燃尽风喷口，在燃烧室内沿高度分成三个区域，即主燃区、NO_x 还原区和燃尽区（见图 6-12）。主燃区布置煤粉燃烧器，燃尽区布置燃尽风喷嘴。在主燃区的上方设置一段还原区。由于还原区内氧浓度较低，有利于进一步分解主燃区中生成的 NO_x 的浓度。还原区的上方为燃尽区，在该区，燃烧所要求的一部分空气由燃尽风喷嘴喷入炉内，使未燃尽的焦炭进一步燃烧，达到风煤燃烧平衡。此时，由于煤燃烧产生的烟气中的一部分 NO_x 已还原成 N_2，再加入空气对 NO_x 生成量的影响不大，从而实现低 NO_x 燃烧的目的。

组织分级燃烧要同时考虑 NO_x 控制和正常燃烧两个方面，应保证两级空气恰当的分配比例，以及炉内燃料与空气的充分混合。第一级燃烧区的过量空气系数 α 越小，该区 NO_x 生成量越少。但 α 过低，会产生大量的 HCN、NH_3 和焦炭 N，虽然有利于 NO 的还原，但进入 $\alpha > 1$ 的第二级燃烧区又被氧化生成 NO，最终使总的氮氧化物排放量增加。此外，第一级 α 过低或二级空气组织得不好、混合不良，还会使不完全燃烧热损失及结渣和腐蚀的可能性增大。因此第一级 α 一般不宜低于 0.7。

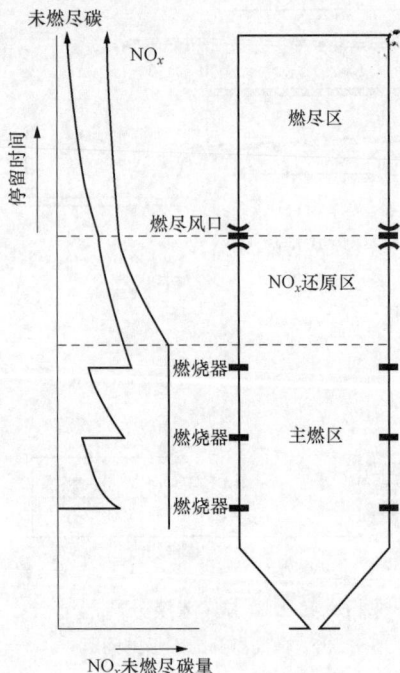

图 6-12　分级燃烧示意

分级燃烧技术对煤种有一定的适应性。挥发分高煤种，氮化合物在燃烧初期析出快，有利于采用燃烧来控制 NO_x 的生成，只要设计好主燃区的上方还原区高度，即燃尽风的喷入时间，就可有效地减少燃料型 NO_x 的生成。挥发分高的煤易燃烧，分级技术对炉膛燃烧效率影响较小，因此机组可达到高效低氮燃烧的目的。对于挥发分低的煤种，氮化合物析出慢，很难有效控制

NO_x 的生成。

2. 低 NO_x 燃烧器

除了在燃烧室内采用上述分级燃烧技术来降低 NO_x 的浓度外，也可以将这些原理用于燃烧器，使燃烧器不仅能保证燃料着火和燃烧的需要，还能最大限度地抑制 NO_x 的生成，这就是低 NO_x 燃烧器。世界各国的大锅炉公司分别发展了各种类型的低 NO_x 燃烧器，NO_x 降低率一般在 $30\%\sim60\%$。

燃烧器一般分为旋流和直流两种类型。旋流煤粉燃烧器通常采用空气分级燃烧技术，它分两次或多次供入空气进行分段燃烧，一次空气通入，在燃料出口附近形成富燃区，抑制了燃料 NO_x 生成；其余空气是从燃烧器周围的一些空气喷口送入，与未燃尽燃料混合，继续燃烧并形成燃尽区。低 NO_x 直流煤粉燃烧器多采用浓淡燃烧技术降低 NO_x 的排放。

三、直流燃烧器低 NO_x 同轴燃烧系统

低 NO_x 同轴燃烧系统 LNCFS 燃烧方式采用摆动式四角切圆燃烧技术。煤粉燃烧器为四角布置、切向燃烧、摆动式燃烧器，燃烧器根据锅炉容量共设置六层或更多层煤粉喷嘴。

LNCFS 的主要组件：

(1) 紧凑燃尽风 CCOFA。

(2) 可水平摆动的分离燃尽风又称附加风 SOFA（AA）。

(3) 预置水平偏角的辅助风喷嘴 CFS。

(4) 百叶窗水平浓淡型强化着火煤粉燃烧器，如图 6-13 所示。

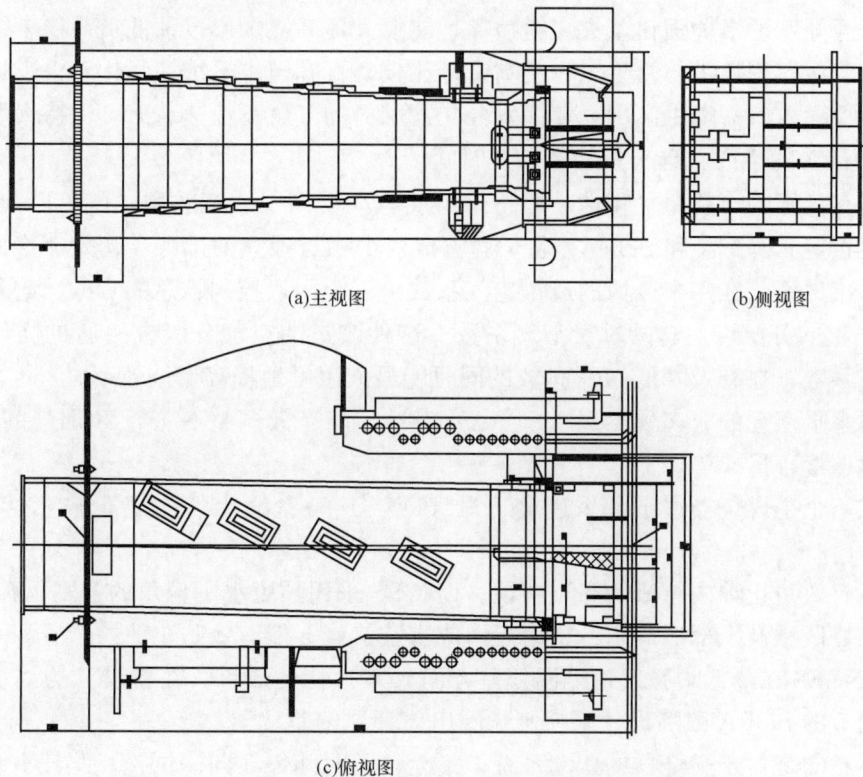

(a)主视图   (b)侧视图

(c)俯视图

图 6-13 百叶窗水平浓淡型强化着火煤粉燃烧器示意

LNCFS 通过建立早期着火和使用控制氧量的燃料/空气分段燃烧技术来减少 NO_x 的排放。LNCFS 在降低 NO_x 排放的同时，着重考虑提高锅炉不投油低负荷稳燃能力和燃烧效率，在防止炉内结渣、高温腐蚀和降低炉膛出口烟温偏差等方面也具有一定的效果。下面结合某一超超临界压力锅炉进行说明。

某 660MW 锅炉配置 6 台 ZGM113G 型中速磨煤机，每台磨的出口由四根煤粉管接至炉膛四角的同一层煤粉喷嘴，锅炉 MCR 和 ECR 负荷时均投五层，另一层备用。

主风箱设有六层强化着火煤粉喷嘴，在煤粉喷嘴四周布置有燃料风（周界风）。在每相邻两层煤粉喷嘴之间布置有一层辅助风喷嘴，其中包括上下两个偏置的 CFS 喷嘴，一个直吹风喷嘴。在主风箱上部设有两层 CCOFA 喷嘴，在主风箱下部设有一层 UFA 喷嘴，煤粉燃烧器立面布置如图 6-14 所示。

在主风箱上部布置有 SOFA 燃烧器，包括五层可水平摆动的分离燃尽风喷嘴，SOFA 燃烧器立面布置如图 6-15 所示。

连同煤粉喷嘴的周界风，每角主燃烧器和 SOFA 燃烧器各有二次风挡板 25 组，均由电动执行器单独操作。SOFA 燃烧器由一台电动执行器集中带动做上下摆动。

在燃烧器二次风室中配置了三层共 12 支轻油枪，采用机械雾化方式，燃油容量按 20% MCR 负荷设计。点火装置采用高能电火花点火器，燃烧器采用水冷套结构。

LNCFS 的技术特点如下：

（1）具有优异的不投油低负荷稳燃能力。LNCFS 设计的理念之一是建立煤粉早期着火，为此阿尔斯通开发了多种强化着火煤粉喷嘴，能大大提高锅炉不投油低负荷稳燃能力。采用百叶窗水平浓淡煤粉喷嘴与常规煤粉喷嘴设计比较，百叶窗水平浓淡强化着火煤粉喷嘴能使火焰稳定在喷嘴出口一定距离内，使挥发分在富燃料的气氛下快速着火，保持火焰稳定，从而有效降低 NO_x 的生成，延长焦炭的燃烧时间。

（2）具有良好的煤粉燃尽特性。煤粉的早期着火提高了燃烧效率。LNCFS 通过在炉膛的不同高度布置 CCOFA 和 SOFA，将炉膛分成三个相对独立的部分：初始燃烧区、NO_x 还原区和燃料燃尽区。在每个区域的过量空气系数由三个因素控制：总的 OFA 风量、CCOFA 和 SOFA 风量的分配以及总的过量空气系数。这种改进的空气分级方法通过优化每个区域的过量空气系数，在有效降低 NO_x 排放的同时能最大限度地提高燃烧效率。

采用可水平摆动的分离燃尽风（SOFA）设计，能有效调整 SOFA 和烟气的混合过程，降低飞灰含碳量含量。

另外在每个主燃烧器最下部采用火下风（UFA）喷嘴设计，通入部分空气，以降低大渣含碳量。

（3）能有效防止炉内结渣和高温腐蚀。LNCFS 采用预置水平偏角的辅助风喷嘴（CFS）设计，在燃烧区域及上部四周水冷壁附近形成富空气区，能有效防止炉内结渣和高温腐蚀。

（4）LNCFS 在降低炉膛出口烟温偏差方面具有独特的效果。在新设计的锅炉上采用可水平摆动调节的 SOFA 喷嘴设计来控制炉膛出口烟温偏差。

值得注意的是对于燃烧器的摆动系统，不允许长时间停在同一位置，尤其不允许长时间停在同一向下的角度，时间一长，喷嘴容易卡死，因此运行人员要经常人为地摆动以防卡死。

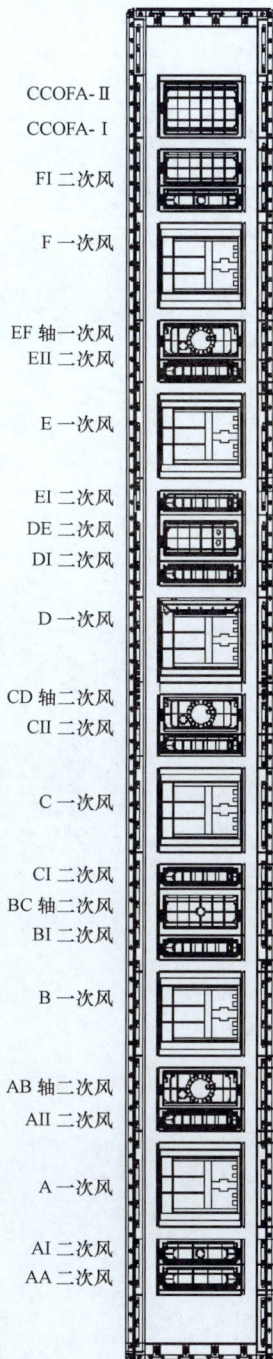

图 6-14　煤粉燃烧器立面布置

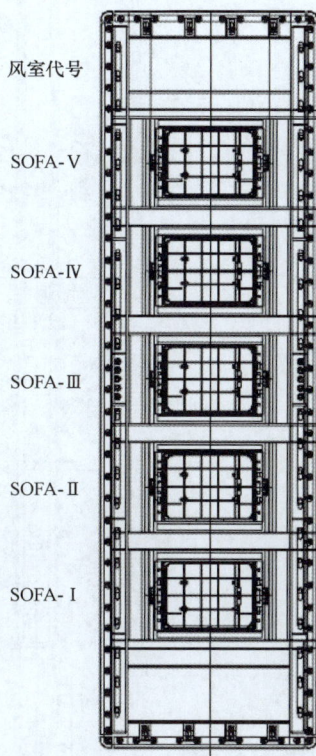

图 6-15　SOFA 燃烧器立面布置

四、典型低 NO_x 旋流煤粉燃烧器

旋流煤粉燃烧器主要由一次风弯头、文丘里管、煤粉浓缩器、燃烧器喷嘴、稳焰环、稳燃齿、导流筒、内二次风装置、外二次风（又称三次风）装置（含调风器、执行器）及燃烧器壳体等零部件组成（见图 6-16）。文丘里管和煤粉浓缩器配合形成外浓内稀煤粉气流，稳

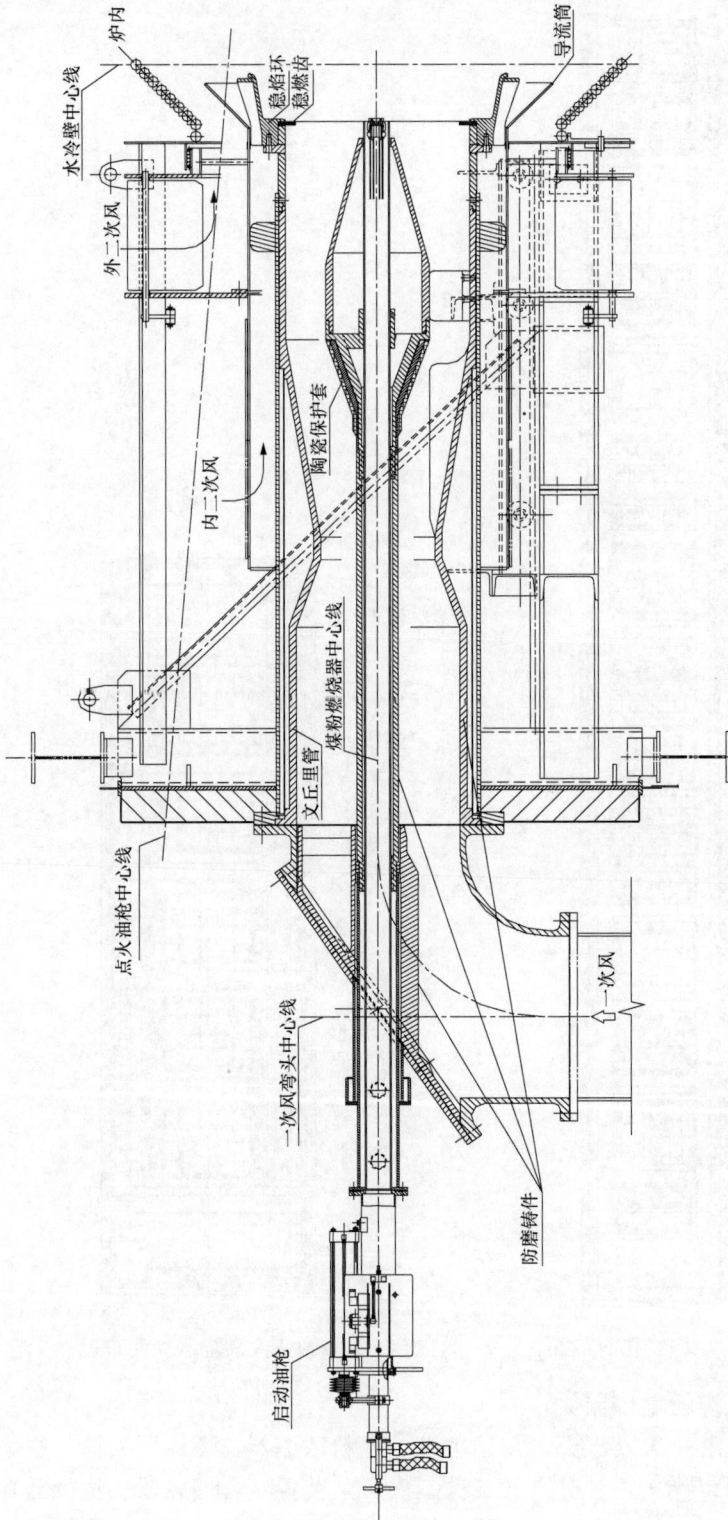

图 6 - 16　旋流煤粉燃烧器结构

焰环稳燃齿强化煤粉稳燃能力，导流筒控制最外侧的三次风和火焰的混合，加强火焰内 NO_x 还原的效果。

　　燃烧器中，燃烧的空气被分为三股，分别是直流一次风、直流二次风和旋流三次风，燃烧器的配风如图 6 - 17 所示。一次风由一次风机提供，它首先进入磨煤机干燥原煤并携带磨制合格的煤粉通过燃烧器的一次风入口弯头组件进入燃烧器，再流经燃烧器的一次风管，最后进入炉膛。一次风管内靠近炉膛端部布置有一个锥形煤粉浓缩器，用于在煤粉气流进入炉膛以前对其进行浓缩。经浓缩作用后的一次风和二次风、三次风调节协同配合，以达到低负荷稳燃和在燃烧的早期减少 NO_x 的目的。

　　在燃烧器一次风弯头前须设置冷却风管道系统，其主要设备为带执行器的关断阀和止回阀。在启动油枪投运时（关断阀开启）提供燃烧初期的空气，燃烧器停用时（关断阀开启）提供冷却空气冷却燃烧器一次风管，燃烧器投煤时关断阀关闭。

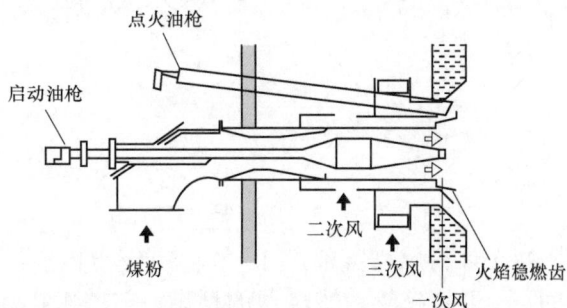

图 6 - 17　燃烧器的配风

　　燃烧器风箱为每个 HT - NR3 燃烧器提供二次风和三次风。风箱采用大风箱结构，同时每层又用隔板分隔，在每层燃烧器入口处设有风门执行器，以根据需要调整各层空气的风量。

　　二次风和三次风通过燃烧器内同心的二次风、三次风环形通道在燃烧的不同阶段分别送入炉膛。燃烧器内设有挡板用来调节二次风和三次风之间的分配比例，二次风调节结构采用手动形式，三次风采用执行器进行程控调节。

　　三次风通道内布置有独立的旋流装置以使三次风发生需要的旋转，三次风旋流装置设计成可调节的形式，并设有执行器，可实现程控调节。调整旋流装置的调节导轴即可调节三次风的旋流强度，在锅炉运行中可根据燃烧情况调整三次风的旋流强度，达到最佳的燃烧效果。

　　燃尽风风口包含两股独立的气流，中央部位的气流是非旋转的气流，它直接穿透进入炉膛中心；外圈气流是旋转气流，用于和靠近炉膛水冷壁的上升烟气进行混合。外圈气流的旋流强度和两股气流之间的分离程度由一个简单的调节杆来控制。调节杆的最佳位置在锅炉试运行期间燃烧调整时设定。这样，可通过燃烧调整，使燃尽风沿膛宽度和深度同烟气充分混合，既可保证水冷壁区域呈氧化性特性，防止结渣，同时可保证炉膛中心不缺氧，达到高燃烧效率。

　　为使每个燃烧器的空气分配均匀，在锅炉前后墙燃烧器区域对称布置有两个大风箱。大风箱被分隔成单个风室，每层燃烧器一个风室，燃烧器每层风室的入口处均设有风门挡板，所有风门挡板均配有执行器，可程控调节。大风箱对称布置于前后墙，设计入口风速较低，可以将大风箱视为一个静压风箱，风箱内风量的分配取决于燃烧器自身结构特点及其风门开度，这样就可以保证燃烧器在相同状态下自然得到相同风量，利于燃烧器的配风均匀。大风箱和燃烧器的载荷通过风箱的壳体传递给支撑梁；支撑梁的一端与壳体相连，另一端与固定在钢结构上的恒力弹簧吊架相连。

　　某超临界压力锅炉燃烧系统采用前后墙对冲燃烧，燃烧器采用新型的旋流煤粉燃烧器。

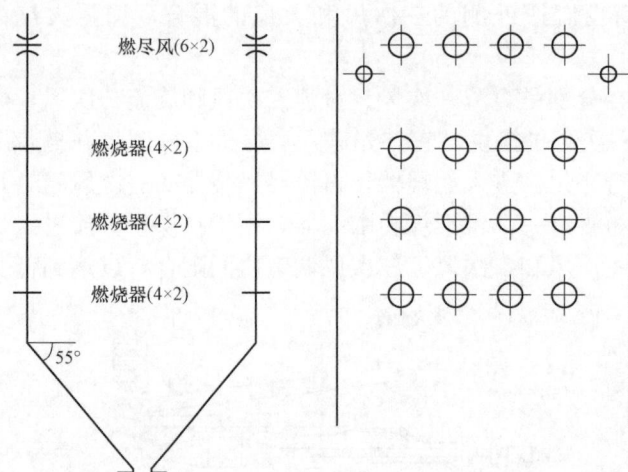

图 6-18 燃烧器布置简图

燃烧系统共布置有 12 个燃尽风喷口和 24 个旋流煤粉燃烧器喷口，共计 36 个喷口，如图 6-18 所示。燃烧器分 3 层，每层共 4 个，前后墙各布置 12 个燃烧器；同时在前、后墙各布置一层燃尽风喷口，其中每层 2 个侧燃尽风（SAP）喷口、4 个燃尽风（AAP）喷口，前后墙的燃尽风口均布置 6 个，使燃尽风沿炉宽方向覆盖整个一次风，这种布置可有效地防止出现煤粉颗粒逃逸现象，有利于降低飞灰可燃物，同时又可防止燃烧器区域靠近两侧墙处结焦。

每个煤粉燃烧器布置有一个 250kg/h 的小油枪（机械雾化），用于启动油枪和煤粉燃烧器的点火及维持煤粉燃烧器的稳燃；前墙中排和后墙中排每个燃烧器中心布置有启动油枪（蒸汽雾化）共 8 个。

燃烧器层间距为 4.9571m，燃烧器列间距为 3.6576m，上层燃烧器中心线距屏底距离约为 28.5m，下层燃烧器中心线距冷灰斗拐点距离为 2.3977m。最外侧燃烧器中心线与侧墙距离为 4.2232m，燃尽风距最上层燃烧器中心线距离为 7.0046m。

燃烧器每层风室的入口处均设有风门挡板，所有风门挡板均配有执行器，可程控调节。全炉共配有 16 个风门用执行器，如图 6-19 所示，执行器上配有位置反馈装置，并具有故障自锁保位功能。

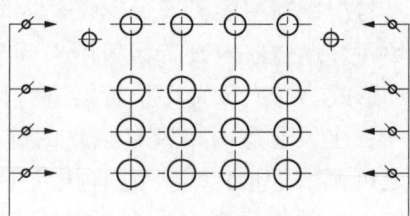

图 6-19 燃烧器的配风控制

任 务 描 述

该任务对应电厂集控值班员、锅炉技术员岗位，可进行锅炉稳定燃烧的调整及控制氮氧化物的排放，也是竞赛和证书考核内容中的具体对象，基本要求为能在现场和 DCS 画面找到巡检和操作的设备，并能分辨点火方式，为锅炉点火做准备。课堂活动要求如下：

（1）讲解典型燃烧器的结构及稳燃原理。

（2）讲解典型燃烧器 NO_x 控制原理。

（3）在 DCS 找到燃烧器有关画面，对燃烧器一二次风进行调整操作。

任 务 拓 展

煤粉燃烧时 NO_x 的生成

煤粉燃烧时有 NO 和极少量的 NO_2 生成，它们统称为氮氧化合物，用 NO_x 表示，是一种有害的气体排放物。煤燃烧过程中形成的 NO_x 有三种：燃料型 NO_x、热力型 NO_x、快速

型 NO_x。其中快速型 NO_x 所占比例很小，可略去不计。

燃料型 NO_x 主要来自于挥发分氮，是燃料中氮化合物在燃烧中热分解、进一步氧化而成，其生成量与火焰附近的氧浓度有关：在氧化气氛下，挥发分氮直接被氧化成 NO_x；在还原气氛下，挥发分氮可将部分已生成的 NO_x 还原成 N_2。挥发分的燃烧主要发生在煤粉燃烧初期，因此应在煤粉火焰核心区域营造一种还原气氛，即欠氧富燃区来减少 NO_x 的生成。

热力型 NO_x 生成量与燃烧反应温度和氧浓度有关，是氮气在高温下直接氧化而成，高温高氧是其主要原因，在煤粉燃烧器常规氧量运行条件下，超过某一临界温度（大约在1300℃），NO_x 生成量将随温度呈指数上升。降低热力型 NO_x 生成量的措施有：避免炉膛局部高温、降低炉膛高温区的氧浓度、缩短烟气在高温区的停留时间。

任务 4　煤粉炉吹扫及点火

相关知识

一、锅炉燃烧风烟系统

风烟系统按平衡通风设计，系统的平衡点在炉膛，所有燃烧空气侧系统部件设计正压运行，烟气侧所有部件设计负压运行，使炉膛和风道的漏风量均保持在较低水平，保证锅炉运行经济性，防止炉内高温烟气外冒造成人员伤害和火灾事故。

锅炉风烟系统一般由两个平行的供风系统、两个平行的排烟系统和共同的炉膛、烟道组成。近年我国超临界压力机组技术日渐成熟，随着主要辅机可用率与设备制造能力的提高，单列布置的风烟系统也已应用于工程实际中。

风烟系统主要包括送风机、一次风机、引风机、空气预热器、电除尘器等设备，按作用分为一次风系统、二次风系统和烟气系统。除了主要系统，风烟系统还包括冷却火检探测器的火检冷却风系统，为给煤机、磨煤机及其挡板提供密封的密封风系统。

1. 二次风系统及二次风箱

二次风系统的作用是向炉膛供应煤粉燃烧所需要的空气，同时在炉膛中扰动燃烧的煤粉气流，强化燃烧。典型的二次风系统流程为：环境空气经滤网、消声器与热风再循环汇合后垂直进入送风机，由送风机提压后，经冷二次风道进入两台容克式三分仓空气预热器的二次风分仓中预热，热风作为二次风经由二次风箱送至燃烧器和炉膛。二次风再循环入口布置在消声器和送风机之间，其作用是用来提升空气预热器的冷端温度，防止低温腐蚀。

双列布置的风烟系统，每台空气预热器对应一组送风机和引风机。两台空气预热器的进出口风道横向交叉连接在总风道上，用来平衡两侧二次风压，在锅炉低负荷期间，可以通过交叉管道只投入一组风机（送、引风机各一台）运行。

二次风箱是汇集和分配进入炉膛的助燃二次风的主要设备。对于不同锅炉、不同的煤质，在合理的时间送入温度合适的二次风助燃，是保证锅炉安全稳定燃烧的前提和必要条件，是维持锅炉燃烧完全、提高锅炉经济运行水平的重要手段。

前后墙对冲式锅炉，大风箱布置在炉膛前后墙，分别与相应燃烧器连接，前墙连接风道分别由左右侧的二次风道接入，然后分两路，一路风直接进入炉前大风箱，另一路风继续往上走，进入到炉前 SOFA 风箱。后墙大风箱连接风道从二次风道的侧面引出，分别由炉两侧引至后墙大风箱进口。后墙 SOFA 风箱连接风道从二次风道的顶面引出，从炉侧往上引至后墙 SOFA 风箱的上方，再往下进入 SOFA 风箱。助燃风经热二次风总管分配到炉膛前后墙的燃烧器风箱后被分成三种空气流，一是通过各二次风喷口的二次风（中心风）；二是通过一次风喷口周边入炉的周界风；三是通过燃烧器顶部燃尽喷口的燃尽风。燃尽风可以减少炉膛内形成 NO_x 的数量、降低 NO_x 的排放量，有利于减轻大气污染。

采用四角切圆直流燃烧器锅炉的大风箱位于炉膛两侧，与热二次风管道的接口位于炉膛中心线处，每一侧大风箱分两层左右各两个管道由膨胀节与二次风门相连。从炉膛两侧大风箱中间各抽出一路 SOFA 风道，每一 SOFA 风道大风箱分左右管道，由膨胀节与燃烧器相连。每个角的二次风被分成四种空气流：一是处于燃烧器层间的辅助风；二是位于辅助风上部用于增大炉膛切圆半径的偏置风；三是提高火焰刚度的，防止着火点提前的周界风；四是布置于顶部，用于煤粉燃尽的燃尽风。

二次风箱的总风量通过调节送风机的动叶开度与二次风箱的挡板开度综合控制。二次风箱各风室挡板的调节应根据锅炉各种运行工况，控制进入锅炉总助燃风量，并合理分配各种风的比例。

锅炉整体在热态运行工况下的膨胀会对各段风道尤其是二次风箱产生不同的应力，必须针对各段管道所连接的不同膨胀基准设备如锅炉本体、空气预热器采取不同的补偿措施。同时对各段管道设置膨胀节，最大程度地减少作用于各主要设备上的膨胀力以及管道本身的热应力。在烟风道与锅炉本体连接处，由于在启、停及各种运行工况下的温差不同而产生的热应力，一般采取柔性连接，保证连接的密封性以及锅炉长期安全运行的可靠性。

2. 一次风系统

一次风的作用是用来输送和干燥煤粉，并供给燃料燃烧初期所需的空气。典型的一次风的主要流程：一次风在一次风机的作用下从大气吸入，经过一次风机增压后分成两路，一路经过空气预热器加热成热风，作为热一次风，另一路作为冷一次风。冷、热一次风经过位于磨煤机进口的冷、热风调节挡板的调节，以一定的流量和温度进入磨煤机，干燥和输送磨煤机内的煤粉，使其以稳定的温度和速度进入炉膛燃烧。

一次风机的流量主要取决于燃烧系统所需的一次风量和空气预热器的漏风量。有的密封风机的流量由一次风提供，最终进入磨煤机成为一次风的一部分。一次风的压头主要取决于煤粉流的阻力及风道、空气预热器、挡板、磨煤机的流动阻力。其压头是随锅炉需粉量的变化而变化，通过调节风机动叶的倾角来改变风量，维持风道一次风的压力，适应不同负荷的变化。

3. 烟气系统

烟气系统的作用是将燃料燃烧生成的烟气经各受热面传热后连续并及时地排至大气，以维持锅炉正常运行。锅炉烟气系统主要由两台动叶可调轴流式引风机、两台容克式空气预热器和两台电除尘器构成。炉膛保持一定的负压，负压是通过调节引风机出力、改变风机的流量实现的。引风机的进口压力与锅炉负荷、烟道通流阻力有关，其流量取决于炉内燃烧产物的容积及炉膛出口后所有漏入的空气量。两台空气预热器出口有各自独立的通道与两台电除尘器相连接，电除尘的两室出口有共同的通道与引风机连接。引风机的进出口设有电动挡板，满足任一台引风机停运检修时的隔离需要。

二、风量的调整

一次风量与煤粉出力可根据锅炉厂设计或做试验来确定，以确保磨煤机一次风量与出力相匹配。增、减给煤量时必须及时调整磨煤机通风量，磨煤机通风量一般要求能够满足磨煤机正常出力所需，通风量不宜过小以防堵管，也不宜过大以防煤粉细度增大及燃烧工况恶化。建立合适的给煤量和一次风量比率非常重要，如果标定的一次风量、给煤量不准，不但影响负荷调节，而且影响磨煤机运行。所以在磨煤机检修后或初次运行前，应标定一次风量、给煤量是否准确。运行期间应定期校对测量装置，防止因测量装置出现问题使标定的给煤量和一次风量失准。

当外界负荷变化而需要调整锅炉出力时，磨煤机通风量的增加应与燃料量的增加成正比例，加负荷时先加风后加煤，减负荷时先减煤后减风，以维持最佳的炉膛出口过量空气系数，保持炉内完全燃烧。一般过量空气系数随锅炉负荷变化而变化，低负荷时过量空气系数大，高负荷时相对较小。

在锅炉的风量控制中，除了保证燃烧所需的风量外，一、二次风的配合调节也很重要。锅炉检修后或新投运时需做炉内动力场试验，确定最佳配风，为运行调整提供可靠依据。一、二次风量的分配应根据它们所起的作用进行调节。一次风量应能满足进入炉膛风粉混合物挥发分燃烧及固体焦炭质点的氧化需要为原则。二次风量不仅满足燃烧的需要，而且还应起到补充一次风段空气不足的作用。此外，通过二次风配风调节来作为蒸汽温度和烟气排放的辅助调节手段，锅炉受热面结渣时可以提高二次风速，减轻炉膛结渣。有些情况下，还可以通过改变二次风门开度，来达到由于喷燃器中煤粉浓度偏差造成的需求风量不同的目的。

三、锅炉吹扫点火

1. 点火前的准备

（1）提前投入炉底水封及除灰除渣系统，提前 12h 投入电除尘加热、振打装置。

（2）检查压缩空气压力正常。

（3）检查空气预热器符合启动条件，启动 A、B 预热器并投入备用电机联锁。

（4）启动一台火检风机，投入备用火检风机联锁。

（5）投入炉膛火焰电视。

（6）投入炉膛烟温探针。

（7）依次启动 A（或 B）侧吸、送风机，调整炉膛负压在 $-50\sim-100Pa$ 之间。再启动 B（或 A）侧吸、送风机，投入炉膛负压自动。

2. 炉膛吹扫

锅炉吹扫分点火前的炉膛吹扫与跳闸后的炉膛吹扫，事故跳闸和正常停运后均进行吹扫。因为在炉膛烟道和风道积存了可燃物，当温度达到燃点时，气粉混合物就会被突然点燃。由于火焰传播速度很快，积存物被点燃时，生成烟气的容积立即增大，可能导致炉膛压力骤增而发生炉膛爆炸。锅炉点火前，必须对炉膛进行时间不少于 5min 的吹扫，吹扫开始和吹扫过程中必须始终满足吹扫条件。在吹扫计时时间内，若吹扫条件中任一条件失去，则认为吹扫失败，再次吹扫时应重新计时。

微课 6 - 1
炉膛吹扫

（1）炉膛吹扫必须满足的三个条件：

1）所有进入炉膛的燃料切断；

2）炉膛内不存在火焰；

3）吹扫空气量必须保证在 5min 内把炉膛内可能存在的可燃混合物清除掉。

（2）构成"吹扫炉膛吹扫"信号的条件。

一次吹扫允许：

1）MFT 已动作。

2）MFT 条件不存在。

3）送风机允许吹扫。

4）引风机允许吹扫。

5）任一空预器运行。

6）一次风机全停。

7）磨煤机全停。

8）所有磨煤机出口门关。

9）给煤机全停。

10）燃油跳闸阀关。

11）燃油回油阀关。

12）所有分油阀关。

13）所有火检探头均探测不到火焰。

二次吹扫允许：

1）一次吹扫允许。

2）25%MCR＜总风量＜35%MCR。

3）二次风挡板在吹扫位。

上述各吹扫条件均满足时，"正在吹扫"灯亮，同时开始"5min"的计时；5min 时间内，当任一条件被破坏时，"吹扫中断"灯亮。吹扫计时结束，"吹扫完成"灯亮，同时 MFT 复归，"无 MFT"灯亮，油枪具备点火条件。

（3）吹扫过程。

1）将锅炉风量调整 25%～35%MCR 风量，检查满足炉膛自动吹扫条件，自动进行 5min 吹扫后，记忆的 MFT 信号自动复归。

2）锅炉吹扫结束后，加大送风机出力，逐步关小各燃烧器二次风门至 20%，提高空气预热器后二次风压，关小燃烧器二次风门同时应加大送风机出力，在调整过程中应特别注意锅炉总风量不得小于 30%MCR，空气预热器后二次风压提高至 0.5kPa 以上，方可点火。

3）通知燃油泵房值班人员，锅炉准备点火，投入炉前燃油系统。

（4）锅炉 MFT 条件。

1）炉前仪用压缩空气压力低低 MFT。

2）送风机均停 MFT。

3）引风机均停 MFT。

4）给水流量低低 MFT。

5）炉膛压力高高 MFT。

6）炉膛压力低低 MFT。

7）炉膛风量小 MFT。

8）汽轮机跳闸 MFT。

9）火检冷却风失去 MFT，全炉膛火焰丧失 MFT。

10）所有燃料失去 MFT。

11）一次风机全停 MFT。

12）再热器保护 MFT。

13）水冷壁温度高 MFT。

14）主汽压力高 MFT。

15）空气预热器均停 MFT。

16）给水泵均停 MFT。

17）手动 MFT，两路手动 MFT 信号相与。

3. 锅炉点火

（1）DCS 画面上检查炉膛点火条件满足：

1）MFT 未动作。

2）火检冷却风正常。

3）25%MCR 总风量＜40%MCR。

（2）DCS 画面显示油点火条件满足：

1）炉膛点火条件满足。

2）OFT 已复位。

3）燃油跳闸阀已开。

4）燃油母管压力正常。

5）燃油泄漏试验完成或旁路。

（3）开启二次风挡板，中心风门在开位。

1）油枪的启动过程：推进油枪—推进点火器—点火器打火—开油阀—退点火器。油枪的停止过程：关油阀—进行自动吹扫—退出油枪。

2）油枪在 DCS 上可单只投退也可成组投退。

油组程序启动按 1 号、2 号、3 号、4 号、5 号的顺序，间隔 10s，依次启动各油燃烧器。在油组程序启动过程中，某个油燃烧器的启动条件不满足或已在运行状态，程序会直接投入下一个油燃烧器而无须等待 10s。

（4）检查炉前油压正常，依次由下向上逐步投入油枪，油枪投运最好为同层对称投入。对于冷态、温态启动必须首先点燃下层燃烧器，对于热态、极热态启动，必须尽可能快地提高蒸汽温度，应先点燃中层或上层燃烧器。可将未投运燃烧器层二次风挡板关小，投入空气预热器辅助汽源吹灰系统。

（5）油枪点火完成后应检查点火器在退出位，油枪点燃后要经常监视油枪雾化情况及时调节二次风量，保证油枪燃烧良好、稳定。

（6）油枪投运后要到就地认真检查炉前燃油系统的管道、阀门，防止漏油着火。

（7）及时投入空气预热器连续吹灰。

（8）燃烧器点火时，为防止省煤器汽化，必须设置一个 3%～5%MCR 的最小给水流量。循环流量保持不变。

（9）若采用等离子点火时：

1）检查启动前满足以下条件：冷却水压力满足，压缩空气压力满足，一次风存在。

2）在操作画面上，将运行方式切至"等离子点火模式"。

3）开启 D 磨入口门，控制磨入口风温在 150～170℃暖磨，待出口温度 65℃时，允许启动磨煤机。

任务描述

该任务对应电厂集控值班员、锅炉技术员岗位，可进行锅炉吹扫点火操作，也是竞赛和证书考核内容中的具体对象，基本要求为能完成锅炉吹扫点火操作。课堂活动要求如下。

（1）在 DCS 找到风烟系统画面，讲述风烟系统流程。

（2）在 DCS 找到锅炉吹扫画面，逐项满足吹扫条件，进行锅炉吹扫。

（3）在 DCS 找到锅炉点火画面，逐项满足吹扫条件进行锅炉点火。

任务拓展

旋流煤粉燃烧器中心风和燃尽风的调节

中心风是从燃烧器的中心风管内喷出的直流风，风量不大（约 10%），用于冷却一次风喷口和控制着火点的位置，油枪投入时，则作为根部风。燃尽风是两排横置于主燃烧区（所有旋流煤粉燃烧器）之上的直流风，其设计风量约为总风量的 15%。

燃尽风的加入，使分级燃烧在更大的空间内实施，其作用与直流煤粉燃烧器分级配风相似。但是对于旋流煤粉燃烧器，过燃风口的高度不受人风箱的限制，故它与主燃烧区拉开了距离。在燃用低灰熔点的易结焦煤时，燃尽风风量的影响是双重的：随着过燃风率的增加，燃烧器区域因为缺氧使燃烧推迟导致该区域的温度降低，这对减轻 NO_x 生成和减轻炉膛结渣是有利的；但由于火焰区域呈较高的还原性气氛，又会使灰熔点下降，对减轻炉膛结焦是不利的，同时不完全燃烧热损失也会有所增加。因此，应通过燃烧调整试验确定最合适的燃尽风风门开度。燃尽风的风量调节与锅炉负荷和燃料品质有关。在炉膛出口过量空气系数一定的情况下，燃尽风投入太多会使主燃烧区供风不足，燃烧不稳定。燃尽风的挡板开度一般随负荷的降低而逐步关小。锅炉燃用较差煤种时，燃尽风的风率也应减小。

燃尽风风量的调节必要时也可作为调节过热汽温、再热汽温的一种辅助手段。一般燃尽风的调节对炉膛出口烟温影响的幅度不是很大，但火焰中心位置提高后，通常会使飞灰可燃物升高。减少燃尽风量，提高其他层投运燃烧器的出口风速，可以减轻气流偏斜。大机组为解决炉膛出口烟气残余偏转问题，将燃尽风喷口进行反切。在这种情况下，燃尽风量的调节具备控制过热器、再热器的热偏差、防止屏式过热器超温爆管的作用。

项目七　锅炉蒸发系统运行及汽水处理

项目描述

　　蒸发设备是锅炉的重要组成部分，其作用是吸收炉内燃料燃烧放出的热量，把炉水转变成饱和蒸汽。本项目重点学习自然循环锅炉蒸发设备的组成和各部件的作用及特点、超临界压力锅炉水冷壁类型及特点、锅炉的水动力特性及传热恶化、影响水冷壁安全性的因素、蒸汽净化的基本方法等。

学习目标

1. 技能目标

（1）能绘出自然循环锅炉蒸发设备的组成简图，能在 DCS 画面找到蒸发系统设备。

（2）能在 DCS 画面找到超临界压力锅炉水冷壁。

（3）能进行自然循环锅炉排污操作。

2. 知识目标

（1）熟悉自然循环锅炉蒸发设备的组成及工作原理。

（2）熟悉超临界压力锅炉水冷壁类型及特点。

（3）熟知两相流体的基本参数。

（4）了解锅炉的水动力特性，熟悉传热恶化的原理及特点。

（5）掌握汽包内部装置的结构和工作原理。

（6）掌握蒸汽污染对锅炉和汽轮机的危害。

3. 价值目标

（1）团结协作，节约成本，降耗增效。

（2）保护环境，文明生产，追求精益求精。

任务 1　汽包锅炉蒸发系统认知

相 关 知 识

一、蒸发设备的组成

　　自然循环锅炉蒸发设备及系统如图 7 - 1 所示，它由汽包、下降管、联箱、水冷壁管、导汽管等组成。汽包、下降管、导汽管、联箱等都位于炉外不受热。水冷壁布置在炉膛四壁，炉膛高温火焰对其辐射传热。给水通过省煤器加热后送入汽包，在汽包内保持一定的水位。汽包内的水通过下降管、下联箱送入水冷壁，水在水冷壁内受热，达到饱和温度之后继续受热使水部分转变成饱和蒸汽，

动画 7 - 1
自然循环原理

形成汽水混合物。这样，水冷壁内汽水混合物的密度小于下降管内水的密度，该密度差使蒸发设备内的工质依次沿着汽包、下降管、下联箱、水冷壁管、上联箱、导汽管、汽包循环路线流动，其流动动力是由汽水密度差产生的，故称为自然循环。

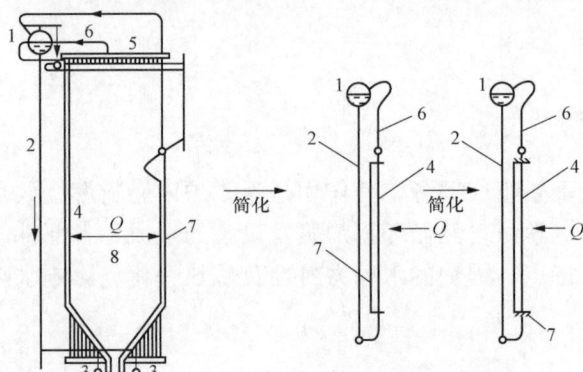

图 7-1　自然循环蒸发设备及系统简化图
1—汽包；2—下降管；3—下联箱；4—水冷壁；5—上联箱；6—导汽管；7—炉墙；8—炉膛

　　由水冷壁管进入汽包的汽水混合物在汽包内靠汽水密度差及汽水分离装置的作用进行汽水分离。分离出的饱和蒸汽由汽包顶部引出直接进入过热器，饱和水回到汽包水空间。

二、汽包

1. 汽包的结构

　　汽包是由钢板制成的长圆筒形容器，它由筒身和两端的封头组成。筒身是由钢板卷制焊接制成。封头用钢板模压制成，焊接于筒身。在封头中部留有椭圆形或圆形人孔门，以备安装和检修时工作人员可进出。在汽包上开有很多管孔，并焊上短管，称为管座，用以连接各种管子。现代锅炉的汽包都用吊箍悬吊在炉顶大梁上，悬吊结构有利于汽包受热升温后自由膨胀。

　　表 7-1 列出了几种大型锅炉汽包的尺寸和钢材牌号。汽包的长度应适合锅炉的容量、宽度和连接管子的要求，汽包的内径由锅炉的容量、汽水分离装置的要求来决定，汽包壁厚由锅炉的压力、汽包的直径与结构以及钢材的强度来决定。

　　锅炉压力越高汽包直径越大，汽包壁就越厚。但是汽包壁太厚会增加制造的难度，变工况运行又会产生较大的热应力。为了限制汽包的壁厚，一方面汽包内径不宜过大，一般不超过 1600mm，另一方面使用强度较高的低合金钢，如超高压以上的锅炉汽包钢材常用 15MoVNi、18MoNb 和 BHW35 等钢材。

动画 7-2 汽包结构

彩图 7-1 汽包内部

表 7-1　　　　　大型锅炉汽包的尺寸和钢材牌号

锅炉型号	汽包内径/mm	汽包壁厚/mm	汽包长度/mm	汽包钢材牌号
HG220/9.8	1600	90	12700	22g
HG410/9.8	1800	97	10000	22g
SG400/13.6	1600	75	11886	15MoVNi
DG670/13.6	1800	90	20000	18MoNb
DG1000/16.7	1778	145	22250	BHW35

2. 汽包的作用

（1）汽包是工质加热、蒸发、过热三个过程的连接点和分界点。省煤器出口与汽包连接；水冷壁、下降管分别连接于汽包，形成自然循环回路；汽包出口与过热器连接。汽包成为省煤器、水冷壁及过热器的连接点。

（2）汽包增加了锅炉的蓄热量，能使锅炉快速适应外界负荷的变化，具有较好的负荷调节特性。汽包、下降管、水冷壁管、联箱等金属和锅内存储的炉水在一定的温度下具有的热量称为锅炉的蓄热量。

当锅炉输出热量大于输入热量时，锅炉就自发释放部分蓄热量补充输入热量的不足，以快速适应外界负荷的需要；反之，就吸收部分多余的输入热量。锅炉蓄热量的变化是靠锅炉汽压的变化来实现的。单位压力变化引起锅炉蓄热量变化的相对大小称为锅炉的蓄热能力。锅炉蓄热量越大，其蓄热能力也越大。汽包直径大、长度长、壁厚，其内部空间储水量多，故汽包锅炉的蓄热能力也会大大增加。蓄热能力大的锅炉，在运行中汽压稳定，并能快速适应外界负荷的变化，具有较好的负荷调节特性。

（3）汽包内有汽水分离装置和排污装置，用来保证蒸汽品质。由水冷壁进入汽包的汽水混合物，利用汽包内部的蒸汽空间和汽水分离元件进行汽水分离，使离开汽包的饱和蒸汽中的水分降到最低值。利用汽包水空间对炉水加药、排污，进行炉内水处理。

（4）汽包上装有压力表、水位计、事故放水门、安全阀等附属设备，保证锅炉安全工作。

三、水冷壁

水冷壁是布置在锅炉四周的蒸发受热面，它是由连续排列的管子组成的辐射传热面，紧贴炉墙形成炉膛四壁。汽包锅炉水冷壁管大都用20g无缝钢管，有的也采用低合金无缝钢管。水冷壁管进口由联箱连接，出口可以由联箱连接再通过导汽管接于汽包，也可以直接连接于汽包。炉膛每侧水冷壁的进出口联箱分成数个，其个数由炉膛宽度和深度决定，每个联箱与其连接的水冷壁管组成一个水冷壁屏。直流锅炉水冷壁进出口分别连接省煤器和过热器。

动画 7-3
膜式水冷壁

动画 7-4
锅炉水冷壁

锅炉水冷壁有三大作用：

（1）炉膛中的高温火焰对水冷壁进行辐射传热，水冷壁内的工质吸收了热量由水逐步变成汽水混合物。

（2）使炉墙温度大大下降，因而炉墙结构简化，减轻了炉墙的重量。

（3）降低炉墙附近和炉膛出口处的烟气温度，防止或减少炉膛结渣。

锅炉水冷壁可分成光管水冷壁和膜式水冷壁两种类型。膜式水冷壁是由鳍片管连接而成。鳍片管有两种类型：一种是轧制而成，称轧制鳍片管，见图 7-2（a）；另一种是在光管之间焊接扁钢制成，称焊接鳍片管，见图 7-2（b）。

焊接鳍片膜式水冷壁结构简单，不需要轧制鳍片管的制作工艺，但是焊接工作量大，每根扁钢有两条焊缝，焊接工艺要求高。现代大型锅炉广泛采用膜式水冷壁，其优点是：

（1）膜式水冷壁的炉膛的严密性良好，适用于正压或负压的炉膛，对于负压炉膛还能大大降低漏风系数。

（2）膜式水冷壁把炉墙与炉膛完全隔离开来，可采用无耐火塑料的敷管炉墙，只要保温塑

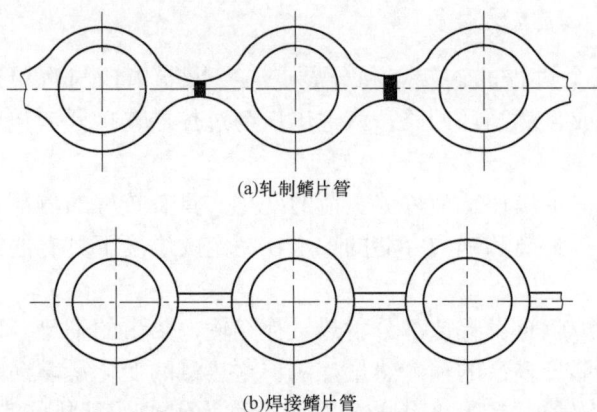

(a)轧制鳍片管

(b)焊接鳍片管

图 7-2 鳍片管的类型

料就可以了。炉墙蓄热量可降低3/4～4/5,可加快锅炉启动速度,而且由于炉墙重量减轻而简化了悬吊结构。

(3) 膜式水冷壁能承受较大的侧向力,增加了炉膛抗爆炸的能力。

(4) 在相同的炉壁面积下,膜式水冷壁的辐射传热面积比一般光管水冷壁大,因而膜式水冷壁可节约钢材。

膜式水冷壁的主要缺点是制造、检修工艺较复杂,此外在运行过程中为了防止管间产生过大的热应力,一般相邻管间温差不大于 50℃。

水冷壁管的外侧可焊接上很多直径为 3～6mm、长为 20～25mm 的圆柱形销钉,并在有销钉的水冷壁上敷盖一层铬矿砂耐火材料,形成卫燃带。卫燃带的作用是在燃烧无烟煤、贫煤时减少部分水冷壁的吸热量,提高燃烧器区域的烟气温度,提高着火性能。销钉可使铬矿砂与水冷壁牢固地连接,并可把铬矿砂外表面的热量通过销钉传给水冷壁内的工质,降低铬矿砂的温度,防止其温度过高而烧坏。

四、下降管

1. 下降管的作用

下降管的作用是把汽包内的水连续不断地通过下联箱供给水冷壁。

2. 下降管的种类

下降管有小直径分散型和大直径集中型两种。大直径集中下降管的直径一般为 325～428mm,大直径下降管接自汽包,垂直引至炉底,再通过小直径分支管引出接至各下联箱。现代大型锅炉大都采用大直径集中下降管,它的优点是流动阻力小,有利于自然循环,并能节约钢材,简化布置。

任务描述

该任务对应发电厂值班员及点检员岗位,可对锅炉蒸发设备及系统进行巡检,可完成锅炉上水操作,也是竞赛和证书考核的内容和具体对象,为锅炉水位控制作准备。课堂活动要求如下。

(1) 连接自然循环蒸发系统设备工作流程。

(2) 在机组 DCS 画面找到蒸发系统设备并描述蒸发系统流程。

(3) 进行锅炉上水操作。

任务拓展

锅炉上水

锅炉上水一切条件具备后,可经给水管向锅炉上水,上水温度一般不超过 90℃,上水应缓慢进行。锅炉从无水上到汽包正常水位-75mm 处,一般需两个小时左右。周围气温应高于 5℃。当环境温度很低时,进水时间应予以延长,进水温度应尽可能降低到 40～50℃。

上水过程中，管道上空气阀冒水后，将其关闭，同时检查汽包及各种阀门是否有漏水现象，如有漏水应停止上水及时检修。当锅炉水位达到低水位时，停止上水，观察水位是否有变化，如有变化应查明原因予以清除，然后继续上水到要求水位。停止上水时，开启省煤器再循环一、二次门。

任务 2　超临界压力锅炉水冷壁认知

相 关 知 识

一、超临界压力锅炉水冷壁类型及特点

超临界压力锅炉的汽水特性决定了直流锅炉是超临界压力锅炉的唯一类型。我国超临界压力锅炉水冷壁类型主要有一次上升垂直管屏型和螺旋管圈型两种。

一定容量的直流锅炉，不论采用何种形式布置的水冷壁，都要保证水冷壁管内具有足够高的质量流速，从而保证任何工况下，每根管内有一定的工质流过，使管壁得到充分的冷却，保证水冷壁水动力稳定和传热不发生恶化，防止发生亚临界压力下的偏离核态沸腾和超临界压力下的类膜态沸腾现象。但是，考虑到工质的流动阻力不致过大，质量流速应选择恰当。

水冷壁安全工作必需的最低质量流速 ρw_{min} 称为界限质量流速，它与水冷壁的结构、热负荷大小等有关。为使水冷壁安全地工作，水冷壁中的实际质量流速必须大于界限值，但是在全负荷范围内都要满足这一要求是不合理的，因为直流锅炉水冷壁中的流速与负荷成线性关系，低负荷时满足了，则在高负荷就会太大，造成正常运行时厂用电过大，电厂经济性下降。一般设计，30%MCR 负荷为直流最低负荷，如图 7-3 所示，低于直流最低负荷时，应维持水冷壁中的质量流速在最低值不变，即锅炉给水流量不能低于30%MCR。

对于垂直上升管屏的水冷壁而言，管内质量流速的大小取决于炉膛周界尺寸、管子内径和管间节距。其中，炉膛周界尺寸由燃烧条件决定，它取决于炉膛的热输入、燃料的种类和特性、燃烧器的形式和布置。随着锅炉容量的增加，炉膛周界尺寸的增加与锅炉容量的增加是不成正比例的。容量较小的直流锅炉水冷壁往往存在着单位容量锅炉周界尺寸过大的问题，水冷壁管子内难以保证足够的质量流速。同时，管子内径和管间节

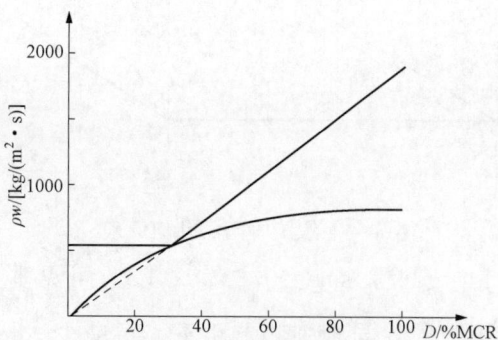

图 7-3　锅炉直流最低负荷

距的选择也都有一定限制。例如，管子的直径太小会造成水冷壁管热敏感性高，管子内壁上的结垢和热负荷的变化会使某些管子产生过大的管间流量偏差而使管子超温，管间节距太宽会导致管间鳍片过热烧损。

螺旋管圈型水冷壁最大的特点就是能够在炉膛周界尺寸一定的条件下，通过改变螺旋升角来调整平行管的数量，保证较小容量锅炉的并列管束数量较小，从而获得足够高的工质质

量流速，使管壁得到足够的冷却，消除传热恶化对水冷壁管子安全的威胁。这样，水冷壁管就可避免采用热敏感性太大而直径过小的管子。另外，每根水冷壁管都经过炉膛的四面墙，管子间的吸热偏差可减至最低程度。国产 600MW 超临界压力直流锅炉采用螺旋管圈型水冷壁的较多。

内螺纹管具有良好的传热和流动特性，内螺纹表面的槽道可破坏蒸汽膜的形成条件，故直到较高含汽率也难以形成膜态沸腾，而是维持核态沸腾，从而抑制金属温度的上升。因此水冷壁常采用内螺纹管结构来保证在较低质量流速下的管壁安全。

二、螺旋管圈型水冷壁

螺旋管圈型水冷壁采用炉膛下部水冷壁沿炉膛四面倾斜螺旋上升而上部是垂直管屏的结构，中间有联箱连接。由于水平管圈承受荷重的能力差及炉膛出口结构的原因，锅炉在其上部使用垂直上升管屏，也便于采用全悬吊结构。由于炉膛上部的热负荷已经降低，管壁之间温差已经不大，采用垂直管屏也不会造成膜式水冷壁的破坏。

从省煤器来的给水经水冷壁入口联箱进入水冷壁，水冷壁吸收锅炉辐射热量，处于炉膛高热负荷区域的下部水冷壁，采用螺旋盘绕水冷壁，以减少下部水冷壁的温度偏差，工质经中间联箱进入垂直水冷壁，水冷壁出口工质进入启动分离器。当锅炉负荷在最低直流负荷以下的循环模式运行时，进入启动分离器的工质为汽水混合物，启动分离器起汽水分离的作用，蒸汽进入过热器加热，分离出的水进入储水罐。当锅炉直流运行时进入启动分离器的为具有一定过热度的蒸汽。

（一）炉膛水冷壁主要特点

1. 螺旋管圈倾斜角 θ

螺旋管圈的倾斜角 θ（见图 7-4）与炉膛周界并联管数之间有如下关系：

$$n = \frac{L}{s}\sin\theta \qquad (7-1)$$

式中　n——炉膛周界并联管数；

　　　L——炉膛横断面周界长度，m；

　　　s——螺旋管管中心节距，m。

由式（7-1）可知，当 L、s 一定时降低管子倾斜角 θ 就可减少并联管数目 n。后者可使工质质量流速 pw 提高，也可使管子内径增大，螺旋管圈减小 θ 提高 pw 的效果十分明显，例如垂直管 $\theta=90°$，$\sin\theta=1$；螺旋管圈 θ =14°～30°，$\sin\theta=0.242～0.5$。可见垂直管的管数是螺旋管的 2～4.13 倍，即在相同的炉膛周界与管中心节距下，可减少 $\frac{1}{2}$～$\frac{2}{3}$ 的螺旋管圈并联管子数量。

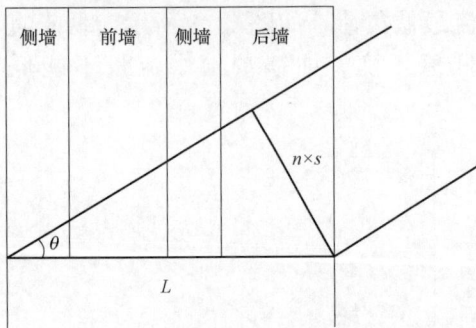

图 7-4　螺旋管圈的几何原理

螺旋管圈水冷壁就是减少组成炉膛水冷壁管子的数量，保持较高的质量流速，又不加大管子之间的节距，使管子和肋片的金属壁温在任何工况下都安全。螺旋管圈的设计保证了较小容量的超临界压力锅炉水冷壁的安全，如果螺旋盘绕水冷壁管采用内螺纹管，可进一步防止水循环不稳定现象的发生，降低最低质量流速，减小水冷壁流动阻力，可得到更低的最小直流负荷，提高水冷壁的安全可靠性。对于较大容量的超临界压力锅炉水冷壁螺旋管圈不采用内螺纹管也能保证水冷壁安全工作。

2. 螺旋管圈围绕炉膛圈数

螺旋管圈围绕炉膛圈数 Z 取决于螺旋管圈水冷壁的高度 h 与管子倾角 θ，可由下式计算：

$$Z = \frac{h}{L \tan\theta} \tag{7-2}$$

一般情况 $Z=1.25\sim1.5$ 圈。

螺旋管圈的并联管数都围绕炉膛一周以上，由于同一管带中管子以相同方式绕过炉膛的角隅部分和中间部分，锅炉热负荷分布的变化对并联管吸热的影响很小，并联各管的受热条件都基本相同，因此所有水冷壁管的流量和受热均匀，保证沿炉膛四周的吸热基本相同，使得水冷壁出口的介质温度和金属温度非常均匀，因此，螺旋管圈并联管的热偏差很小，可不用水冷壁管进口节流圈。这是螺旋管圈型水冷壁的一个重要优点。

炉膛采用螺旋盘绕的水冷壁结构，使其在各种工况特别是启动和低负荷工况下让各水冷壁管内具有足够的质量流速，管间吸热均匀，防止亚临界压力下出现偏离核态沸腾、超临界压力下出现类膜态沸腾、减小炉膛出口工质温度偏差以及水动力不稳定等工况。水冷壁具有足够的动压头，也可避免如停滞、倒流、流动多值性等水循环不稳定问题的发生。这种布置结构简单，维护工作量小，即不需要变径的节流圈或阀门，同时也不必在水冷壁进口设专门给水流量平衡调节分配装置。

3. 过渡段水冷壁

炉膛上部已离开高热负荷区域，把上部水冷壁设计成结构较为简单的垂直上升管式较为经济，故从倾斜布置的水冷壁转换到垂直上升的水冷壁就需要过渡结构，即过渡段水冷壁。

过渡段水冷壁设置有中间联箱，可使螺旋水冷壁出口工质混合均匀，减小工质温度偏差，同时还可以使上部垂直水冷壁的流量均匀分配。过渡水冷壁的连接形式，直接影响到热偏差的积累、流量的分配、亚临界压力下两相流体的分配，连接方式的选用不仅影响过渡区后的垂直水冷壁的水动力特性，也会通过流动阻力等方式影响到下部螺旋水冷壁的水动力特性，包括水动力的稳定性。

过渡段水冷壁的结构如图 7-5 所示。螺旋水冷壁出口管引出到炉外，进入螺旋水冷壁出口联箱，再由连接管引到混合联箱，充分混合后，由连接管引到垂直水冷壁进口联箱，垂直水冷壁进口联箱拉 3 倍螺旋管数量的管子进入垂直水冷壁，螺旋管与垂直管的管数比为 1∶3（前墙和侧墙），后墙的螺旋管与前墙、侧墙有所不同，每三根螺旋管有一根直接上升为垂直水冷壁，因此垂直水冷壁进口联箱拉出的管子数与螺旋管数之比为 2∶1，总的比率垂直管/螺旋管仍为 3∶1。

彩图 7-2
过渡段水冷壁

过渡段水冷壁的结构也有如图 7-6 所示的单混合联箱形式。

（二）螺旋管圈水冷壁的优点

（1）包括冷灰斗在内的炉膛下部采用螺旋盘绕水冷壁，水冷壁四面倾斜上升，管屏吸热比较均匀，因此可以不设置中间混合联箱。在滑压运行时，没有汽水混合物分配不均的问题，所以能够变压运行，快速启停，能适应电网负荷的频繁变化，便于锅炉调峰。

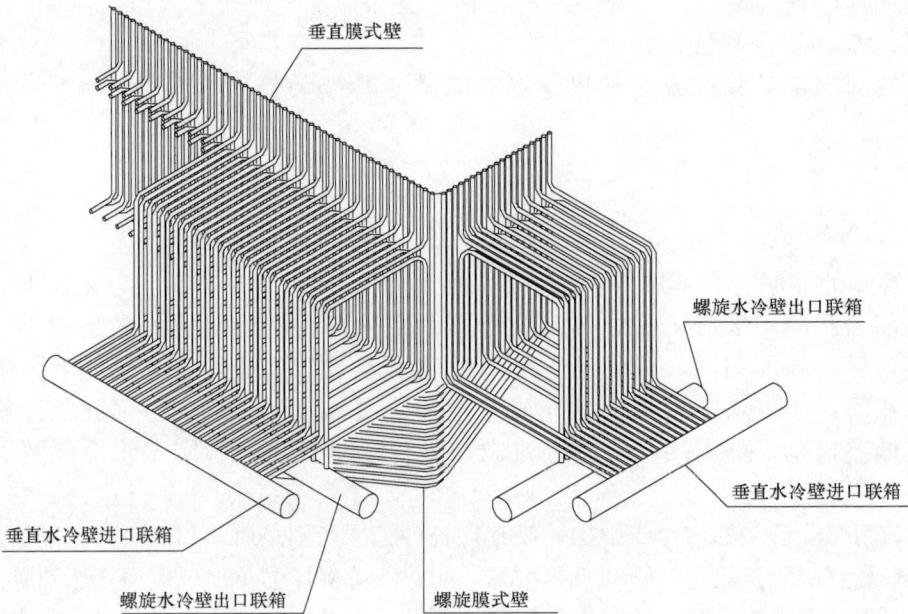

图 7 - 5　过渡段水冷壁结构简图

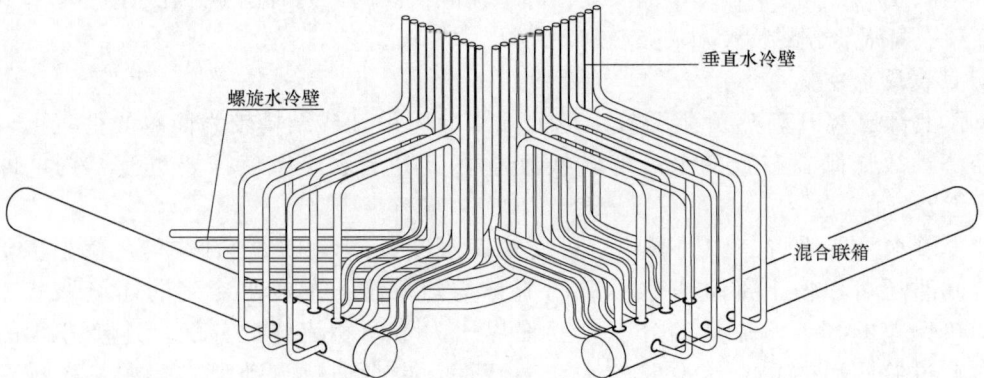

图 7 - 6　中间混合联箱结构简图

（2）下部水冷壁与上部水冷壁之间设有过渡段，并设有混合和分配联箱，以及下部螺旋盘绕内螺纹管，水冷壁出口工质温度偏差小，静态敏感性小。

（3）螺旋管圈热偏差小，适用于采用膜式水冷壁，工质流速高，水动力特性比较稳定，不易出现膜态沸腾，又可防止产生偏高的金属壁温。

（4）蒸发受热面采用螺旋管圈时，管子数目可按设计要求而选取，不受炉膛大小的影响，可选取较粗管径以增加水冷壁的刚度。

（5）螺旋管圈对燃料的适应范围比较大，可燃用挥发分低、灰分高的煤。

（三）螺旋管圈水冷壁的缺点

（1）螺旋管圈承重能力弱，需要附加悬吊系统，支吊困难，结构复杂，大大增加了现场安装工作量。

（2）螺旋冷灰斗、燃烧器水冷套以及螺旋管至垂直管屏的过渡区等部组件结构复杂，制造困难，成本高。

（3）炉膛死角需要进行大量单弯头焊接对口，安装组合率低，安装现场工作量大。

（4）管子长度较长，阻力较大，增加了给水泵的功耗。

三、一次上升垂直管屏型水冷壁

垂直管屏水冷壁分为一次上升式和多次上升下降两种。一次上升垂直管屏的所有管屏都是并联的，从省煤器来的工质引入炉底进口联箱，在管屏中一次向上流动至炉顶出口联箱。而多次上升下降管屏，工质从炉底进入几片管屏，向上流动到炉顶后，经过下降管引到炉底，再在另外几片管屏中向上流动，视不同情况可有几次上升下降。多次垂直上升下降管屏工质具有较高的质量流速，但由于相邻管屏间工质温度不一样引起相邻管屏外侧两根相邻管子之间壁温差大，只适用于定压运行的锅炉。对于变压运行的超临界压力锅炉都采用一次上升的垂直管屏水冷壁。

一次上升垂直管屏型水冷壁为了得到较高的质量流速，一般要求锅炉容量较大并采用较细的管径。同时为了抑制亚临界压力下水冷壁传热恶化、强化管内侧换热和确保水冷壁管工作的安全性，在热负荷较高的部位采用内螺纹管。为了减小水冷壁出口的温度偏差，保证水冷壁系统水动力工作的可靠性，整个水冷壁系统根据炉膛内沿宽度热负荷分布状态和结构特点，在回路的进水导管上和每根水冷壁管的入口同时装设节流圈即采用二级节流方式来控制各管子的流量。

（一）一次上升垂直管屏型水冷壁的特点

1. 装设水冷壁中间混合联箱

在炉膛折焰角下方装设了一圈水冷壁中间混合联箱，使下炉膛出来的工质在中间混合联箱和所配的二级混合器进行混合，消除沿联箱轴向工质温度的偏差，这样也在很大程度上减少了上部水冷壁工质温度的偏差，另外，将阻力较大的上部水冷壁分出去也增强了下部水冷壁的水动力稳定性。中间混合联箱的位置按照在锅炉最低负荷时，此位置处水冷壁的干度为0.8左右设计，根据经验，汽水混合物在这样高的干度下可以防止两相介质沿平行管组的流量分配不均问题。

2. 水冷壁入口装设节流孔圈

为了调节各垂直管组的工质流量与热负荷相适应，使各水冷壁管出口工质具有相同的焓值，必经在各水冷壁管或管组的入口加装节流圈。节流圈的配置就直接决定了各水冷壁管和管组的工质流量分配，以及不同工况下水冷壁管之间的热偏差。在同样的炉膛热负荷条件下，节流圈的平均节流阻力越大，控制热偏差发生的效果就越好，但系统的能耗也相应增加。所以垂直上升管圈水冷壁入口节流阀的节流度配置是垂直管屏水冷壁设计的关键技术，它决定了水冷壁管圈水动力的稳定性和水冷壁运行的经济性。

现代超临界压力锅炉取消了早期垂直水冷壁和控制循环锅炉在大直径的水冷壁下联箱中的各水冷壁管入口装设定位销对号的节流孔圈，而将节流孔圈装于水冷壁下联箱外面的水冷壁入口管段上（见图7-7），由于小直径水冷壁管直接装设节流孔圈调节流量的能力有限，因此通过三叉管过渡的方式，采取将

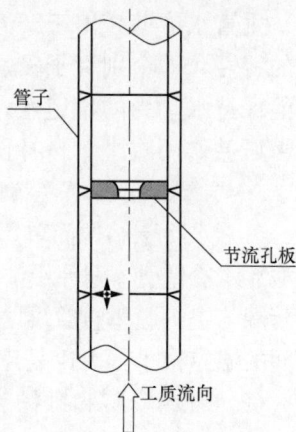

管子

节流孔板

工质流向

图7-7　水冷壁节流圈

水冷壁入口管段直径加大、根数减少的方法，使装设节流孔圈的管段直径达到 $\phi44.5$，使其内径达到 30mm 以上，因此可以通过采用不同的孔圈内径，提高了孔圈的节流度和节流调节的能力，保证在各负荷下水冷壁出口温度沿各墙宽度的较小温度偏差。这种装于联箱外的节流孔圈也便于调试和检修，而且可以采用较细的水冷壁下联箱，简化了结构。首次启动前，调整好节流圈，正常运行时固定不动。节流圈有以下基本作用。

（1）纠正原始偏差。并联管屏之间由于结构、管径等的偏差造成阻力系数的偏差称为管屏的原始偏差。管屏的原始偏差将使管屏之间的流量分配不一致。纠正原始偏差的方法是使每一管屏的阻力系数与其进口节流圈的阻力系数之和相等。它是通过调整节流圈的开度改变其阻力系数来实现的。

（2）按热负荷的分配规律调整节流圈开度。垂直一次上升型水冷壁管屏，各管屏的流量分配应与水冷壁宽度上的累计吸热量分布一致，使吸热量多的管屏流量大些，吸热量少的管屏流量少些，以减小管屏间的热偏差。管屏进口节流圈开度根据管屏要求的流量调整，流量大的管屏节流圈开度大，流量小的管屏节流圈开度小。

（3）减小吸热偏差对流量偏差的影响。由于在水冷壁入口加装了节流孔圈提供了附加阻力，减小了吸热偏差对流量偏差的影响。

3. 采用内螺纹管

由于内螺纹管具有破坏膜态沸腾生成的能力，且增强了从管壁向管内工质的传热能力，因此即使　且出现传热恶化，即膜态沸腾和干涸现象，管壁温度的升高也远远低于光管，MHI（三菱重工）在大型二相流热态试验台的试验结果表明，对一般燃煤的超临界压力锅炉在亚临界区（17～22MPa）直流运行时，当管内质量流速达到 1500kg/（m² · s），已有足够的裕量来防止处于低干度局部高热负荷区的燃烧器区域管子产生膜态沸腾，而在炉膛上部的高干度低热负荷区出现干涸现象时能有效控制管子壁温的升高。启动阶段的临界质量流速对垂直型内螺纹管水冷壁按 MHI 的试验数据为 300kg/（m² · s）左右，锅炉在启动阶段按再循环模式运行时，当 MCR 时水冷壁的设计质量流速高于 1500kg/（m² · s）时，其最低直流负荷为 25%B - MCR 时，水冷壁的质量流速也高于启动阶段的临界质量流速，因此可以保证水冷壁管不会超温和出现水动力不稳定的现象。

4. 具有部分自补偿的能力

垂直水冷壁，由于摩擦阻力在系统总阻力中所占的比例相对较小，因此具有保持正向流动的特性，即个别管子吸热量骤增时，管内流量也会自动增加，具有部分自补偿的能力，不仅能保持水动力的稳定性，而且也增加了水冷壁管运行的可靠性。但随着锅炉负荷的升高，重力压差作用减小，自补偿能力逐渐减弱，流动特性表现出强迫流动特性。

5. 与螺旋管水冷壁相比，内螺纹垂直管屏的优点

（1）水冷壁结构简单。由于垂直水冷壁管安装焊缝对接时只需在轴向调正，且水冷壁垂直荷载靠水冷壁管本身承受，不需要螺旋管圈水冷壁那样较复杂的荷载传递结构，也不需要在螺旋管圈与上炉膛垂直管屏之间焊上形状复杂的张力板，因此水冷壁管之间以及管子与承力焊件之间的温差很小，无论是正常运行或负荷震荡期间的热应力均较小，因此延长了使用寿命。

（2）现场安装和维护工作量小。垂直水冷壁安装对接焊口数目仅为螺旋管圈水冷壁的1/2～2/3，管屏数目也只有螺旋水冷壁的 1/2，水冷壁上焊件总数也仅为 1/3，因此大大地减少了水冷壁的安装工作量。无论是在焊口对接或事故管的拆除方面，垂直水冷壁均比螺旋

管圈水冷壁简单，水冷壁的维修工作量较小。

（3）运行阻力小，节省了给水泵的电耗。由于内螺纹管垂直水冷壁的质量流速只有螺旋管圈水冷壁的 1/2～2/3，而且水冷壁管总长度只有螺旋管圈展开长度的 2/3 左右，因此水冷壁的阻力较低，同样的炉膛尺寸，内螺纹管垂直水冷壁的阻力也只有螺旋管圈光管水冷壁的 2/3 左右，节省了给水泵的电耗。

（4）垂直水冷壁管相对来说不易结渣，而且局部结渣有时也能自行脱落，也易于被吹灰器吹掉。

采用内螺纹管垂直水冷壁，根据炉膛水平方向热负荷分配曲线装设不同节流孔圈调节各水冷壁回路的流量，已成为国际火电行业和锅炉制造业最有发展前途、最适合变压运行超临界和超超临界压力锅炉采用的新的技术之一。

6. 一次上升垂直管屏水冷壁的主要缺点

（1）受到机组容量的限制。垂直管屏目前的最小管径为 28mm，由于管径的限制，对容量较小的锅炉，无法保证必要的质量流速。一般认为，对一次上升垂直管屏水冷壁来说，锅炉的最小容量为 500MW。

（2）水冷壁管径较小并采用内螺纹管，管子的制造精度和价格较高。

（3）需要在水冷壁入口装设节流圈，增加了水冷壁下联箱结构的复杂性，运行中节流圈易结垢。

（4）水冷壁出口的温度偏差比螺旋管圈大。

🎓 任 务 描 述

该任务对应发电厂值班员及点检员岗位，可对直流锅炉水冷壁系统设备进行巡检，可完成锅炉上水操作，也是竞赛和证书考核的内容和具体对象，为锅炉水位控制作准备。课堂活动要求如下：

（1）描述连接直流锅炉汽水系统设备工作流程。

（2）在机组 DCS 画面上找到蒸发系统设备并描述蒸发系统流程。

（3）讲述直流锅炉水冷壁的类型及特点。

（4）进行直流锅炉上水操作。

🌱 任 务 拓 展

一、螺旋管圈型水冷壁的典型结构及布置

某 600MW 超临界压力锅炉水冷壁系统总体结构如图 7-8 所示，分为下部螺旋水冷壁、过渡段水冷壁、上部垂直水冷壁等三部分。

1. 水冷壁结构

经省煤器加热后的给水，通过下降管及下水连接管进入炉膛水冷壁。炉膛下部水冷壁都采用螺旋盘绕膜式管圈，包括冷灰斗水冷壁，从水冷壁进口到折焰角水冷壁下一定距离。

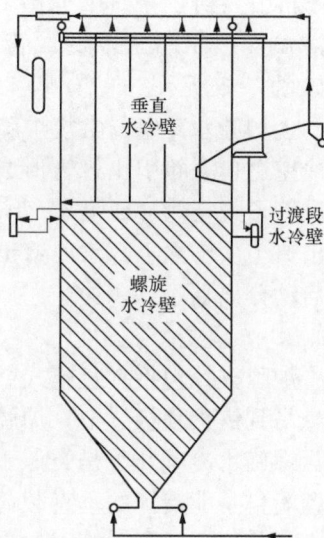

图 7-8 水冷壁系统总体结构

螺旋水冷壁管全部采用六头、上升角 60°的内螺纹管，共 456 根，管子规格 $\phi38.1\times7.5mm$，材料为 SA213 T2。冷灰斗以外的中部螺旋盘绕管圈，倾角为 19.471°，管子节距 50.8mm，膜式扁钢厚 $\phi6$，材料为 15CrMo。炉膛水冷壁采用膜式壁以确保炉膛烟气的严密不泄漏。扁钢和管子的材质应保证相互间热膨胀一致。扁钢的宽度能适用于变压运行，并可确保在任何运行工况下，鳍端温度低于材料的最高允许温度。螺旋冷灰斗的结构如图 7-9 所示。

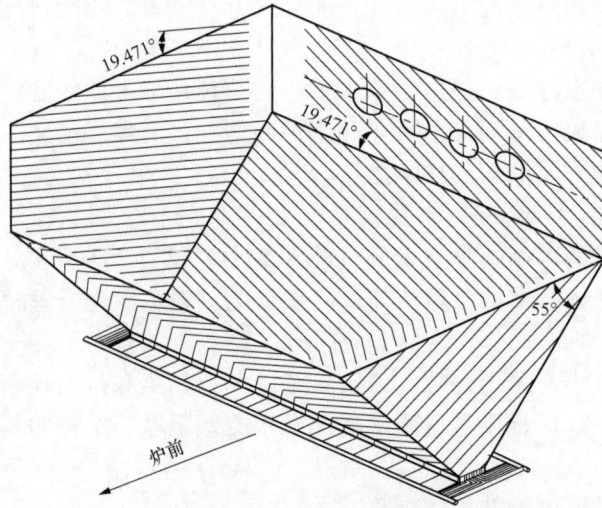

彩图7　3　冷灰斗

图 7-9　冷灰斗结构简图

　　螺旋水冷壁前墙、两侧墙出口管全部抽出炉外，后墙出口管则是 4 抽 1 根管子直接上升成为垂直水冷壁后墙凝渣管，另外 3 根抽出到炉外，抽出炉外的管子进入 24 根螺旋水冷壁出口联箱（$\phi190.7\times43mm$，SA106-C），由 22 根连接管（$\phi141.3\times24mm/\phi127\times22mm$，SA335-P12）引入位于锅炉左右两侧的两个混合联箱（$\phi444.5\times95mm$，SA335-P12）混合后，再引入到 24 根垂直水冷壁进口联箱（$\phi190.7\times43mm$，SA335-P12），过渡段水冷壁管子规格 $\phi38.1\times7.5mm$ 内螺纹管和 $\phi38.1\times7.9mm$ 光管，材料为 SA213-T2。过渡段水冷壁的结构如图 7-5 所示。

　　上炉膛水冷壁与常规炉膛水冷壁没有差异，采用结构和制造较为简单的垂直管屏，垂直水冷壁进口联箱引出光管形成垂直水冷壁管屏，垂直光管与螺旋管的管数比为 3：1，垂直管屏管子规格为 $\phi31.8\times9.1mm$，节距 50.8mm；膜式扁钢厚 6mm，材料为 15CrMo。水冷壁出口工质汇入上部水冷壁出口联箱，后由连接管引入水冷壁出口汇集联箱，再由连接管引入启动分离器。

　　2. 炉膛支撑

　　炉膛支撑包括垂直膜式壁和螺旋膜式壁的整个炉膛荷载由生根在水冷壁出口联箱上的吊杆悬吊到锅炉顶板梁上，炉膛可向下自由膨胀。

　　螺旋水冷壁几乎是类似于水平管布置，其水平倾角为 19.5°，与垂直管墙相比，螺旋水冷壁墙自身能支撑的垂直载荷受到了限制，是非常小的。由于这个原因，螺旋水冷壁支撑的垂直载荷将会局限于管子的自重和炉膛压力载荷。因此，针对上述原因就设计了螺旋水冷壁的一种新型的支撑结构垂直搭接板，任何其他附加载荷，如燃烧器、护板、刚性梁等均由垂直搭接板支撑，而不是作用到螺旋水冷壁上，垂直搭接板的最上端焊接并固定到上部垂直水冷壁上。

灰斗墙及其他相关部件的载荷通常由垂直搭接板支撑。如果灰斗载荷不能被上升水冷壁支撑，则载荷将由恒力吊挂支撑并将载荷转到锅炉钢结构上。

综上，螺旋水冷壁仅仅支撑其自重荷载和炉膛压力荷载，自重荷载还将被传递到上部垂直水冷壁，最后传给锅炉吊杆至锅炉顶板梁。

3. 炉墙结构

整个炉膛水冷壁均采用膜式壁结构，炉内烟气不会发生泄漏，因此炉墙结构设计就较为简单。水冷壁与刚性梁之间以保温材料填塞，以减少炉膛散热损失。保温材料以整块的形式附着在水冷壁上，靠拉杆固定，保温材料外表面省去承载外护板，而是在最外面以轻型梯形波纹金属板覆盖。

4. 水冷壁其他设置

为监视蒸发受热面出口金属温度，在水冷壁管上装有足够数量的测温装置。锅炉设有膨胀中心，并在需监视膨胀的位置合理布置装设膨胀指示器，膨胀指示器的装设应有利于运行工况巡视检查。

水冷壁上设置必要的观测孔、热工测量孔、人孔、吹灰孔、炉管泄漏监测孔及布置相应的平台；人孔门的布置便于检修人员进入各受热面并设有出入平台；炉顶设有炉膛内部检修用的临时升降机具及炉内检修维护平台（铝合金），并装设该升降机具及脚手架用的预留孔，水冷壁的放水点装在最低处，保证水冷壁管及其联箱内的水能放空。

二、某 1000MW 超超临界压力锅炉一次垂直上升水冷壁结构

1. 水冷壁系统结构及流程

锅炉炉膛总高度（自水冷壁入口联箱到顶棚）为 66400mm，宽为 32084mm，深度为 15670mm。水冷壁分成上、下两部分，下部水冷壁包括冷灰斗，上、下部水冷壁之间装设一圈中间混合联箱过渡，上、下部水冷壁均采用焊接膜式壁、内螺纹管垂直上升式，渣斗底部有足够的加强型厚壁管，允许的磨蚀厚度不小于 1mm。钢结构足以防止渣落下造成的损害。渣斗喉部开口约为 1.4m 宽。

水冷壁管共有 2144 根，均为 $\phi 28.6 \times 5.8mm$（最小壁厚）四头螺纹管，管材均为 SA213 - T12，节距为 44.5mm，管子间加焊的扁钢宽为 15.9mm，厚度 6mm，材质为 SA387 - 12 - 1，在上、下炉膛之间装设了一圈中间混合联箱并配以二级混合器以消除下炉膛工质吸热与温度的偏差。由前水冷壁和两侧水冷壁上联箱出口的工质经顶棚管流入顶棚出口联箱，前部顶棚管 $\phi 44.5 \times 7.0mm$，节距为 66.75mm，材质为 SA213 - T12，后部顶棚管的管子为 $\phi 54 \times 8.5mm$，节距为 133.5mm，所有顶棚管均为膜式壁。对于回路结构复杂的后水冷壁上部则作单独处理，后水冷壁上部管经折焰角斜坡至后水出口联箱，然后进入汇集管再用连接管将后水冷壁工质送往水平烟道两侧包墙和后水冷壁吊挂管。水平烟道两侧包墙管共 136 根，为 $\phi 38.1 \times 7.4mm$，节距为 89mm，采用 SA213 - T12 的光管，后水冷壁吊挂管光管，管子为 $\phi 51 \times 11.2mm$，节距为 267mm，材质为 SA213 - T12，这两个平行回路出口的工质直接用连接管送往顶棚管出口联箱，起到顶棚管旁路的作用，降低了顶棚管的阻力。这样的布置方式在避免后水冷壁回路在低负荷时发生水动力的不稳定性和减少温度偏差方面较为合理和有利。

所有从炉膛水冷壁出口来的全部工质均集中到顶棚出口联箱，然后由此联箱一部分用连接管送往后竖井包墙管进口联箱再分别流经后竖井的前、后两侧包墙及分隔墙，这些包墙管出口的工质全部集中到后包墙出口联箱，然后用四根大直径连接管送到布置于锅炉上方的汽水分离器，顶棚管出口联箱的工质有一部分通过旁通管直接进入包墙出口联箱，这样可以减少包墙系统的阻力，此旁通管上装有电动闸阀，只有当锅炉在超临界区运行时开启此阀，以减少阻力。包墙系统的管子数据如下：前包墙管采用 $\phi 38.1 \times 9\text{mm}$，节距为 133.5mm，材质为 SA213 - T12；后包墙管采用 $\phi 42 \times 11.5\text{mm}$，节距为 133.5mm，材质为 SA213 - T12；两侧包墙采用 $\phi 38.1 \times 9.0\text{mm}$，节距为 123mm，材质为 SA213 - T12；分隔墙为 $\phi 31.8 \times 6.5\text{mm}$，节距为 100.13mm。所有包墙管均采用膜式壁结构，管间扁钢厚为 6mm，材质均为 SA387 - 12 - 1，所有包墙管均采用上升流动，因此对防止低负荷和启动时水动力不稳定性有利。

水冷壁下联箱采用小直径联箱，并将节流孔圈移到水冷壁联箱外面的水冷壁管入口段，入口短管采用 $\phi 44.5 \times 6\text{mm}$ 的较粗管子，在其嵌焊入节流孔圈，再通过二次三叉管过渡的方法，与 $\phi 28.6$ 的水冷壁管相接，这样节流孔圈的孔径允许采用较大的节流范围，可以保证孔圈有足够的节流能力，按照水平方向各墙的热负荷分配和结构特点，调节各回路水冷壁管中的流量，以保证水冷壁出口工质温度的均匀性，并防止个别受热强烈和结构复杂的回路与管段产生 DNB 和出现壁温不可控制的干涸（DRO）现象。

2. 系统特点

（1）包墙管出口的工质全部集中到后包墙出口联箱，然后用四根大直径连接管送到布置于锅炉上方的汽水分离器。

（2）顶棚管出口联箱的工质有一部分通过旁通管直接进入包墙出口联箱，这样可以减少包墙系统的阻力，此旁通管上装有电动闸阀，只有当锅炉在超临界区运行时开启此阀，以减少阻力。

（3）本锅炉垂直水冷壁在 BMCR 工况采用的质量流速为 $1830\text{kg}/(\text{m}^2 \cdot \text{s})$，水冷壁管材采用 SA213 - T12 合金钢。这样高的质量流速即使在所采用的最低直流负荷为 25%B - MCR 时水冷壁的质量流速仍为 $459\text{kg}/(\text{m}^2 \cdot \text{s})$，远高于启动低负荷阶段保持水动力稳定性和控制水冷壁出口温度偏差在许可范围内的临界质量流速 $[300\text{kg}/(\text{m}^2 \cdot \text{s})]$，因此仍有足够的安全裕度。较小的最低直流负荷可减少再循环泵的电耗，也减少启动期间工质和热量的损失，提高经济性。

（4）将上部后水冷壁管经折焰角斜坡至出口联箱后送往汇集管混合后分别引往后水冷壁吊挂管和水平烟道延伸侧包墙两个平行回路，再用连接管送往顶棚出口联箱与前水冷壁和两侧水冷壁出口工质相混合，这样可以减少后水冷壁各回路的温度和吸热偏差。

任务 3 锅炉的水动力特性及传热恶化分析

相关知识

一、自然循环的基本概念

自然循环的实质是由重力压差造成的循环动力克服了上升系统和下降系统的流动阻力，从而推动工质在循环回路中流动。自然循环锅炉的"循环动力"实际是由"热"产生的，即由于水冷壁管吸热，管内产生汽水混合物，而汽水混合物的密度 ρ_{hu} 小于下降管内水的密度 ρ_{xj}，从而在高度为 H 的回路中形成了重力压差。回路高度越高，工质密度差越大，形成的循环动力越大；而密度差与水冷壁管吸热强度有关，在正常循环的情况下，吸热越多，密度差越大，工质循环流动越快。

设进入上升管的工质的质量流量为 G（kg/s）、管子的流通断面积为 A（m^2）、水冷壁的实际蒸发量为 D（kg/s）、工质的密度为 ρ（kg/m^3），则用于描述自然循环的几个主要概念如下：

1. 质量流速 ρw

工质流过单位流通断面积的质量流量称为质量流速 ρw，其工质可以是单相水、单相汽或汽水混合物。质量流速表示为

$$\rho w = G/A \quad kg/(m^2 \cdot s) \tag{7-3}$$

2. 循环流速 w_o

循环流速指在汽包压力下饱和水流过上升管水冷壁流通断面时的流速，可表示为

$$w_o = G/A\rho \quad m/s \tag{7-4}$$

3. 质量含汽率 x

汽水混合物中，蒸汽的质量流量与汽水混合物的总质量流量之比称为估量含汽率，可表示为

$$x = D/G \tag{7-5}$$

4. 循环倍率 K

循环倍率指进入上升管的循环水流量 G 与上升管出口的蒸汽流量 D 之比值，表示为

$$K = G/D \tag{7-6}$$

由于 $x=D/G$，故 K 又可表示为

$$K = 1/x \tag{7-7}$$

二、管路压力降特征

蒸发受热面管路压力降 Δp 略去加速度压力降后可表示为

$$\Delta p = \Delta p_{lz} \pm \Delta p_{zw} \quad Pa \tag{7-8}$$

式中　Δp_{lz}——流动阻力压力降，Pa；

　　　Δp_{zw}——重力压头，工质上升流动时为"＋"，下降流动时为"－"，Pa。

自然流动时，管路压力降特性是重力压头为主要部分；强制流动时，管路压力降特征是流动阻力为主要部分。强制流动管路压力降略去次要部分可表示为

$$\Delta p = \Delta p_{lz} \quad Pa \tag{7-9}$$

因此，管路流动阻力压力降与质量流速的关系为 $\Delta p=f(\rho w)$，称为强制流动特性函数，其关系曲线称为强制流动特性曲线。

对于受热管道的汽水两相流动，其关系比较复杂，可能出现一个压力降下有几个质量流速或质量流速发生周期性的变化，前者称为多值性，后者称为脉动，都是水动力不稳定现象。

三、强制流动多值性

设有一均匀受热的管道，单位长度的热负荷为 q，进入管道的工质为欠热的水，在单相水段内被加热至饱和水，在汽水混合物段内水逐渐蒸发形成汽水混合物。

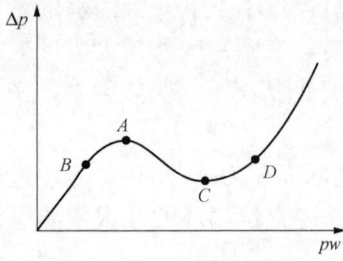

图 7-10　两相流多值性

被分析的蒸发管的吸热量是固定不变的。进入蒸发管的是欠热的水，当入口水流量很大时（见图 7-10 中的 D 点后）管子的吸热量只能使水温提高而不产生蒸汽，故从管子流出的仍是单相水。当入口水流量很少时（B 点前），水进入管子后很快被汽化成蒸汽，管内主要是单相蒸汽的流动。上述两流动区域是单相或接近单相的流动，其特性函数是单值的。在管子出口工质质量含汽率为 0～1 之间，其流动阻力不仅与汽水混合物的质量流速有关，还与流体的平均密度的变化有关。

从 B 点开始，在质量流速逐步上升过程中，一方面热水段长度增长，蒸发段长度缩短，另一方面蒸发段中平均质量含汽率减小，使总管段的平均密度增大。质量流速上升使流动阻力压力降增大，平均密度增大使流动阻力压力降下降。A 点以前，质量流速起主要作用，故管压力降随着质量流速上升而增大；AC 段，管中平均密度的增大起主要作用，故管路压力降随着质量流速上升而下降；CD 段，蒸汽含量很少，工质质量流速又起主要作用，故管路压力降又上升。

当进入管子的水是饱和水时，热水段长度为 0，管子全部是蒸发段，管中产汽量不变，故只有质量流速的变化起作用，质量流速上升，压力降增大，特性函数是单值的。

在蒸发管结构固定的情况下，影响水动力多值性的因素有：管子热负荷 q、工质压力 p、管子进口水的欠焓。热负荷增大，水动力不稳定加剧。压力增高，水、汽密度差减小，水动力特性趋于稳定。

超临界压力也可能发生水动力多值性，这是因为超临界压力的相变区内，工质比体积随着温度上升急剧增大，即密度急剧下降，与亚临界压力下水汽化成蒸汽、密度急剧下降相似。因此，超临界压力的锅炉蒸发受热面也应防止发生水动力多值性。

蒸发管入口欠焓减小，热水段长度缩短，当入口水达到饱和温度时，水动力多值性消失。压力一定时，入口水温上升，水动力趋向稳定。

超临界压力锅炉，提高蒸发管入口水焓值也能使水动力特性趋向稳定。

现代锅炉为防止出现水动力特性多值性，除了改进锅炉形式外，还有两个常用的方法，就是减小蒸发管进口欠焓及蒸发管进口端加装节流圈。图 7-11 表明了蒸发管进口端加装节流圈后消除水动力多值性的情况。节流圈应装在热水段进口，保证流过节流圈的为单相水。

节流圈的压力降与质量流速是二次方的正比关系，节流圈的孔径越小，其阻力系数越大。蒸发端进口加装节流圈后，管路特性曲线陡度上升，使水动力特性曲线趋向稳定。

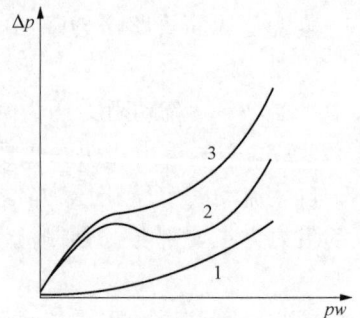

图 7-11　节流圈使水动力稳定
1—节流圈的水动力曲线；
2—原管路特性曲线；
3—加节流圈后管路的特性曲线

四、强制流动工质脉动

（一）脉动现象与原因

在强制流动蒸发管中，工质压力、温度、流量发生周期性变化，称为脉动。当发生脉动时，热水段和蒸发段长度发生周期性变化，相应壁温也随着变化，产生周期性热应力，导致金属疲劳损伤甚至破坏。

发生脉动的原因大致如下。例如在一个并联管组内，当某一根或几根管子的吸热量偶然增大时，加热水段缩短，原来的热水段变成了汽水混合物段，使产汽量增加，流动阻力增大，管内的压力升高。但是进口联箱压力并未改变，故进入这些管子的水流量减小；出口联箱压力也未改变，故这些管子的排出流量增大。上述过程结果使管子输入输出能量失去平衡，管内压力下降到低于正常值，流量开始向反方向变化。在上述管内压力升高期间，工质的饱和温度也升高，蓄热增大。当管内压力下降时，工质饱和温度也下降，较高温度的管金属向工质放热即释放蓄热，这相当于吸热量的增大。上述过程重复进行，则脉动会继续下去。

（二）脉动种类

水冷壁的脉动有三种类型：管间脉动、屏间脉动和整体脉动。

1. 管间脉动

在蒸发管进、出口联箱的压力和总流量基本不变的情况下，管中流量等发生周期性的变化，一些管子水流量增大时另一些管子水流量减小。对一根管子说，进口水流量和出口水流量的脉动有180°的相位差，进口流量最大时出口流量最小。脉动过程中沿管长的压力分布发生周期性的变化，管间脉动一旦发生，就会自动地以一定频率进行下去。脉动频率大小与管子结构、受热以及工质参数有关。

垂直管屏中的重力压头对流量脉动有影响，尤其在低负荷时重力压头的影响较大，比流量脉动滞后一个相位角，起到推动流量脉动的作用。

2. 管屏间脉动

在并联管屏之间也会出现与管间脉动相似的脉动现象。在发生脉动时，进出口总流量和总压头并无明显变化，只是各管屏间的流量发生变化。

3. 锅炉整体脉动

蒸发管同期发生脉动的现象称整体脉动。当发生整体脉动时，各并联蒸发管子入口处水流量发生同方向的周期性波动，蒸汽流量也发生相应的波动，与此同时汽压、汽温也发生波动。整体脉动与给水泵的特性有关，离心式给水泵的流量随压头的增加而减小，当锅炉蒸发区段由于短期热负荷升高压力上升时，离心泵送给蒸发管的给水流量减少，同时蒸发流量增大，随着短期热负荷增值的消失，蒸发区段压力下降，给水流量上升，蒸汽流量下降。离心泵特性曲线越平坦，流量波动越大。

（三）脉动的影响因素

1. 压力

蒸发管脉动是由工质的汽水密度差别引起的。在相同的条件下，提高工质压力可使管内脉动压力增值减小，脉动减轻。

2. 热水段阻力

蒸发管脉动压力增值发生在汽水两相流区段。增加热水段的阻力可降低脉动压力增值的影响。热水段阻力大小是相对蒸发段的阻力来说的，故用热水段阻力与蒸发段阻力之比作为影响脉动的主要因素。

锅炉中增大热水段阻力的方法主要有以下几种：

（1）热水段进口端加装节流圈，是提高热水段阻力的常用方法。

（2）增大管中质量流速，可使热水段阻力与蒸发段阻力之比增大，脉动增值的影响减小。

（3）蒸发管进口欠焓越大，热水段就越长，使热水段阻力与蒸发段阻力之比增大。

五、锅炉蒸发受热面的传热恶化

在临界压力以下，工质在锅炉水冷壁管内流动的同时还吸收炉内的热量，使水沿管子流程逐步升温到沸点，随后进入沸腾状态产生蒸汽，形成汽水混合物，最后蒸干成微过热蒸汽。因此，水冷壁管内存在着水的单相流动、汽水两相流动及单相汽的流动，同时还进行着沸腾传热。

（一）汽水两相流的流型

图 7-12 表示在实验装置（压力不高、受热均匀）中两相流的流型变化情况。欠热水进入受热均匀的上升管后经历了下列流型。

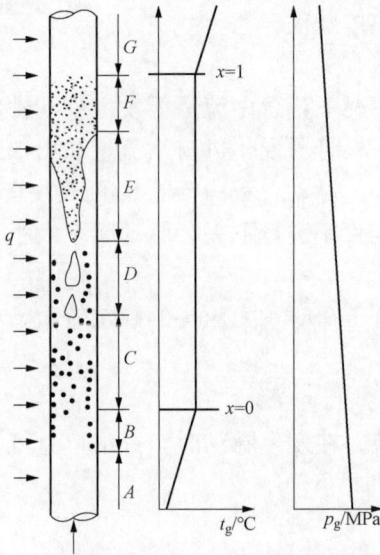

图 7-12 垂直受热上升管中汽水两相流型

单相水的流动（A 段）：水温逐渐升高，未达到饱和温度。

过冷汽泡状流动（B 段）：壁面产生的汽泡遇过冷水又凝结。

饱和汽泡状流动（C 段）：水温达到饱和温度，汽泡不再凝结并不断增加。

弹状流动（D 段）：工质含汽量不断增大，汽泡聚合成汽弹并逐渐增大。

环状流动（E 段）：工质含汽量进一步增大，汽弹连接成汽柱，形成环状流动。

雾状流动（F 段）：工质含汽量很大，壁面环状水膜蒸干，蒸汽携带水滴流动。

单相汽流动（G 段）：水滴全部蒸干，进入过热状态，工质温度不断升高。

实际上，压力超过 10MPa 以后，汽弹状已不存在，管内通常处于汽泡状流动工况。

（二）管内传热区段

图 7-13 为管内沸腾传热过程的传热区段试验结果示意。试验条件：垂直管子，管内工质上升流动，进口为欠热水，管子受热均匀，热负荷为 q。管内进行着单相水的传热、沸腾传热、单相汽的传热过程。

管内汽水两相流的流型如图 7-13（a）所示，含汽率的变化如图 7-13（b）所示，压力变化如图 7-13（c）所示。表面传热系数变化如图 7-13（a）所示，工质温度 t_g 及管壁 t_{gb} 温度变化如图 7-13（e）所示。

其传热过程相对于流型划分为以下六个区段：

单相水的对流传热区段Ⅰ：处在管子入口的单相液体流动阶段，流体温度低于当地压力下的饱和温度，管壁温度低于产生汽泡所需的温度，为单相的过冷水对壁面的对流传热，表面传热系数基本不变。

欠热核态沸腾区段Ⅱ：处在汽泡状流动的初级阶段即过冷汽泡状流动阶段。因为此时的壁面温度大于饱和温度，在壁面上产生小汽泡，而管子中心流体温度尚未达到饱和温度，汽

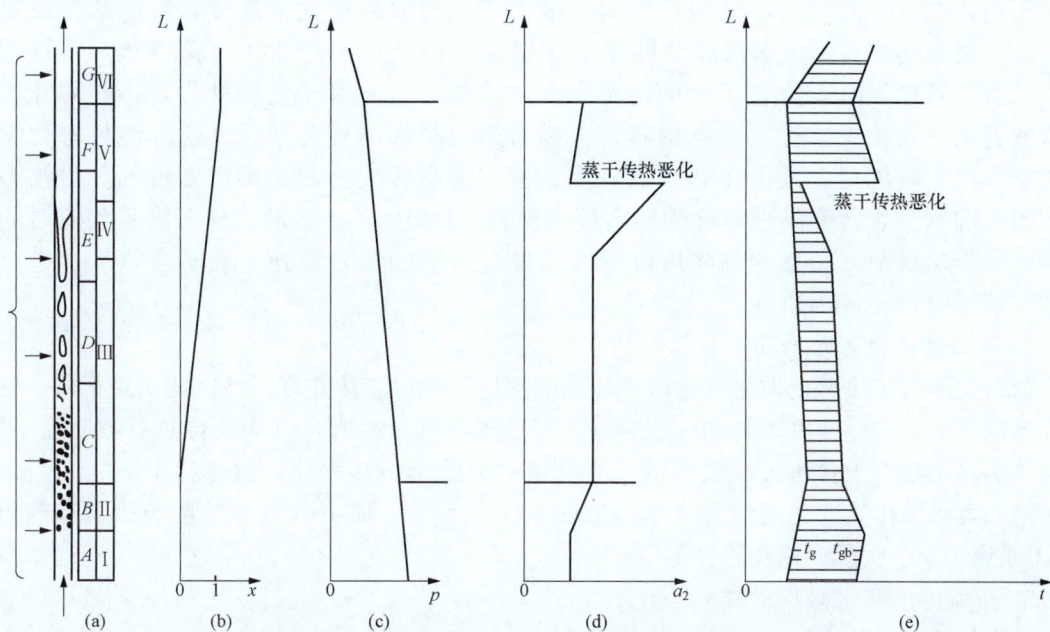

图 7 - 13　管内沸腾传热过程

泡被带到水流中很快地凝结而消失，表面传热系数增大。

饱和核态沸腾区段Ⅲ：处在饱和汽泡状流动到环状流动初始阶段，由于不断吸热，管内的水流达到饱和温度后在壁面上产生的蒸汽不再凝结，壁面上不断产生气泡，又不断脱离壁面，水流中分散着许多小气泡，此时饱和核态沸腾开始，并一直持续到环状流动阶段结束。此阶段中，管内表面传热系数变化不大，管壁温度接近流体温度。

两相强迫对流区段Ⅳ：处在环状流动阶段后期，环状流的液膜变薄，管子壁面上的热量很快通过液膜传递到液膜表面，此时在管子壁面上不再产生气泡，蒸发过程转移到液膜表面进行。表面传热系数略有提高，管壁温度接近流体温度。

液体欠缺对流区段Ⅴ：处在雾状流动阶段，由于管子壁面的水膜被蒸干，只有管子中心的蒸汽流中夹带着小液滴，壁面由雾状蒸汽流冷却，工质对管壁的表面传热系数急剧减小，管壁温度发生突变性提高。随后，由于流动速度的增加，工质对管壁的表面传热系数又有所增大，管壁温度略有下降。

单相过热蒸汽对流传热区段Ⅵ：当雾状流蒸汽中水滴全部被蒸干以后，形成单相的过热蒸汽流动，表面传热系数低，随着蒸汽流速的增加而上升，管壁温度进一步上升。

（三）沸腾传热恶化

沸腾传热恶化是一种传热现象，它表现为管壁对沸腾工质的表面传热系数急剧下降，管壁温度随之迅速升高。沸腾传热恶化分为第一类沸腾传热恶化和第二类沸腾传热恶化两类。

1. 第一类沸腾传热恶化

当水冷壁管受热时，在管子内壁面上开始蒸发，形成许多小气泡。如果此时管外的热负荷不大，小气泡可以及时地被管子中心的水流带走，并受到"趋中效应"的作用力，向管子中心转移，而管中心的水不断地向壁面补充。这时的管内沸腾称为核态沸腾。如负荷很高，在管子内壁上，气泡产生的速度大于气泡脱离壁面的速度，气泡就会在管子内壁面上聚集起来，形成蒸汽膜（即在水冷壁管子内壁面上产生了"蒸汽垫"），将管子中心的水与管壁隔开，使管子壁面得不到水的冷却，引起管子壁面处出现传热恶化，导致管壁超温。这种现象称为膜态沸腾，也称为第一类沸腾传热恶化。这种传热恶化发生在质量含汽率较低处，是由于热负荷过高、核态沸腾转变为膜态沸腾造成的。由核态沸腾向膜态沸腾开始转变的过程称为偏离核态沸腾（DNB）。开始发生核态沸腾偏离时的热负荷称临界热负荷 q_{lj}。影响临界热负荷的因素有工质的质量流速、质量含汽率、进口工质的欠焓、管内径等因素。

2. 第二类沸腾传热恶化

第二类沸腾传热恶化发生在含汽率较高的液体欠缺对流传热区，该区的水膜很薄，它可能被蒸干，也可能被速度较高的气流撕破，管壁得不到水冷却，其表面传热系数明显下降，这类传热恶化是由于含水欠缺造成的，故又被称为蒸干传热恶化，也称为干涸（dry out）。发生第二类沸腾传热恶化时的含汽率称为临界含汽率 x_{lj}。临界含汽率的影响因素有热负荷 q、工质压力 p、质量流速和管径等。

3. 沸腾传热恶化的防护措施

对汽包锅炉主要是防止沸腾传热恶化的发生。

对直流锅炉主要是把沸腾传热恶化发生位置推移至热负荷较低处，使其管壁温度不超过许用值。由于超临界压力下工质的热物理特性，存在拟临界点，其焓值约为 2095kJ/kg，应严格控制下辐射区水冷壁出口的工质温度，将工质吸热能力最强的大比热容区避开热负荷最高的靠近燃烧器的下辐射区域，推移到热负荷较低的区域。下辐射区水冷壁出口的工质温度应控制在不高于相应压力的拟临界温度，以免发生类膜态沸腾。为监视蒸发受热面出口金属温度，在水冷壁管出口处设有测温元件。

一般防护措施有以下几项。

（1）保证一定的质量流速。提高质量流速，可以大幅度降低传热恶化时的管壁温度，还可提高临界含汽率，使传热恶化的位置向低热负荷区移动或移出水冷壁工作范围而不发生传热恶化。

（2）降低受热面的局部热负荷，减小热偏差。为了防止传热恶化的产生，可以将燃烧器的布置沿高、宽方面尽量分开，并采用合理热负荷分配。降低受热面的局部热负荷可使传热恶化区管壁温度下降。

（3）管内结构措施。将受热管的内壁做成特殊形状结构，使流体在管内产生旋转扰动，增加边界层的水量，以增大临界含汽率，传热恶化位置向后推移。实现这个目的的管内结构目前已有多种，如内螺纹管、来复线管及扰流子管。

六、自然循环的安全性

1. 水冷壁安全工作的条件

水冷壁在正常运行情况下，管内壁处于核态沸腾传热，表面传热系数很大 [$10^4 \sim 10^5$ kW/($m^2 \cdot$ ℃)]，管内壁金属与工质的温差只有 20～30℃，比金属的许用温度低得多，水冷壁的工作是足够安全的；而管内工质保持一定的流速，并在管内壁维持一层连续流动的水膜，即质量含汽率在一定的限度内，是保持核态沸腾传热的必要条件。

要保证质量含汽率在一定的限度内，循环回路工作循环倍率 K 应大于界限循环倍率

K_j，即

$$K > K_j \qquad\qquad (7-10)$$

界限循环倍率 K_j 是自然循环的一个安全限值，它是由以下两个因素来确定的。

（1）循环倍率 K 下降将使水冷壁出口工质含汽率 x'' 上升，过大的 x'' 可能使水冷壁中的含汽率在高热负荷区达到临界含汽率，发生第二类传热恶化，管壁可能过热烧坏。

（2）x''（即 $1/K$）与 w_o 的关系。x'' 上升，w_o 的变化规律是先升后降，在 w_o 上升区热负荷增大会使循环流量上升，有利于对水冷壁的冷却，即它有良好的自补偿作用。在 w_o 下降区，热负荷增大反而会使循环流量下降，是不安全的工作区。自然循环锅炉要求 x''（或 K）必须在 w_o 上升区。

推荐的界限循环倍率和推荐循环倍率见表 7-2。

表 7-2　　　　　　　　　　界限循环倍率和推荐循环倍率

锅炉蒸发量/(t/h)	汽包压力（MPa）	界限循环倍率 K_j	推荐循环倍率 K	
			燃煤锅炉	燃油锅炉
35～240	4～6	10	15～25	12～20
160～420	10～12	5	8～15	7～12
185～670	14～16	3	5～8	4～6
>800	17～19	>2.5	4～6	3.5～3

2. 影响水冷壁安全运行的主要因素

自然循环发生不安全的原因大致有循环倍率 K 过低、水冷壁管屏热偏差管内工质的停滞、自由水位、倒流、下降管进口汽化或带汽等。锅炉运行中，影响水冷壁安全运行既有管内诸多因素的影响，也有管外复杂因素的影响。

管内的影响因素有：水质不良导致的水冷壁管内结垢与腐蚀；水冷壁受热偏差影响导致的个别或部分管子出现循环流动的停滞或倒流；水冷壁热负荷过大导致的管子内壁面附近出现膜态沸腾；汽包水位过低引起水冷壁中循环流量不足，甚至发生更为严重的"干锅"现象。

管外的影响因素有：燃烧产生的腐蚀性气体对管壁的高温腐蚀；结渣和积灰导致的对管壁的侵蚀；煤粉气流或含灰气流对管壁的磨损。

🎓 任务描述

该任务对应锅炉专工、值班员及点检员岗位，可对锅炉蒸发设备及系统进行事故分析，也是竞赛和证书考核的内容和具体对象。课堂活动要求如下。

（1）分析影响自然循环蒸发系统设备安全工作的因素。

（2）分析锅炉的水动力特性、传热恶化的原因及特点。

（3）分析内螺纹管改善传热的机理。

🌱 任务拓展

内螺纹管水冷壁

1. 内螺纹管

所谓内螺纹管，就是在管内壁上开出单头或者多头螺旋形槽道的管子。内螺纹管可以改善传热，并且防止或者推迟传热恶化的发生。当发生传热恶化时，内螺纹管也具有强化传热的功能，能够降低壁温以及减轻发生传热恶化的后果，其结构如图 7-14 所示。目前亚临界压力的自然循环锅炉及超临界压力锅炉水冷壁管，大都在高热负荷区使用内螺纹管。

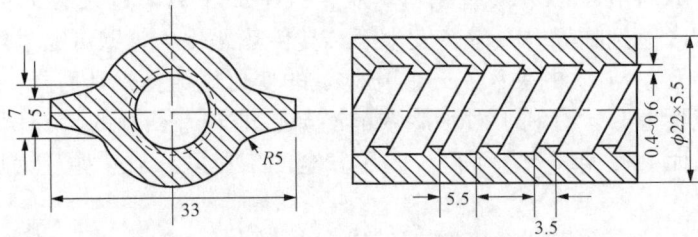

图 7-14　内螺纹管结构（单位：mm）

2. 内螺纹管改善传热的机理

内螺纹管抵抗膜态沸腾、推迟传热恶化的机理是：由于工质受到螺纹的作用产生旋转，增强了管子内壁面附近的扰动，使水冷壁管内壁面上产生的气泡可以被旋转向上运动的液体及时带走，而水流受到旋转力的作用，紧贴内螺纹槽壁面流动，从而避免了气泡在管子内壁面上的积聚所形成的"汽膜"，保证了管子内壁面上有连续的水冷却。有关内螺纹管能够改善传热的机理目前的研究并不是非常透彻，但是一般来说，一共有三个可能的原因。

考虑流体在管子中的流动特性，可以分析出其中的两个原因，那就是内螺纹使管子的内壁产生的螺旋流和边界层分离流。螺旋流使流体与管壁的相对速度增加，能够减薄层流底层的厚度。螺旋流产生的离心力能够将蒸汽中夹带的液滴甩回壁面，从而推迟壁面干涸的出现。边界层分离流的主要作用是搅动边界层，使该处流体倾向混合均匀。因此，采用这样的结构使流体旋转之后，在快发生第一类传热恶化的时候，该结构可以搅动流体拖延汽膜的生成，防止膜态沸腾；在快发生第二类传热恶化的时候，该结构能够将蒸汽中夹带的液滴甩回壁面，推迟干涸的出现。

内螺纹可以改善传热的第三个原因是传热面积增大，一般来说，内螺纹管比相同直径的光管可以增大表面积 20%～25%。综合这些效应，内螺纹管可以提高管内的流动换热系数，提高临界热流密度，延缓传热恶化的发生，并且即使发生了传热恶化，内螺纹管也能够保持改善传热的特性，有效地降低壁温。

水冷壁采用内螺纹管，当流经管子的水速较低时，可达到较高的管内传热系数，若使用光管要达到同样的传热系数，则须提高管内水速，因此，采用内螺纹管可适当降低水冷壁的质量流速，从而减小了水冷壁的压降。

任务4　蒸汽净化及水处理

相关知识

一、蒸汽污染的危害和对蒸汽品质的要求

电厂锅炉生产的蒸汽除必须符合设计规定的压力和温度外，同时还必须要求蒸汽品质良

好。蒸汽品质通常指的是蒸汽清洁度，常用单位质量的蒸汽中含有的杂质来衡量，其单位用 μg/kg 或 mg/kg 表示。蒸汽中所含的杂质绝大部分为各种盐类，所以蒸汽中的杂质含量多用蒸汽中的含盐量来表示。

1. 蒸汽污染对电厂热力设备的危害

电厂锅炉产生的蒸汽，如果盐分含量高，清洁度差，会引起汽轮机、锅炉等热力设备结盐垢，从而给锅炉和汽轮机的安全运行带来很大的危害。

以一台 400t/h 的电厂锅炉为例，假如每千克蒸汽含有 1mg 的盐分，运行 5000h 后，其携带出来的盐分总量将达 2000kg。这些盐分随蒸汽流经过热器、蒸汽管道及阀门、汽轮机的通流部分并沉积下来，将会引起很大的问题。如盐垢沉积在过热器管壁上，必将影响传热，轻则使蒸汽吸热量减少，排烟温度升高，锅炉效率降低；重则使管壁温度超过金属允许的极限温度使管子烧坏。如盐垢沉积在蒸汽管道的阀门处，可能引起阀门动作失灵以及阀门漏汽。如沉积在汽轮机的通流部分，会使蒸汽通流截面减小，喷嘴和叶片的粗糙度增加，甚至改变喷嘴和叶片的型线，从而使汽轮机的阻力增加、出力和效率降低；此外还将使汽轮机轴向推力和叶片应力增加，如汽轮机转子积盐不均匀还会引起机组振动，造成事故。

由此可见，蒸汽含盐过多，对锅炉、汽轮机等热力设备的安全经济运行影响很大。因此，必须对蒸汽品质提出严格的要求。在运行中，必须有严格的化学监督，以保证蒸汽品质符合规定。对于直流锅炉只需监督过热蒸汽；对于汽包锅炉，饱和蒸汽和过热蒸汽都要进行监督。

2. 对蒸汽品质的要求

为了保证锅炉、汽轮机等热力设备的长期安全经济运行对蒸汽的含盐量提出了明确要求，见表 7-3。从表中可以看出，监督的主要项目是含钠量和含硅量。

表 7-3　　　　　　　　　　　　　　蒸汽品质标准

炉型	压力/ MPa	钠/（μg/kg）		二氧化硅/ （μg/kg）
		磷酸盐处理	挥发性处理	
汽包锅炉	3.82～5.78	凝汽式发电厂≤15 热电厂≤20		≤20
	5.88～18.62	≤10	≤10*	
直流锅炉	5.88～18.62	≤10*		

* 争取标准为≤5 μg/kg。

（1）含钠量：蒸汽中盐类一般以钠盐为主，所以可通过测量蒸汽含钠量以监督蒸汽的含盐量。表 7-3 中规定的蒸汽含钠量的允许值是根据我国电厂长期运行经验制定的。

（2）含硅量：蒸汽中含有的硅酸化合物会沉积在汽轮机内，形成难溶于水的二氧化硅的附着物，难以用湿蒸汽清洗法除掉，对汽轮机的安全经济运行有很大的影响。因此，含硅量也是蒸汽品质的主要监督项目之一。国内电厂的实践表明，蒸汽中硅酸化合物的含量（以二氧化硅表示）小于表 7-3 所列数值时，基本上可以防止汽轮机内沉积二氧化硅的附着物。

从表中可以看出，工作压力小于 5.8MPa 的汽包锅炉的热电厂与同参数的凝汽式发电厂相比，允许的蒸汽含盐量要大一些，这是因为供热式汽轮机内的积盐量少些，所以蒸汽含盐量可以高些。

　　从表中还可以看出，蒸汽压力越高，对蒸汽品质的要求也越高。这是由于蒸汽压力提高时，蒸汽的比体积减小，使汽轮机的通流截面相对减小，因而叶片上少量盐分的沉积，都将使汽轮机的出力和效率降低很多，还将导致汽轮机轴向推力增加，危及机组安全运行。

二、蒸汽污染的原因

　　蒸汽被污染的原因是由于进入锅炉的给水中含有杂质。给水进入锅炉汽包以后，由于在蒸发受热面中不断蒸发产生蒸汽，给水中的盐分就会浓缩在炉水中，使炉水含盐浓度大大超过给水含盐浓度。炉水中的盐分是以两种方式进入到蒸汽中的：一是饱和蒸汽带水，也称为蒸汽的机械携带；二是蒸汽直接溶解某些盐分，也称为蒸汽的选择性携带。在中、低压锅炉中，由于盐分在蒸汽中的溶解能力很小，因而蒸汽的清洁度取决于蒸汽带水；在高压以上的锅炉中，盐分在蒸汽中的溶解能力大大增加，因而蒸汽的清洁度取决于蒸汽带水和蒸汽溶盐两个方面。

　　下面就蒸汽带水和蒸汽溶盐的原因及影响因素加以分析。

（一）饱和蒸汽带水

　　蒸汽带水的含盐量取决于携带水分的多少及炉水含盐量的大小，其关系可用下式表示，即

$$S_q^s = \omega S_{ls}/100 \quad \text{mg/kg} \tag{7-11}$$

式中　　S_q^s——蒸汽带水的含盐量，mg/kg；

　　　　ω——蒸汽的湿度，它表示蒸汽中所带炉水质量占蒸汽质量的百分数，%；

　　　　S_{ls}——炉水的含盐量，mg/kg。

　　影响蒸汽带水的主要因素为锅炉负荷、蒸汽压力、汽包蒸汽空间高度和汽包内炉水含盐量。下面分别对这几个因素加以分析。

　　1. 锅炉负荷的影响

　　锅炉负荷增加时，由于产汽量增加，一方面使进入汽包的汽水混合物动能增加，从而导致锅炉生成的细水珠增多；另一方面也使汽包蒸汽空间的汽流速度增大，因而蒸汽湿度增加，蒸汽品质随之恶化。

　　2. 蒸汽压力的影响

　　随着蒸汽压力的增加，汽水密度差减小，汽水分离更加困难，导致蒸汽携带水滴的能力增加，即在较小的蒸汽速度下就可卷起水滴，使蒸汽更易带水；此外，蒸汽压力高，饱和湿度也高，水分子的热运动加强，相互间的引力减小，这就使饱和水的表面张力减小，水就越容易破碎成细小水滴被蒸汽带走，以上说明蒸汽压力越高，蒸汽越容易带水。

　　蒸汽压力急剧降低也会影响蒸汽带水。这是因为压力降低时，相应的水的饱和温度也降低，蒸发管和汽包中的水以及管壁金属都会放出热量产生附加蒸汽，使汽包水位膨胀，而且穿经水位面的蒸汽量也增多，其结果使蒸汽大量带水，蒸汽的湿度增加，蒸汽的品质恶化。

　　3. 蒸汽空间高度的影响

　　蒸汽空间高度对蒸汽带水也有影响，空间高度很小时，蒸汽不仅能带出细小的水滴，而且能将相当大的水滴带进汽包顶部蒸汽引出管，使蒸汽带水增多。随着蒸汽空间高度的增加，由于较大水滴在未达蒸汽引出管高度时便失去自身的速度落回水面，从而使蒸汽湿度迅速减少。但是，当蒸汽空间高度达 0.6m 以上时，由于被蒸汽带走的细小水滴不受蒸汽空间高度的影响，因而蒸汽湿度变化就很平缓，甚至到达 1m 以上时蒸汽湿度几乎不变化。所以

采用过大的汽包尺寸对汽水分离并无必要，反而增加金属耗量。

为了保证汽包有足够的蒸汽空间高度，通常汽包的正常水位应在汽包中心线以下 100～200mm 处。锅炉正常运行时，水位应保持在正常水位线±（50～75）mm 范围内波动，因为水位过高，会使蒸汽空间高度减小，使蒸汽湿度增加。此外，水位过高，当负荷突然增加或压力突然降低时，都将导致虚假水位出现，使水位猛涨。因此，在运行中应注意监视水位，以防止蒸汽大量带水。

4. 炉水含盐量的影响

炉水含盐量增多，蒸汽含盐量也相应有所增加，但当炉水含盐量增大到某一数值时，将使蒸汽带水量急剧增加，从而使蒸汽含盐量猛增。这时的炉水含盐量称为临界炉水含盐量。出现临界炉水含盐量的原因是由于炉水含盐量增加，特别是炉水碱度增强，会使炉水的黏性增大，使气泡在汽包水容积中的含汽量增多，促使汽包水容积膨胀。此外，炉水含盐量增加，还将使水面上的气泡水沫层增厚。这些原因都将使蒸汽空间的实际高度减小，导致蒸汽带水量增加。

不同负荷下的临界炉水含盐量是不同的，锅炉负荷越高，临界炉水含盐量越低。临界炉水含盐量除与锅炉负荷有关外，还与蒸汽压力、蒸汽空间高度、炉水中的盐质成分以及汽水分离装置等因素有关。由于影响因素较多，故对具体锅炉而言，其临界炉水含盐量应通过热化学试验确定，并应使实际炉水含盐量远小于临界炉水含盐量。

（二）蒸汽的溶盐

1. 高压蒸汽溶盐原因及影响因素

高压蒸汽不同于中低压蒸汽的一个很重要的性质，就是不论饱和蒸汽或过热蒸汽，都具有溶解某些盐分的能力，而且随着压力的增加，直接溶解盐分的能力也会增加。高压蒸汽之所以能直接溶解盐类，主要是因为随着压力提高，蒸汽的密度不断增大，同时饱和水的密度相应降低，蒸汽的密度逐渐接近于水的密度，因而蒸汽的性质也越接近水的性质，水能溶解盐类，则蒸汽也能直接溶解盐类。同时，在相同条件下，蒸汽对各种盐类的溶解能力也是不同的，而且差别很大，也就是说高压蒸汽的溶盐具有选择性。

高压蒸汽的溶盐量可用下式表示，即

$$S_q^{\eta} = aS'_{ls}/100 \quad mg/kg \tag{7-12}$$

式中　　S_q^{η}——某种盐分在蒸汽中的溶解量，mg/kg；

　　　　S'_{ls}——某种盐分在炉水中的含量，mg/kg；

　　　　a——溶解系数，它表示溶解于蒸汽中的某种盐分含量与此种盐分在炉水中的含量的比值百分数，其大小与蒸汽压力和盐的种类有关。

由于蒸汽对各种盐类的溶解能力不同，具有选择性，因而可将锅炉炉水中的各种盐分分为三类。第一类为硅酸（SiO_2、H_2SiO_3 等），其溶解系数最大，例如在 8MPa 时，$a=0.5\%～0.6\%$；11MPa 时，$a=1\%$；到 18MPa 时，$a=8\%$。而在一般情况下，蒸汽机械携带的水分含量 $\omega=0.01\%～0.1\%$。可见在高压锅炉中，蒸汽溶盐要比蒸汽机械携带大数十倍到数百倍，所以蒸汽溶解硅酸是影响蒸汽品质的主要因素。第二类盐分有 $NaOH$、$NaCl$、$CaCl_2$ 等，这类盐分的溶解系数比硅酸低得多，但当压力超过 14MPa 时，其溶解系数也能达到相当大的数值。例如 $NaCl$，在 15MPa 时，$a=0.06\%$；到 18MPa 时，$a=0.3\%$。第三类盐分有 Na_2SO_4、Na_2SiO_3 等，这是一些难溶的盐分，其溶解系数很低，在 20MPa 时，a

=0.02%。

由上可知，当压力超过 6MPa 时，则应考虑蒸汽溶解硅酸对蒸汽品质的影响；当压力超过 15MPa 时，则在考虑硅酸溶解的同时还应考虑第二类盐分的溶解；对于第三类盐分，因其溶解系数很小，当压力小于 20MPa 时，可以不考虑其对蒸汽品质的影响。

2. 硅酸在蒸汽中的溶解特性

硅酸在高压蒸汽中的溶解具有两个重要特性：其一是硅酸在蒸汽中的溶解度最大，其二是硅酸以分子形式溶解在蒸汽中。

在炉水中同时存在有硅酸和硅酸盐，这两者在蒸汽中的溶解能力大不相同，硅酸属于第一类盐分，易溶于蒸汽中；而硅酸盐属于第三类盐分，难溶于蒸汽中。炉水中的硅酸和硅酸盐能够根据条件的不同互相转化，硅酸和强碱作用形成硅酸盐，而硅酸盐又可以水解成为硅酸，它们之间有如下的化学平衡关系：

$$Na_2SiO_3 + 2H_2O \longleftrightarrow 2NaOH + H_2SiO_3$$
$$Na_2Si_2O_5 + 3H_2O \longleftrightarrow 2NaOH + 2H_2SiO_3$$

上述反应究竟朝硅酸盐方向进行，还是朝硅酸方向进行，取决于炉水中碱度（即 pH 值）大小。提高炉水碱度（即 pH 值增大），有利于硅酸转变为难溶于蒸汽的硅酸盐，从而使蒸汽中的硅酸含量减少，蒸汽品质得到提高；反之降低炉水碱度（即 pH 值减小），则蒸汽中的硅酸含量增多，蒸汽品质下降。由此可知，为了减少炉水中的硅酸含量，改善蒸汽品质，应使炉水中的 pH 值大些。但 pH 值也不宜过大，这是因为过大的 pH 值（即过大的碱度）不仅会导致炉水泡沫增多，汽包的蒸汽空间高度减小，蒸汽带水急剧增加，而且还会引起金属的碱性腐蚀。此外，当炉水 pH≥12 时，对硅酸溶解系数的影响逐渐缩小。所以炉水的 pH 值应控制适当。

3. 硅酸的沉积部位

硅酸一般不会在过热器中沉积，因为它易溶于高压蒸汽中。而在进入汽轮机后，随着压力降低溶解度下降，便在中低压缸中开始大量析出，形成难溶于水的 SiO_2，因此很难用水和湿蒸汽将其清洗干净。严重时往往迫使汽轮机停机进行机械清理。因此，对于高压以上锅炉，应严格控制硅酸在蒸汽中的含量。

（三）提高蒸汽品质的基本途径

由以上分析可知，要获得清洁度很高的蒸汽，必须降低饱和蒸汽带水、减少蒸汽中的溶盐和降低炉水含盐量。

为了降低饱和蒸汽带水，应建立良好的汽水分离条件和采用完善的汽水分离装置，目前高压以上锅炉汽包内装有的汽水分离装置有内置旋风分离器、百叶窗分离器及均汽孔板等；为了减少蒸汽中的溶盐，可适当控制炉水碱度及采用蒸汽清洗装置；为了降低炉水含盐量，可采用提高给水品质、进行锅炉排污及采用分段蒸发等方法。

三、汽包内部装置

汽包内部装置主要有汽水分离装置和蒸汽清洗装置。

（一）汽水分离装置

汽水分离装置的任务是要把蒸汽中的水分尽可能地分离出来，以提高蒸汽品质。

汽水分离装置一般是利用以下基本原理进行工作的：重力分离，利用汽与水的质量差进行自然分离；惯性力分离，利用汽流改变方向时进行汽水分离；离心力分离，利用汽流旋转运动时所产生的离心力进行分离；水膜分离，使水黏附在金属壁面上形成水膜流下，进行分离。在实际的汽水分离设备中，一般不是简单地利用上述某一种原理，而是综合利用两种或几种原理来实现汽水分离。

汽包内的汽水分离过程一般分为两个阶段：一是粗分离阶段（一次分离阶段），其任务是消除汽水混合物的动能，并进行初步的汽水分离，使蒸汽的湿度降到 $0.5\%\sim1\%$；二是细分离阶段（二次分离阶段），其任务是将蒸汽中的水分做进一步的分离，使蒸汽湿度降低到 $0.01\%\sim0.03\%$。

为了保证蒸汽品质符合规定，对汽水分离设备的主要要求是：一是分离效果要好（即分离效率要高）；二是尽可能地降低汽水混合物的动能，以减少汽包水面的波动和水滴的飞溅；三是均衡汽包内的蒸汽流速，并使其不过高，以便充分利用自然分离作用。

目前我国电厂锅炉采用的汽水分离装置有进口挡板、旋风分离器、波形板分离器、顶部多孔板等，下面分别就其结构和工作原理进行介绍。

1. 进口挡板

进口挡板也称为导向挡板，当汽水混合物引入汽包的蒸汽空间时，可在其管子进入汽包处装设进口挡板。

进口挡板，主要是用来消除汽水混合物的动能，使汽水初步分离。当汽水混合物碰撞到挡板上时，动能被消耗，速度降低。同时，汽水混合物从板间流出来时，由于转弯和板上的水膜黏附作用，蒸汽中的水滴会分离出来，以达到粗分离的目的。

2. 旋风分离器

旋风分离器是一种效果很好的粗分离装置，它被广泛应用于近代大、中型锅炉上。旋风分离器有内置式和外置式两种。装置在汽包内的叫内置式旋风分离器，装置在汽包外的叫外置式旋风分离器，以内置式旋风分离器为最常用。

内置式旋风分离器的构造如图 7-15 所示。它由筒体、波形板分离器顶帽、底板、导向叶片和溢流环等部件组成。其工作原理是：汽水混合物由连接罩切向进入分离器筒体后，在其中产生旋转运动，依靠离心力作用进行汽水分离，分离出来的水分被抛向筒壁，并沿筒壁流下，由筒底导向叶片排入汽包水容积中，蒸汽则沿筒体旋转上升，经顶部的波形板分离器径向流出，进入汽包的蒸汽空间。其次，蒸汽在筒体内向上流动的过程中，由于重力作用有一部分水分从蒸汽中被分离出来，由筒体下部进入水容积中。此外，蒸汽通过波形板分离器时，也有一些水分被分离出来，经其出口落入水容积中。

由于汽水混合物的旋转，筒体内的水面将呈漏斗形状，贴在上部筒壁的只是一层薄水膜，为了避免上升的蒸汽流从这层薄水膜中带出水分，在筒体顶部装有溢流环，溢流

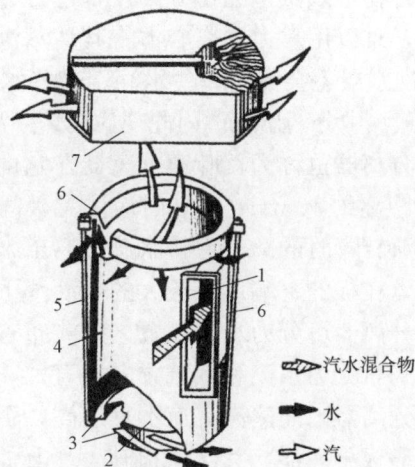

图 7-15　内置式旋风分离器
1—连接罩；2—底板；3—导向叶片；
4—筒体；5—拉杆；6—溢流环；
7—波形板分离器顶帽

彩图 7-4
旋风分离器

➡ 汽水混合物
➡ 水
➡ 汽

环与筒体的间隙既要保证水膜顺利溢出，又要防止蒸汽由此窜出。

为了防止蒸汽从筒的下部窜出并使水缓慢平稳地流入筒体下部水室，在筒体下部装有由圆形底板与导向叶片组成的筒底。

导向叶片虽能使水平稳注入汽包水空间，但不能消除水的旋转运动。为了得到稳定的汽包水位，在汽包内布置旋风分离器时常采用左旋与右旋交错布置，以互相消除旋转动能。

为了使筒体分离出来的蒸汽平稳地引入汽空间，在筒体顶部装有波形板分离器，用来增加分离器蒸汽端的阻力，以便蒸汽沿径向均匀引出并使各旋风分离器的蒸汽负荷分布比较均匀，同时蒸汽在曲折的波形板间通过时，使水分得到进一步分离。

为了提高内置旋风分离器的分离效果，应采用较高的汽水混合物入口速度和较小的筒体直径。但过高的汽水混合物入口速度又会使阻力过大，对水循环不利，故一般推荐：中压锅炉为 $5\sim8\mathrm{m/s}$，高压和超高压锅炉为 $4\sim6\mathrm{m/s}$。而过小的筒体直径会使布置的台数增多，安装检修不便，一般采用的筒体直径为 260、290、315mm 和 350mm。

内置旋风分离器的主要优点：

（1）消除并有效地利用汽水混合物的动能。

（2）汽水混合物进入旋风分离器后，分离出来的蒸汽不从汽包水容积中通过，因此不致引起汽包水容积膨胀，故允许在炉水含盐浓度较高的情况下工作。

（3）沿汽包长度均匀布置，使汽流分布较均匀，避免局部蒸汽流速较高的现象发生。

（4）不承受内压力，因而可用薄钢板制成，加工容易，金属耗量小。

但是，内置旋风分离器由于装在汽包内，其高度受到限制，因而它的分离效果不能得到充分发挥，故一般把它作为粗分离设备，与其他分离设备配合使用。同时，由于内置旋风分离器的单个出力受汽水混合物入口流速和蒸汽在筒内上升速度的限制，故需旋风分离器的数量很多，使汽包内阻塞程度大，给拆装、检修工作带来不便。

3. 波形板分离器

汽水混合物进入汽包经粗分离设备进行分离以后，较大水滴已被分离出去，但细小水滴因其质量小，难以用重力和离心力将其从蒸汽中分离出去。特别是当汽包内装有清洗设备时，蒸汽经过清洗水层还会带出一些水滴。这些水滴因上部蒸汽空间高度减小，自然分离作用减弱，很难从蒸汽中分离出来。因此现代锅炉广泛采用波形板分离器作为蒸汽的细分离设备。

波形板分离器也称为百叶窗分离器，它由密集的波形板组成，每块波形板的厚度为 $1\sim3\mathrm{mm}$，板间距离约 10mm，组装时应注意板间距离均匀。它的工作原理是汽流通过密集的波形板时，汽流转弯时的离心力将水滴分离出来，黏附在波形板上形成薄薄的水膜，靠重力慢慢向下流动，在板的下端形成较大的水滴落下。

波形板分离器可分为水平布置（卧式布置）和立式布置两种。水平布置为水流和汽流方向平行，立式布置为水流和汽流方向垂直。

波形板分离器内的蒸汽流速不宜过高，否则会将水膜撕破，降低分离效果。因此对于水平布置的波形板分离器，其蒸汽流速：中压锅炉不大于 $0.5\mathrm{m/s}$，高压锅炉不大于 $0.2\mathrm{m/s}$，超高压锅炉不大于 $0.1\mathrm{m/s}$。对于立式波形板分离器，其蒸汽流速可为卧式波形板分离器的 $1.5\sim2$ 倍。

4. 顶部多孔板

顶部多孔板也叫均汽孔板，它装在汽包上部蒸汽出口处，如图 7-16 所示，其目的是利用孔板的节流作用，使蒸汽空间的负荷分布均匀。

顶部多孔板由 3～4mm 钢板制成，孔径一般为 6～
10mm。为了使蒸汽空间的汽流上升速度均匀，从而改善
分离效果，蒸汽穿孔速度不应过低，对于中压锅炉为 8～
12m/s，对于高压锅炉为 6～8m/s，对于超高压锅炉为4～
6m/s。

顶部多孔板和波形板分离器配合使用时，为了避免
流经多孔板的高速汽流将已经分离出来的水分吸走，要
求多孔板与波形板分离器之间的距离一般至少保持

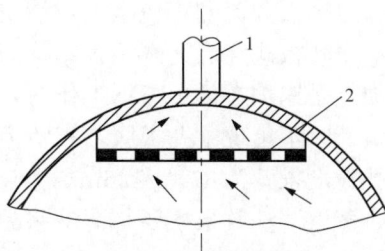

图 7 - 16　顶部多孔板
1—蒸汽引出管；2—顶部多孔板

20mm。多孔板的位置应尽量提高，以增加汽包的有效分离空间。

（二）蒸汽清洗装置

蒸汽清洗装置的任务是要降低蒸汽中的溶盐，尤其是应注意降低蒸汽中溶解的硅酸以改
善蒸汽品质。目前我国高压以上锅炉广泛采用给水清洗蒸汽的方法来降低蒸汽中溶解的
盐分。

溶于饱和蒸汽的硅酸量取决于同蒸汽接触的水的硅酸含量和硅酸的溶解系数，压力一定
时溶解系数为常数。因此，要减少蒸汽中溶解的硅酸，就只有设法降低同蒸汽接触的水的硅
酸浓度，采用给水清洗蒸汽的方法可以达到这一目的。

蒸汽清洗的基本原理是让含盐低的清洁给水与含盐高的蒸汽接触，使蒸汽中溶解的盐分
转移到清洁的给水中，从而减少蒸汽溶盐，同时，又能使蒸汽携带炉水中的盐分转移到清洗
的给水中，从而降低蒸汽的机械携带含盐量，使蒸汽的品质得到改善。

我国广泛采用起泡穿层式清洗装置，其形式有两种，即钟罩式［见图 7 - 17（a）］和平
孔板式［见图 7 - 17（b）］。

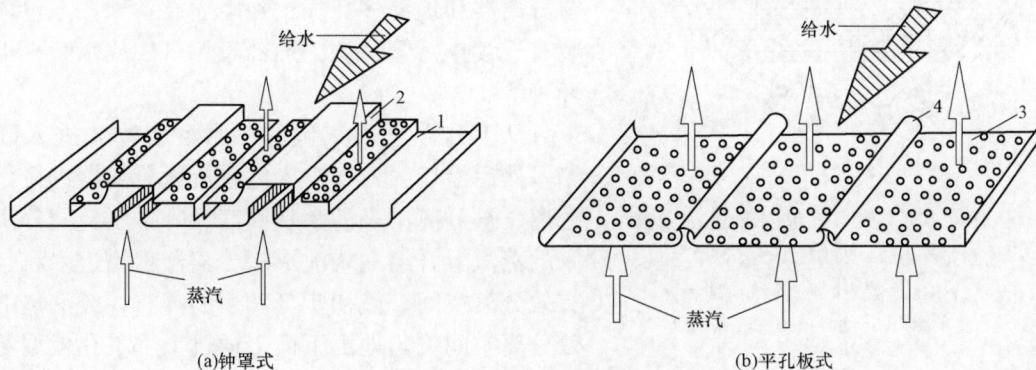

(a)钟罩式　　　　　　　　　　(b)平孔板式

图 7 - 17　起泡穿层式清洗装置
1—底盘；2—孔板顶罩；3—平孔板；4—U 形卡

现代超高压锅炉多采用平孔板式穿层清洗装置，其结构如图 7 - 17（b）所示。该装置是
由若干块平孔板组成，相邻两块平孔板之间装有 U 形卡。在平孔板的四周焊有溢流挡板，
以形成一定厚度的水层。平孔板用 2～3mm 厚的薄钢板制成，其上钻有许多 5～6mm 的小
孔，开孔数应根据所要求的孔中蒸汽流速大小而定。

蒸汽自下而上通过孔板，由清洗水层穿出，进行起泡清洗。给水均匀分配到孔板上，然

后通过挡板溢流到汽包水室，清洗板上的水层靠一定的蒸汽穿孔速度将其托住。

平孔板式穿层清洗装置结构简单，阻力损失小，有效清洗面积大，清洗效果也很好。唯一缺点是锅炉在低负荷下工作时，清洗水会从孔板的小孔中漏下，出现干孔板区。为了保证低负荷时不出现干孔板区，高负荷时又不至于造成大量带水，对于高压和超高压锅炉蒸汽的穿孔速度推荐为 1.3～1.6m/s。

蒸汽清洗效果主要与清洗水品质、清洗水量、水层厚度等因素有关。

（1）清洗水越干净，清洗过程中的物质交换也越强烈，清洗效果也就越好。

（2）给水可以全部作为清洗水，也可以部分作为清洗水，而另一部分可直接进入汽包水室。目前超高压以上锅炉，一般采用 40%～50% 的给水作为清洗水。

（3）清洗水层厚度对蒸汽清洗效果也有影响。当水层厚度太薄时，由于蒸汽与清洗水的接触时间短，容易因清洗不充分而使清洗效果变坏；但过大的水层厚度，对清洗效果的改善并不显著，一般水层厚度以 50～70mm 为宜。

（三）高压和超高压锅炉汽包内部装置介绍

高压和超高压锅炉典型汽包内部装置及其布置如图 7-18 所示。它是由内置旋风分离器、蒸汽清洗装置、百叶窗分离器、顶部多孔板等组成，内置旋风分离器沿整个汽包长度分前后两排布置在汽包中部，每两个旋风分离器共用一个联通箱，且其旋向相反。旋风分离器上部装有平孔板型蒸汽清洗装置，配水装置布置在清洗装置的一侧或中部，布置于清洗装置一侧的为单侧配水方式，布置于清洗装置中部的为双侧配水方式，清洗水来自锅炉给水。平孔板型蒸汽清洗装置的上部装有百叶窗分离器和顶部多孔板。除上述设备外，汽包内还装有连续排污管、炉内加药管、事故放水管、再循环管等。

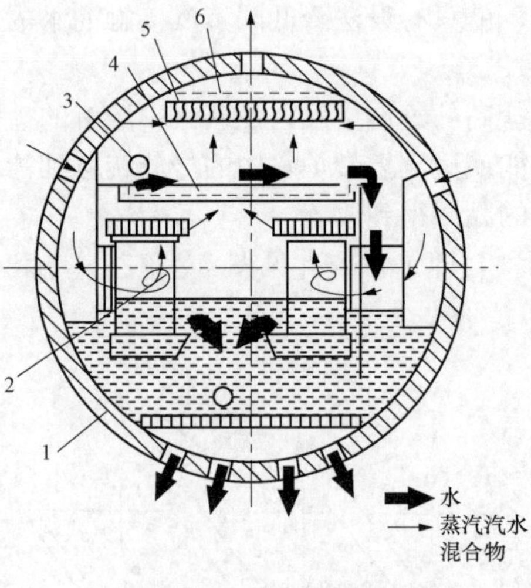

图 7-18　典型汽包内部装置
1—汽包壁；2—旋风分离器；
3—清洗水配水装置；4—蒸汽清洗装置；
5—波形板；6—顶部多孔板

从上升管进入汽包的汽水混合物先进入联通箱，然后沿切线方向进入内置旋风分离器进行汽水分离。被分离出来的水从筒底导叶排出，被分离出来的蒸汽上升经立式波形板分离器顶帽进入汽包的有效分离空间。被初步分离后的蒸汽，经汽包的有效分离空间均匀地由下而上通过上部平孔板型蒸汽清洗装置，进行起泡清洗。清洗后的蒸汽，最后再顺次经过波形板（百叶窗）分离器和顶部多孔板，使蒸汽得到进一步分离后，均匀地从汽包引出。

四、锅炉排污

锅炉排污是控制炉水含盐量、改善蒸汽品质的重要途径之一。排污就是将一部分炉水排除，以便保持炉水中的含盐量和水渣在规定的范围内，以改善蒸汽品质并防止水冷壁结水垢和受热面腐蚀。

锅炉排污可分为定期排污和连续排污两种。定期排污的目的是定期排除炉水中的水渣，所以定期排污的地点应选在水渣积聚最多的地方，即水渣浓度最大的部位，一般是在水冷壁下联箱底部。定期排污量的多少及排污的时间间隔主要视给水品质而定。

连续排污的目的是连续不断地排出一部分炉水，使炉水含盐量和其他水质指标不超过规定的数值，以保证蒸汽品质，所以连续排污应从炉水含盐浓度最大部位引出。一般炉水含盐浓度最大的部位位于汽包蒸发面附近，即汽包正常水位线以下 200～300mm 处。连续排污主管布置在汽包水的蒸发面附近，主管上沿长度方向均匀地开有一些小孔或槽口，排污水即由小孔或槽口流入主管，然后通过引出管排走。

排污量与额定蒸发量的比值称为排污率，即

$$P = \frac{D_{pw}}{D} \times 100\% \qquad (7-13)$$

对于凝汽式电厂，其最大允许的排污率为 2%，最小排污率取决于炉水含盐量的要求，一般不得小于 0.5%。

五、直流锅炉的水处理

1. 直流锅炉水处理概述

直流锅炉的给水主要是汽轮机的凝结水，并以深度除盐和除硅的补给水或蒸发器产生的蒸馏水作为补充水。

直流锅炉的水处理系统通常采用补给水经一级除盐后补充入凝汽器，与凝结水混合后经凝结水泵送至水处理车间，经过滤器除铁、铜后至混合床交换器进行深度除盐，制成合格的凝结水，然后由凝结水升压泵升压，再经低压加热器、除氧器、高压加热器送入锅炉省煤器。

对于凝汽式发电厂，虽然锅炉给水中的补给水量很少，为锅炉额定蒸发量的 2%～4%，但是由于直流锅炉的给水品质要求高，所以必须进行两级除盐。

锅炉补给水在与凝结水混合之前先进行一级除盐，以除去水中的钙盐、镁盐、钠盐及 CO_2 气体。一级除盐系统由一级强酸阳离子交换器、脱碳器和一级强碱阴离子交换器组成。

经一级除盐后的补给水与汽轮机的凝结水混合，由于凝汽器可能泄漏以及凝结水系统、疏水系统及热力设备的腐蚀产物可能污染水，因此必须进行二级除盐。

二级除盐系统由过滤器和混合床离子交换器组成。过滤器可将水中的金属腐蚀产物如氧化铁、氧化铜微粒及凝汽器一小部分漏水中夹带的有机杂质等过滤掉。给水经过过滤器后，铁、铜含量降低到规定值，然后进入混合床离子交换器，使水得到深度除盐。

2. 凝结水的精处理

超临界压力直流锅炉对锅炉给水水质要求很高。在机组正常运行时，由于凝汽器、轴封等泄漏而进入部分盐类及空气等杂质，以及热力系统本身的腐蚀产物及补给水中杂质未能完全除尽等原因，必然影响锅炉水质，进而导致汽轮机、锅炉的腐蚀、结垢和积盐，从而危及到机组的安全经济运行，因此超临界压力机组的凝结水精处理是极为必要的。

直流锅炉的凝结水采用 100% 全容量处理，为中压系统。每机配 2 台 50% 出力的前置过滤器和 3 台 50% 出力的高速混床。前置过滤器与高速混床串联后在凝结水泵与低压加热器之间，设有 100% 旁路。正常运行时可将前置泵过滤器切除。当高速混床进、出口压差大于 0.35MPa 时，50%～100% 凝结水旁路，当凝结水温度超过 55℃时，100% 凝结水旁路。

两台机组共用一套体外再生系统，要求再生后树脂交叉污染率小于 0.1%，满足高速混床氨化运行要求。

凝结水精处理系统主要包括前置过滤器、高速混床、再生设备、冲洗水泵单元、酸碱计量单元、热水罐单元、罗茨风机单元及压缩空气储存罐等。

3. 给水、凝结水的挥发性药品处理

为了防止凝结水系统、给水系统的腐蚀和防止金属腐蚀产物污染给水，应进行凝结水、给水的挥发性药品处理。

直流锅炉可采用加氨、加联氨及加氧处理法。氨可加到凝结水除盐设备的出水管中，联氨加到除氧器的出水管中。

4. 超临界压力锅炉水处理模式

目前，超临界压力锅炉的水处理运行模式有两种，在启动直至正常运行之间是在 AVT（挥发物水处理、加联氨）模式下运行；正常运行是在 CWT（加氧、加氨联合处理）模式下运行。当运行负荷增加并达到正常运行负荷（高于最低负荷 30%B-MCR）时，将从 AVT 运行转换到 CWT 运行模式。

AVT 运行模式下，管内表面形成较厚的 Fe_3O_4 结垢层，而且粗糙不平，质地较为疏松，容易增长，使管内径减小，大大增加流动阻力；CWT 运行模式下，将在管内壁形成两层氧化膜，分别为内壁内表层 Fe_3O_4、内壁外表层 Fe_2O_3，外表层氧化膜质地较为紧密、光滑，不易脱落、增长，是有益的保护层。

对于超临界压力螺旋水冷壁型本生锅炉，给水 CWT 的投运非常重要，电厂应尽早投入 CWT，可以很好地控制锅炉汽水阻力。

任务描述

该任务对应发电厂值班员、化验员及点检员岗位，可对锅炉水质进行监测，分析蒸汽污染的原因，可完成锅炉排污操作，也是竞赛和证书考核的内容和具体对象，为锅炉水位控制作准备。课堂活动要求如下。

（1）描述汽包内部装置及工作原理。

（2）在机组 DCS 画面找到锅炉水处理系统设备。

（3）进行锅炉排污操作。

（4）投运直流锅炉水处理设备。

任务拓展

直流锅炉的给水标准

给水中的杂质若在直流锅炉内沉积或被过热蒸汽带进汽轮机中，会影响锅炉与汽轮机的安全经济运行，因此必须严格控制直流锅炉的给水品质。

用来描述直流锅炉水质的指标有硬度、含钠量、含硅量、含铁量、含铜量、pH 值等各项。

1. 硬度

给水中的镁盐和钙盐之和称为给水的硬度。由于镁盐和钙盐在蒸汽中的溶解度很小，进入锅炉后几乎完全沉积下来，因此，为了避免在锅炉结硬度盐（水垢），规定直流锅炉的给水硬度为零。

2. 含钠量

锅炉给水中的总含盐量通常由钙镁盐和钠盐组成，由于直流锅炉的给水硬度规定为零，所以给水中的含钠量能较真实地反映给水的总含盐量。给水总含盐量可用电导率来评价。

由于直流锅炉给水中的绝大部分钠盐能被蒸汽溶解并带入汽轮机，所以给水中的含钠量应由汽轮机入口蒸汽中所允许的含钠量决定。试验表明，当蒸汽中的含钠量超过 $10\mu g/kg$ 时，开始有钠盐沉积在锅炉受热面上。因此我国规定直流锅炉给水含钠量不大于 $10\mu g/L$，力争小于 $5\mu g/L$。

3. 含硅量

由于直流锅炉给水中的硅酸化合物全部能被蒸汽溶解并带入汽轮机，所以给水中的含硅量应由汽轮机入口蒸汽中所允许的含硅量决定。运行经验表明，当汽轮机入口蒸汽的含硅量（以 SiO_2 表示）小于 $20\mu g/kg$ 时，可防止 SiO_2 在汽轮机通流部分沉积下来。因此我国规定直流锅炉给水含硅量不大于 $20\mu g/L$。

4. 给水含铁量

在亚临界及超临界压力锅炉中，铁的氧化物在过热蒸汽中的溶解度为 $10\sim15\mu g/L$；在超高压及以下参数锅炉中，铁的氧化物在过热蒸汽中的溶解度更低。为了防止铁的氧化物在锅炉内沉积，我国规定直流锅炉给水含铁量应不超过 $10\mu g/L$。

5. 给水含铜量

给水中的铜常以 Cu、Cu_2O 及 CuO 三种形式存在，其中 CuO 在蒸汽中的溶解度最大。给水中的大部分铜沉淀在锅炉内，特别是沉积在高热负荷区的蒸发区，而被过热蒸汽带走的铜将沉积在汽轮机叶片上结成铜垢。

对于亚临界压力及以下的直流锅炉，为了防止铜的氧化物在锅炉和汽轮机内沉积，规定给水含铜量不大于 $5\mu g/L$。对于超临界压力锅炉，由于水处理技术的不断完善，汽水系统中的其他杂质很少，汽轮机内的铜垢问题较突出，因此为了减少超临界压力蒸汽的带铜量，规定给水含铜量小于 $2\mu g/L$。

另外，为了避免铜的氧化物在汽轮机内沉积，有的超临界压力机组的热力系统不采用铜合金制件，各加热器全部采用钢管，并将给水 pH 值提高到 9.3～9.5。

6. 给水 pH 值

溶液的 pH 值可表示溶液的性质及其对金属材料的腐蚀影响。当溶液的 pH 值小于 7 时，溶液中有较多的 H^+，是阳极的去极化剂，会加速腐蚀，若此时溶液中溶有 O_2 时，铁金属表面形成的氧化膜很松软，对金属无保护作用，会加快对铁的腐蚀。如果溶液的 pH 值提高，则铁表面形成的氧化膜就逐渐趋于稳定，会对金属起到保护作用。

火力发电机组除给水加热器、凝汽器的管材为铜合金或镍合金外，大多数材质为铁，不同 pH 值的水溶液对各种金属有不同的腐蚀程度。由于机组材质中铁的比例最大，因此 pH 值的选取应先考虑铁的腐蚀，同时也兼顾铜、镍的腐蚀。当汽水系统有铜件存在时，pH 值通常为 8.5～9.2；无铜件时，pH 值通常为 9.5～9.7。在机组水处理系统中，可通过加氨（NH_3）处理提高给水的 pH 值。

7. 给水含氧量、总二氧化碳量及联氨过剩量

给水中的溶解氧是引起金属腐蚀的主要因素。为了较彻底地除去水中的氧，给水除了先在高压除氧器内除氧外，还应在给水中加入联氨（N_2H_4）进行辅助除氧。通常规定直流锅

炉给水含氧量为 $5\sim7\mu g/L$。

联氨（通常用工业水合联氨 $N_2H_4\cdot H_2O$）与水中溶解氧的反应方程式如下：

$$N_2H_4\cdot H_2O+O_2\longrightarrow N_2+3H_2O$$

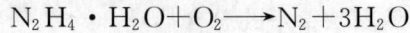

由于反应的产物既不会增加水的含盐量，也无任何害处，因此联氨是直流锅炉采用的唯一除氧剂。

为了保证联氨的除氧效果，给水中需保持一定的联氨过剩量，但由于联氨有毒，在蒸汽中的含量不能超过 $0.5\mu g/L$，通常规定直流锅炉给水中的联氨过剩量为 $20\sim50\mu g/L$。由于给水中的 CO_2 气体对铁的腐蚀作用很大，规定直流锅炉给水中总 CO_2 量为零。

项目八　锅炉省煤器、空气预热器系统运行分析

项 目 描 述

　　省煤器和空气预热器布置在锅炉对流烟道的最后或下方，进入这些受热面的温度也较低，因此省煤器和空气预热器也称为尾部受热面或低温受热面。在锅炉承压的受热面中，省煤器的金属温度最低；而在锅炉的所有受热面中，空气预热器的金属温度最低。

　　本项目着重介绍省煤器和空气预热器的工作原理、结构和布置特点，尾部受热面的布置及烟气侧工作过程。

学 习 目 标

1. 技能目标

（1）能在系统图及仿真机中准确找到省煤器、空气预热器的位置、类型并描述其作用。

（2）能在对应仿真机上完成上水结束时省煤器启动保护操作、空气预热器的巡检和启动操作。

（3）能进行省煤器的减轻积灰和磨损的现场处理，空气预热器减少漏风及减轻低温腐蚀的处理。

（4）能在仿真机处理省煤器泄漏问题。

2. 知识目标

（1）掌握省煤器的工作原理、结构和布置特点。

（2）了解省煤器减轻积灰和磨损的处理措施。

（3）掌握空气预热器的作用、结构及特点。

（4）了解空气预热器的漏风问题及低温腐蚀的机理及处理措施。

3. 价值目标

（1）系统整体意识及岗位规范操作能力。

（2）安全意识、沟通交流与团队协作能力。

（3）节能环保运行意识。

任务 1　省煤器系统巡检及运行

相 关 知 识

一、省煤器的作用和分类

　　省煤器是利用锅炉尾部烟道中烟气的热量来加热给水的一种热交换器。省煤器在锅炉中的主要作用如下：

（1）省煤器吸收尾部烟道中的烟气热量，降低锅炉排烟温度，提高锅炉热效率，节约燃料。这也是最初使用省煤器的目的，由此而称为省煤器。

（2）在现代大型高参数电站锅炉中，普遍采用回热循环，给水经由汽轮机抽汽加热，给水温度提高，并用空气预热器来降低排烟温度。这样，应用省煤器的目的则是以其较高的温差和传热系数来减少蒸发受热面，用廉价的小管径、管壁较薄的省煤器受热面来代替较昂贵的部分水冷壁蒸发受热面，可节省初投资。

（3）省煤器的采用，提高了进入汽包的水温，减少了汽包壁与给水之间的温度差，从而使汽包热应力降低，提高了机组的安全性。因此，省煤器已成为现代电站锅炉中必不可少的重要设备。

根据省煤器出口工质的状态，可将省煤器分为非沸腾式省煤器和沸腾式省煤器两种，现代大容量高参数锅炉中均采用非沸腾式省煤器。根据省煤器所用材料不同，可分为铸铁式省煤器和钢管式省煤器两种，电厂通常采用钢管式省煤器。

二、省煤器的结构及布置

大型电站锅炉所用钢管式省煤器由一系列平行排列的蛇形管组成。管子外径25～51mm，目前常采用42～51mm的管子以提高运行的安全性，管子壁厚3～6mm，通常为错列布置，结构紧凑，其横向节距S_1取决于烟气流速和管子支承结构，一般横向相对节距$S_1/d=2～3$；纵向节距S_2受管子的弯曲半径限制，一般纵向相对节距$S_2/d=1.5～2$，使用小弯曲半径弯管技术时可做到$S_2/d=1～1.2$。

为便于检修，省煤器管组高度应加以限制。当管子排列紧密时（$S_2/d\leqslant1.5$），管组高度不超过1.0m；当管子排列稀疏时管组高度不超过1.5m。如省煤器分成几组时，管组之间应留出高度不小于600mm的空间，省煤器与空气预热器之间的空间高度应大于800mm，以方便检修。

省煤器中的工质一般自下向上流动，以利于排除空气，避免造成局部的氧气腐蚀。烟气从上向下流动，既有利于吹灰，又与水形成逆向流动，增大传热温差。

蛇形管在烟道中的布置方向对水速和外部磨损影响很大。如图8-1所示，当蛇形管垂直于前墙时称为纵向布置，由于尾部烟道的宽度大于深度，所以并联管子数多，水速低，在大型锅炉中采用，较易满足水速要求；当蛇形管平行于前墙时称为横向布置，当单面进水时管排最少，宜在小容量锅炉中采用，大容量锅炉可用双面进水的连接方式使水速达到要求值。

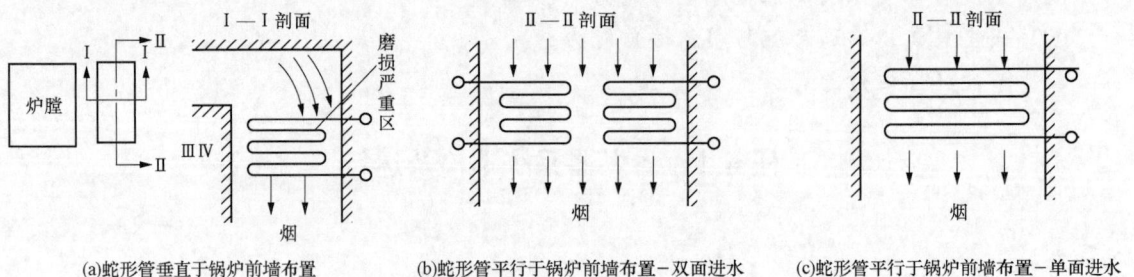

(a)蛇形管垂直于锅炉前墙布置　　(b)蛇形管平行于锅炉前墙布置-双面进水　　(c)蛇形管平行于锅炉前墙布置-单面进水

图8-1　省煤器蛇形管在烟道中的放置方式

由于烟道深度小，当蛇形管平面垂直于前墙时，支吊较简单，但每排蛇形管均受到飞灰磨损；当平行于前墙时，只有靠近烟道后墙的几根蛇形管磨损剧烈，损坏后只要换几根蛇形管即可。

省煤器可采用支承或悬吊两种方式来承重，还可以将支承梁布置在两段省煤器管组中间（支承梁外敷耐火混凝土、中间通风进行冷却），联合使用悬吊和支托的方法支承其重量。当省煤器不重时也可直接以蛇形管或联箱作为支持件。联箱置于烟道内，减少了管子穿墙，炉墙的气密性要比联箱置于炉墙外好得多。

三、汽包锅炉省煤器的启动保护

省煤器在锅炉启动时，常常是不连续进水的。但如果省煤器中水不流动，就可能使管壁温度超温，而使管子损坏。因此，可以在省煤器与除氧器之间装一根带阀门的再循环管来保护省煤器，如图8-2所示。

微课8-1　省煤器的启动保护

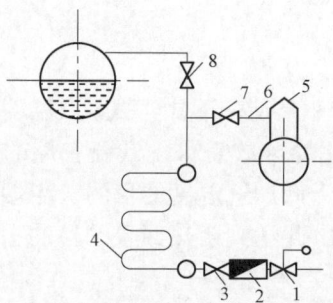

通常在省煤器进口与汽包之间装有再循环管，如图8-3所示。再循环管装在炉外，是不受热的。在锅炉启动时，省煤器便开始受热，因而就在汽包-再循环管-省煤器-汽包之间，形成自然循环。省煤器内有水流动，管子受到冷却，就不会烧坏。但要注意，在锅炉汽包上水时，再循环阀门应关闭，否则给水将由再循环管短路进入汽包，省煤器又会因失水而得不到冷却。上完水以后，就可关闭给水阀，打开再循环阀。

图8-2　省煤器与除氧器之间的再循环管
1—自动调节阀；2—止回阀；3—进口阀；4—省煤器；5—除氧器；6—再循环管；7—再循环门；8—出口阀

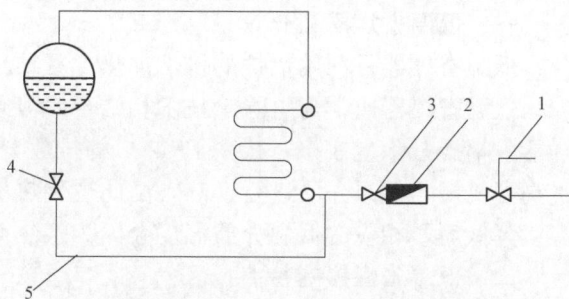

图8-3　省煤器与除氧器之间的再循环管
1—自动调节阀；2—止回阀；3—进口阀；4—再循环阀；5—再循环管

四、省煤器设计中应考虑的问题

省煤器蛇形管中的水流速度不仅影响到传热，而且对金属的腐蚀也会有一定的影响。当给水除氧不完善时，进入省煤器的水在受热后放出氧气。这时如果水流速度很小，氧气会附着在金属内壁上，造成局部金属腐蚀。对于沸腾式省煤器，蛇形管后段内是汽水混合物，这时如水平管中的水流速度较小，就易出现汽水分层现象，即水在管子下部流动而汽在管子上部流动。同蒸汽接触的那部分受热面传热较差，金属温度较高，甚至可能超温。而在汽水分界面附近的金属，会由于水面上下波动，导致温度时高时低，引起金属疲劳破裂。因此，对沸腾式省煤器，蛇形管进口水速不应低于1.0m/s。

省煤器管外烟速应综合考虑传热、磨损、流动阻力和积灰等因素进行综合选取。高的烟气速度可增强传热，节省受热面，但管子磨损也较严重，同时也会增加风机耗电量；反之，烟气速度过低，不仅传热性能较差，还会导致管子严重积灰。烟气速度不宜过高或过低，一般在7~13m/s的范围内选取。煤中灰分多和灰分磨损性强时取较低值，灰分少和灰分磨损性较弱时取较高值。

烟气速度较高时，在设计和运行上要有一定的技术和管理措施。此时，省煤器的设计可以采用较大管径、较大节距、顺列布置的蛇形管束，在运行中要保证良好的吹灰、堵塞漏风、高质量的运行和维护条件。

任务描述

该任务对应电厂巡检及运行岗位，可巡视检查省煤器的结构和部件，也是竞赛和证书考核内容中的具体对象，基本要求为能在现场和 DCS 画面找到巡检和启动操作的管阀。课堂活动要求如下。

（1）分组讨论说明省煤器在火力发电厂的作用。

（2）列出常见省煤器的结构参数，识别省煤器的两种布置方式及各自特点。

（3）能够画出省煤器两种类型的再循环管示意，同时能够完成省煤器启动保护的操作。

（4）说出影响省煤器蛇形管水流速度和管外烟速的因素。

任务拓展

一、低温省煤器简介

低温省煤器是利用锅炉的排烟加热主凝结水的热交换设备。

低温省煤器通常与电除尘技术相结合，可以将待处理的烟气降温至酸露点温度以下，这样能大幅提升除尘效率，减少 PM2.5 的排放，满足电厂的排放需求。低温省煤的本质上通过高温流体与低温介质进行换热，由此达到热量转换、降低烟气温度的目的。当烟气介质的温度降低后，相应的低温介质温度会因为换热而升高，由此达到余热回收的目的。

二、低温省煤器的特点

低温省煤器是一个闭式循环系统，配备有一系列的辅助设备，由它参与到烟气除尘处理中，可以满足湿法脱硫系统工艺的温度要求，将烟温降低到酸露点温度之下，烟气中的污染物冷凝成硫酸雾，黏附在粉尘表面被中和，降低电阻后，提高除尘的效率。

电厂经常出现烟囱里排放出白色烟雾的情况，这是因为处理后的净烟气处于一个水蒸气相对饱和的状态，遇冷后冷凝造成的，只要提高烟气排放温度成为"干烟气"，低温省煤器利用冷却回收的烟气余热输送至脱硫脱硝后的烟气加热器，提高净烟气温度就能做到减少白色烟雾。

单级低温省煤器通常有两种布置方案，一种是布置在除尘器入口，一种是布置在脱硫塔入口。

任务 2　空气预热器的巡检及运行

相关知识

一、空气预热器的作用和分类

空气预热器是利用烟气余热加热燃烧所需要的空气的热交换设备，其主要作用是：

（1）降低排烟温度提高锅炉效率。随着蒸汽参数提高，回热循环中用汽轮机抽汽加热的给水温度越来越高，单用省煤器难以将锅炉排烟温度降到合适的范围，使用空气预热器就可进一步降低排烟温度，提高锅炉效率。

（2）改善燃料的着火条件和燃烧过程，降低不完全燃烧损失，提高锅炉热效率。尤其是着火困难的无烟煤等，需将空气加热到 380～400℃，以利于着火和燃烧。

（3）热空气进入炉膛，减少了空气的吸热量，有利于提高炉膛燃烧温度，强化炉膛的辐射传热。

（4）热空气还作为煤粉锅炉制粉系统的干燥剂和输粉介质。

现代大容量锅炉中，空气预热器已成为锅炉不可缺少的部件。根据传热方式不同空气预热器可分为传热式和蓄热式（再生式）两大类。传热式空气预热器用金属壁面将烟气和空气隔开，空气与烟气各有自己的通道，烟气通过传热壁面将热量传给空气。而蓄热式空气预热器是烟气和空气交替地流过一种中间载热体（金属板、钢球、陶瓷和液体等）来传热，当烟气流过载热体时将其加热，空气流过载热体时将其冷却，而空气吸热升温，这样反复交替，故又称为再生式空气预热器。

根据结构类型不同，空气预热器主要分为管式空气预热器和回转式空气预热器。

二、管式空气预热器

目前中小容量锅炉中用得较多的是立式管式空气预热器，其结构如图 8-4 所示。它由许多薄壁钢管焊在上下管板上形成管箱。烟气在管内流动，空气在管子外部横向流动，两者的流动方向互相垂直交叉。中间管板用来分隔空气流程。常用 $\phi40 \times 1.5mm$ 有缝钢管错列布置，以便单位空间中可布置更多的受热面和提高传热系数。选用相对节距要从传热、阻力、振动等因素综合考虑，一般取 $S_1/d = 1.5 \sim 1.9$，$S_2/d = 1.0 \sim 1.2$。管箱高度通常不超过 5m，使管箱具有足够的刚度，便于制造和清灰。立式低温段的管箱应取 1.5m 左右，以便维修和更换。

(a)纵向剖面图　　　　(b)管箱

图 8-4　管式空气预热器
1—锅炉钢架；2—管子；3—空气连通罩；
4—导流板；5、9—出口、进口连接法兰；
6、10—上、下管板；7—墙板；8—膨胀节

动画 8-1
管式空气预热器

烟气速度对固体燃料为 10～14m/s，对液体、气体燃料还可适当提高，空气速度应取为烟气速度的一半左右以提高传热效果，管子直径、节距和管子数目的选用应保证预热器具有合适的烟气速度和空气速度。

卧式钢管空气预热器中空气在管内流动，烟气在管外横向冲刷，其管壁温度可比立式布置

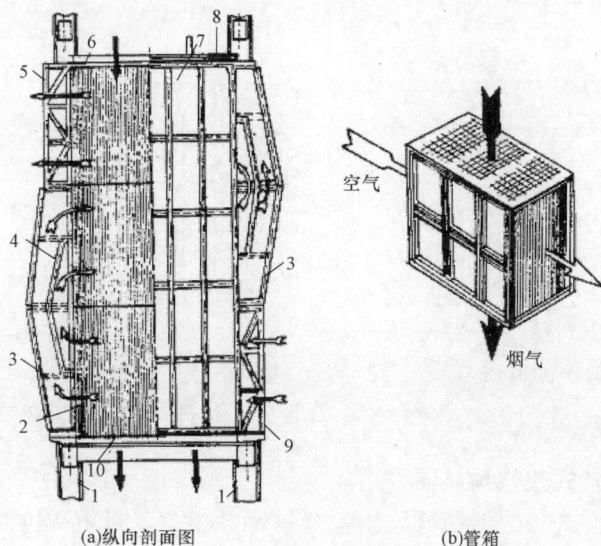

提高 10～30℃，有利于减轻烟气侧的低温腐蚀，但易堵灰。一般在燃用多硫重油的锅炉中采用，并需配以钢珠吹灰设备。一般烟速为 8～12m/s，空气流速为 6～10m/s。

图 8-5 为管式空气预热器在烟道中的几种典型布置。单道多流程如图 8-5（a）所示，流程数目越多，越接近于逆流传热，可以得到较大的传热平均温差，此外流程数目增多，空气流速增加，也有利于增强传热，不利的是会使流动阻力增加很多。单道单流程如图 8-5（b）所示，烟气与空气一次交叉流动，此种布置方式简单，空气通道截面大流动阻力小，但其缺点是传热平均温差小。在大型锅炉中，为了得到较大的传热温差，又不使空气流速过大，可采用双道多流程，如图 8-5（c）所示，或单道多流程双股平等进风，如图 8-5（d）所示，甚至多道多流程，如图 8-5（e）所示。

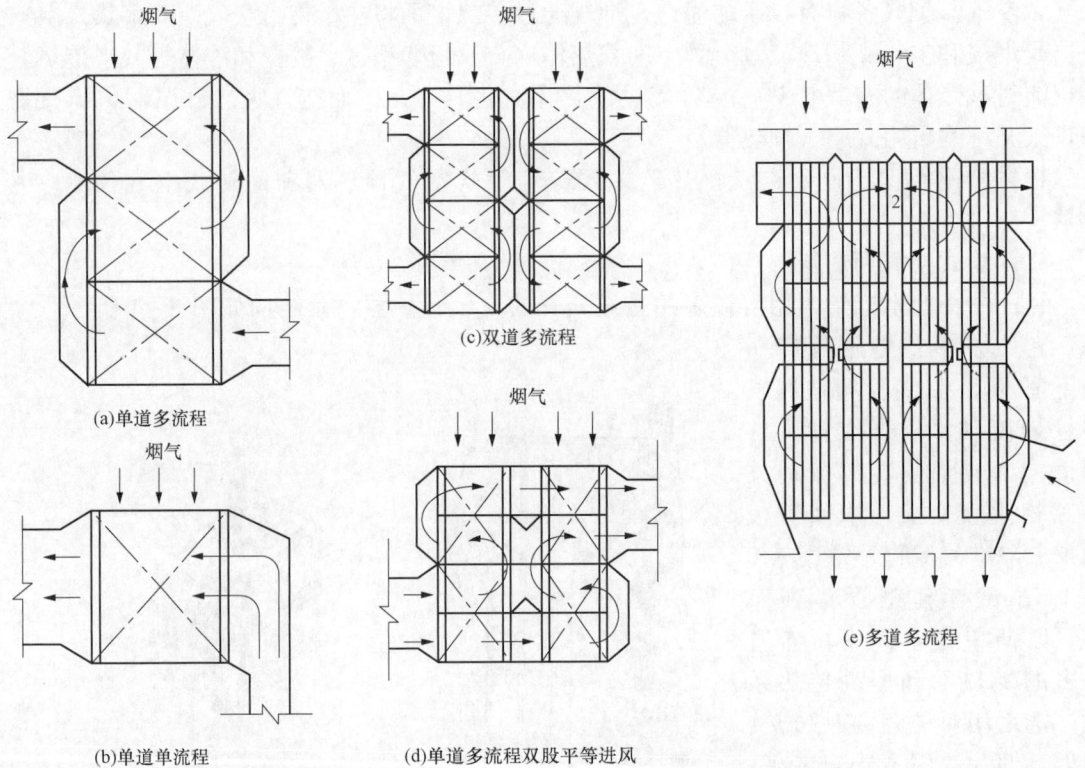

(a)单道多流程

(b)单道单流程

(c)双道多流程

(d)单道多流程双股平等进风

(e)多道多流程

图 8-5 管式空气预热器在烟道中的典型布置

三、回转式空气预热器

回转式空气预热器结构紧凑，金属消耗量少，可解决大型锅炉尾部受热面布置困难的问题，故在大型锅炉中得到广泛应用。通常，300MW 及以上的机组就不再采用管式空气预热器。两者相比较，同等容量下，回转式空气预热器的体积是管式空气预热器的 1/10，金属消耗量为 1/3；同样的外界条件下，回转式空气预热器因其受热面金属温度高，因而低温腐蚀的危险较管式空气预热器小些。

回转式空气预热器按部件旋转方式分为受热面回转和风罩回转两种。

1. 受热面回转式空气预热器

回转式空气预热器转子截面分为烟气流通部分、空气流通部分及密封区三部分。转子截面的分配要达到尽量高的传热系数和受热面利用率，并要使通风阻力

小，有效地防止漏风。由于锅炉中烟气的体积比空气的体积大，从技术经济上要求烟气的流通面积占转子流动面积的 50% 左右，空气流通面积占 30%～40%，其余截面则为扇形板所遮盖的密封区。这样，烟气和空气的速度相近，通常为 8～12m/s。

回转式空气预热器的传热元件主要由波形板组成。高温段主要考虑强化传热，低温段着重防止腐蚀积灰，故波形板的形状和厚度都不同。高温段用 0.5～0.6mm 厚的低碳钢板制成密形波形板，低温段用 0.5～1.2mm 厚的低碳钢或低合金耐腐蚀钢板制成空隙大的波形板。低温段传热元件在需要更强的耐腐蚀性时可用陶瓷传热元件代替。波形板的形式对传热特性、气流阻力和积灰污染有很大影响。一般在 1m³ 空间要放置 300～400m² 的传热元件。

当锅炉的一次风和二次风温度不同，则可将转子的空气通道分成两部分，分别与一次风、二次风通风道相接，称为三分仓回转式空气预热器。空气预热器主要由轴、转子、外壳、传动装置和密封装置组成。电动机经减速器带动转子以 1.5～4r/min 速度转动。转子传动除了齿轮和销链方式外，也可用无级调速液压装置来进行。

动画 8-2
三分仓回转式
空预器

回转式空气预热器中，空气可从下列三个途径漏入烟气侧：

（1）由转子中的通道空间带入烟气侧，称为携带漏风，该漏风一般不会超过 1%。

（2）通过转子与外壳之间的间隙，沿转子周界进入到烟气侧。

（3）通过径向密封件漏入烟气侧。

其中（2）、（3）两项称为直接漏风，以第（3）项为主。

良好的密封装置是减少回转式空气预热器漏风的重要环节之一，其密封装置通常包括轴向密封、径向密封和周向（环向）密封。

轴向密封由装在转子外周与径向隔板相对应的轴向密封片和装在外壳内侧密封区的弧形板组成。用调节装置可使弧形板相对于转子作径向移动和转动。轴向密封的密封周界仅与转子高度有关，因此密封周长较短，调节点少，调整方便。

径向密封是转子端面与上、下端板密封区之间的密封，它由径向密封板和扇形密封板组成。转子直径大于 5m 时，扇形密封板设有调节装置。

周向密封有中心轴周向密封（转子轮壳平面与上、下端板之间的密封）和转子外圆周向密封（烟、风道接口与转子两端面外周之间的密封）。为了减少沿转子周向的漏风量，在大型空气预热器中的热端采用了挠性的扇形板，形成一个柔性的密封表面，它可形成一个接近于转子在热态下的轮廓曲线形状。外侧端的密封表面在锅炉负荷改变时起追踪转子的作用。

2. 风罩回转式空气预热器

图 8-6 所示为风罩回转式空气预热器，主要由定子、回转风罩和密封装置等组成。其优点是旋转部件的重量轻，特别是在大型空气预热器中可避免笨重受

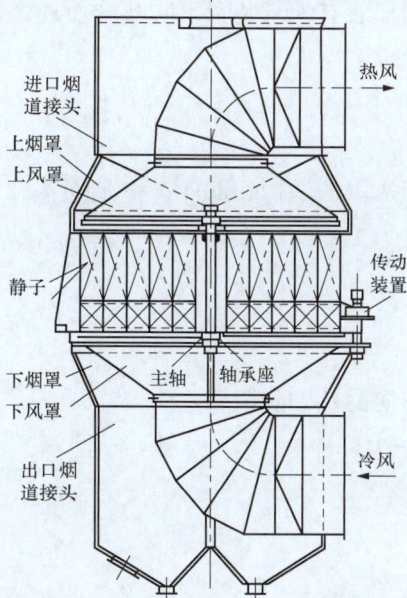

图 8-6　风罩回转式空气预热器

热面旋转时产生的受热面变形、轴弯曲等缺点。可使用重量大、强度低但能防腐蚀的陶质受热面，但其结构较复杂。烟气在风罩外流经定子并加热受热面，空气在风罩内逆向流动，吸收受热面的蓄热。电动机经减速器使风罩以 0.75～1.4r/min 转速旋转。风罩与固定风道的接口为圆形，另一端罩在定子受热面上的为 8 字形风口，上、下风罩结构相同，上、下两个 8 字形风口互相对准且同步回转，两风罩用穿过中心筒的轴连成一体。回转风道与固定风道之间有环形密封，与定子之间也有密封装置。平面密封是回转风罩与定子上、下端面之间的密封，因此两个端面的平行度和平整度要高，要正确控制密封框架压向定子的密封力，弹簧在支承密封框架重量和烟气压差后要能把密封块压紧。颈部密封是固定风道与回转风罩接口处的密封，动密封环和铸铁密封块的表面要求光滑，其间应留有一定的间隙，以保证在热胀和不同心度时密封良好但又不会卡住。

在定子整个截面上，烟气流通截面积占 50％～60％，空气流通截面积占 35％～45％，密封区占 5％～10％。当风罩每旋转一周，受热面进行二次吸热和放热。

回转式空气预热器由于其结构紧凑、重量轻，易于布置在锅炉的任何部位，故可用于各种布置形式的锅炉中。当热空气温度在 350℃ 以上时，可联合使用回转式及管式空气预热器，此时高温段采用管式，低温段采用回转式。

回转式空气预热器存在的主要问题是漏风量大。管式空气预热器的漏风量一般不超过 5％，而回转式空气预热器在设计良好时漏风量约为 8％～10％，密封不好时可达 20％～30％或更高。由于空气的压力较大，故漏风主要是指空气漏入烟气中。

携带漏风部分由于回转式空气预热器的转速不高，故其漏风量不大。密封漏风是由于空气侧与烟气侧之间的压差造成的，其漏风大小与两侧压差的平方根成正比。漏风大的主要原因是转子、风罩和静子制造不良或受热变形，使漏风间隙增大所造成。

回转式空气预热器存在的另一个问题是受热面上易积灰，这是因为蓄热板间烟气通道狭窄的缘故。积灰不仅影响传热，而且增加流动阻力，严重时甚至会将气流通道堵死，影响预热器的正常运行。因此，在预热器受热元件的上、下两端都装有吹灰装置。吹灰介质通常采用过热蒸汽或压缩空气，如积灰严重，亦可采用压力水冲洗。

🎓 任务描述

该任务对应电厂巡检及运行岗位，可巡视检查空气预热器的结构和部件，也是竞赛和证书考核内容中的具体对象，基本要求为能在现场和 DCS 画面找到空气预热器巡检和启动操作的管阀。课堂活动要求如下。

（1）分组讨论说明空气预热器的作用。

（2）列出管式空气预热器的结构特点和布置方式。

（3）能够识别回转式空气预热器的结构并列出漏风的途径及预防措施。

（4）能够在仿真机上完成 A、B 两侧空气预热器的启动操作。

🌱 任务拓展

容克式空气预热器常见故障及应采取的措施

1. 空气预热器的停转

燃煤电站空气预热器停转时，一次风和二次风的温度降低会影响到锅炉的燃烧条件，因此应密切监视火焰、鉴别燃料的不完全燃烧。当发现燃料燃烧不完全，运行人员需作调整直到空气预热器能运行为止。采取这些措施可防止空气预热器烟气侧被未燃尽的碳粒堵塞。如果锅炉运行期间转子停转了一段时间（5～10min），空气预热器的转子开始不均匀地热膨胀，转子的烟气侧比空气侧膨胀得多，当转子的烟气侧膨胀得足以使密封片沿密封表面弯曲，并且可能使电机不能持续转动转子时，要采用下列步骤：

（1）接通电机启动按钮5s，等15s后重复一次，这样反复几分钟，以使转子的各个部分都经过烟气侧，在连续运行前均衡转子的膨胀。

（2）假如上述方法不成功，切断电机的电源，装上电机轴伸长部分的手柄，用这种方法使转子转动两周以后，转子膨胀应该均匀了，可使电机运行。如果这样仍不能使转子转动，只能是将扇形板和轴向密封板轻微调一调，如果是采用这种方法则需要在方便的时间进行密封调整。

（3）一旦转子可自由转动，吹灰器应投入运行，直至空气预热器干净为止。既然转子停转时过高的温度是使密封弯曲的原因，那么降低烟气的温度可减少转子的热变形。

无论是降低锅炉负荷，或者在平衡通风机组中打开空气预热器前面的烟气进口处的人孔门，或者同时采用上述两种方法，都能降低进入空气预热器的烟气温度，并有助于在锅炉运行期间启动转子。

在打开人孔门的情况下，要考虑到人孔的打开可能对燃烧条件产生影响，因此，应密切注意火焰，确保完全燃烧。假如有未完全燃烧的迹象，或未燃烧的颗粒带入空气预热器内，并不能用吹灰器清除，则锅炉要停止运行并清洗空气预热器。

2. 两个驱动电机的电流不正常增大

如果一个或两个驱动电机都出现了电流增大，应立即找出原因，通过检查门查看转子表面是否有异物等，短时停用空气预热器，从检查门将异物取出。如果不行，就必须停运空气预热器，以免损伤密封件；同时在空气预热器停转期间，应检查密封件与转子是否有损伤。

3. 推力轴承损坏

推力轴承损坏是随着密封件的接触压力增加，驱动电机的电流上升直到过负荷引起的。

4. 导向轴承损坏

导向轴承只承受低荷载，因此在对推力轴承进行检查或推力轴承可能损坏的时候只对导向轴承进行检查就足够了。

5. 空气预热器的着火

容克式空气预热器在冷炉膛点火，热备用后再启动，并且燃烧不完全时可能出现着火。原因是由于不完全燃烧，从炉膛带来的凝结的油雾和未燃烧的碳堆积在空气预热器的受热面上，在一定的条件下这些可燃物可能着火。由于气流速度低，有充足的燃烧用氧气，但是没有足够的气流把产生的热量带走，所以当传热元件上有可燃的积灰时，有可能达到这些积灰的着火点，引起着火。

此时应密切注意空气预热器的进、出口温度（烟气、空气的进、出口温度），尤其是在启动时，如果发现这些温度中任何一点的不正常的上升（10℃）则应立即研究。经验表明，进出口温度中任一点或更多点的温度不正常上升，可以采用别的方法观察更早发现空气预热器着火，这时采取措施可以避免或减少空气预热器的损坏。

如果发生空气预热器着火应采取以下措施：

（1）从温度指示或其他方法得到有第一个着火迹象时，要检查空气预热器。

（2）假如温度继续升高和/或明显着火时，应关闭风机。

（3）检查并保证打开全部疏水管道，并且把足够数量的水引入空气预热器，以熄灭火焰，要使用 2″（″为英寸，1 英寸约 2.54cm）和 1.5″防火管道以及至少 1″的喷嘴。

（4）预热器装有消防装置和喷嘴水清洗管路（固定式清洗管道），着火时消防装置和多喷嘴水清洗系统应打开投入灭火，同时检查并保证所有疏水管道是打开的，要求有足够的水进入空气预热器以灭火。

（5）假如可以隔离着火区域，停止空气预热器的转动，水如果可以直接浇在火焰上则更佳；另一方面，如果在几处同时燃烧，要连续转动转子，以确保水浇到燃烧区域。

（6）若金属已经燃烧，温度在 1093～2204℃范围内，则要不惜大量用水，以降低温度。用泡沫、化学物或蒸汽等方法闷熄火焰不会有效果。

任务 3　尾部受热面的布置分析

相 关 知 识

在现代锅炉中，省煤器和空气预热器装在锅炉烟道的最后，进入这些受热面的烟温不高，故把它们统称为尾部受热面或低温受热面。尾部受热面在尾部烟道中的布置方式有单级布置和双级布置两种。

一、单级布置

单级布置是由一级省煤器和一级空气预热器组成。一般总是把空气预热器布置在省煤器之后，即烟气先经过省煤器后再经过空气预热器，这样可以得到较低的排烟温度，提高锅炉效率，同时又能节省价格较高的省煤器受热面金属并防止省煤器被腐蚀。尾部受热面的单级布置较为简单，但热风温度一般只能达到 300℃左右，再高则不可能。这是因为烟气的容积 V_y 和比热容 c_y 均比空气的容积 V_k 和比热容 c_k 大。因此，烟气的热容量大于空气的热容量，即 $V_y c_y > V_k c_k$，这样当烟气将热量传给空气时，烟气温度的下降值就小于空气温度的上升值。一般烟气温度下降 1℃，空气温度升高 1.25～1.5℃。如需把空气从 20℃加热到 320℃，则烟温只需下降 200～240℃即可。若排烟温保持在 120℃，那么这时预热器进口烟温应为 320～350℃。进口烟温与出口空气温度如此接近，即传热温差很小，这不可能将空气温度提高到更高的温度。因此，在一定排烟温度限制下，采用单级布置时，热风温度就被限制在一定的范围内。如需再提高热风温度，则需提高排烟温度，这是不经济的。为了得到较高的热风温度而不增加排烟热损失，可采用双级布置。

二、双级布置

双级布置是由两级省煤器和两级空气预热器组成。第一级空气预热器（按空气流向）与第二级空气预热器之间放置第一级省煤器（按水流向），第二级省烟器位于第二级空气预热器的上方，即省煤器与空气预热器呈交错布置。由于把一部分空气预热受热面，即第二级空气预热器置于烟温较高的地段，因此在排烟温度受到限制的情况下，也能将空气加热到比单级更高的温度。此外，这种布置使省煤器和空气预热器都具有较高的传热温压，增强了尾部受热面的传热，节省了受热面金属。

在超高压以上锅炉中，尾部烟道除布置省煤器和空气预热器外，都布置有再热器，有的还布置有低温对流过热器。其尾部受热面的布置特点如下：

（1）由于尾部烟道中布置了再热器，有的还布置了低温对流过热器，因而尾部受热面（即省煤器和空气预热器）大多采用单级布置。

（2）再热器与低温对流过热器都是布置在省煤器之前。

（3）再热器与低温对流过热器在尾部烟道中可以串联布置（如 1000t/h 锅炉），也可以并联布置（如 400t/h 直流锅炉）。

任 务 描 述

该任务对应电厂巡检及运行岗位，可巡视检查空气预热器的结构和部件，也是竞赛和证书考核内容中的具体对象，基本要求为能在现场和 DCS 画面找到空气预热器巡检和启动操作的管阀。课堂活动要求如下：

（1）分组讨论说明尾部受热面单级布置和双级布置的布置方式及各自的特点。

（2）绘制尾部受热面单级布置和双级布置布置图。

（3）能够在系统图和仿真机上识别尾部受热面的布置方式并说明其特点。

任 务 拓 展

受热面回转式空气预热器的双级布置如图 8-7 所示。

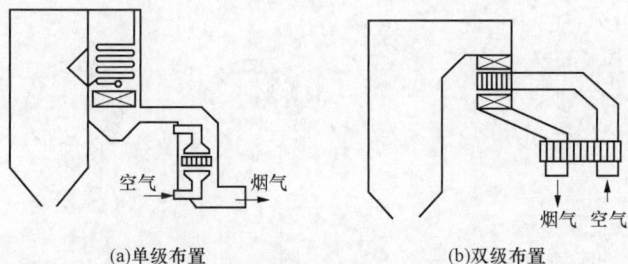

(a)单级布置　　　　　　　　　　(b)双级布置

图 8-7　回转式空气预热器的布置

任务 4　尾部受热面的积灰、磨损和低温腐蚀分析

相 关 知 识

一、尾部受热面的积灰

1. 积灰及其危害

当携带飞灰的烟气流经各个受热面时，部分灰粒会沉积到受热面上形成积灰。积灰会带来以下危害：

（1）由于灰的导热系数小，因此在锅炉对流受热面上一旦积灰，将会使受热面热阻增加，传热恶化，以致排烟温度升高，排烟热损失增加，锅炉效率降低。

（2）对于通道截面较小的对流受热面，积灰会堵塞烟气通道，甚至被迫停炉检修。

（3）由于积灰，烟气温度升高，还可能影响后面受热面的运行安全。

尾部受热面的积灰可分为松散积灰和低温黏结积灰两种。松散积灰是烟气携带的灰粒沉积在受热面上形成的；低温黏结积灰呈硬结状，难以清除，对锅炉工作影响较大。低温黏结积灰与低温腐蚀是相互促进的，这是因为堵灰使传热减弱，受热面金属壁温降低，而积灰又能吸附 SO_3，使腐蚀加剧，腐蚀又将使堵灰加剧，以致形成恶性循环，尤其是在空气预热器腐蚀泄漏以后，这种恶性循环将更加严重。因此，应设法防止或减轻低温腐蚀，下面就松散积灰问题进行讨论。

灰粒在管子上的沉积情况与烟气流经管子的流动工况有关。图 8-8 表示烟气流横向冲刷省煤器管子的情况。当含灰烟气流由正面绕过管子流向后面时，管子的背风面积灰多，迎风面积灰很少。迎风面积灰少是由于迎风面受到气流和粗灰粒冲击的结果；而背风面积灰多是由于管子背风面产生了旋涡区，使大量小于 $30~\mu m$ 的灰粒子旋进了旋涡区并沉积在管子的背风面上。灰粒之所以能黏附到管子表面，主要是依靠分子引力或静电引力。灰粒越小，其分子引力或静电引力越容易超过灰粒自身重量而使它吸附在管子上。

飞灰的沉积情况还与烟速的大小有关。图 8-9 表示烟气流自上而下冲刷省煤器管子时在三种不同烟速下的积灰情况。烟速很低时，不论是管子迎风面或背风面都将发生积灰；随着烟速的升高，积灰减小；烟速增加到一定数值时，迎风面一般不沉积灰粒。

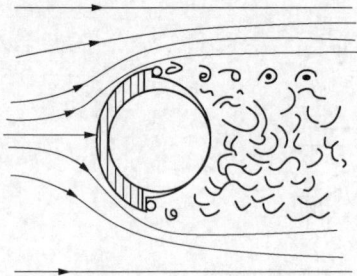

图 8-8　烟气流绕过管子的流动情况

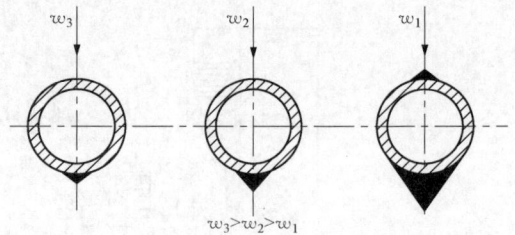

图 8-9　不同烟速 w 下错列管束的积灰情况

2. 影响松散积灰的因素

由上可知，积灰与烟气流速、飞灰颗粒度、管束结构特性等因素有关。

（1）烟气流速。烟速越大，灰粒的冲击作用越大，积灰程度越轻；反之则积灰较多。当烟速大于 $8\sim10m/s$ 时，背风面积灰减轻，迎风面则一般不积灰。当烟速为 $2.5\sim3m/s$ 时，不仅背风面积灰严重，而且迎风面也会有较多的积灰，甚至会发生堵灰。

（2）飞灰颗粒度。粗灰多，冲刷作用大使积灰减轻；反之积灰就多。实践表明，液态排渣炉，由于烟气中细灰多，因而积灰比固态排渣炉严重。

（3）管束结构特性。错列布置的管束不仅迎风面受冲刷，而且背风面也较易受到冲刷，故积灰较轻。顺列布置的管束背风面受冲刷少，从第二排起，管子的迎风面也不受冲刷，因此积灰较重。减小管束纵向节距 S_2 时，错列管束的背风面冲刷更强烈，可使积灰减轻；而顺列管束，却因相邻管子的积灰易搭积在一起，形成更严重的积灰。

积灰还与管径有关。减小管径，飞灰冲击的机会增加，积灰减轻。

3. 减轻积灰的方法

（1）控制烟速。对燃用固体燃料的锅炉，为了减轻积灰，在额定负荷时烟速不得低于6m/s，一般可保持在 8～10m/s，过大会使磨损加剧。

（2）采用小管径、错列布置。对省煤器可采用 $\phi 25～42$ 的管子，管束的相对节距为 $S_1/d=2.25$、$S_2/d=1～1.5$，这样积灰可减轻。

（3）定期吹灰。尾部受热面一般都装有吹灰装置，运行人员应定期吹灰，以减轻积灰。

（4）防止省煤器泄漏。

二、尾部受热面的磨损

（一）磨损及其危害

燃煤锅炉尾部受热面的飞灰磨损是一种常见的现象。当含有大量飞灰和未燃尽碳粒的烟气流经尾部受热面时，会造成受热面的飞灰磨损。磨损会使受热面管壁逐渐变薄，最终导致泄漏和爆破事故，直接威胁锅炉安全运行。停炉时更换磨损部件还要耗费大量的工时和钢材，造成经济损失。

（二）磨损的机理

由于锅炉中的灰粒在 700℃ 以下时具有足够的硬度和动能，当这些灰粒长时间冲击受热面金属时，会不断地从金属表面削去一些小的金属屑，使其逐渐变薄，从而造成了受热面的磨损。

气流对管子表面的冲击有两种。冲击角（气流方向与管子表面线方向之间的夹角）为 90°时称为垂直冲击，小于 90°时称为斜向冲击，如图 8-10 所示。垂直冲击引起的磨损叫冲击磨损。斜向冲击受热面的冲击力可分解

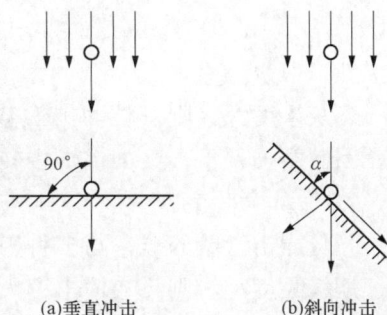

图 8-10　灰粒对管子表面的冲击

为法线方向（即垂直方向）和切线方向的分力。法向分力引起冲击磨损，切向分力引起摩擦磨损。当灰粒斜向冲击受热面时，管子表面既受冲击磨损又受摩擦磨损，受热面的磨损主要由摩擦磨损产生。

受热面的磨损是不均匀的，不仅是烟道截面不同部位受热面的磨损不均匀，而且沿管子周界的磨损也是不均匀的。试验表明，当烟气横向冲刷错列布置的受热面（如省煤器）管子时，磨损情况如图 8-11（a）所示。最大磨损发生在管子迎风面两侧 30°～50°范围内。

烟气在管内纵向流动时（如管式空气预热器），磨损情况减轻很多。这时只在距管口约（1～3）d 的一段管子内，磨损较为严重，如图 8-11（b）所示。这是因为气流进入管口后先收缩再扩张，在气流扩散时灰粒由于离心力作用气流从中分离出来并撞击的缘故。

（三）影响磨损的因素

影响磨损的主要因素如下。

1. 飞灰速度

受热面管子金属表面的磨损正比于冲击管壁的灰粒动能和冲击次数。灰粒动能同烟气流速的平方成正比，冲击次数同烟气流速的一次方成正比。这样，管子金属的磨损就同烟气流速的三次方成正比，可见烟气流速的大小对受热面磨损的影响是很大的。

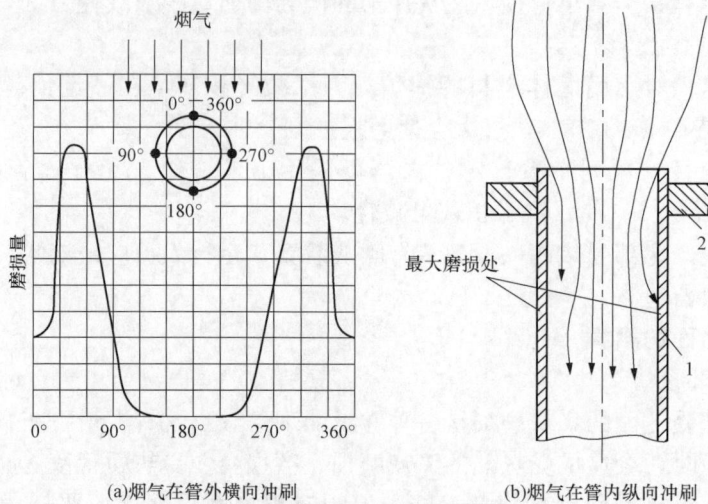

图 8 - 11　受热面管子的飞灰磨损
1—空气预热器管子；2—上管板

2. 飞灰浓度

飞灰浓度大，则灰粒冲击次数多，磨损加剧。例如烧多灰燃料的锅炉，烟中飞灰浓度大，因而磨损严重；又如锅炉中转弯烟道外侧的飞灰浓度大，因而该处的管子磨损严重。

3. 飞灰撞击率

飞灰撞击管壁的概率与多种因素有关。研究表明，飞灰粒径大、飞灰硬度大、烟气流速高、烟气黏度小，则飞灰撞击率大。这是因为含灰烟气绕过管子流动时，粒径大、密度大、速度高的灰粒子产生的惯性力大于烟气黏性力，使灰粒不随烟气拐弯而撞击在管壁上，从而使飞灰撞击率大。

4. 灰粒特性

灰粒越粗、越硬，磨损越严重，此外也与灰粒形状有关，具有锐利棱角的灰粒比球形灰粒磨损严重。

省煤器的磨损常大于过热器，这是因为除与管束错列布置有关外，还与省煤器区的烟温低、灰粒变硬有关；又如燃烧工况恶化，灰中含碳量增加，由于焦炭的硬度大，磨损加重。

5. 管束的结构特性

烟气纵向冲刷管束的磨损要比横向冲刷轻得多，这是因为灰粒运动与管壁平行，只有靠近管壁的少量灰粒形成的摩擦磨损。

当烟气横向冲刷时，错列管束的磨损大于顺列管束。错列管束第二、三排磨损最严重，这是因为烟气进入管束后，流速增加，动能增大。经过第二、三排管子以后，由于动能被消耗，因而磨损又减轻了。顺列管束第五排以后磨损严重，这是因为灰粒有加速过程，到第五排达到全速。

（四）减轻磨损的措施

1. 控制烟气流速

降低烟气流速是减轻磨损的最有效方法，但烟气流速降低，不仅会影响传热，同时还会增加积灰和堵灰，所以烟气流速应控制适当。根据国内调查表明，省煤器中烟速最大不宜超过 9m/s，否则会引起较大的磨损，但采用较大管径（42～57mm）时可将烟气流速提高50％左右。

为了不使局部地区（如从烟道内壁到管子弯头之间的走廊区）出现烟气流速过高的现象，可采取避免受热面与烟道墙壁之间的间隙过大、使管间距离尽量均衡等措施。

2. 加装防磨装置

由于种种原因，烟气速度场和飞灰浓度场不可能做到均匀，因而局部烟速过高以及局部飞灰浓度过高的现象也就难以避免，所以应在管子易磨损的那些部位加装防磨装置。

省煤器的防磨装置如图 8-12 所示。图 8-12（a）是在弯头处加装护瓦和护帘；图 8-12（b）是穿过烟气走廊区的护瓦，此法会加大烟气走廊的阻力；图 8-12（c）是弯头处的护瓦；图 8-12（d）是在管子磨损最严重处焊上钢条，此法用料少，对传热影响小。此时受磨损的不是受热面管子，而是保护部件，检修时只需更换这些部件即可。

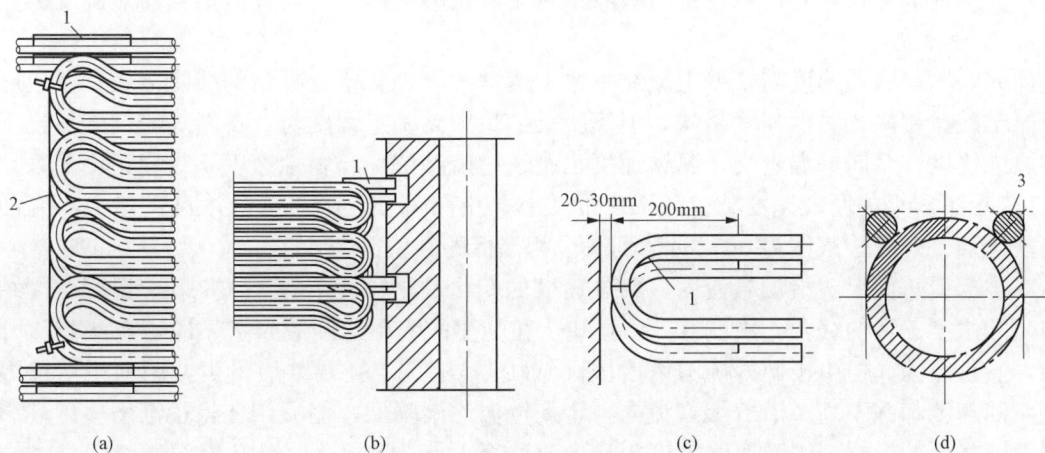

图 8-12　省煤器的防磨装置
1—护瓦；2—护帘；3—钢条

管式空气预热器的防磨装置是在管子入口处加装一段管子，该保护短管磨损后，在检修时可以更换。

三、尾部受热面的低温腐蚀

1. 低温腐蚀及其危害

尾部受热面的低温腐蚀是指硫酸蒸汽凝结在受热面上而发生的腐蚀，这种腐蚀也称硫酸腐蚀。它一般出现在烟温较低的低温级空气预热器的冷端。低温腐蚀带来的危害如下：

（1）导致受热面破坏泄漏，使大量空气漏入烟气中，既影响锅炉燃烧，又使引风机负荷增大，电耗增加。

（2）出现低温黏结积灰，积灰使排烟温度升高，引风阻力增加，锅炉出力降低，甚至强迫停炉清灰。

（3）腐蚀严重，还将导致大量受热面更换，造成经济上的巨大损失。

2. 低温腐蚀的机理

由于锅炉燃用的燃料中都含有一定的硫分，燃烧时生成二氧化硫，其中一部分会进一步氧化生成三氧化硫。三氧化硫与烟气中的水蒸气结合形成硫酸蒸汽。当受热面的壁温低于硫酸蒸汽露点（烟气中的硫酸蒸汽开始凝结的温度简称酸露点）时，硫酸蒸汽就会凝结成为酸液而腐蚀受热面。

烟气中三氧化硫的形成主要有两种方式：一是燃烧反应中火焰里的部分氧分子会离解成原子状态，它能与二氧化硫反应生成三氧化硫，即 $SO_2 + [O] = SO_3$；二是烟气中二氧化硫流经对流受热面时遇到氧化铁（Fe_2O_3）或氧化钒（V_2O_5）等催化剂，会与烟气中的过剩氧反应生成三氧化硫。

烟气中的三氧化硫量是很少的，但极少量的三氧化硫也会使酸露点提高到很高的程度，如烟气中硫酸蒸汽的含量为 0.005% 时，露点可达 130~150℃。

3. 烟气露点（酸露点）

烟气露点与燃料中的硫分和灰分有关。燃料中的折算硫分越高，燃烧生成的 SO_2 就越多，导致 SO_3 也增多，致使烟气露点升高；此外，烟气中的灰粒子含有钙镁和其他碱金属氧化物以及磁性氧化铁，它们可以部分吸收烟气中的硫酸蒸汽，从而降低烟气露点温度。

4. 腐蚀速度

研究表明，腐蚀速度与管壁上凝结下来的硫酸浓度、管壁上凝结的酸量以及管壁温度有关。凝结酸量越多，腐蚀速度越快，但当凝结酸量大到一定程度时，再增加凝结酸量也不会影响腐蚀速度；金属壁温越高，腐蚀速度也越快；硫酸浓度与腐蚀速度不是成正比关系，图 8-13 表示了碳钢的腐蚀速度与硫酸浓度的关系。由图可知，随着硫酸浓度的增大，腐蚀速度先是增加，到硫酸浓度为 56% 时达到一个相当低的数值。

在尾部受热面上，沿烟气流向，腐蚀速度的变化是比较复杂的，它是管壁温度、凝结酸量与硫酸浓度三者的综合。由图 8-14 可知，在受热面壁温达到酸露点 a 时，硫酸蒸汽开始凝结，发生腐蚀。但由于此处硫酸浓度极高（80% 以上），且凝结酸量少，因而虽然壁温较高，腐蚀速度却并不高。沿着烟气流向，金属壁温逐渐降低，但凝结酸量逐渐增多，其影响超过温度降低的影响，因而腐蚀速度很快上升，至 b 点达到最大。此后壁温继续降低，同时凝结酸量开始减少，而浓度仍处较弱腐蚀浓度区，因而腐蚀速度随壁温下降而逐渐减小，到 c 点达到最低。再往后，虽然壁温更低，但因酸浓度也在下降并逐渐接近于 56%，所以腐蚀速度又上升。到 d 点壁温达到水蒸气露点（简称水露点），大量水蒸气会凝结在管壁上与烟气中的 SO_2 结合，生成亚硫酸溶液（H_2SO_3），严重地腐蚀金属。所以，在水露点 d 后，腐蚀速度急剧上升。实际上，受热面壁温不可能低于水露点，但有可能低于酸露点，因此为避免尾部受热面严重腐蚀，金属壁温应避开腐蚀速度高的区域。

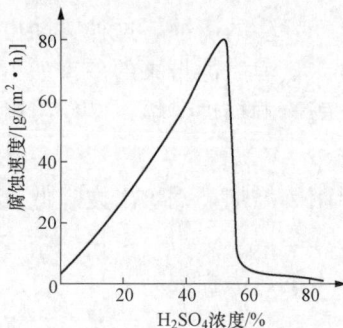

图 8-13　腐蚀速度与硫酸浓度的关系

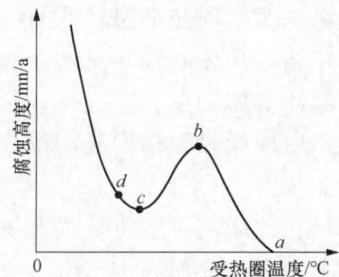

图 8-14　金属壁温对腐蚀速度的影响

5. 影响低温腐蚀的因素

影响低温腐蚀的主要因素是烟气中三氧化硫的含量。这是因为烟气中三氧化硫含量的增加，一方面会使烟气露点上升，另一方面会使硫酸蒸汽含量增加。前者使受热面结露引起腐蚀，后者使腐蚀程度加剧。

烟气中三氧化硫的含量与下列因素有关：

（1）燃料中的硫分越多，则烟气中的三氧化硫越多。

（2）火焰温度高，则火焰中的原子氧增多，因而三氧化硫增多；过量空气系数增加也会使火焰中的原子氧增多，使三氧化硫增多。

（3）氧化铁（Fe_2O_3）或氧化钒（V_2O_5）等催化剂含量增加时，烟气中三氧化硫量增加。

由以上分析可知，燃油炉的低温腐蚀可能更严重，因为油中有钒的氧化物，且燃油炉的燃烧强度大而飞灰少，所以燃油炉生成的三氧化硫较多，烟气露点高，腐蚀程度严重。

6. 减轻低温腐蚀的措施

减轻低温腐蚀可从两个方面着手：一是减少烟气中三氧化硫的生成量，二是提高金属壁温或使壁温避开严重腐蚀的区域。此外还可用抗腐蚀材料制作低温受热面，以防止或减轻低温腐蚀。具体措施如下：

（1）燃料脱硫。煤中黄铁矿可利用重力不同而设法分离出一部分，但有机硫很难除掉。

（2）低氧燃烧。对于燃用高硫分煤的锅炉，将过量空气系数保持在 1.01～1.02，能使烟气露点大大降低，从而有效地减轻低温腐蚀及低温黏结积灰。低氧燃烧必须保证燃烧完全，否则不但经济性差，而且仍会有较多剩余氧，达不到降低三氧化硫的目的。低氧燃烧还必须控制漏风，否则氧量仍会增大。

（3）加入添加剂。用白云粉（$MgCO_3 \cdot CaCO_3$）作为添加剂在燃油上已取得一定的效果。它能与烟气中的 SO_3 发生作用而生成 $CaSO_4$，从而减轻低温腐蚀。但是烟气中将增加大量粉尘，使受热面积灰增多，故应加强吹灰和清扫。

（4）热风再循环。将空气预热器出口的热空气送一部分回到送风机入口，称为热风再循环。这种方法提高了金属壁温，但排烟温度升高、锅炉效率降低，同时还会使送风机电耗增加。

（5）采用暖风器。此方法是在汽轮机与空气预热器之间安装暖风器（即热交换器），利用汽轮机低压抽汽来加热冷空气，蒸汽凝结水返回热力系统。采用暖风器后，虽然因排烟温度升高而降低了锅炉效率，但由于利用了低压抽汽，减少了凝汽器中蒸汽凝结热损失，因而提高了热力系统的热经济性。比较下来，全厂经济性有所提高。

（6）空气预热器冷端采用抗腐蚀材料。用于管式空气预热器的抗腐蚀材料有铸铁管、玻璃管、09 钢管等；用于回转式空气预热器的，有耐酸的搪瓷波形板、陶瓷砖等。

采用抗腐材料可减轻腐蚀，但不能防止低温黏结积灰，因而必须加强吹灰。

任务描述

该任务对应电厂巡检、检修岗位，可巡视检查省煤器和空气预热器的积灰、磨损及低温腐蚀的严重程度，同时能够提出防止和减轻积灰、磨损及低温腐蚀的措施。该部分内容也是竞赛和证书考核内容中的具体对象，基本要求为能掌握积灰、磨损及低温腐蚀的定义、影响因素及预防措施。课堂活动要求如下。

（1）分组讨论什么是积灰？影响积灰的因素及减轻积灰的措施有哪些？

（2）分组讨论什么是磨损？影响磨损的因素及减轻磨损的措施有哪些？

（3）分组讨论何为低温腐蚀？影响低温腐蚀的因素有哪些？常用的防腐措施有哪些？

任务拓展

四分仓空气预热器减少漏风

四分仓空气预热器是将空气区分为两个二次风区和一个一次风区，因此，四分仓空气预热器有四块主壳体板，上、下各有两个小梁，如图 8-15 所示。

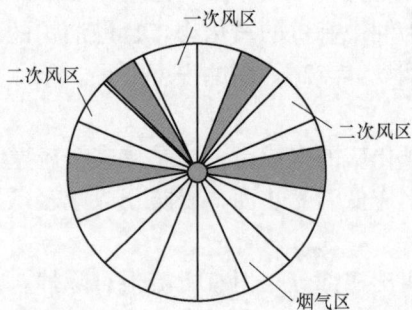

图 8-15　四分仓空气预热器受热面分区

间隙漏风形成的原因之一是动静部分之间存在间隙，原因之二是间隙两侧存在压差（一次风和二次风的风压明显高于烟气）。采用密封装置主要是从减少漏风间隙入手来控制漏风。而采用四分仓空气预热器将空气区分为两个二次风区和一个一次风区，并且将风压最高的一次风布置在两个二次风区的中间。与三分仓预热器相比，这样布置明显降低了空气与烟气的压力差，从整体减少了漏风。某 300MW 机组采用四分仓预热器后漏风率由原来的 7.6% 降低为 5.5%。

项目九　过热器、再热器系统运行分析

项 目 描 述

　　过热器和再热器是锅炉受热面中金属工作温度最高、工作条件最差的受热面，运行中管壁温度往往接近甚至超过管子钢材的最高允许温度。所以，必须保证过热蒸汽及再热蒸汽温度在允许范围内变动，避免个别管子由于设计不良或运行不当而超温损坏。

　　本项目重点论述过热器与再热器的系统组成及结构特点，过热器与再热器平行管热偏差和汽温调节。同时介绍过热器与再热器受热面管束的积灰、腐蚀及高温氧化机理及防止方法。

学 习 目 标

1. 技能目标
（1）能绘制出过热器和再热器在热力系统中的位置。
（2）能在系统图上找到不同类型的过热器、再热器并描述其作用。
（3）能对应仿真机界面识别不同类型的过热器和再热器的位置并描述其特点。
（4）能在对应仿真机上完成过热蒸汽系统和再热蒸汽系统的巡检。
（5）能在仿真机上处理过热器和再热器的泄漏问题。
（6）能在仿真机上通过喷水减温法调节过热蒸汽温度。

2. 知识目标
（1）掌握过热器和再热器的作用及其在系统中的布置。
（2）掌握不同类型过热器和再热器的类型和结构。
（3）掌握热偏差产生的原因及减少措施。
（4）掌握汽温要求及汽温特性和常用的调节方法及原理。
（5）熟悉过热器和再热器的积灰及高温腐蚀的机理和减轻措施。

3. 价值目标
（1）培养学生爱岗敬业及规范操作意识。
（2）培养学生关注运行微小变化，养成严谨细致的工作态度。

任务 1　过热器与再热器巡检

相 关 知 识

　　过热器与再热器是现代锅炉的重要组成部分，它们的作用是提高电厂循环热效率。提高蒸汽初温可提高电厂循环热效率，但蒸汽初温的进一步提高受到金属材料耐热性能的限制，过热器和再热器受热面金属温度是锅炉各受热面中的最高值，其出口汽温对机组安全经济运行有十分重要的影响。过热器、再热器设计与运行的主要原则有以下三个：

（1）防止受热面金属温度超过材料的许用温度。

（2）过热器与再热器温度特性好，在较大的负荷范围内能通过调节维持额定汽温。

（3）防止受热面管束积灰和腐蚀。

一、过热器与再热器的作用

过热器将饱和蒸汽加热成具有一定温度的过热蒸汽，并且在锅炉变工况运行时，保证过热蒸汽参数在允许范围内变动；再热器将汽轮机高压缸的排汽加热成具有一定温度的再热蒸汽，并且在锅炉变工况运行时，保证再热蒸汽参数在允许范围内变动。

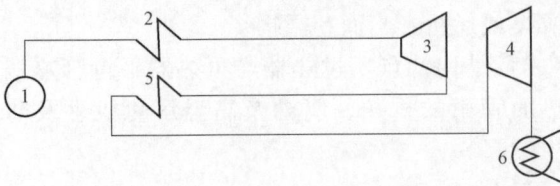

图 9 - 1　过热器与再热器在热力系统中的位置

1—汽包；2—过热器；3—汽轮机高压缸；

4—汽轮机中、低压缸；5—再热器；6—凝汽器

提高蒸汽初压是提高电厂循环效率的另一途径，但过热蒸汽压力的进一步提高受到汽轮机排汽湿度的限制，因此为了提高循环效率且减少排汽湿度，采用再热器成为必然的选择。过热器与再热器在系统中的位置如图9-1所示。过热器出口的过热蒸汽又称为主蒸汽或一次汽，由主蒸汽管送至汽轮机高压缸。高压缸的排汽由低温蒸汽管道送至再热器，经再一次加热升温到一定的温度后，返回汽轮机的中压缸和低压缸继续膨胀做功。

蒸汽再热有一次再热和二次再热之分，后者就是蒸汽在汽轮机内做功过程中经过两次蒸汽再热。目前，我国超高压及以上压力的大容量机组都采用一次中间再热系统，再热蒸汽压力为过热蒸汽压力的 20% 左右，再热蒸汽温度通常与过热蒸汽温度相同。

提高过热蒸汽、再热蒸汽的压力与温度均可提高循环效率。表 9 - 1 表示了蒸汽参数与发电厂循环效率和热耗的关系。

表 9 - 1　　　　　　　　　　蒸汽参数与电厂循环热效率和热耗关系

项目	数值			
过热蒸汽压力/MPa	9.8	13.7	16.7	24.1
过热蒸汽温度/℃	540	540	555	538
再热蒸汽温度/℃	—	540	555	566
热耗/（kJ/kWh）	9254	8332	7972	7647.6
电厂循环热耗率/%	30.5	37	40	≥40

有计算表明对于亚临界压力机组，当过热汽/再热汽温度由 535/535℃ 提高到 566/566℃，热耗下降约 1.8%，若采用两次再热，热耗可下降 2%。

二、蒸汽温度的选择

在发电机组的发展过程中，呈现通过不断提高蒸汽压力与温度，以提高机组的循环热效率的趋势。蒸汽温度的选择要考虑三个因素：循环热效率、汽机轮末级叶片的蒸汽湿度、高温钢材的许用温度。现在绝大多数发电机组的蒸汽温度限制在 540～605℃ 的水平，少数采用较好的合金钢材，过热蒸汽温度可达 620℃ 左右。对于超临界压力的机组，为了控制汽轮机末级叶片的蒸汽湿度等，再热蒸汽的温度常提高到 600℃ 左右。国产超高压与亚临界压力

机组的主蒸汽、再热蒸汽温度为 540~555℃，过热器高温部分用钢 102，再热器高温部分有的机组用 1Cr18Ni9Ti 奥氏体钢。

由于过热器和再热器内流动的为高温蒸汽，其传热性能差，而且过热器和再热器又位于高温烟区，所以管壁温度高。为了降低锅炉成本，应尽量避免采用高级别的合金钢。设计过热器和再热器时，所选管材的工作温度接近其极限温度，因此如何使过热器和再热器长期安全工作是其设计和运行中的重要问题。锅炉过热器和再热器常用钢材的许用温度见表 9 - 2。

表 9 - 2　　　　　　　　　过热器、再热器常用钢材的许用温度

钢材牌号	许用温度/℃	钢材牌号	许用温度/℃
20 号碳钢	≤500	X20CrMoWV（F11）	≤650
12CrMo，15MnV	≤540	X20CrMoV121（F12）	≤650
15CrMo，15MoV	≤550	T91	≤700
12Cr1MoV	≤580	1Cr18Ni9Ti	≤800
12Cr2MoWVB（钢 102）	≤600~620	Cr6SiMo	≤750
12Cr3MoVS1TiB（Π11）	≤600~620	Cr25Ni12MnSi2	≤900~1000
10CrMo910	≤540	Cr20Ni14Si2	≤900~1000
X12CrMo91（HT7）	≤560	Cr18Mn9Ni2Si2N（钢 101）	≤900~1000

如果钢材的工作温度超过了其许用温度，将引起钢材的热强度、热稳定性下降，材质恶化，导致受热面损坏，因此，锅炉运行中必须十分注意防止过热器和再热器等受热面的超温现象。

三、过热器和再热器受热面的布置

将水加热成过热蒸汽需经过水的加热、蒸发和蒸汽过热三个阶段。随着蒸汽参数的提高，过热蒸汽和再热蒸汽的吸热份额增加，锅炉受热面的布置会发生变化。不同参数下工质的吸热份额见表 9 - 3。

表 9 - 3　　　　　　　　　不同参数下工质的吸热份额

参数	数值				
过热蒸汽压力/MPa	1.27	3.83	9.82	13.74	16.69
过热蒸汽温度/℃	300	450	540	555	555
再热蒸汽温度/℃	—	—	—	550	555
给水温度/℃	105	150	215	240	260
加热份额/%	14.8	16.3	19.3	21.3	22.9
蒸发份额/%	75.6	64.0	53.6	31.4	26.4
过热份额/%	9.6	19.7	27.2	29.9	34.9
再热份额/%	—	—	—	17.4	15.8

早期的低压锅炉，主蒸汽温度为 350~370℃，过热器的吸热量少，因而其受热面积也少，在过热器前布置了大量的对流管束以满足蒸发热比例较大的要求。

中压煤粉锅炉，炉膛内水冷壁吸收的辐射热量与水的蒸发热大致相当，过热器布置在炉膛出口少量凝渣管束之后的烟道内,其吸收的热量能适应蒸汽过热热的需要。

高压煤粉锅炉,炉膛内的辐射热量已超过水蒸发热,同时为适应过热器吸热量的增大,故把部分过热器的受热面布置在炉膛内,吸收炉膛内的部分辐射传热量。

对于超高压、亚临界压力和超临界压力的锅炉,上述变化趋势随着压力的升高更为明显,必须在炉膛内布置更多的过热器,过热器系统也变得更加复杂。

超高压锅炉的再热器一般布置在对流烟道内,随着压力的进一步提高,还需要把部分再热器也布置在炉膛内。

因此,在现代高参数大容量锅炉中,蒸汽过热和再热所需的热量很大,过热器和再热器在锅炉总受热面中占很大比例,需把一部分过热器和再热器受热面布置在炉膛内,即采用辐射式、半辐射式过热器和再热器。

四、过热器与再热器的类型和结构

过热器有多种结构类型,现在一般按照受热面的传热方式分类,分为对流式、辐射式及半辐射式三种类型。高压以上的大型锅炉大多采用辐射式、半辐射式与对流式多级布置的联合型过热器(见图9-2)。过热器的蒸汽高温段采用对流式,低温段采用辐射式或半辐射式,以降低受热面管壁钢材温度。再热器实际上相当于中压蒸汽的过热器,但再热蒸汽温度比中压蒸汽温度高很多。再热器以对流式为主,并位于高温对流式过热器之后烟气温度较低处,因为再热蒸汽压力较低、蒸汽密度较小,表面传热系数较低,蒸汽比热容也较小,其受热面管壁金属温度比过热器更高。但是有些锅炉的部分

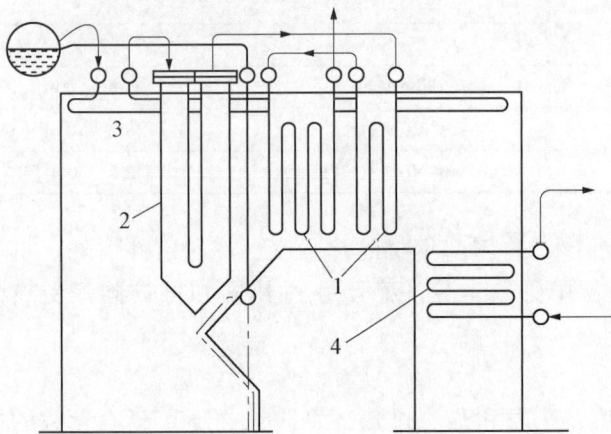

图9-2　过热器与再热器的布置
1—对流过热器;2—屏式过热器;
3—顶棚过热器;4—再热器

低温蒸汽段再热器采用辐射式,布置在炉膛上部吸收炉膛的辐射热。

(一)对流式过热器

布置在锅炉对流烟道中,主要以对流传热方式吸收烟气热量的过热器,称对流式过热器。

对流式过热器一般采用蛇形管式结构,即由进出口联箱连接许多并列蛇形管构成,如图9-2所示。蛇形管一般采用外径为32～63.5mm的无缝钢管。300MW机组锅炉的过热器管径为51～60mm,其壁厚由强度计算确定,一般为3～9mm。管子选用的钢材取决于管壁温度,低温段过热器可用20号碳钢或低合金钢,高温段常用15CrMo或12CrlMoV,高温段出口甚至需用耐热性能良好的钢102或Π11等材料。

对流过热器根据烟气与管内蒸汽的相对流动方向,可分为逆流、顺流和混合流三种方式。根据对流受热面的放置方式可分为立式和卧式两种。

1.流动方式

图9-3(a)为逆流方式,烟气的流向与蒸汽总体的流向相反。逆流布置时蒸汽温度高

的一段管子处于烟气高温区，金属壁温高，必须考虑其安全性。逆流方式由于烟气和蒸汽的平均传热温差较大，所需受热面较少，可节约钢材，但蒸汽最高温度处恰恰是烟气最高温度处，使该处受热面的金属管壁温度较高，工作条件最差。因此，这种布置方式常用于过热器的低温级。图 9-3（b）为顺流布置方式，与（a）相反，蒸汽温度高的一段处于烟气低温区，金属壁温较低，安全性

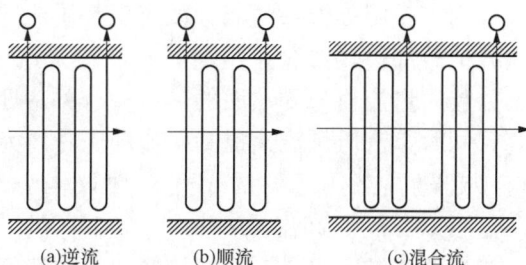

图 9-3　工质流动方向

好，但由于平均传热温差小，所需受热面较多，金属耗量最大，经济性差。因此，顺流布置方式多用于蒸汽温度较高的最末级。图 9-3（c）是混合流布置方式，综合了逆流和顺流布置的优点，蒸汽低温段采用逆流方式，蒸汽的高温段采用顺流方式。这样，它既获得较大的平均传热温压，又能相对降低管壁金属最高温度，因此在高压锅炉中得到了广泛应用。

2. 放置方式

蛇形管垂直放置时称为立式布置，立式布置的对流过热器都布置在水平烟道内。蛇形管水平放置时称卧式布置方式，卧式布置的对流过热器都布置在垂直烟道内。下面分析两种放置方式的特点。

（1）支吊结构。立式过热器的支吊结构比较简单，它用多个吊钩把蛇形管的上弯头钩起，整个过热器被吊挂在吊钩上，吊钩支承在炉顶钢梁上。立式过热器通常布置在炉膛出口的水平烟道中。

卧式过热器的支吊结构比较复杂，蛇形管支承在定位板上，定位顶板与底板固定在由有工质冷却的受热面如省煤器出口联箱引出的悬吊管上，悬吊管垂直穿出炉顶墙通过吊杆吊在锅炉顶钢梁上，卧式过热器通常布置在尾部竖井烟道中。

（2）运行特点。立式过热器的支吊结构不易烧坏，蛇形管不易积灰，但是停炉后管内存水较难排出，升温时由于通汽不畅易导致管子过热。卧式过热器在停炉时蛇形管内存水排出简便，但是容易积灰。

3. 蛇形管束结构

对流式过热器受热面由很多并联蛇形管组成，蛇形管在高参数大容量锅炉中采用较大的管径，有 $\phi 51$、$\phi 54$、$\phi 57$ 等规格。壁厚由强度计算决定，随承受压力、钢材牌号而定，通常为 $3\sim9$mm。蛇形管的管径与并联管数应适合蒸汽质量流速要求。由于锅炉宽度的增加落后于锅炉容量的增加，大容量锅炉为了使对流式过热器与再热器有合适的蒸汽流速，常做成双管圈、三管圈甚至更多的管圈，以增加并联管数，如图 9-4 所示。

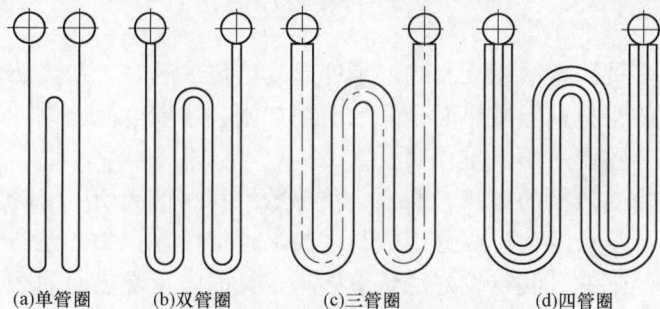

图 9-4　蛇形管的管圈数

选取过热器的蒸汽质量流速要考虑蒸汽对管壁的冷却能力和蒸汽在管内流动引起的压力损失两个因素。

　　管内工质冷却管壁的能力取决于工质流速及密度。因此，常用质量流速 ρw 来反映。为了有效地冷却过热器管子金属，蒸汽应采用较高的质量流速，但工质流动的压降也随之增大，并且质量流速与受热面的热负荷有关。处于高温烟气区的受热面热负荷大，蒸汽质量流速高；同时蒸汽质量流速提高，流动压降增大。为了保证汽轮机的效率，整个过热器的压力降应不超过其工作压力的 10%。建议锅炉对流过热器低温段蒸汽质量流速 $\rho w = 400 \sim 800 \mathrm{kg/(m^2 \cdot s)}$，高温段 $\rho w = 800 \sim 1100 \mathrm{kg/(m^2 \cdot s)}$。

　　当烟道宽度一定时，管束的横向节距选定了，过热器并联的蛇形管数就确定了。若蒸汽的质量流速不在推荐范围内，则可用改变重叠的管圈数进行调节。根据锅炉容量的不同，可做成单管圈、双管圈和多管圈，大型锅炉过热器的管圈数可达五圈。

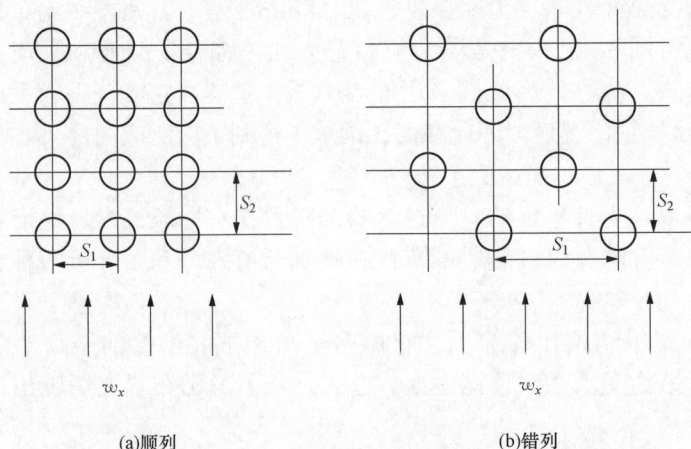

图 9-5　顺列和错列管束

对流式过热器的蛇形管有顺列和错列两种排列方式，如图 9-5 所示。在其他条件相同时，错列管的传热系数比顺列管的传热系数高，但管间易结渣，吹扫比较困难，同时支吊也不方便。国产锅炉的过热器，一般在水平烟道中采用立式顺列布置，在尾部竖井中则采用卧式错列布置。

　　目前，大容量锅炉的对流管束趋向于全部采用顺列布置，以便于支吊，避免结渣和减轻磨损。

　　管束的排列特性用横向相对节距 S_1/d 与纵向节距 S_2/d 表示。垂直于烟气流动方向称横向，平行于烟气流动的方向称纵向。在管束排列特性、烟气流速和烟气冲刷受热面等条件相同时，错列管束的表面传热系数比顺列的大。但是，错列管束的吹灰通道较小，吹灰器不易把管束表面积灰吹扫清除；或者增大横向节距以增大吹灰通道，可是这样会降低烟道空间的利用率。顺列管束的积灰容易吹扫。我国大多数锅炉的过热器在高温水平烟道中采用立式顺列布置，相对横向节距 $S_1/d = 2 \sim 3$，相对纵向节距 $S_2/d = 2.5 \sim 4$。后者取决于管子的弯曲半径 r。靠近炉膛的前几排过热器管束，为了防止结渣适当增大其管节距，使 $S_1/d \geqslant 4.5$、$S_2/d \geqslant 3.5$。

　　流经对流受热面的烟气流速受到多种因素的相互制约。烟速越高，传热越好。在传热量相同条件下可减小受热面的面积，节约钢材，但受热面金属的磨损加剧，通风电耗也大。若烟速太低，不仅影响传热，而且还将导致受热面严重积灰。

　　通过对流过热器的烟气流速由防止受热面的积灰、磨损、传热效果和烟气流动压力降等诸因素决定。烟气流速与煤的灰分含量、灰的化学成分组成与颗粒物理特性等有关，还与锅炉形式、受热面结构有关。选取合理的烟速，既有较好的传热效果，又能防止受热面的磨损和积灰。为防止管束积灰，额定负荷时对流受热面的烟气流速不宜低于 6m/s。为了防止磨损，应限制烟气流速的上限。在靠近炉膛出口烟道中，烟气温度较高，灰粒较软，受热面的磨损不明显，煤粉炉可采用 $10\sim14\mathrm{m/s}$ 的流速；当烟气温度降至 $600\sim700℃$ 以下时，灰粒变硬，磨损加剧，烟气流速不宜高于 $9\mathrm{m/s}$。

（二）辐射式过热器

布置在炉膛内，以吸收炉膛辐射热为主的过热器，称辐射式过热器。在高参数大容量再热锅炉中，蒸汽过热及再热的吸热量占的比例很大，而蒸发吸热所占的比例较小。因此，为了在炉膛中布置足够的受热面以降低炉膛出口烟气温度，就需要布置辐射式过热器。在大型锅炉中布置辐射式过热器对改善汽温调节特性和节省金属消耗是有利的。

辐射式过热器的布置方式很多，有布置在水冷壁墙壁上的壁式过热器；布置在炉膛、水平烟道和垂直烟道顶部的炉顶（或顶棚）过热器；布置在炉膛上部靠近前墙的前

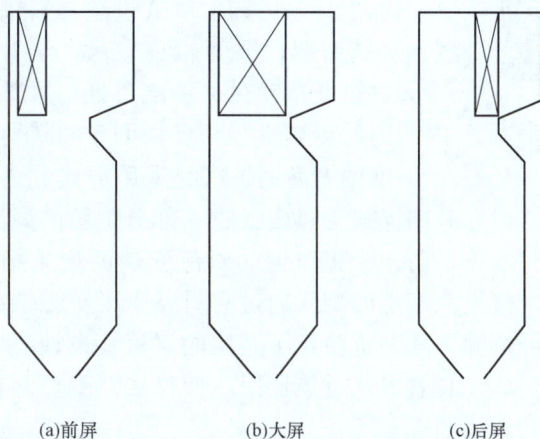

(a)前屏　　　　(b)大屏　　　　(c)后屏

图 9-6　屏式过热器的类型

屏过热器（见图 9-6）；此外在垂直烟道和水平烟道的两侧墙上布置了大量贴墙的包墙管过热器（包覆管）。

壁式过热器的管子通常是垂直地布置在炉膛四壁的任一面墙上；可以仅布置在炉膛上部，也可以按一定的宽度沿炉膛全高度布置；可以集中布置在某一区域，也可以与水冷壁管子间隔排列。

现代大型锅炉广泛采用平炉顶结构，全炉顶上布置顶棚管式过热器，吸收炉膛及烟道内的辐射热量。水平烟道、转向室及垂直烟道的周壁也都布置包墙管过热器，称包覆管。包墙管过热器由于贴墙壁的烟气流速极低，所吸收的对流热量很少，主要吸收辐射热，故亦属于辐射过热器。

壁式过热器、炉顶过热器及包覆管过热器一般都采用膜式受热面结构，使整个锅炉的炉膛、炉顶及烟道周壁都由膜式受热面包覆，简化了炉墙结构，炉墙重量减轻，并减少了炉膛烟道的漏风量。过热器膜式受热面的管径、鳍片宽度及金属材料等由受热面的热负荷、蒸汽在管内流动的质量流速、管壁金属工作温度等通过计算选取。壁式过热器一般选用内径 $40\mathrm{mm}$ 左右的管子作为受热面。

国产 $1000/16.7-Ⅰ$ 型自然循环汽包锅炉的顶棚管及包覆管都为膜式受热面。顶棚管的管子直径为 $\phi48.5\times6\mathrm{mm}$，管中心节距 $114.3\mathrm{mm}$，鳍片宽 $65.8\mathrm{mm}$，管子材料为 15CrMo 合金钢；包覆管的管子直径为 $\phi50\times7\mathrm{mm}$；管中心节距 $130\mathrm{mm}$，鳍片宽 $79\mathrm{mm}$，管子材料为 20 号碳钢和 12Cr1MoV 合金钢。

布置在炉膛内高热负荷区的壁式过热器，对改善汽温调节特性和节省金属材料有利，但由于炉膛热负荷很高，辐射过热器的工作条件较差，管壁金属温度的最大值通常比管内蒸汽温度高出 $100\sim120℃$，尤其在启动和低负荷运行时，管内工质流量很小，问题更突出，因此，对其安全性应特别注意。为改善其工作条件，一般将辐射式过热器作为低温段，即以较低温度的蒸汽流过这些受热面，以增强金属的冷却；同时采用较高的质量流速，一般 $\rho w=1000\sim1500\mathrm{kg/(m^2\cdot s)}$，并将其布置在热负荷较低的远离火焰中心的区域等。启动时也要

采取适当的冷却方式，对辐射式过热器进行冷却，以防管子被烧坏。

（三）半辐射式过热器

由图 9-6 可知，屏式过热器有前屏、大屏及后屏三种。大屏或前屏过热器布置在炉膛前部，屏间距离较大，屏数较少，吸收炉膛内高温烟气的辐射传热量。后屏过热器布置在炉膛出口处，屏数相对较多，屏间距相对较小，它既吸收炉膛内的辐射传热量，又吸收烟气冲刷受热面时的对流传热量，故又称半辐射过热器。

现代大型锅炉广泛采用屏式过热器，其主要优点如下：

（1）利用屏式受热面吸收一部分炉膛的高温烟气的热量，能有效地降低进入对流受面的烟气温度，防止密集布置的对流受热面产生结渣。后屏过热器的横向节距比对流管束大很多，接近灰熔点的烟气通过它时减少了灰黏结在管子上的机会，有利于防止结渣。烟气通过后屏烟温下降，也防止了其后的对流管束结渣。

（2）装置屏式过热器后，使过热器受热面布置在更高的烟温区域，从而减少了过热受热面的金属消耗量。

（3）由于屏式过热器吸收相当数量的辐射热量，适应大容量高参数锅炉过热器吸热量相对增加、水冷壁吸热量相对减少的需要。它补充了水冷壁吸收炉膛辐射热的不足，也适应了大型锅炉过热器吸热量相对增加的需要；同时使过热器辐射吸热的比例增大，改善了过热汽温的调节特性。屏式过热器吸收了相当数量的辐射热量，使炉膛出口烟气温度能降低到合理的范围内。

（4）对于燃烧器四角布置切圆燃烧方式的炉膛，由于炉内气流的旋转运动，在炉膛出口处会发生流动偏转、速度分布不均、烟温左右偏差。屏式过热器对烟气流的偏转能起到阻尼和导流作用。

后屏过热器和前屏过热器的结构基本相同。每片屏由联箱并联 15～30 根 U 形管或 W 形管组成，如图 9-7 所示。管子外径一般为 32～57mm。管间纵向节距很小，一般 $S_2/d =$ l.1～1.25。为了将并列管保持在同一平面内，每片屏用自身的管子作包扎管，将其余的管子扎紧。屏的下部根据折焰角的形状可做成三角形，也可做成方形。为了避免结渣，相邻管屏间的横向节距很大，一般 $S_1 = 600～2800mm$。

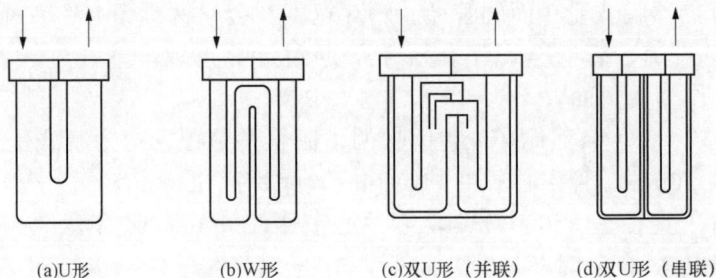

(a)U形　　　(b)W形　　　(c)双U形（并联）　　　(d)双U形（串联）

图 9-7　屏的结构型式

半辐射式过热器的热负荷很高，特别是各并列管的结构尺寸和受热条件差异较大，管间壁温可能相差 80～90℃，往往成为锅炉安全运行的薄弱环节，除采取与辐射式过热器相类似的安全措施外，同时烟速应控制在 5～6m/s。

屏的并联管数是由管内工质的质量流速确定的，屏位于炉膛内，其热负荷很高。

为了屏受热面管子的安全，必须采用较高的质量流速 ρw，一般推荐 $\rho w = 700 \sim 1200 \text{kg}/(\text{m}^2 \cdot \text{s})$。

五、再热器的结构与布置特点

对流式再热器的基本结构与过热器相类似，一般由蛇形管和联箱组成。我国原先设计的锅炉大多采用对流式再热器。随着大型电厂锅炉的发展，为了改善汽温调节特性，也采用辐射、对流联合型再热器。如在亚临界压力控制循环锅炉中，再热器系统就是由壁式辐射再热器、后屏再热器和对流式再热器组成的，见表 9 - 4。

但是，由于再热器的蒸汽来自汽轮机高压缸的排汽，其压力为过热蒸汽压力的 20% ～ 25%，再热后的蒸汽温度一般与过热汽温相同，流过再热器的蒸汽量约为过热蒸汽量的 80%。再热蒸汽属于中压高温蒸汽，其性质与高压高温的过热蒸汽有很大差别。

表 9 - 4　　对流过热器和再热器结构对比（以某机组 1000/16.9 - I 锅炉为例）

受热面	蒸汽流量 /（t/h）	管径 /mm	节距 /mm	管圈数	管子金属材料	联箱直径进/出 /mm
低温过热器	1000	$\phi 51 \times 7$	130/126	5	20 号碳钢，12Cr1MoV	$\phi 406 \times 50 / \phi 406 \times 50$
低温再热器	854	$\phi 60 \times 4$	342.9/70	9	12Cr2MoWVTiB、12CrMoV	$\phi 457.2 \times 25 / \phi 508 \times 25$
高温过热器	1000	$\phi 51 \times 8$	171.45/100	6	12Cr1MoV，钢 102	$\phi 355.6 \times 50 / \phi 457.2 \times 80$
高温再热器	854	$\phi 60 \times 4$	228.6/153	7	钢 102，SUS304HTB	$\phi 508 \times 25 / \phi 508 \times 30$

由于再热蒸汽压力较低，比体积较大，再热蒸汽的体积流量比过热蒸汽的体积流量大很多，因此再热蒸汽的流动阻力也较大。再热器系统的流动阻力增加会使蒸汽在汽轮机内做功的有效压力降减小，从而导致机组的热耗增加。计算表明，再热器的流动阻力增加 0.1MPa，热耗将增加 0.2% ～ 0.3%。因此，一般再热器的流动阻力不应超过再热器进口压力的 10%，限制在 0.2 ～ 0.3MPa 以内。

为了限制再热器的压力降，一般可采取以下措施：

（1）适当降低再热器中蒸汽的质量流速，推荐对流再热器的质量流速 $\rho w = 250 \sim 400 \text{kg}/(\text{m}^2 \cdot \text{s})$，辐射再热器的质量流速 $\rho w = 1000 \sim 1200 \text{kg}/(\text{m}^2 \cdot \text{s})$。

（2）再热器多采用大直径、多管圈结构，管径为 42 ～ 63.5mm，常用管圈数为 5 ～ 9。

（3）简化再热器系统，尽量减少蒸汽的中间混合与交叉流动次数。

蒸汽压力越低时，密度越小，传热性能越差。再热蒸汽不仅压力较低，而且蒸汽的质量流速也较低，所以再热器管壁的表面传热系数很小（仅为过热器的 1/5），再热蒸汽对管壁的冷却能力较差。同时，由于再热器的压降受到一定限制，不宜采用提高工质流速的方法来加强传热，所以再热器中管壁温度与工质温度的温差比过热器的温差大。

此外，由于再热蒸汽压力低、比热容小，因而再热器对热偏差特别敏感，即在相同的热偏差条件下，再热器出口汽温的偏差比过热器的偏差大。再热器由于流动阻力的限制，不能采用过多的混合、交叉来减小受热偏差。通常可采用以下措施来防止再热器管壁温度超过金属材料的允许温度：

（1）将对流式再热器布置在高温对流过热器后的烟道内（一般烟温不超过 850℃）。

（2）选用允许温度较高的钢材，如 WG - 670/13.7 型锅炉高温段再热器受热面选用了奥氏体合金钢。

（3）有的锅炉把部分再热器做成壁式再热器，布置在炉膛一面或几面墙上，主要吸收炉膛辐射传热量，或做成后屏再热器，布置在后屏过热器之后作为第二后屏，这时壁式再热器和后屏再热器中的蒸汽必须是低温段再热蒸汽。

六、热偏差的基本概念

热偏差是在过热器以及锅炉的其他受热面并列工作管中，个别管（偏差管）内工质的焓增偏离管组平均焓增的现象，它是由于并列工作管子的吸热不均匀、结构不均匀和流量不均匀造成的。并列管间受热面间的结构不均匀差异除屏式结构过热器外，一般很小。因此，造成热偏差的主要原因是并列管热负荷不均与工质流量不均，对于受热面而言，热负荷较大而工质流量较小的那些管子的热偏差最大。对于超临界压力锅炉高温过热器及再热器都采用屏式结构，所以必须重视结构不均匀对热偏差的影响。

七、热偏差产生的原因

热负荷不均匀和工质流量不均匀是热偏差产生的原因，热负荷不均匀反映并列管烟气侧分配热量的情况，而流量不均匀反映的是并列管工质侧带走热量的情况。二者共同构成吸热不均，也就是热偏差。

1. 热负荷不均匀

热负荷不均匀由炉内烟气温度场与烟气速度场的不均匀所造成，而在锅炉设计、安装和运行中均可能形成这种不均匀。

锅炉炉膛很宽，炉膛四壁通常都布置有水冷壁，烟气温度场和速度场存在不均匀，炉膛中部的烟温和烟速比炉壁附近的高，在炉膛出口处的对流过热器沿宽度的热负荷不均匀系数一般达 1.2～1.3。烟气温度场与速度场仍保持中间高、两侧低的分布情况。

对流过热器管排间的横向节距不均匀时，在个别蛇形管片间具有较大的烟气流通截面，称为烟气走廊。该处烟气流速快，加强了对流传热量，烟气走道还具有较大的烟气辐射层厚度，加强了辐射传热量，因此走道中的受热面热负荷不均系数较大。

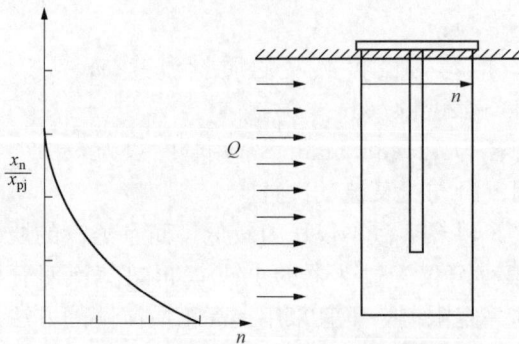

图 9-8　屏管沿管排的深度角系数的变化
x_n—第 n 根管的角系数；x_{pj}—管子平均角子数

屏式过热器在接受炉膛的辐射热中，同一屏的各排管子的角系数沿着管排的深度不断减小，如图 9-8 所示。因此，屏式过热器排管子的热负荷有很大的差别，面对炉膛的第一排管子，角系数最大，热负荷最高。

在锅炉燃烧器采用四角布置时，在炉膛内会产生旋转的烟气流，在炉膛出口处烟气仍有旋转，两侧的烟温与烟速存在较大差别，烟温差可达 100℃ 以上，即所谓的"扭转残余"。烟气流的扭转残余会使烟道内的烟气温度和流速分布不均匀。

此外，运行中炉膛中火焰偏斜，各燃烧器负荷不对称和煤粉与空气流量分布不均匀，炉膛结渣和积灰等都会引起并联管热面热负荷偏差。

2. 流量不均匀

蒸汽流过由许多并列管圈组成的过热器管组时，其中任一管圈进出口压降一般由流动阻

力 Δp_{lz} 和重力压头 Δp_{zw} 组成，即

$$\Delta p = \Delta p_{lz} \pm \Delta p_{zw} \qquad (9-1)$$

对立式布置的管组，由于进出口联箱位置高度相差不大，重力压头很小；对卧式布置的管组，由于管圈的长度比管组高度大得多，重力压头相对流动阻力很小，可忽略不计，因此过热器管圈的进出口压降就基本等于流动阻力 Δp_{lz}。任一管圈的进出口压降为

$$\Delta p \approx \Delta p_{lz} = \left(\sum \xi + \lambda \frac{l}{d}\right)\frac{\rho w^2}{2}$$

$$= \left(\sum \xi + \lambda \frac{l}{d}\right)\frac{G^2}{2A^2\rho} = \frac{KG^2}{\rho} \qquad (9-2)$$

$$K = \left(\sum \xi + \lambda \frac{l}{d}\right)\frac{1}{2A^2}$$

式中　K——阻力特性系数；

　　　G——工质流量，kg/s；

　　　ρ——工质密度，kg/m^3；

　　$\sum \xi$——管子局部阻力系数总和；

　　　λ——摩擦阻力系数；

　　　l——管子长度，m；

　　　d——管子内径，m；

　　　A——管子工质流通截面积，m^2。

由式（9-2）可得

$$G = \sqrt{\frac{\rho \Delta p}{K}} \qquad (9-3)$$

则工质流量不均匀系数为　　$\eta_G = \dfrac{G_p}{G_o} = \sqrt{\dfrac{K_o}{K_p} \cdot \dfrac{\rho_p}{\rho_o} \cdot \dfrac{\Delta p_p}{\Delta p_o}}$　　（9-4）

由式（9-4）分析可知，影响管内工质流量的主要因素：管圈进出口压降、工质密度、阻力特性等。现分析如下：

（1）管圈进出口压降。在过热器进出口联箱中，蒸汽引入、引出的方式不同，各并列管圈的进出口压降也不一样。压降大的管圈，蒸汽流量大，因而造成流量不均。

首先来分析一下联箱中的静压变化情况。过热器并联管进口联箱一般都水平放置。进口联箱又称为分配联箱，出口联箱又称汇集联箱。如图 9-9 所示，蒸汽从分配联箱一侧端部引入，沿联箱长度不断分配给各并联管子，联箱中的蒸汽流量减小，流速也随之下降。按能量守恒定理，动能转换成压力能，故联箱中的静压随着流速的下降而上升。同时蒸汽在联箱中的流动阻力使静压力沿着流动方向有所下降，联箱

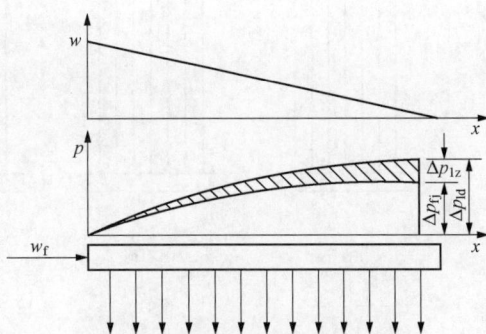

图 9-9　分配联箱中的附加静压

w_f——工质进入分配集箱的速度；

Δp_{lz}——流动阻力压降；

Δp_{fj}——附加静压；

Δp_{ld}——Δp_{lz} 与 Δp_{fj} 之和

中的静压增加最大值称分配联箱的最大静压。同样，汇集联箱的附加静压变化如图 9 - 10 所示。

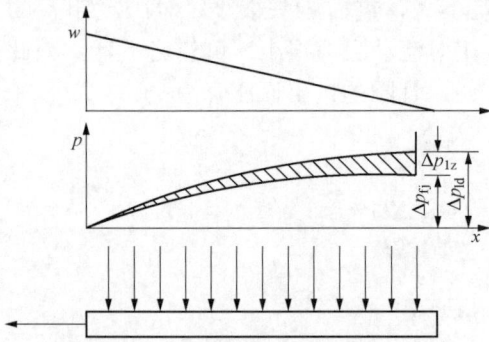

图 9 - 10　汇集联箱中的附加静压

图 9 - 11 所示为过热器联箱采用不同连接方式对联箱中压力分布的影响。蒸汽从进口联箱左端引入，从出口联箱右端引出的连接方式，称 Z 形连接。在进口联箱中，沿联箱长度，由于蒸汽不断分配给并列管圈而蒸汽流量逐渐减少，蒸汽流速逐渐降低，部分动压转变为静压，因此静压逐渐升高。在出口联箱中，沿着蒸汽流向，速度逐渐升高，部分静压转变为动压，因此静压逐渐降低。进出口联箱中的压力分布如图 9 - 11 （a） 所示。

图 9 - 11 （a） 中上下两根曲线分别表示进出口联箱中压力的变化，两曲线之差即为各并列管圈进出口压降。由图看出，各并列管圈进出口压降有很大差异，左侧管圈压降小，各种连接方式联箱的压力分布特性表明，图 9 - 11 （b） 所示的 Ⅱ 形连接，各并列管圈的流量分配比 Z 形连接均匀得多；图 9 - 11 （d） 所示的双 Ⅱ 形连接又比 Ⅱ 形的好；流量分配最均匀的属图 9 - 11 （e） 所示的多点引入引出形，但这种连接系统耗钢材较多，布置也较困难。

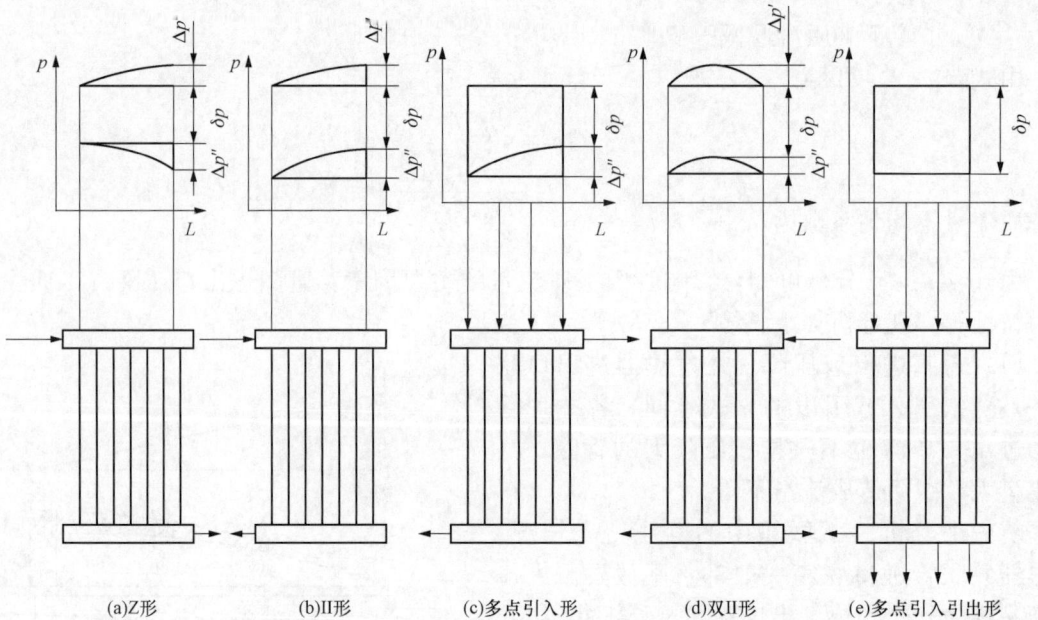

(a)Z形　　　(b)Ⅱ形　　　(c)多点引入形　　　(d)双Ⅱ形　　　(e)多点引入引出形

图 9 - 11　不同连接方式联箱的压力分布

$\Delta p'$—进口附加静压；$\Delta p''$—出口附加静压；δp—并联管圈进出口压差

（2）管圈的阻力特性。阻力特性系数 K 与管子的结构特性、粗糙度等有关。管圈的阻力越大，K 值越大，则流量越小。阻力特性的差异对屏式过热器的影响比较突出。屏式过热器的最外圈管最长，阻力最大，因而流量最小，但它却是受热最强的管。因此，外圈管的热偏差最大。

（3）工质密度。当并列管热负荷不均导致受热不均时，受热强的管吸热量多、工质温度高，使密度减小；由于蒸汽容积增大使阻力增加，因而蒸汽流量减小。也就是说，受热不均将导致流量不均，使热偏差增大。

八、减小热偏差的措施

现代大型锅炉由于几何尺寸较大，烟温很难分布均匀，炉膛出口烟温偏差可达 200～300℃，易产生热负荷偏差。而过热器和再热器的面积较大，系统复杂，蒸汽焓增又很大，以致个别管圈汽温的偏差可达 50～70℃，严重时可达 100～150℃。这些特点使过热器、再热器一方面产生较大的热偏差，另一方面减小了允许热偏差，这个问题是造成管壁金属温度容易超过其许用温度的原因。要完全消除热偏差是不可能的，但应针对造成热偏差的原因，采取相应的措施，尽量减小热偏差，使金属壁温控制在允许范围内。

在过热器和再热器设计时，常常从结构上采取以下措施来减小热偏差。

1. 受热面分级（段）

由

$$\Delta h_p - \Delta h_o = (\varphi - 1)\Delta h_o \qquad (9-5)$$

在热偏差系数 φ 一定的情况下，偏差管工质焓增的偏差（$\Delta h_p - \Delta h_o$）与管组平均工质焓增 Δh 成正比。由水蒸气性质知道蒸汽焓值与蒸汽温度相对应，蒸汽温度偏差受到管壁金属许用温度的限制。因此，若将过热器和再热器受热面分成多级时，由于每一级工质的平均焓增减小，并列管焓增的偏差就减小，从而可减小热偏差对偏差管壁温的影响。

现代锅炉的过热器和再热器都设计成多级串联的形式。不同级过热器和再热器分别布置在炉膛或烟道的不同位置。有时某一级过热器又沿烟道宽度分成冷热两段，以消除因吸热不均引起的热偏差。一般再热器分成二至三级，过热器分成四至五级或更多。每一级（段）焓增控制在 250～400kJ/kg。对于末级（段）过热器，由于蒸汽温度高，比热容对热偏差更敏感，因此焓增一般控制在 125～200kJ/kg。

2. 级间连接

过热器和再热器的各级之间常通过中间联箱进行混合，使蒸汽参数趋于均匀一致，不致将前一级的热偏差延续到下一级中去。同时，常利用交叉管或中间联箱使蒸汽左右交叉流动，以减小由于烟道左右侧热负荷不均所造成的热偏差。过热器、再热器分段后，要把它们各自串联成整体。受热面段间连接方法常有以下几种：

（1）单管连接，如图 9-12（a）所示。该种段间连接系统简单，但热偏差较大。

（2）联箱端头连接并左右交错，如图 9-12（b）所示。该种段间连接系统也比较简单，可消除左右热偏差，但钢材耗量比较大。

（3）多管连接左右交错，如图 9-12（c）所示。该种段间连接的管子较多，系统较复杂，钢耗较大，但热偏差小。

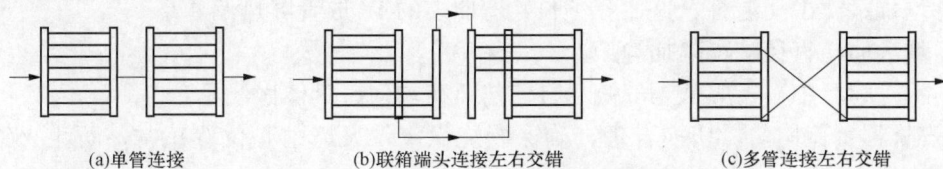

(a)单管连接　　　　　(b)联箱端头连接左右交错　　　　　(c)多管连接左右交错

图 9-12　过热器与再热器的段间连接

另外，在进出口联箱引入和引出的连接方式中，应尽量采用流量分配均匀的Ⅱ形、双Ⅱ形或多点均匀引入引出的连接方式，尽量避免Z形连接方式，以减小流量不均引起的热偏差。

3. 受热面结构

在过热器和再热器的结构设计中，要尽量防止因并列工作管的管长、流通截面积等结构不均匀引起的热偏差。

（1）管束的横向节距与纵向节距在各排管子中都要均匀。个别管排的横向节距过大，形成"烟气走廊"，将使该处的烟速升高，烟气辐射层厚度增大，传热量增多。多管圈结构的内圈管子，往往由于管子弯头曲率半径较大，使其纵向管中心节距增大，烟气辐射层厚度增厚。

（2）减小管束前烟气空间的深度。它对第一排管子辐射传热最强，以后各排管子的辐射传热逐渐减弱。

（3）屏式过热器外圈管子受热较强，受热面积较多，流动阻力较大。因此，为了减小屏式过热器的热偏差，应特别注意改善外圈管的工作条件，一般采用以下几种方法减小其热偏差：

1）最外两圈管截短或外圈管短路，如图9-13（a）、（b）、（d）所示。外圈管截短或短路的目的都是缩短外圈管长度，减小流动阻力，使管内通过的蒸汽量增加。

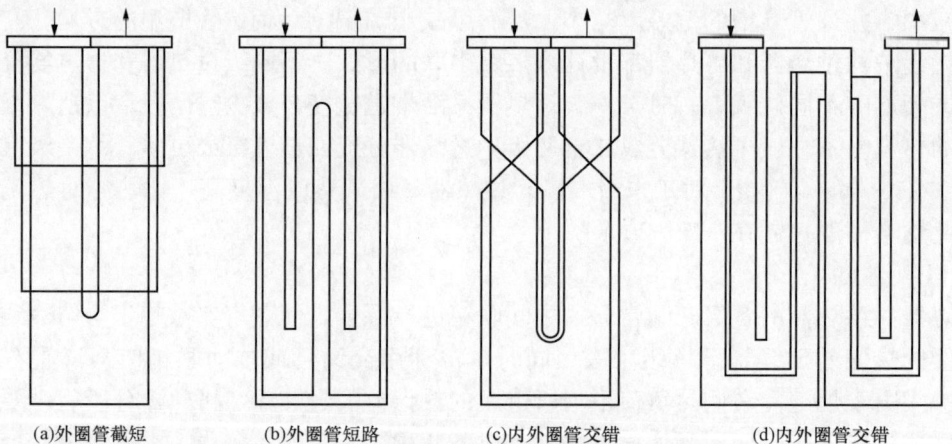

(a)外圈管截短　　　(b)外圈管短路　　　(c)内外圈管交错　　　(d)内外圈管交错

图9-13 屏式过热器防止外圈管子超温的改进措施

2）管屏内外圈管子交叉或内外管屏交叉，如图9-13（c）、（d）所示。这种形式可使管屏的并列管吸热情况与流量分配趋于均匀，从而减小热偏差。

3）采用双U形管屏取代W形管屏。双U形管屏如图9-13（b）所示。它将管子分为两段，并增加一次中间混合，这比管子长、弯曲多的W形管屏热偏差小。

（4）增大联箱直径减小附加静压。

（5）锅炉运行中，还应从烟气侧尽量使热负荷均匀，具体做法是：

1）燃烧器负荷均匀，切换合理，确保燃烧稳定，火焰中心位置正常，防止火焰偏斜，提高炉膛火焰充满度。

2）健全吹灰制度，防止受热面局部积灰、结渣。

任务描述

该任务对应电厂巡检岗位，可巡视检查火力发电厂各类型过热器和再热器，也是竞赛和证书考核内容中的具体对象，基本要求为能在现场和 DCS 画面找到巡检和操作的设备。课堂活动要求如下：

（1）绘制出过热器和再热器在热力系统中的位置并描述其作用。

（2）在锅炉系统图中识别不同位置处各类过热器和再热器的类型及结构参数和特点。

（3）分组讨论再热器的特点及和过热器的区别。

（4）列出热偏差产生的原因及减少措施。

（5）在系统图和仿真机界面找出为减少热偏差采取的措施有哪些。

任务拓展

典型过热器和再热器系统举例

（一）HG‑2980/26.15‑YM2 超超临界压力锅炉过热器再热器系统及结构

锅炉过热器分为四级，依次为低温过热器、分隔屏过热器、屏式过热器和末级过热器。分隔屏过热器布置在炉膛上前部，屏间距离较大，屏数较少，吸收炉膛内高温烟气的辐射传热，为辐射式过热器。屏式过热器布置在炉膛出口处，屏数相对较多，屏间距相对较小，它既吸收炉膛内的辐射传热，又吸收烟气冲刷受热面时的对流传热，故又称半辐射过热器。低温过热器以及末级过热器布置在锅炉尾部烟道和水平烟道内，管内蒸汽热量的吸收主要通过与烟道内高温烟气的对流换热，属于对流式过热器，如图 9‑14 所示。

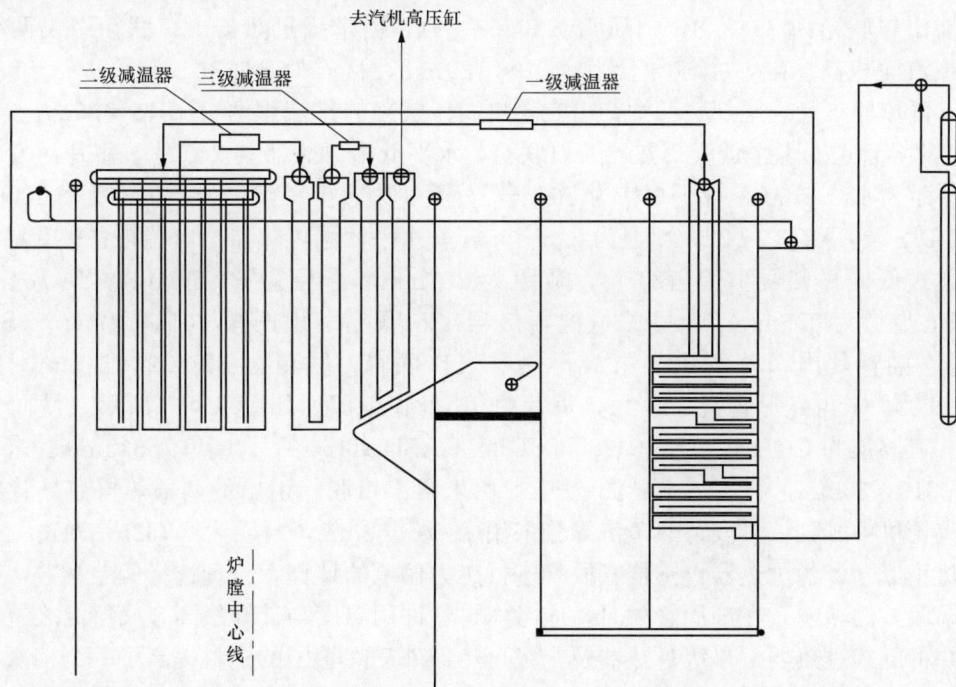

图 9‑14　过热器系统

　　为消除蒸汽侧和烟气侧产生的热力偏差，过热器各段进出口联箱间的连接采取按 1/2 炉宽混合并在汇集总管上设置三级喷水减温器，每级喷水又分成左右两个，使左右汽温偏差降到最小程度的平衡措施，保证过热器各段的焓增分配合理。过热器、再热器两侧出口的汽温偏差分别小于 5℃和 10℃。

　　过热器系统蒸汽由两个汽水分离器顶部引出的两根蒸汽连接管（ϕ469.9×68mm，SA335P12）送往位于后竖井中的水平低温过热器入口联箱，流经水平低温过热器的下、中、上管组，水平低温过热器蛇形管共有 240 片，每片由 5 根管子组成，管子为 ϕ50.8，节距为 133.5mm，壁厚为 8.1～8.4mm，材质为 SA213T12，由水平低过的出口段与立式低温过热器相接，管径也为 ϕ50.8，节距为 267mm，以降低烟速，材质也是 SA213 - T12，由立式低过出口联箱引出的 2 根 ϕ508×78mm 的连接管上装有两个第一级喷水减温器，通过喷水减温后进入分隔屏入口联箱。分隔屏共有 12 大片屏，每个大屏又由 4 个小屏组成，每大屏各有 60 根 ϕ54 的管子，按照壁温，分别采用 SA213 - T22（壁厚为 9.9～13mm）和 SA213 - TP347H（壁厚为 7.2～9.3mm）材料，由分隔屏出口联箱引出的 2 根 ϕ508×108mm（SA335 - P22）连接管上装有两个第二级喷水减温器，其出口管道为 ϕ609.6×118mm，蒸汽进入屏式过热器入口联箱（ϕ355.6×71mm，SA335 - P22）。屏式过热器蛇形管共有 56 屏，每屏由 13 根管组成，横向节距为 534mm，管子材质为 SA213 - T22，CODE CASE 2328（18Cr 钢）以及 SA213 - TP301HCbN（HR3C），管径为 ϕ50.8/ϕ63.5，屏式过热器出口联箱为 ϕ444.5×76mm（SA355 - P91），由屏式过热器出口联箱引出 2 根 ϕ558×83mm 连接管，管上装有两个第三级喷水减温器，喷水后的蒸汽进入末级过热器入口联箱（ϕ431.8，SA335 - P91），末过蛇形管共有 92 屏，每屏由 16 根管弯成，管径为 ϕ57.1/48.6，材质为 CODE CASE 2328 和 HR3C，横向节距为 333.8mm，末级过热器出口联箱为 ϕ558.8，材质为 SA335 - P91。由末级过热器出口联箱引出两根主汽导管送往汽轮机高压缸，主汽导管为 ϕ610×129mm，材质为 SA335 - P91。

　　低温再热器布置于尾部竖井中，由汽轮机高压缸来的排汽用两根 ϕ813×26mm（A672 - GrB65）的导管送入水平低温再热器入口联箱，水平低温再热器共 240 片，每片由 6 根管子组成，节距为 133.5mm，管子规格为 ϕ63.5，分下、中、上三组，材质依次为 SA209 - T1、SA213 - T12 及 SA213 - T22，壁厚为 3.5～5mm，水平低温再热器出口端与立式低温再热器相接，立式低温再热器共有 120 片，节距为 267mm，管径为 63.5mm，材质为 SA213 - TP347H，壁厚为 3.5mm，由立式低温再热器出口联箱引出两根 ϕ813×49mm（SA335 - P22）的连接管其出口蒸汽进入末级再热器入口联箱，联箱为 ϕ711.2×54mm，材质为 SA355 - T22，末再蛇形管共 118 片，每片由 10 根管组成，如图 9 - 15 所示，横向节距为 267mm，其材质为 CODE CASE 2328 和 CODE CASE 2115，平均壁厚为 3.5mm。末再出口联箱为 ϕ813×80mm，材质为 SA355 - P91，由末再出口联箱引出的两根热再热导管将再热汽送往汽轮机中压缸，热段再热蒸汽导管采用 ϕ864×48mm，材质为 SA335 - P91。

　　为防止爆管，各过热器再热器管段均进行热力偏差的计算，合理选择偏差系数，并充分考虑烟温偏差的影响，在选用管材时，应考虑材料许用温度与计算最高金属壁温之差不小于 15℃，并将屏式过热器、末级过热器及末级再热器外三圈管子的钢材提高了一个档次。

　　（二）上海锅炉厂 1000MW 塔式锅炉过热器和再热器系统及结构

　　上海塔式炉 1000MW 过热器系统按蒸汽流向主受热面分为三级：吊挂管和第一级屏式

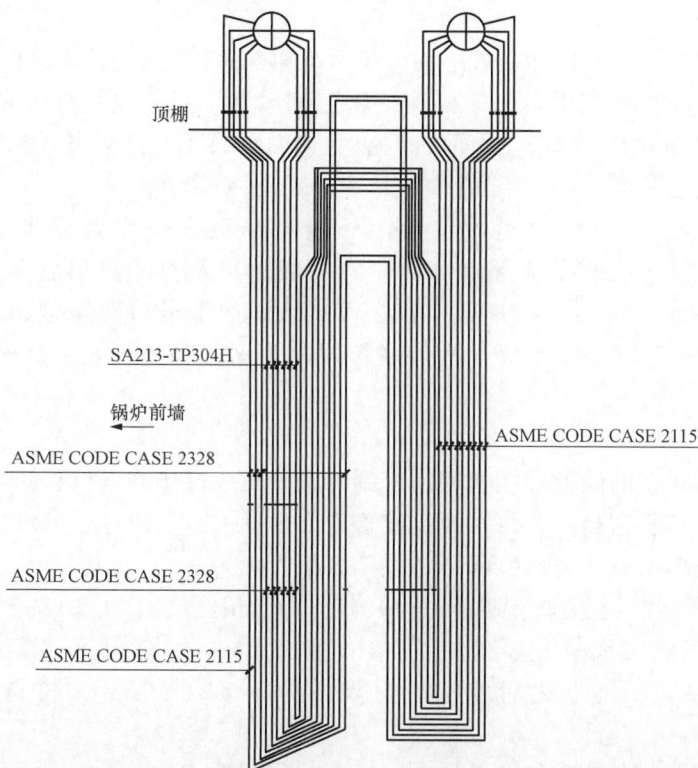

图 9-15　末级再热器

过热器、第二级过热器、第三级过热器。再热器受热面分
为两级，即第一级再热器（低温再热器）和第二级再热器
（高温再热器），过热器和再热器布置如图 9-16 所示。各级
过热器的结构布置简述如下：

1. 第一级过热器

由六台汽水分离器上部出来的蒸汽汇集到两台分配器，
再由分配器引到锅炉上部第一级过热器进口联箱。第一级过
热器进口联箱分出来 89 片管屏，每片屏 7 根套管子，这些管
子作为悬吊管支吊省煤器、第一级再热器、第二级过热器、
第二级再热器、第三级过热器、第一级过热器本身等受热面，
第一级过热器出口联箱分别布置在前/后墙之上。分配器进口
连接管道管径为 $\phi356×48mm$，材料为 12Cr1MoVG，数量是
6 根。分配器管径为 $\phi457×75mm$，材料为 12Cr1MoVG，数
量是 2 根。第一级过热器进口管道管径为 $\phi426×58mm$，材
料为 12Cr1MoVG，数量是 4 根。

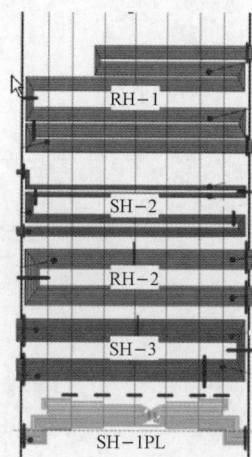

图 9-16　过热器和再热器布置

第一级过热器进口联箱规格为 $\phi426×60mm$，材料为 12Cr1MoVG，数量是 2 根。第一
级过热器出口联箱为 $\phi406×56mm$，材料为 SA335-P91，数量是 2 根。

2. 第二级过热器

第一级过热器出口的 4 根连接管道引入到两个第二级过热器进口联箱，在第一级过热器到第二级过热器的连接管道中，每一根连接管道都设置了蒸汽流量装置和第一级喷水减温器。第二级过热器分成上下两级受热面，上级受热面总共 178 排管屏，每片屏是 7 根套管。下级第二级过热器受热面总共 89 排管屏，每片屏是 14 根套管。

第一级过热器出口连接管道（包括第一级过热蒸汽喷水减温器）规格为 $\phi406\times56mm$，材料为 SA335 - P91，数量是 4 根；第一级过热蒸汽减温器后管道规格为 $\phi406\times56mm$，材料为 SA335 - P91，数量是 4 根。第二级过热器进口联箱规格为 $\phi406\times63mm$，材料为 SA335 - P91，数量是 2 根，出口联箱规格为 $\phi457\times90mm$，材料为 SA335 - P92，数量是 2 根。

3. 第三级过热器

第二级过热器出口的四根连接管道引入到两个第三级过热器进口联箱，第二级过热器到第三级过热器的连接管道当中，每一根连接管道都设置了第二级过热蒸汽喷水减温器。第三级过热器受热面横向共有 22 排管屏，每片屏 36 根管套。

第二级过热器出口连接管道规格为 $\phi457\times75mm$，材料为 SA335 - P92，数量是 4 根。第二级过热蒸汽喷水减温器规格为 $\phi457\times68mm$，材料为 SA335 - P92，数量是 4 根。第二级过热蒸汽减温器之后连接管道规格为 $\phi457\times62mm$，材料为 SA335 - P92，数量是 4 根。

第三级过热器进口联箱规格为 $\phi457\times65mm$，材料为 SA335 - P92，数量是 2 根。第三级过热器出口联箱规格为 $\phi270\times94.5mm$，材料为 SA335 - P92，数量是 2 根。

过热蒸汽流程如图 9 - 17 所示。

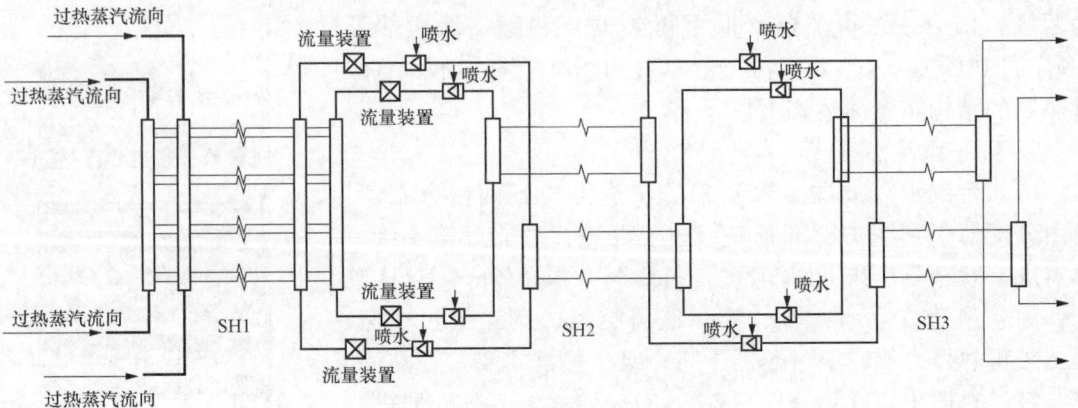

图 9 - 17　过热蒸汽流程图

再热器受热面分为两级，即第一级再热器（低温再热器）和第二级再热器（高温再热器）。各级受热面之间利用集中的大管道连接。由汽轮机高压缸来的汽首先进入第一级再热器。第一级再热器布置在省煤器和第二级过热器之间。第一级再热器逆流布置，受热面特性为纯对流。第二级再热器布置在第二级过热器和第三级过热器之间，第二级再热器（高温再热器）顺流布置，受热面特性表现为半辐射式。再热器的汽温调节主要靠摆动燃烧器，在低温过热器的入口管道上布置最大 2%BMCR 流量事故喷水减温器，两级再热器之间设置有最大 5%BMCR 流量再热蒸汽微量喷水，并内外侧管道采用交叉连接。

再热蒸汽流程如图 9-18 所示。来自汽轮机高压缸排汽分成左右侧两路管道进入第一级再热器进口联箱，第一级再热器进口联箱管道上设有再热事故喷水减温器。第一级再热器进口联箱之上还设有锅炉本体吹灰用的蒸汽汽源抽头管座。第一级再热器横向共有 178 片管屏，每片屏是 8 根套管。

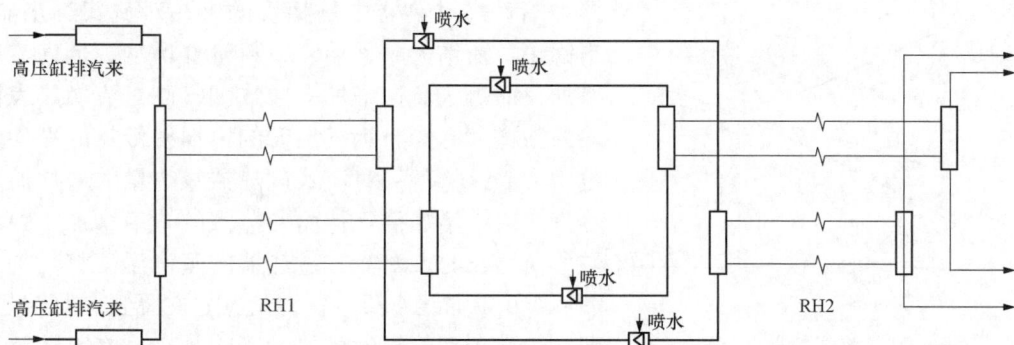

图 9-18 再热蒸汽流程图

第一级再热器进口联箱规格为 $\phi813\times30mm$，材料为 12Cr1MoVG，数量 1 根。第一级再热器出口联箱规格为 $\phi660\times30mm$，材料为 SA335-P91，数量 2 根。

通过第一级再热器出口四根管道经再热蒸汽微量喷水减温器进入到第二级再热器进口联箱。第一级再热器出口管道和再热蒸汽微量喷水减温器规格为 $\phi660\times30mm$，材料为 12Cr1MoVG，数量 4 根。第二级再热器横向共有 44 片管屏，每片屏是 22 根套管。

第二级再热器进口联箱规格为 $\phi559\times30mm$，材料为 12Cr1MoVG，数量 2 根。第二级再热器出口联箱规格为 $\phi660\times45mm$，材料为 SA335-P92，数量 2 根。

任务 2 过热与再热蒸汽温度调整

相关知识

一、汽温要求

为了保证锅炉机组安全经济的运行，必须维持过热和再热汽温稳定。锅炉运行中，各种扰动因素都能引起汽温变化，汽温升高可能会引起过热器和再热器管壁及汽轮机汽缸、转子、汽门等金属的工作温度超过其允许温度，金属的热强度、热稳定性都将下降。如果汽温下降，将达不到设计的热效率，热损失增大。再热汽温下降，还会增加汽轮机末级叶片蒸汽湿度。此外，汽温过大的波动还会加速部件的疲劳损伤，甚至使汽轮机发生剧烈的振动。

根据计算，过热器在超温 10～20℃ 长期工作，其寿命将缩短一半以上；主蒸汽温度（过热器出口汽温）每降低 10℃，循环热效率下降 0.5%。为此，一般要求 50%～100% MCR 范围内，保持汽温在额定值，偏差范围应为 -10～+5℃。因此，为了满足对汽温调节越来越高的要求，必须设置可靠的汽温调节装置以维持汽温的稳定。

二、汽温特性

锅炉在各个稳定状态下，各种状态参数都有确定的数值。各参数与锅炉工况的对应关系称为静态特性，它与到达稳定状态之前的历程无关。汽温随锅炉负荷变化的静态特性，就是在各种稳定负荷下的汽温特性。

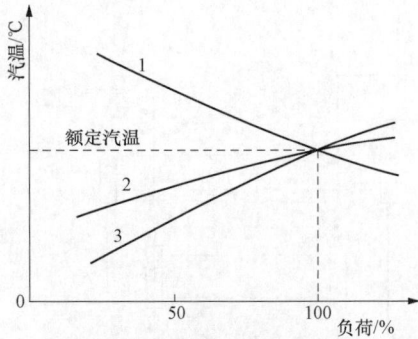

图 9-19　汽温特性曲线
1—辐射式过热器；
2—半辐射式过热器；3—对流式过热器

过热汽温随锅炉负荷变化的特性，在对流式过热器和辐射式过热器中是相反的。在对流式过热器中，当锅炉负荷增大时，输入燃料量要增加，烟气流速也增加；而烟气流速增加会导致烟气侧对流换热表面传热系数增大，同时烟气温度的增加使传热的平均温差也增大，这样就使对流式过热器吸热量的增加值超过蒸汽流量的增加值，从而使蒸汽的焓值增加。因此锅炉负荷增长时，对流式过热器的蒸汽温度将增加，如图 9-19 中曲线 2 所示。对流式过热器进口烟温越低，即离炉膛越远，辐射传热的影响越小，汽温随负荷增加而升高的幅度越大，如图 9-19 中曲线 3 所示。

在辐射式过热器中则具有相反的汽温特性。当锅炉负荷增加时，由于炉膛火焰的平均温度变化不大，辐射传热量增加不多，跟不上蒸汽流量的增加，因而使蒸汽焓增减少，所以在锅炉负荷增加时，辐射式过热器的汽温反而会降低，如图 9-19 中曲线 1 所示。

针对不同的过热器的汽温特性，锅炉在过热器的布置上一般都采用对流-辐射-对流的串联布置方式，并保持适当的吸热量比例，则可使最终的汽温变化静态特性较为平稳。

对于汽包锅炉来说，对流式过热器吸热份额比辐射式过热器的吸热份额多，最终的汽温变化具有对流性质，即汽温随锅炉的负荷升高而升高；对于超临界压力锅炉、辐射式过热器受热面面积较大，汽温显辐射特性，锅炉汽水分离器出口即中间点温度随锅炉负荷的升高而升高。

对于再热器，不论是汽包锅炉还是直流锅炉，汽温的静态特性变化都较大。在再热器中，由于工质流量较低，而且为了启动以及停炉时的保护，一般不用辐射式及屏式，而是布置在较低烟温区的纯对流式，所以一般具有对流式的汽温静态特性。而且对于再热器，还要考虑汽轮机高压缸排汽温度的问题。当汽轮机负荷降低时，高压缸排汽温度亦即再热器进口汽温随之降低。综合起来，再热器的温度变化幅度是比较大的。

三、汽温调节装置

由于影响汽温波动的因素很多，在运行中汽温的波动是不可避免的，为了保证机组安全、经济运行，锅炉必须采取适当的调温方法来减少各运行因素对汽温波动的影响。汽温调节是指在一定的负荷范围内保持额定的蒸汽温度，并且具有调节灵敏、惯性小、结构简单、操作容易、对电厂热效率影响小的特点。

汽温的调节方法很多，可以分为蒸汽侧调节和烟气侧调节两大类。蒸汽侧调节是指通过改变蒸汽的焓值来调节汽温；烟气侧调节是指通过改变流经受热面的烟气量或通过改变炉内辐射受热面和对流受热面的吸热量份额来调节汽温。蒸汽侧调节方法有喷水减温器、汽-汽热交换器法、蒸汽旁通法等，烟气侧调节方法有烟气再循环、烟气挡板、调节燃烧火焰中心位置等。下面分别介绍几种超临界压力锅炉常用的汽温调节方法。

（一）喷水减温器

1. 结构原理

减温水通过喷嘴雾化后直接喷入蒸汽的减温器称为喷水减温器。这种减温器是水在加热、汽化和过热过程中吸收了蒸汽的热量，从而达到调节汽温的目的。图 9-20 为喷水减温器的一种类型，它由雾化喷嘴、连接管、混合管及外壳等组成。雾化喷嘴由多个直径 3～6mm 的小孔组成，减温水从小孔中喷出雾化。混合套管长 4～5m，保证水滴在套管长度内蒸发完毕，防止水滴接触外壳产生热应力。因为外壳温度与蒸汽温度是一致的，喷管与外壳之间用混合套管连接，可防止较低温度的减温水使喷管与外壳之间产生较大的热应力。这种减温器的减温水直接与蒸汽接触，因而对水质要求高，可直接用给水作减温水。喷水减温结构简单，调节幅度大，惯性小，调节灵敏，有利于自动调节，因此在现代大型锅炉中得到了广泛的应用。

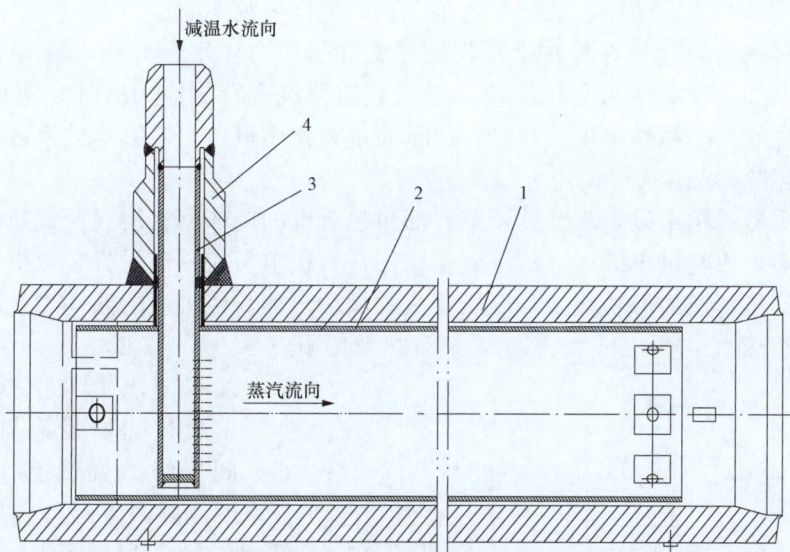

图 9-20　减温器结构
1—筒体；2—混合管；3—喷管；4—管座

（1）喷水减温器在过热器系统中的位置及作用。超临界压力锅炉有二级或三级喷水减温器，都布置在过热器中间位置，它既可保护前屏、后屏及高温段过热器，使其管壁金属材料工作温度不超过许用温度，又可令高温段过热器前的减温器得到较高的汽温调节灵敏度。

（2）喷水减温器种类。混合式减温器有各种结构，根据喷水的方式分为喷头式、文丘里式、旋涡式、笛形管式四种。

2. 喷水减温存在的问题

喷水减温器利用高压给水喷入过热蒸汽中调节汽温，结构简单，调节灵敏，减温器出口汽温延迟的时间短，调节幅度大，压力损失小。但由于减温水喷入后与过热器混合，要求减温水的品质不能低于蒸汽品质。锅炉减温水一般取自给水泵出口，水温低，水压高，但减温水与减温器温差大，不利于减温器工作。超临界压力锅炉减温水有取自省煤器出口，这样水温高，水压低，减温水与减温器温差小，蒸发快，减温器受到的热应力小，但启动阶段由于省煤器出口给水压力与主汽压相差较小，减温水量不易控制，减温效果较差。我国超临界压力锅炉设置有两路减温水管路，要根据情况合理使用。

减温水在机组启动初期，蒸汽流量较小，汽温与减温水的温差小，极易出现减温水不能完全被汽化，会造成过热器进水，导致过热器热偏差。因此，在机组启动期间应尽量采用调节给水量、燃料量、风量等手段控制汽温，减少使用减温水。

减温水水量变化对汽温变化影响较快、较大，运行中禁止大幅度操作，防止汽温突升突降。喷水减温造成的能量损失是必然的，系统设计时应尽力减少这种损失，在给水压力能够满足喷入过热蒸汽要求时，应尽量采用高温度的减温水，减少不可逆能量损失，同时也能减少对过热器热冲击。减温水喷入量的大小一定要考虑到能否被完全汽化的问题，喷水后的蒸汽温度至少比相应的饱和温度高 15℃。应尽量避免减温水量大幅波动，减温水量大幅波动不仅会影响主汽温的变化，还会引起主汽压的变化，而主汽压波动又影响燃料量的波动，如此反复变化进入一个恶性循环，最终导致整个锅炉燃烧参数不稳定。

喷管由于蒸汽对悬臂喷管的冲刷及长期受交变热应力作用会变形，喷管有可能发生振动，引起喷管断裂，影响喷水雾化质量，造成减温器混合管热应力破坏，进而影响筒体寿命，造成潜在危险。减温器出现问题后，由于喷水雾化质量差，会影响进入过热器蒸汽流量的均匀，造成过热器热偏差。

混合式减温器适用于过热汽温的调节，而再热汽温的调节不宜用混合式减温器。因为水喷入再热蒸汽后，汽轮机中低压缸蒸汽流量增加，在机组负荷一定时势必减少高压缸的蒸汽流量，也就是高压蒸汽的做功减少，低压蒸汽的做功增加，使机组的循环热效率降低。计算结果表明，再热蒸汽中喷入 1% 减温水，循环热效率下降 0.1%～0.2%。

3. 减温水管路系统设置

一般过热器设有两级或三级喷水，同一级减温设有左右两个喷水点，两侧减温管路分别用单独的调节阀调节左右两侧管路上的喷水量，消除左右侧汽温偏差。某一锅炉过热器喷水点如图 9 - 21 所示，在低温过热器至屏式过热器、屏式过热器至末级过热器之间的连接管上均装有喷水减温装置，第一级减温器用于粗调，并

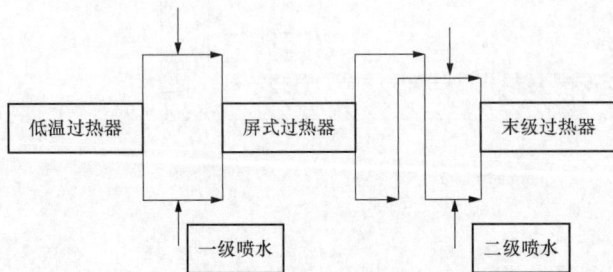

图 9 - 21　过热器喷水点示意

对屏式过热器起保护作用，第二级减温器用于微调过热器温度，使过热蒸汽出口温度维持在额定值。该锅炉减温水管路系统减温水取自省煤器出口连接管，过热器减温水总管路上设有一个 DN250 的电动闸阀，然后分成两路，一路至一级减温器，另一路至二级减温器，各设置有一台流量测量装置和一个 DN200 的电动闸阀；一级、二级减温水又分别分成两路，每路上均设置有一个气动调节阀，供调节减温水流量用，在调节阀后设置有一个 DN100 电动截止阀。系统设计一级减温水最大流量为 114t/h，二级减温水最大流量为 152t/h。

再热器喷水系统作为再热器事故状态下控制再热蒸汽温度的喷水减温装置，设置于再热

冷段出口至高温再热器进口的连接管，减温水取自给水泵中间抽头，主路上设置一台流量测量装置和一个 DN100 电动截止阀；然后分成两路，每路上均设置一个气动调节阀，调节阀后设置有一个 DN65 电动截止阀。系统设计喷水流量最大为 96t/h，锅炉在正常运行状况，一般此系统不投入运行。

（二）烟气挡板调节汽温装置

烟汽挡板调节汽温装置用来调节再热汽温度，它有旁通烟道和平行烟道两种，如图 9-22 所示。平行烟道又可分再热器与省煤器并联和再热器与过热器并联两种。

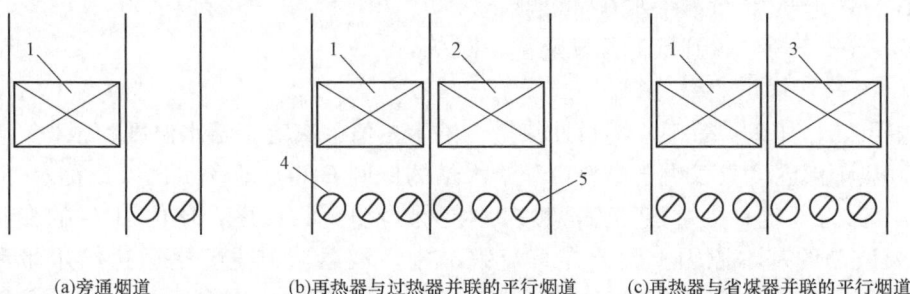

(a)旁通烟道　　　　(b)再热器与过热器并联的平行烟道　　　(c)再热器与省煤器并联的平行烟道

图 9-22　烟气挡板调节汽温装置
1—再热器；2—过热器；3—省煤器；4、5—烟气挡板

彩图 9-1
烟气挡板

烟气挡板调节汽温装置的原理是通过挡板改变再热器的烟气流量，使烟气侧的表面传热系数变化，从而改变其传热量，其出口汽温也随之变化。

对于旁通烟道方式，当锅炉负荷降低时，烟气挡板开度关小，再热器烟气流量增多，再热汽温上升至额定值。由于旁通烟道烟气通流量减少，进入省煤器的烟气温度下降，省煤器吸热量减少，汽包锅炉过热汽温升高。旁通烟道方式的缺点是烟气挡板温度高，进入省煤器的烟气温度不均匀，有较大的烟温偏差。

再热器与省煤器并联方式的调节汽温原理与旁通烟道方式相似。再热汽温升高的同时过热汽温也有所升高，但是它没有旁通烟道的缺点，挡板位于烟温较低处，下级省煤器的进口烟温比较均匀。

对于再热器与过热器并联方式挡板调节汽温，当锅炉负荷降低时，再热器侧挡板开大，过热器侧挡板关小，再热器烟气流量增加，过热器的烟气流量减小；前者使再热汽温升高，后者使过热器汽温下降，形成反相调节，在调节负荷范围内过热汽温都高于额定值，再用减温器降低其温度至额定值。

（三）改变燃烧器倾角的汽温调节

改变燃烧器倾角的汽温调节必须采用摆动式燃烧器。燃烧器的倾角在运行中可上下摆动调节。倾角向上时火焰中心位置上移，炉膛出口烟气温度升高；倾角向下时火焰中心位置下移，炉膛出口烟气温度下降。炉膛出口烟气温度的变化，改变了炉膛辐射传热量和烟道对流传热量的分配比例。由于再热器与过热器都是对流传热为主的受热面，因而在调节倾角时它们的吸热量发生了相应的变化，出口汽温也随之改变。在相同的燃烧器倾角改变幅度下，受热面吸热量变化的大小主要取决于其布置位置，越靠近炉膛出口的受热面的吸热量变化越大。

现代大型锅炉一般都用改变燃烧器倾角来调节再热汽温，在调节过程中对过热汽温的影响可通过改变混合式减温器的喷水量来修正。

四、超临界压力锅炉的过热蒸汽温度调节

1. 影响过热蒸汽温度的因素

在稳定工况下，锅炉末级过热器出口过热蒸汽所具有的焓可用下式表示：

$$h_{gr} = h_{gs} + \frac{BQ_{ar,net}\eta}{G} \quad kJ/kg \qquad (9-6)$$

式中　h_{gr}、h_{gs}——出口过热蒸汽和给水焓值，kJ/kg；

B、G——燃料量和给水量，kg/s；

$Q_{ar,net}$——燃料收到基低位发热量，kJ/kg；

η——锅炉效率，%。

从式中可知，如锅炉效率、燃料发热量、给水焓值（决定于给水温度和压力）基本保持不变，则过热蒸汽温度只取决于燃料量和给水量的比例 B/G，即燃水比（或称水燃比）。如果比值 B/G 保持一定，则过热蒸汽温度基本能保持稳定；反之，比值 B/G 的变化则是造成过热汽温波动的基本原因。因此在直流锅炉中，汽温调节主要是通过给水量和燃料量的调整来进行。但在实际运行中，考虑到上述其他因素对过热汽温的影响，要保证 B/G 比值的精确值是不现实的。特别是在燃用固体燃料的锅炉中，由于不能精确地测定送入锅炉的燃料量，所以仅仅依靠 B/G 比值来调节过热汽温不能完全保证汽温的稳定。一般来说，在汽温调节中，将 B/G 比值作为过热汽温的一个粗调，然后用过热器喷水减温作为汽温的细调。

影响过热蒸汽温度的因素主要有以下几种：

（1）燃水比。锅炉燃水比是影响过热汽温最根本的因素，锅炉燃水比增大，过热汽温升高。

（2）给水温度。在燃水比保持不变的前提下，给水温度降低，蒸发段后移，过热段减少，过热蒸汽温度降低。给水温度降低较多，导致中间点的温度变化较大，引起燃水比的调节，过热汽温会回升甚至会短暂升高超过额定值。给水温度升高，则过热蒸汽温度升高。

（3）过量空气系数。在锅炉燃水比保持不变的前提下，过量空气系数增大，锅炉总对流吸热量增大，由于再热器表现为对流汽温特性，其吸热量会增大，再热汽温升高；由于锅炉送入的燃料量没有变化，输入总热量亦没有变化，再热器系统吸热量增加时，炉膛水冷壁和过热器系统的总吸热量减少，过热汽温会略有下降。过量空气系数变化很大，炉膛烟温降低很多，炉膛水冷壁的吸热量变化很大，使中间点的温度变化较大，引起燃水比的调节，过热汽温会随着燃水比的变化而回升。实际运行过程中，超临界压力直流锅炉低负荷下的调粉不调风及高负荷下的调粉不调风，对保持再热蒸汽的汽温是有利的，但应有一定的限度，如果超过一定的限度，使过量空气系数过大或者过小，不仅会影响到锅炉的经济性，还会对锅炉的安全造成威胁。

（4）火焰中心位置。对超临界压力直流锅炉而言，火焰中心上移会使炉膛水冷壁的辐射吸热量减少，炉膛出口烟温升高，对流烟道中的吸热量增加，使过热器、再热器的吸热量增加，再热汽温升高，但炉膛水冷壁和过热器系统的总吸热量减少，过热汽温下降。火焰中心下移时，再热汽温下降，过热汽温升高。

　　（5）受热面沾污或结渣。受热面沾污或结渣将使受热面吸热量减少，使过热汽温、再热汽温产生变化。受热面不同部位沾污对汽温的影响是不同的。进入纯直流运行的锅炉，炉膛水冷壁及过热器受热面沾污或结渣时会使一次汽吸热量不足，过热汽温下降。另外，炉膛内掉渣时，直流运行的锅炉过热器汽温会升高，再热汽温会下降；锅炉受热面整体吹灰时，由于炉膛受热面面积比其他受热面大得多，过热汽温升高。

　　2. 过热蒸汽温度调节原理

　　在直流锅炉运行中，为了维持锅炉过热蒸汽温度的稳定，通常在过热区段中取一温度测点，将它固定在相应的数值上，这就是通常所谓的中间点温度。实际上把中间点至过热器出口之间的过热区段固定，相当于汽包锅炉固定过热器区段。在过热汽温调节中，中间点温度实际与锅炉负荷有关，两者之间存在一定的函数关系，锅炉的燃水比 B/G 按中间点温度来调整，中间点至过热器出口区段的过热汽温变化主要依靠喷水来调节。在这里要说明的是对于直流锅炉，其喷水减温只是一个暂时措施，要保持稳定汽温的关键是要保持固定的燃水比，其原因是：从图 9-23 可以看出直流锅炉 $G=D$，如果过热区段有喷水量 d，那么直流锅炉进口水量为 $(G-d)$。如果由于燃料量 B 增加，热负荷增加，而给水量 G 不变，这样过热汽温就要升高，喷水量 d 必然要增加，使进口水量 $(G-d)$ 的数值减少，这种变化又会使过热汽温上升。因此喷水量变化只是维持过热汽温暂时的稳定（或暂时维持过热汽温为额定值），但最终使其过热汽温稳定，主要还是通过燃水比的调节来实现的，而中间点的状态一般要求在各种工况下为微过热蒸汽。

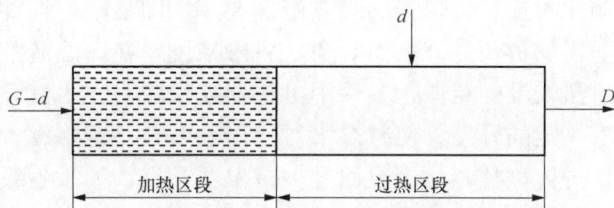

图 9-23　超临界压力锅炉过热蒸汽调节示意

　　3. 中间点温度

　　由直流锅炉动态特性可知，中间点离工质开始过热点越近，则其工质温度（过热蒸汽温度）反映给水量变动的时滞越小。当燃料量变化时，反应最快和影响最大的是炉膛受热面，故其工质温度变化的时滞也最小。按照时滞小、反应明显、工况变化时便于测量等条件，通常对于超临界压力锅炉来说，在开始过热点之后选择一个合适的点（通常在不同工况下为微过热状态），一般选择在分离器出口。在直流运行时，根据分离器出口的工质温度来控制燃料与给水的比例，通常把此点称为中间点，该点工质的温度称为中间点温度。

　　在亚临界压力以下的直流锅炉中，中间点都选择在过热器的起始段（如国产 300MW 的 UP 直流锅炉——单炉膛，它的中间点选择在包覆过热器出口），即中间点工质状态总是处于过热区，而不会处于蒸发区，否则中间点将失去调节信号的作用。超临界压力直流锅炉把分离器出口作为中间点，在锅炉纯直流运行后（分离器为干态运行），分离器出口处于过热状态，这样在分离器干态运行（直流运行）的整个负荷范围内，中间点具有一定的过热度，而且该点靠近开始过热的点，会使中间点汽温变化的时滞小，这对过热汽温调节有利。

　　根据中间点汽温可以控制燃料给水之间的比例。当负荷变化时，如燃水比维持或控制得不准确，中间点汽温就会偏离给定值，这时应及时调节燃水比，以消除中间点汽温的偏差。如能控制好中间点汽温（相当于固定过热器区段），就能较方便地控制其后各点的汽温值。

这里还应特别指出，中间点汽温的设定值并非为一常数，在其他因素不变的条件下，其中间点温度设定值大小与锅炉负荷大小有关。

４．过热蒸汽温度调节方法

直流锅炉的过热汽温取决于燃料与给水流量的比例，通过调节燃水比和微调进入过热器的减温水流量，使过热汽温维持在给定值的要求。

对于带固定负荷的直流锅炉，蒸汽参数调节的主要任务是调节汽温，因而在燃料量与给水量比例确定后，操作中应尽量减少燃料量的改变。在实际调节中，燃料量的调节精度受到燃料性质变动等影响，因此为进一步校正燃料量与给水量的比例，就借助于喷水调温。喷水调温的惰性小，且无过调现象，特别是以喷水点后汽温作为调节信号进行喷水调节时，从喷水量开始变化只须经过几秒钟时间，很容易实现细调节。所以直流锅炉在带不变负荷时，蒸汽参数的调节是借助喷水调节汽温而尽可能稳住燃料量。

在直流锅炉变动负荷的调节中，调节任务是在新的出力下确定燃料量与给水量之间的比例，以保证过热汽温，利用喷水量可消除在主调节（粗调节）中所出现的偏差。因此，过热汽温应在整个负荷范围内用喷水减温器来进行控制。

超临界压力锅炉在达到直流负荷工作后，要求汽温保持额定值不变，辐射式过热器吸热份额比对流式过热器的吸热份额要多，即显辐射特性，这时锅炉汽水分离器出口即中间点温度随锅炉负荷的升高而升高。一般来说，在汽温调节中，控制好中间点温度，将煤水比值作为过热汽温的粗调，然后用过热器喷水减温作为汽温的细调。正常运行过程中应保持减温器具有一定的开度，使减温水对汽温调节有一定裕度，如果减温器开度已很小时，应及时对燃水比进行调整，使汽温回升，减温器开启；如果各级减温器开度均比较大时，应从燃烧侧调整，以关小各级减温器，使其具有足够的调节余量。在机组运行中，减温水随锅炉负荷增加而增加（图 9-24 所示为某锅炉过热蒸汽与再热蒸汽减温水流量曲线），各级减温器后的温度在不同工况下也是不相同的，运行人员应加强对各级减温水量及减温器后汽温的监视，并做到心中有数，以便在汽温异常时正确调整，避免汽温大幅度波动。

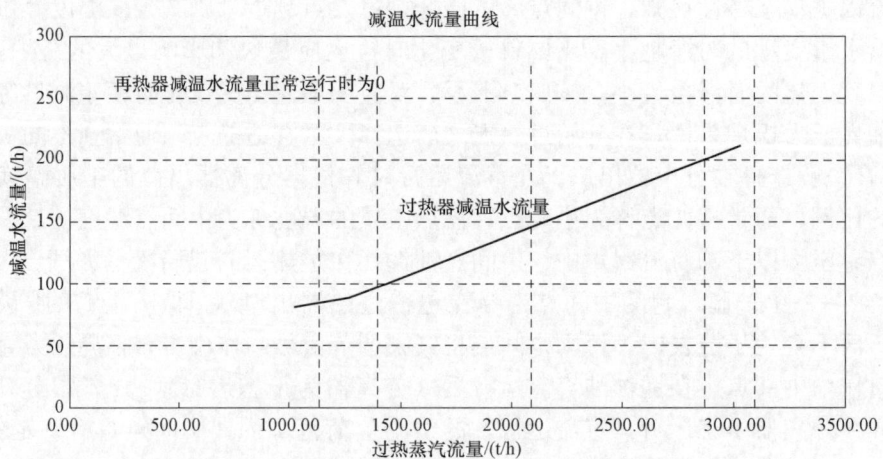

图 9-24　锅炉过热蒸汽与再热蒸汽减温水流量曲线

任务描述

该任务对应电厂运行岗位，可进行锅炉过热汽温和再热汽温的调节操作，也是竞赛和证书考核内容中的具体对象，基本要求为能在现场和 DCS 画面进行过热汽温和再热汽温的调节。课堂活动要求如下。

（1）分组讨论讲解锅炉蒸汽温度的重要性和要求。

（2）画出过热蒸汽温度和再热蒸汽温度的调节方式及调节要点的思维导图。

（3）在仿真机上进行过热汽温和再热汽温的调节操作。

任务拓展

再热蒸汽温度调节

1. 再热汽温影响因素

（1）再热器进口蒸汽来自汽轮机高压缸排汽，其蒸汽焓取决于汽轮机运行方式与负荷。负荷下降高压缸排汽焓下降，导致再热汽温下降。

（2）一般再热器为对流式受热面时，汽温随负荷增加而上升。

（3）再热器的吸热量受锅炉工况的影响比过热器的大，因为再热器的对流传热成分比过热器的大。

此外，再热蒸汽的压力低、比热容小，在同样的蒸汽焓变化幅度下，蒸汽温度的变化幅度较大。

2. 再热汽温调节

再热汽温调节不宜用喷水减温方法，否则机组运行经济性下降。再热器置于汽轮机的高压缸和中压缸之间，因此在再热器喷水减温，使喷入的水蒸发加热成中压蒸汽，使汽轮机的中、低压缸的蒸汽流量增加，即增加了中、低压缸的输出功率，如果机组总功率不变，则势必要减少高压缸的功率。由于中压蒸汽做功的热效率较低，因而整个机组的循环热效率降低。因此再热汽温调节方法采用烟气侧调节，即采用摆动燃烧器或分隔烟道挡板等方法。为保护再热器，在事故状态下使再热器不过热烧坏，在再热器进口处设置事故喷水减温器，当再热器进口汽温采用烟气侧调节无法使汽温降低时，则要用事故喷水来保护再热器管壁不超温，以保证再热器的安全。

（1）分隔烟道挡板调节。分隔烟道改变烟气挡板角度调节再热汽温的方法，是利用分隔墙把后竖井烟道分隔成前后两个平行烟道，在主烟道（后侧）布置低温过热器，在旁路烟道（前侧）布置低温再热器，在两平行烟道的出口处装设可调的烟气挡板。当锅炉出力改变或其他工况条件发生变动而引起再热汽温变化时，则调节低温再热器侧烟气挡板的开度，并相应改变低温过热器侧的烟气挡板的开度，从而改变两平行烟道的烟气流量分配，以改变低温再热器的吸热量，使再热汽温被调整至所需的数值。

烟气调节挡板设置在主、旁烟道的省煤器下方，这样布置的好处是：由于该处烟气温度较低，挡板不易过热、变形量小，可保证它的工作安全；在省煤器出口的烟道截面可收缩，可使挡板的长度相应缩短，这将使挡板重量减轻，刚性增强，并使所需的驱动力矩减小。

主烟道和旁路烟道的挡板采用反向联动调节方式。当再热汽温降低时，则开大低温再热器侧的烟气挡板，使之通过的烟气流量增加，从而提高再热汽温；而同时关小低温过热器侧的烟气挡板，使通过低温过热器的烟气流量减少，过热汽温下降。因此，过热汽温变化再通过喷水减温器的喷水量调节来维持过热汽温。过热器侧挡板与再热器侧挡板的开度之和应始终保持为 100%，以保证总烟气流量分配的可控性。

（2）摆动燃烧器倾角的调节。用改变摆动式燃烧器喷嘴倾角方法调节再热汽温，实际是改变炉内火焰中心位置，从而改变炉膛出口烟温，即改变炉内辐射传热量和烟道中对流传热量的分配比例，从而改变再热器的吸热量，达到调节再热汽温的目的。

对于用改变摆动式燃烧器喷嘴倾角方法调节再热汽温，距炉膛出口越近的再热器，其吸热量变动越大。对于越远离炉膛出口的受热面，摆动燃烧器调节对其汽温影响越小。

在改变燃烧器喷嘴倾角调节再热汽温过程中，将会直接影响到炉内的燃烧工况。当燃烧器喷嘴向上摆动时，由于炉膛内火焰中心的上移，一方面使再热汽温上升（当然也会使过热汽温上升），另一方面使煤粉在炉内停留时间缩短，导致飞灰中含碳量增加，影响锅炉效率。此外，会使炉膛出口烟温过高而引起炉膛出口处受热面发生结渣现象，特别对燃用高结渣性和沾污性的煤更会产生严重的结渣问题。因此，燃烧器喷嘴向上摆动角度的上限应从以上几方面来考虑；而对于燃烧器向下摆动的角度的限值，应受防止炉膛下部冷灰斗结渣的限制。

在用摆动燃烧器调节再热汽温时，由于它同时作用于再热器和过热器，也影响了过热汽温的变化，即调节时再热汽温和过热汽温是同向变化。用摆动式燃烧器进行汽温调节时，理想的调节特性应使燃烧器摆角变化对再热汽温和过热汽温的调节幅度能与再热器和过热器的汽温特性所具有的汽温变化率之间达到匹配。这样，在锅炉出力改变时，两者能实现同步的调节，从而可不用或只用少量减温水对汽温进行校正的细调节。

摆动式燃烧器调温幅度大、时滞小，对于过热器和再热器采用高温布置情况下，具有受热面积少及锅炉钢耗较低等优点，使它成为现代大型锅炉，特别是四角切圆燃烧的锅炉进行再热汽温调节的主要方法。不少试验结果表明，每改变喷嘴摆角 ±1°，大体上可改变再热器出口汽温 2℃，一般锅炉燃烧器摆角限值为 ±30°。

（3）再热器喷水控制。再热器喷水调节阀只是在过热器和再热器烟道调节挡板不能有效控制再热器出口温度时打开，同时管道中混合喷水后出口蒸汽温度必须高于运行压力下的蒸汽饱和温度。在主燃料跳闸、蒸汽闭锁或锅炉负荷低（燃料量指令低）时，再热器喷水调节阀将被强制关闭，以限制对减温器下游受热面的影响。

任务3　过热器再热器积灰、腐蚀及氧化分析

相 关 知 识

一、过热器与再热器的积灰

烟气中的飞灰在管束外表面的沉积现象称为积灰。积灰使传热量减少，烟气流动阻力增大严重时锅炉出力被迫降低；积灰还会引起受热面金属的腐蚀。因此，将管束积灰减少到最低量，经常保持受热面清洁，是锅炉设计、运行的重要任务。

1. 飞灰特性

煤燃烧后的灰分，其中一部分在炉膛高温区熔化聚结成大块渣落入炉底称为炉渣，其他

随烟气离开炉膛的细灰称为飞灰。

根据灰的易熔程度可分为三种：低熔灰、中熔灰和高熔灰。低熔灰的主要成分是钙金属氯化物和硫化物，如 $NaCl$、Na_2SO_4、$CaCl_2$、$MgCl_2$、$Al_2(SO_4)_3$ 等，熔点大都在 $700\sim850℃$。中熔灰的主要成分是 FeS、Na_2SO_4、Na_2SiO_3 等，熔点在 $900\sim1100℃$。高熔灰是由纯氧化物（SiO_2、Al_2O_3、CaO、MgO、Fe_2O_3）组成，熔点在 $1600\sim2800℃$，高熔灰的熔点超过了火焰区的温度，它通过燃烧区时不发生状态变化，颗粒直径细微，是飞灰的主要成分。飞灰按直径可分为细径灰群（$<10\,\mu m$）、中径灰群（$10\sim30\,\mu m$）和粗径灰群（$>30\,\mu m$）三种。

2. 高温过热器和高温再热器的积灰

高温过热器和高温再热器布置在烟温高于 $800℃$ 的烟道内。管子外表面的灰层由两部分组成，内层灰紧密，与管子黏结牢固；外层灰松散，容易清除。

低熔灰在炉膛内高温烟气区成为气态，随着烟气流向烟道。由于高温过热器、高温再热器区的烟温高，低熔灰还未凝固，但当它接触温度较低的受热面时就凝固在受热面上，形成黏性灰层。同时，一些中熔、高熔灰粒被黏附在黏性灰层中。烟气中的氧化硫气体在对灰层的长期作用下，形成白色硫酸盐的紧密实灰层，这个过程称为烧结。随着灰层厚度增加，其外表面温度升高，低熔灰的黏结结束。但是中熔灰和高熔灰在紧密实灰层表面进行动态沉积，形成松散而且多孔的外灰层。

内灰层的坚实程度称为烧结强度。烧结强度越大的灰层越难以清除。烧结强度和温度、灰中 Na_2O 及 K_2O 的含量和烧结时间等因素有关。炉内过量空气系数、燃烧方式和炉膛结渣等都会影响对流烟道的烟气温度，从而影响烧结强度。烧结强度随着时间而增大，时间越长越结实，故积灰必须及时清除。

此外，灰中氧化钙含量大于 40% 的煤，开始时积在管外表的是松散的灰层，但是当烟气中存在氧化硫气体时，在高温长期作用下，也会烧结成坚实的灰层。

对于灰中钙较多的燃料，设计过热器与再热器时应重点考虑防止烧结成坚实灰层或减轻其危害性的措施，如加大管子横向中心节距，减小管束深度，采用立式管束，装置有效的吹灰器保证每根管子都能被吹灰和易于将积灰清除。

3. 低温过热器和低温再热器的积灰

烟气温度低于 $600℃$ 的烟道内的低温过热器与低温再热器在其管子表面形成松散的积灰层，管后面的积灰比正面的积灰严重，因为管正面受到烟气流的直接冲刷，而管后面存在涡流区，只有在烟气流速较小时管正面才有明显积灰。

细径灰群随着烟气的流线运动，在管表面积灰是极少的。中径灰群在烟气绕流管子流动时，由于灰粒运动的惯性会直接接触管子，沉积在管子外表面，是形成松散层的主要灰群。粗径灰具有较大的动能，在撞击管子表面的灰层时起着破坏灰层的作用。因此，中径灰和粗径灰对积灰的作用是相反的，灰层的最终厚度取决于中径灰在管子表面的连续沉积和粗径灰对灰层的连续破坏的动态平衡。它与烟气流速有关，前者与烟气速度成正比，后者与烟气流速的三次方成正比，故烟气流速增大灰层厚度减薄。当烟气流速小于 $3m/s$ 时，灰层明显增厚，一般不允许在这种流速下运行。

此外，松散灰层的厚度还与管束的错、顺列结构，立式、卧式布置方式及错列管束的纵向相对节距等有关。在烟气流速和管径不变时，顺列管束的灰层厚度约是错列管束的 $1.7\sim3.5$ 倍，错列管束的纵向相对节距越大灰层厚度也越厚。水平管与倾斜管的积灰比垂直管严重。

二、烟气侧的高温腐蚀

高参数锅炉的高温过热器与高温再热器的管束,以及管束的固定件、支吊件工作温度很高,烟气和飞灰中的有害成分与管金属发生化学反应,使管壁变薄,强度下降,这种现象称为高温腐蚀。

燃煤锅炉高温过热器与高温再热器管表面的内灰层有较多的钙金属,它与飞灰中的铁、铝等成分,以及通过松散的外灰层扩散进来的氧化硫烟气,经过较长时间的化学作用,生成碱金属的硫酸盐 [$Na_3Fe(SO_4)_3$、$KAl(SO_4)_2$] 复合物,会对高温过热器与高温再热器金属造成强烈的腐蚀。这种腐蚀大约从 540~620℃ 开始发生,700~750℃ 时腐蚀速度最大。

三、超临界压力锅炉过热器与再热器内壁的高温氧化损坏

1. 超临界压力锅炉过热器与再热器的高温氧化及危害

超临界压力机组温度参数基本为 570℃ 以上,高温过热器和再热器均存在蒸汽侧氧化膜剥落现象。从已投产机组来看,超临界压力机组高温过热器、再热器内壁氧化膜剥落会给机组造成以下危害:

(1) 超临界压力锅炉各受热面管径较小,剥落的氧化膜很容易在受热面管排下部弯头部位堆积,甚至堵管而引起受热面过热爆管。

(2) 长期的氧化膜剥落会使管壁变薄,管子强度变差,直至爆管。

(3) 被蒸汽带走的氧化膜进入汽轮机主蒸汽阀室沉积,影响蒸汽流通,易造成调节汽门卡涩。

(4) 剥落的氧化膜进入汽轮机,对汽轮机叶片产生侵蚀,严重影响汽轮机的安全性和经济性。

(5) 影响汽水品质,增加汽水中铁的含量。细小氧化铁颗粒可以随水汽自由移动到任何水汽能够到达的地方,成为热力设备易结垢部位(水冷壁管、靠省煤器端的高压加热器水侧加热管)沉积物的主要来源。

2. 氧化膜的形成机理及剥落特点

锅炉受热面管道内壁氧化膜的形成主要在制造加工和运行后两个阶段形成。过热蒸汽管道制造加工过程中氧化膜的形成温度在 570℃ 以上,由空气中的氧和金属结合形成。该氧化膜分三层,由钢表面起向外依次为 FeO、Fe_3O_4、Fe_2O_3,其中与金属基体相连的 FeO 层结构疏松,晶格缺陷多,当温度低于 570℃ 时结构不稳定,会分解为 Fe_3O_4 和 Fe,很容易脱落。一般情况下,新锅炉投产前要对锅炉进行吹管,因此制造环节产生的氧化膜基本在吹管时去除掉,将易脱落的氧化层颗粒冲掉以便在管道内壁上重新形成坚固的氧化层。

金属在高温水蒸气中会发生严重的氧化,热力系统金属铁与水蒸气反应,生成铁氧化物 Fe_3O_4。与金属铁发生氧化的氧来源于水蒸气本身的氧。高温蒸汽管道内壁生成氧化膜是一个自然的过程,开始氧化膜形成得很快,一旦膜形成后氧化速度减慢。其主要的化学反应方程式为

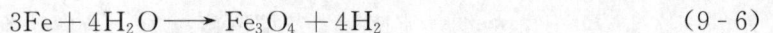

$$3Fe + 4H_2O \longrightarrow Fe_3O_4 + 4H_2 \qquad (9-6)$$

在 570℃ 以下生成的氧化膜是由 Fe_3O_4 和间断的 Fe_2O_3 组成,Fe_3O_4 和 Fe_2O_3 的结晶构造较为复杂,金属粒子在这两种氧化物构成的氧化层内扩散速度很慢,可以保护或减缓钢材的进一步氧化,如图 9-25 所示。

当超过 570℃ 时,生成的氧化膜由 Fe_3O_4、Fe_2O_3 和 FeO 三层组成。以 FeO 为主且在最

内层，FeO 致密性差，体积很小的金属离子很容易通过它向外扩散，所以其在高温下的抗氧化性能减弱，致使其形成的氧化膜易于脱落，破坏了整个氧化膜的稳定性，如图 9-26 所示。管子金属完成一次超温后，其内壁金属氧化物增厚、长大一次。当氧化膜增长到一定程度后，在高温高压剧烈波动条件下，由于基材和氧化皮热膨胀系数的不同，膜内会产生应力，促使氧化膜破裂，导致氧化膜与金属分裂，周围的氧直接侵入内部与金属发生反应，形成破裂氧化，这种氧化过程要比扩散氧化过程快得多。

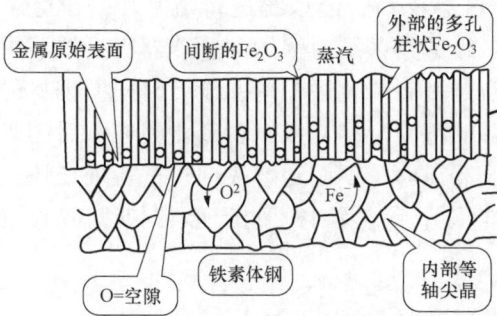

图 9-25　在 570℃以下生成的氧化膜　　　　图 9-26　高于 570℃管内多层氧化膜结构

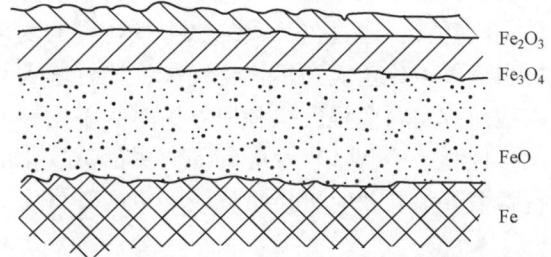

对于一定材质来说，热膨胀系数的差异基本为定值，但氧化层越厚、温度变化越剧烈时其温度差会越大，其应力也越大，氧化膜便越容易从金属本体剥离下来。若温度保持稳定（基本不存在温差），其应力为零或者更小时，氧化膜不会剥落。当氧化膜的厚度随运行时间的增加而增厚时，其发生分裂所需的应力变小，即随着氧化膜厚度的增加，温度变化越剧烈时其发生剥离的概率越大。

3. 减少氧化膜剥落及危害的措施

从以上分析可知，减少氧化膜剥落及危害应采取三个方面的措施，一是防止生成易脱落氧化膜，二是防止氧化膜脱落，三是防止氧化膜沉积。

（1）防止生成易脱落氧化膜的措施。采用抗氧化性优良的合金材料，或对管材进行抗氧化处理。金属材料的抗氧化、抗腐蚀性能主要取决于金属表面能否形成稳定、致密的金属氧化膜，因为在这些氧化膜中金属离子和氧离子扩散系数较小，能对金属起到很好的保护作用。

严格按机组运行规程规定的锅炉水质上水，加强水质监督，运行中采用合理的水处理方式。国际上比较流行的直流锅炉水处理有全挥发性处理（AVT）、复合氧处理（CWT）、给水加氧处理（OT）三种。随着超（超）临界技术的发展，出于安全性和经济性等方面的考虑，国际上先进的直流锅炉均明确要求机组正常运行过程中，水处理必须采用 CWT 方式。给水加氧处理后，将氧化膜外层的 Fe_3O_4 间隙中覆盖上了 Fe_2O_3，改变了外层 Fe_3O_4 在150～200℃条件下溶解度高、不耐冲刷的性质。

氧化皮的生成与温度有密切的关系，所以锅炉运行中要严格控制过热器、再热器受热面的蒸汽和金属温度。加装壁温测点和工质温度测点，加强对受热面的热偏差监视和调整，防止受热面局部长期超温。

（2）防止氧化皮脱落措施。受热管壁内附着氧化皮的热膨胀率远小于金属管的热膨胀率，运行中如果负荷有较大的波动，会使受热管道的温度产生剧烈变化，由于膨胀量不一样，氧化皮从壁面脱落下来。当脱落的氧化皮过多时，容易堵塞管道，导致爆管。

因此，机组正常运行中，应避免大的负荷波动，尽量保证锅炉汽温稳定、减温水的用量稳定，避免因金属温度剧烈变化而引起氧化膜的剥离、脱落。启、停炉时，严格控制启停炉速度，尽量减少机组冷态启动次数。事故停机后，应尽可能"闷炉"，维持锅炉停机前的温度和压力，同时尽快查明事故原因，尽量实现机组的热态或极热态启动。

（3）防止氧化皮沉积。做好锅炉启动前水冲洗，加强水质化验，进行冷、热态清洗工作，尽可能在前期去除系统内的 Fe。对过热器、再热器及其管道系统进行疏水，排出管道内沉积物。在机组启动初期，利用机组本身的一、二级旁路系统对锅炉的过热器、再热器进行蒸汽吹管，通过监测凝结水中铁含量的变化，判断是否有氧化膜剥落。设计时根据钢材的抗水蒸气氧化性能和氧化物剥离性能，增大管屏弯管的弯曲半径，以减少氧化膜剥落后的管内截面方向堵塞程度。利用停炉时间采用专用检测仪器在停炉期间对弯头部位进行现场快速无损检测，确认垂直管屏底部弯头部位氧化层碎片堆积情况并及时割管清理，同时对管材进行寿命评估并及时更换氧化较严重的管材。

任务描述

该任务对应电厂巡检和检修岗位，可巡视检查火力发电厂过热器和再热器的积灰和腐蚀，掌握积灰和腐蚀的机理并能进行相关处理操作，也是竞赛和证书考核内容中的具体对象，基本要求为能在现场进行积灰和腐蚀的巡检和预防及减轻的相关处理操作。课堂活动要求如下。

（1）上网选取火力发电厂过热器积灰和腐蚀的现场照片分组发送到学习群并简单讲解形成机理。

（2）针对过热器和再热器现场积灰和腐蚀现象能针对性提出预防和减轻措施。

任务拓展

垃圾焚烧锅炉受热面高温腐蚀

1. Cl 的腐蚀

近几年来，塑料制品及塑料包装材料在垃圾中所占的比重不断增加，垃圾中的合成树脂类如聚氯乙烯（PVC）、人造橡胶、人造革、泡沫塑料等含有较多的有机氯化物，而厨房垃圾则含有氯化钠、氯化钾和氯化镁等无机氯化物，造成了烟气中的各种有机氯和无机氯浓度提高。Cl 在高温下，往往以气态 HCl、Cl_2 和金属氯化物 KCl、NaCl、$ZnCl_2$、$PbCl_2$ 等沉积物出现在焚烧环境中，导致了以下几种腐蚀形式出现：

（1）气相腐蚀。在焚烧炉的高温含氯气氛中，直接导致气相腐蚀。

（2）氧化还原反应腐蚀。金属氯化物低熔点灰分沉积盐与金属表面的氯化膜发生氧化还原反应腐蚀基体。

（3）是电化学腐蚀。金属氯化物与烟气中其他无机盐共同沉积在金属表面，形成低熔点共晶体，大大降低了积灰的熔点，在高温的管壁上产生熔融性的腐蚀性盐，在积灰‐金属交界面形成局部液相，形成电化学腐蚀氛围，基体金属发生阳极溶解，相应地气氛中的两种氧化剂 O_2 和 Cl_2 被还原，基体金属被进一步氧化并与结合成疏松的氧化物粒子形成沉积，或与

Cl^- 结合生成氯化物。这样，随着腐蚀的进行，就在熔融氯化物的外表面形成一层疏松的外氧化膜，由于金属离子在熔融盐中的扩散速度较大，因此这一电化学过程会严重腐蚀垃圾焚烧余热锅炉的过热器、水冷壁。

2. S 的腐蚀

硫的腐蚀主要是碱金属的热腐蚀，即 $Na_3Fe(SO_4)_3$ 及 $K_3Fe(SO_4)_3$ 的腐蚀。

3. 高温腐蚀

高温的产生，一是锅炉实际运行温度越来越高，二是锅炉受热面的清灰不及时或清灰效果不佳，使得受热面的传热受阻，导致受热面的表面温度过高。高温腐蚀，与前述 Cl 腐蚀、S 腐蚀是相伴存在的。高温环境引发了 Cl_2 和 HCl 的产生，加速了腐蚀量和腐蚀速度。

4. 高参数化的腐蚀问题

高参数化有两个方面的原因。第一，垃圾热值在逐渐提高，超出了早期所建设的垃圾焚烧厂设计的额定值。第二，近年来垃圾焚烧锅炉向大型化、高参数化发展。

5. 腐蚀环境下的磨损

垃圾燃烧时产生的大量灰粉冲刷受热面管，使受热面管外表面受到不同程度的磨损。

在上述多重因素共同作用下，受热面管从外向内不断地被氧化、腐蚀和磨损，使之逐渐减薄，当承受不了管内汽水压力时发生爆管事故，造成发电机组非计划停机。

针对垃圾焚烧余热锅炉受热面的腐蚀问题，通常采用在锅炉管外壁热喷涂、堆焊耐高温、耐腐蚀的镍基合金材料的方法，但是热喷涂尽管成本低廉、效果却不理想，堆焊对锅炉基材损伤严重并且施工效率极低，很难满足锅炉受热面批量生产的要求。采用镍基合金微熔焊技术，可快速、高效地解决垃圾焚烧炉受热面管的腐蚀问题，延长锅炉受热面的使用寿命。

项目十　锅炉系统运行

项目描述

　　锅炉系统运行包含锅炉启动与停运、锅炉运行调整和锅炉事故处理等内容，锅炉机组运行的好坏在很大程度上决定了整个单元机组运行的安全性和经济性。本项目不仅要学习和掌握锅炉运行的理论知识，还要学会锅炉的冷态启动操作和锅炉运行调节，能够对锅炉典型事故进行分析处理。

学习目标

1. 技能目标
（1）能进行汽包锅炉冷态启动操作。
（2）能进行超临界压力锅炉冷态启动操作。
（3）能对锅炉机组负荷、压力、温度、给水流量、水位及燃烧进行调节。
（4）能进行锅炉简单事故处理。

2. 知识目标
（1）了解锅炉启动与停运的基本知识，掌握锅炉机组启动和停运过程。
（2）掌握锅炉运行调整基本原理。
（3）熟悉锅炉机组负荷、压力、温度、水位及燃烧调整方法。
（4）了解锅炉事故处理的基本原则，掌握锅炉水位事故、锅炉受热面爆破事故、炉膛灭火爆炸事故等的现象、原因及处理方法。

3. 价值目标
（1）团结协作，节约成本，降耗增效。
（2）文明生产，调整追求精益求精。
（3）安全第一，按规程操作，经济生产。

任务1　锅　炉　启　停

相关知识

一、锅炉启动与停运概述
　　锅炉启动是将静止状态的锅炉转变为运行状态的过程，包括锅炉辅机启动、风门联锁试验、锅炉吹扫、点火升温升压直至到带额定负荷的全过程。停运是启动的逆过程，是指锅炉带负荷运行状态到减去全部负荷，锅炉灭火、冷却的静止状态。锅炉启停的实质就是锅炉冷热态的转变过程。

按照锅炉启动时分离器出口温度或受热面壁温状况，可以划分为冷态启动和热态启动两种，热态启动又可以进一步划分为温态启动、热态启动和极热态启动三种。冷态启动是指锅炉启动开始时蒸汽没有压力、锅炉温度与环境温度相接近条件下的启动。一般新建锅炉、检修后的锅炉和长期备用后的锅炉，属于冷态启动。温态启动和热态启动则是指锅炉蒸汽还保持有一定的压力、温度，锅炉温度高于环境温度情况下的启动。停炉时间不长都属于温态启动或热态启动。实际上，温态启动或热态启动可以看作以冷态启动过程中的某个中间阶段作为启动的起始点，以后的启动操作则与冷态启动相差不大。

锅炉停止是在减负荷过程中逐步减少给水量和引、送风量，并在负荷下降过程中逐步停运相应制粉系统，有计划地将原煤仓中的煤烧空，降负荷至 40％MCR 时及时切换给水管道，根据储水箱水位启动炉水循环泵，并根据燃烧情况投入等离子系统或油枪稳燃，防止锅炉灭火或爆炸。锅炉停运后在 4～8h 内应关闭锅炉各处门、孔和挡板，避免冷空气大量进入对炉膛受热面快速冷却，加剧受热面内氧化皮脱落。根据汽水分离器出口压力、温度或炉膛内温度逐步对炉膛进行自然通风冷却，同时进行放水。8～10h 后，如有必要加强冷却，可启动引风机通风。

锅炉的启动与停运过程是一个不稳定的变化过程，存在着各种矛盾。锅炉启动与停运过程为了减少锅炉受热面、联箱、储水箱等厚壁部件产生的热应力，需要控制锅炉启停时的温升、温降速率。同时，为了节约启停费用和尽早并网发电，则要求尽量缩短启停时间与控制启停速度的矛盾；启动与停运中必须消耗一定的燃料（特别是柴油等轻质油）与节能的矛盾；要求各金属元件温度场均匀，减小热应力与提高锅炉加热、冷却速度的矛盾；受热面工作温度较高与金属材料的许用温度间的矛盾。由于直流锅炉没有汽包，所以在启停过程中需要考虑分离器及末级过热器出口联箱的热应力问题，以制订比较合理的启停时间与温升、温降及变压速率。

过热器和再热器等受热面，在启动与停运过程中常存在管内工质流动不正常与管外燃料"过烧"现象（启动过程中燃料投入量超过冷却受热面必需的工质流量的现象称为燃料"过烧"），因而在启动与停运过程中容易发生管壁金属超温。启动初期炉膛温度低、燃料量投入少是启动过程中的燃烧特点，因而可能发生燃烧不稳、燃烧不完全、炉膛热负荷不均匀等问题。启动停运技术管理与运行操作就是要正确地处理各种矛盾，遵循安全、经济的原则，实现最完善的启动与停运。

现代大型超临界压力直流锅炉启动与停运目标大致有以下几项：

（1）缩短启动与停运过程的时间，以适应机组承担的负荷性质要求。

（2）燃烧稳定，燃烧热损失小，避免燃烧事故。

（3）蒸汽流量与蒸汽参数要满足汽轮机冲转、升速、并网和带负荷的要求。

（4）锅炉各级受热面金属的工作温度不超过其材料的许用温度。

（5）分离器、过热器出口联箱等厚壁部件温升均匀，减少寿命损耗。

（6）炉水品质与给水品质合格，防止锅内腐蚀和盐分对阀门管道与汽轮机叶片的侵蚀。

（7）工质和热量排放量要少，并最大可能地回收工质和热量。

（8）机、炉、电各侧操作协调配合，避免造成机、炉、电启动过程中不同步，延误机组启动并网和接带负荷。

（9）技术措施完善和运行操作正确无误。

二、锅炉的启动与停运方式

电厂锅炉的启动与停运方式有锅炉单独启停和锅炉汽轮发电机联合启停两种形式。对主蒸汽母管制的锅炉可采用单独启停方式，对单元制的锅炉都采用联合启停的方式。我国125MW及以上容量的再热机组都是单元制，机组采用滑参数联合启动与停运的方法。

锅炉单独启动就是锅炉在启动过程中与蒸汽母管隔绝，锅炉点火、升温升压过程和蒸汽母管、汽轮机无联系，待汽压、汽温升至规定值再并入母管。锅炉升压升温过程中蒸汽排放入大气。锅炉单独停运的方法是在锅炉卸负荷熄火后就与母管隔绝，锅炉与蒸汽母管、汽轮机无联系地单独进行降压降温。

滑参数联合启动就是在启动过程中某一阶段开始锅炉与汽轮机之间的隔绝阀、调节阀全开，随着锅炉压力温度上升，汽轮机冲转，升速、并网和升负荷。在启动过程中，锅炉与汽轮机之间关系密切，相互制约，启动各阶段和工况必须相互配合，协调一致。滑参数联合停运过程中锅炉与汽轮机之间的阀门也全开，在锅炉降燃料、降压和降温的同时，汽轮机也降压降温和降负荷。

滑参数联合启动与停运有下列优点：

（1）汽轮机冲转、暖机、暖管、升负荷和锅炉增加燃料、升压升温同时进行，使整机启动时间缩短。在停运过程中，负荷随着蒸汽参数下降而减小，加快了汽轮机转子、汽缸的冷却速度，使汽轮机开缸检修时间提前。

（2）启动时汽轮机利用低压蒸汽发电；停运时汽轮机利用余热锅炉发电，减少了启动、停运过程中的燃料损失，并消除了蒸汽排放大气的噪声。据100MW机组滑参数联合启动的实践表明，每启动一次可以缩短启动时间约7h，节约标准煤30t以上，回收凝结水150t，多发电20000kWh。

（3）滑参数联合启动、停运时，机组内流动的蒸汽有两个特点，即蒸汽处于微过热状态或湿蒸汽状态；蒸汽压力低，比体积大。前者使蒸汽的表面传热系数大，对金属加热、冷却效果好，对轮机叶片还有清洗作用；后者使蒸汽容积流量大，提高了蒸汽侧的表面传热系数，有利于降低过热器、再热器的受热面壁温，提高启动时汽轮机的暖机速度和停运时汽轮机的冷却速度。

（4）滑参数联合启动和停运过程中，汽轮机调速汽门全开，无节流损失，增加了汽轮机中蒸汽的有效焓降，还提高了高压缸排汽焓，使再热汽温上升，启动热耗下降，并提高了停运时的余热利用能力。

但是滑参数联合启动与停运使锅炉低负荷运行时间长了，炉膛在较长时间内处于低烟温、少燃料量条件下工作，燃烧稳定性差，燃烧热损失大，并且未燃尽的可燃产物带入尾部，可能发生再燃烧事故。燃用高硫油时还会引起尾部受热面的低温腐蚀。

现代大型机组大都采用压力法滑参数联合启动。它的特点是在锅炉出口蒸汽达到一定压力、温度时再冲转汽轮发电机，然后逐步进入滑压运行。在汽轮机冲转前主汽门关闭，蒸汽通过汽轮机旁路排入凝汽器。

　　冲转汽轮机的蒸汽参数由汽轮机冲转时控制转速的要求而定，压力太低冲转动力不够，压力太高节流损失太大；冲转蒸汽温度要高于对应压力下的饱和温度 50℃，为微过热蒸汽，同时通常情况下还要求高于汽轮机汽缸、转子温度。汽轮机冷态启动时，冲转蒸汽参数约为 $p=1.5\sim2MPa$，$t\geq250\sim300℃$。对启动前采用盘车预热的机组，冲转的蒸汽参数较高，一般为 $4\sim6MPa$，$t\geq300\sim350℃$。汽轮机热态启动时，汽轮机汽缸、转子温度较高，一般要求冲转蒸汽温度高于汽轮机内缸金属温度 $50\sim100℃$。

　　锅炉停止运行，一般分为正常停炉和事故停炉两种情况，有计划的停炉检修和根据调度命令停炉的情况属于正常停炉，由于事故的原因必须停止锅炉运行时属于事故停炉。

　　正常停炉又分为检修停炉和热备用停炉两种。前者预期停炉时间较长，一般为大小修或冷备用时安排的停炉，要求停炉至冷态；后者停炉时间短，一般为负荷调度或紧急抢修时安排的停炉，要求停炉后机组的金属保持较高的温度水平，以便重新启动时，能按热态或极热态方式进行，从而缩短启动时间。

　　按照锅炉停运过程中参数变化的特点，又分为滑参数停炉和额定参数停炉两种。额定参数停炉时，锅炉参数不变或基本保持不变，通常用于紧急停炉和热备用停炉。

三、汽包锅炉的启动系统

　　锅炉的启动系统除正常运行的热力系统外还包括启动与停运需要的设备与管路系统，有疏放水系统、排空气系统、过热器旁路系统及汽轮机的旁路系统等。

　　在启动前，从锅炉出口到汽轮机前的一段主蒸汽管道是冷的，可能管道内还有积水，同时在暖管的初始阶段，进入主蒸汽管道的蒸汽参数较低，蒸汽将热量传给了管道和阀门等而凝结成大量的疏水。这些凝结水被蒸汽带走会产生严重的水冲击，使管道系统发生振动，因此需要把管道疏放水系统上的疏水门打开排放积水和凝结水，疏水过程一定要进行彻底。

　　管道上配有排空气系统，管道投入运行前，应开启空气门，把管内空气全部排除，防止空气积存在管内腐蚀管壁金属和引起空穴振动。

　　汽轮机旁路控制系统是现代单元机组热力系统的一个组成部分。它的功能：当锅炉和汽轮机的运行情况不相匹配时，即锅炉产生的蒸汽量大于汽轮机所需要的蒸汽量时，多余部分可以不进入汽轮机而经过旁路减温减压后直接引入凝汽器。此外，有的旁路还承担着将锅炉的主蒸汽经减温减压后直接引入再热器的任务，以保护再热器的安全。旁路系统的这些功能在机组启动、降负荷或甩负荷时是十分需要的。

　　单元机组锅炉启动系统的功能能满足以下过程：

（1）联合滑参数启动与停运。

（2）热态与冷态启动。

（3）其他方式的停运。

（4）回收工质和热量。

（5）对各受压、受热部件进行安全保护。

四、汽包锅炉启动基本程序

　　汽包锅炉有自然循环和控制循环两种。它们的启动与停运类似，统称为汽包锅炉的启动与停运。

自然循环汽包锅炉滑参数压力法冷态联合启动的基本程序如下。

1. 准备工作

准备阶段应对锅炉各系统和设备进行全面检查，并使其处于启动状态；为确保启动过程中的设备安全，所有检测仪表、连锁保护装置（主要是 MFT 功能、重要辅机连锁跳闸条件）及控制系统（主要包括 FSSS 系统和 CCS 系统）均经过检查、试验，并全部投入。其他准备工作包括：

（1）厂用电送电。

（2）机组设备及其系统置位于准备启动状态，投入遥控、程控、联锁和其他热工保护。

（3）制备存储化学除盐水，水系统启动。

（4）对除氧器、凝汽器、水箱等进行水冲洗，直至水质合格。然后灌满除盐水，启动凝结水泵，启动循环水泵、建立循环水虹吸。

（5）汽轮机、发电机启动准备。

2. 锅炉上水

锅炉上水一般用经过除氧器除过氧的热水。上水时使用带有节流装置的给水旁路进行，以防止磨损给水主调节阀和便于流量控制。在上水开始时，稍开上水阀门，进行排气暖管，并注意给水压力的变化情况和防止水冲击。当给水压力正常后，可逐渐开大上水阀门。

为了保护汽包，应该控制上水的时间（即速度）。对于自然循环汽包锅炉，上水的终了水位一般只要求到水位表低限附近，以方便点火后炉水的膨胀；对于控制循环汽包锅炉，由于上升管的最高点在汽包标准水位线以上很多，所以进水的高度要接近水位的顶部，否则在启动炉水循环泵时，水位可能下降到水位表可见范围以下。

3. 锅炉点火

（1）启动回转式空气预热器及其吹灰器，投用炉底密封装置。

（2）启动一组送、引风机，进行炉膛吹扫。

（3）锅炉点火，投燃油燃烧，注意风量的调节和油枪的雾化情况。逐渐投入更多油枪，建立初投燃料量（汽轮机冲转前应投燃料量），一般为 10%～25%MCR。

4. 锅炉升温升压

汽包压力为 0.2～0.3MPa 时冲洗水位计、热工表管，并进行炉水检查和连续排污。汽包压力为 0.5MPa 时进行定期排污，热紧螺母，1MPa 时进行减温器反冲洗。

主蒸汽参数达到冲转参数时开始冲转汽轮机，升速暖机，并网，低负荷暖机升负荷。冲转参数一般为压力 2～6MPa（新型大机组可以达到 4～6MPa），蒸汽过热度为 50℃以上。

锅炉在升温升压阶段的主要工作是稳定汽压、汽温以满足汽轮机冲转后的要求。锅炉的控制手段除燃烧外，还可以利用汽轮机高、低压旁路系统，必要时可投入减温装置和进行过热器疏水阀放气。

当锅炉炉膛温度和热空气温度达到要求时启动制粉系统，炉内燃烧完成从投粉到断油的过渡。

相应启动除灰除渣系统，投入煤粉燃烧，然后逐渐停止燃油。

　　5. 投入自动控制装置。

　　一般认为启动时若汽轮机高压内上缸的内壁温度在150℃以上，称为热态启动。热态启动时，冲转蒸汽温度应高于汽轮机高压内缸50℃，并至少具有50℃的过热度。汽轮机冲转后，锅炉应按汽轮机的要求升温、升压。当机组负荷增加到冷态启动汽缸所对应的工况时，就按冷态方式加到满负荷。

五、汽包锅炉停运基本程序

　　根据机组停运时的参数分类单元机组滑参数的联合停运，又可分为低参数停机和中参数停机两种。主蒸汽压力滑降至1.5～2MPa，汽温250℃，在对应汽轮机负荷下的停机称为低参数停机，用于检修停机。主蒸汽压力降至4.9MPa，在对应汽轮机负荷下的停机称为中参数停机，用于热备用停机。

　　滑参数停运基本程序可分以下五个阶段。

　　1. 停运准备

　　低参数停机在停运前要做好六清工作，即清原煤仓、清煤粉仓、清受热面（吹灰）、清锅内（水冷壁下联箱排污）、清炉底（冷灰斗清槽放渣一次）、清灰斗。中参数停机在停运前不一定全面进行六清工作，一般只清受热面、清锅内、清炉底。

　　汽轮发电机作好停机准备。

　　2. 滑压准备

　　在额定工况下运行的机组，锅炉先降压降温，使机组负荷降低到80％～85％MCR，汽轮机逐步开大调速汽门至全开，机组稳定一段时间。

　　3. 滑压降负荷

　　在汽轮机调速汽门全开条件下，锅炉降低燃烧率，降压降温，机组按照一定的速率（如1.5％MCR/min）降负荷，同时用汽轮机旁路平衡锅炉与汽轮机之间的蒸汽流量。

　　煤粉锅炉的煤粉燃烧器和相应的磨煤机按照拟定的投停编组方式（燃烧器一般应自上而下切除）减弱燃烧，在低负荷时及时投入相应层的油枪助燃，防止灭火和爆燃，最后完成从燃煤到燃油的切换。随着燃料量的不断减少，送风量也相应减少，但最低风量不应少于总风量的30％。

　　对于中间储仓式制粉系统，要注意煤粉仓粉位下降对给粉机出粉均匀性的影响，此时应及时测量粉位，根据粉位偏差调整各给粉机的负荷分配，维持燃烧稳定。对于直吹式制粉系统，在各给煤机给煤量随锅炉负荷减少时，应同时减少相应燃烧器的风量，使一次风煤粉浓度保持在不太低的限度内，以使燃烧稳定。

　　随着负荷的降低，燃料量和风量逐渐减少，当负荷降到30％MCR以下时，风量维持在35％左右的吹扫风量，直至停炉该风量应保持不变。

　　另外，低负荷下，为稳定燃烧和防止受热面的低温腐蚀，应通过调整暖风器的出口风量或投入热风再循环的方法，提高入炉的热风温度；同时，及时投入点火油枪。

　　4. 汽轮机停机、锅炉熄火

　　降压降负荷至停机参数时汽轮机脱扣停机，锅炉熄火。熄火后燃油炉必须开启送引风机，通风扫除可燃质，时间不少于10min，燃煤炉只用引风机通风5～10min。然后停止送、引风机，并密闭炉膛和关严各烟风道风门、挡板，避免停炉后冷却过快。

5. 锅炉降压冷却

低负荷停机后，锅炉进入自然降压与冷却阶段。这一阶段总的要求是保证锅炉设备的安全，所以要控制好降压和冷却速度。当排烟温度降到80℃时可停止回转式空气预热器。停炉4～6h后，开启引风机入口挡板及锅炉各人孔、检查孔，进行自然通风冷却。停炉18h后可启动引风机进行冷却。当锅炉降压至零时可放掉炉水。若锅炉有缺陷时，放水温度≤80℃，热备用停机应保持锅炉热量不散失，各处风门应关闭严密，但要防止管壁金属超温。

任务描述

该任务对应发电厂巡检、运行值班员岗位，可对汽包锅炉系统进行巡视检查，可完成锅炉启停操作，也是竞赛和证书考核的内容和具体对象。课堂活动要求如下。

（1）理解锅炉启停方式和启停过程中存在的问题。

（2）编写汽包锅炉启动步骤。

（3）进行汽包锅炉进行启动前的检查。

（4）进行汽包锅炉冷态启动操作。

任务拓展

一、"两票三制"制度

两票：工作票、操作票；三制：交接班制、巡回检查制、设备定期试验轮换制。"两票三制"包含着企业对安全生产科学管理的使命感，也包含着员工对安全生产居安思危的责任感，它是企业安全生产最根本的保障。在一个成熟的企业中，安全应该是重中之重，因为安全本身就是效益的理念就是企业管理的核心，所以安全就是效益。

二、工作票和操作票

工作票是检修人员需要对设备进行检修维护时提出的工作范围与安全措施，以保证此类工作的安全可靠。工作票是检修用的，在某种意义上说，电站的设备不管是运行状态、备用状态、待修状态，均由运行管理，如果需要修理必须得到运行方的同意。所以无论是一个机组，一台设备，大修也好，小修、临检也好，临时处理某一设备故障也好，必须得到运行的同意，这是通过工作票来完成的。修理人员接到任务后，首先按规定办理工作票，在工作票中提出要修的设备，用时的开始、完成时间，所需落实的操作（如修电机操作票中要求停该电机电源，并在有关位置挂"禁止合闸"的安全警示牌）。填好工作票后按规定交检修技术、管理人员签证后，交运行落实各项内容，并由运行的负责人签字，同意开工后，可进入现场作业。不能按时完成的要提前续签，完成运行验收合格后，双方负责人在对方保存的工作票上签字，这时修理人员退出现场，设备又交付运行管理。

为避免在操作中出现失误，即所谓误操作，造成人身伤亡、设备损坏或其他不必要的经济损失，操作前要填好操作票，经有关人员批准后，操作人员严格按操作票进行操作。操作票是运行在设备启停、系统切换时使用，如启停机炉、电气并网操作、拉合闸等都需要填写操作票，有时操作票是针对检修人员所提供的工作票所列安全措施以及工作范围予以满足的设备操作步骤。

任务 2　直流锅炉的启动

相 关 知 识

一、直流锅炉的启动特点

1. 直流锅炉启动系统

直流锅炉启动要求最小给水流量不能低于 25%～30%MCR，设置启动系统的主要目的就是在锅炉启动、低负荷运行及停炉过程中，通过启动系统建立回收工质和热量并维持炉膛内的最小流量，以保持水冷壁水动力稳定和传热不发生恶化，特别是防止发生亚临界压力下的偏离核态沸腾现象，保护炉膛水冷壁，满足机组启动及低负荷运行的要求。

我国超临界压力锅炉均配内置式分离器启动系统，主要包括启动分离器、储水罐、储水罐水位控制阀（361 阀）、再循环泵（BCP）及流量调节阀（360 阀）、疏水扩容器、疏水箱、疏水泵等设备。内置式启动系统分离器与水冷壁、过热器之间没有任何阀门，系统简单，操作方便，从根本上消除了分离器解列或投运操作所带来的汽温波动问题，但分离器要承受锅炉全压，对其强度和热应力要求较高。

内置式分离器启动系统分为无循环泵启动系统（见图 10 - 1）和带循环泵启动系统（见图 10 - 2）两大类。带循环泵启动系统按再循环泵在系统中与给水泵的连接方式分串联和并联两种类型，如图 10 - 3 所示。带循环泵启动系统由于在启动时利用了高、低压加热器及炉

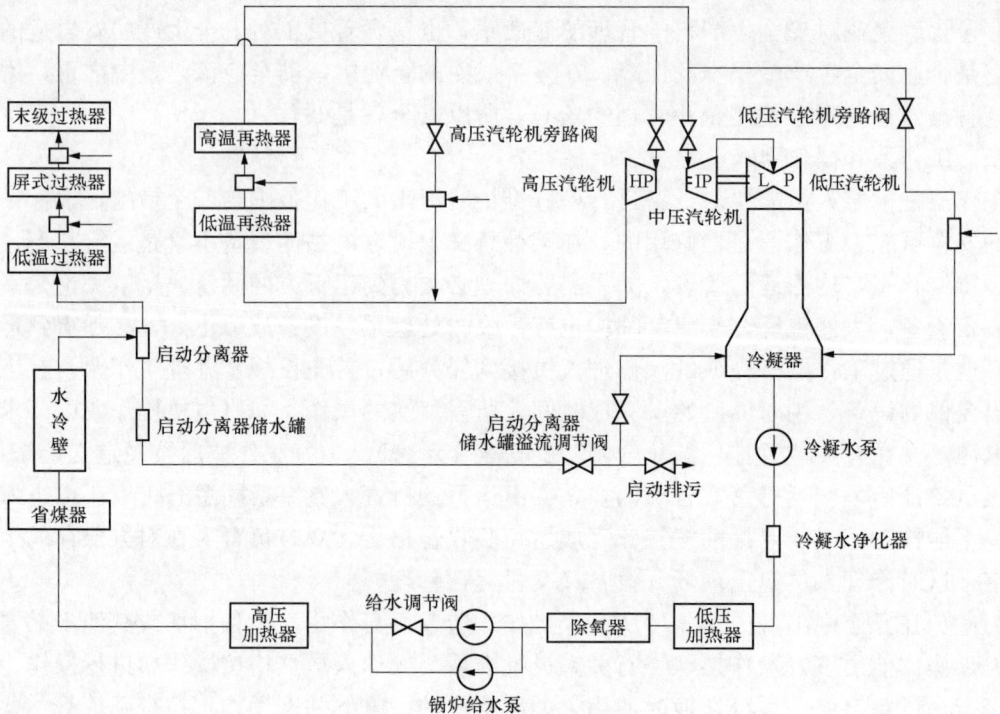

图 10 - 1　无循环泵启动系统

内的热量，因此相比较没有循环泵的系统而言，其热效率高、启动速度快；但带循环泵的系统由于辅助系统多，设备费用高，增加的投资大。

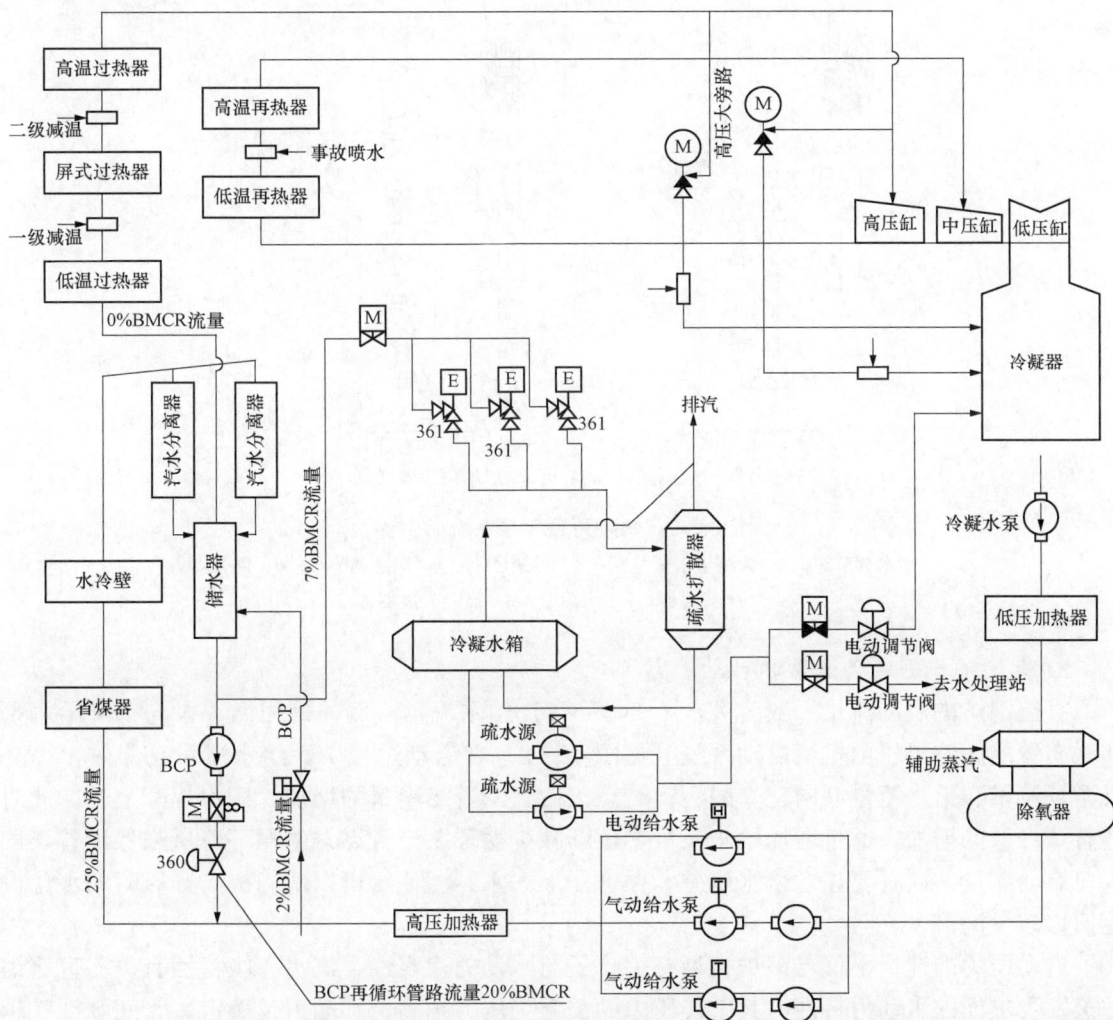

图 10-2　带循环泵启动系统

　　锅炉负荷小于 25％MCR 直流负荷时，分离器实现汽水分离并建立启动流量，分离器出来的蒸汽均匀分配后进入过热器系统，汽水分离后的水通过连接管进入储水箱，储水箱中的水根据自身水位由循环泵打至省煤器入口或经溢流阀（361 阀）排至疏水扩容器中，排入疏水扩容器的水根据水质要求排入凝汽器、水塔或地沟。锅炉负荷达到 30％MCR 以上时，分离器呈干态运行，只作为一个蒸汽的流通元件。直流锅炉给水在给水泵的作用下一次性地经过加热、蒸发和过热段，其加热、蒸发和过热三个阶段没有明显分界线，当燃烧率与给水量的比例发生变化时，三个受热面均发生变化，吸收比也会发生变化。其结果势必直接影响出口蒸汽参数，尤其是出口蒸汽温度的变化。通常当燃烧率增加时，加热与蒸发过程缩短，过热阶段加热面积增加，使过热器出口蒸汽温度升高。当直流锅炉燃料与给水量比例失去平衡时，将引起出口蒸汽温度较大的波动，因此在启停过程中必须注意保持燃料量与给水量之间的比例关系。

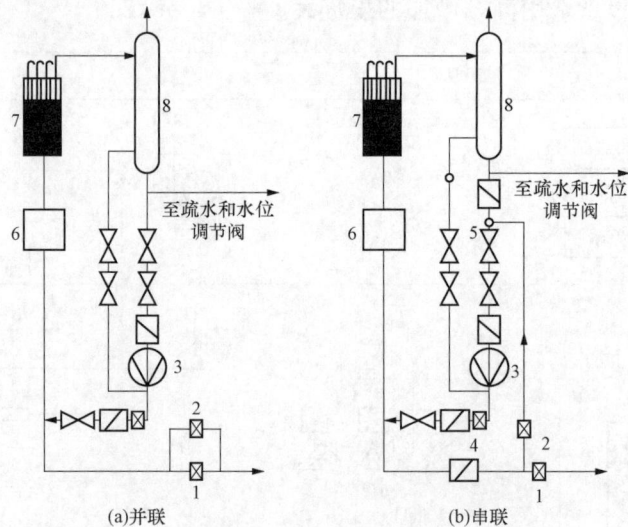

图 10-3　两种再循环泵系统的布置
1—给水调节阀；2—旁路给水调节阀；3—再循环泵；4—流量调节阀；5—混合器；
6—省煤器；7—水冷壁；8—启动分离器

2. 直流锅炉的启动流量和启动压力

直流锅炉的启动流量一般为 25%～30%MCR 给水流量，例如采用循环泵与锅炉给水泵并联布置的超临界压力机组启动系统（见图 10-2）在启动过程中，给水流量是靠炉水循环泵循环流量和给水流量共同建立的。锅炉点火后，随着燃料量的增加，压力逐渐上升，此时随着蒸汽量的增加，通过增加给水流量，逐渐减少循环泵至省煤器的循环流量来保证省煤器入口启动流量，同时要注意给水压差，保证能上去水，溢流阀可以适当提高开启时的水位设定值，减少溢流。

启动压力的选择不仅与锅炉类型有关，还与水动力稳定性、汽水膨胀特性有关。直流锅炉蒸发受热面的水动力特性与其工作压力的关系为压力越高，水动力越稳定，管间脉动就越小；压力越高，汽水比的密度差越小，膨胀量越小。这样启动分离器就可以相对选择得小一些。为保证蒸发受热面的水动力稳定性所必须建立的给水压力，称为启动压力。目前，国内超临界压力直流锅炉，启动压力一般选为 7MPa 左右。

3. 启动水工况

直流锅炉给水通过蒸发受热面一次蒸发完毕，水中杂质有三个去向，即沉积在受热面内壁、沉积在汽轮机通流部分、进入凝汽器。锅炉中杂质除了来自给水，还有管道系统及锅炉本体内的沉积物和脱落的氧化皮溶入炉水，直流锅炉运行时没有排污，给水中的杂质除少部分随蒸汽带出外，其余将沉积在受热面上；另外，机组停运时，受热面内部还会因腐蚀而产生少量氧化铁。为了清除这些污垢，需要对直流锅炉进行清洗。

4. 升温速度

直流锅炉没有汽包，水冷壁联箱分配管流量分配合理、工质流速较快，温升速度比汽包锅炉快，但超临界压力直流锅炉的联箱、汽水分离器等部件的管壁较厚，因此升温速度也受到一定限制。直流锅炉点火后，汽轮机高、低压旁路暖管后投入，高低旁全开，保证过热器和再热器中汽水混合物能及时疏走。并网后逐渐关闭高压旁路，配合锅炉升温、升压，严格控制升温升压速度，锅炉点火初期燃料量应逐步投入，保证炉膛出口烟温探针不超过保护过热器、再热器不超温的规定温度，防止过热器、再热器壁温超限。当高低旁开启、蒸汽流量建立起来后，可逐步加大燃料量，烟气温度升高至一定温度时，退出炉膛出口烟温探针。

　　温度在 100℃ 以下时，温升速度小于 1.1℃/min，到汽轮机冲转前，温升速度小于 1.5℃/min，升压速度小于 0.1MPa/min。升温升压过程中，汽温和壁温上升应缓慢平稳，过、再热蒸汽温度（包括屏式过热器进出口温度）和受热面管壁温度在 0～200℃ 时，升温速率应小于等于 2℃/min；温度 200～300℃ 时，升温速率应小于等于 1.5℃/min；温度大于 300℃ 时，升温速率应小于等于 1℃/min；过热蒸汽升压速度应小于等于 0.1MPa/min。在启磨、冲转、并网等大扰动情况下，汽温和受热面壁温应做好超前控制，温度变化率应小于等于 3℃/min。启动过程中由于蒸汽流量小，汽温迟延大，因此汽温的调整应提前控制，减温水门和烟气调温挡板注意不要猛开、猛关，要根据汽温偏离的大小及减温器后温度变化情况平稳地对蒸汽温度进行调节，避免汽温大幅波动。

　　5. 受热面区段变化与工质膨胀

　　汽包锅炉的汽包是各受热面的分界点，而直流锅炉的三大受热面（过热器、省煤器、水冷壁）串联连接，虽然在结构上是分清的，但是工质状态变化没有固定的分界，它随着工况而变化。直流锅炉启动过程中水的加热、蒸发及蒸汽的过热三个受热面段是逐渐形成的，整个过程历经三个阶段，如图 10-4 所示。

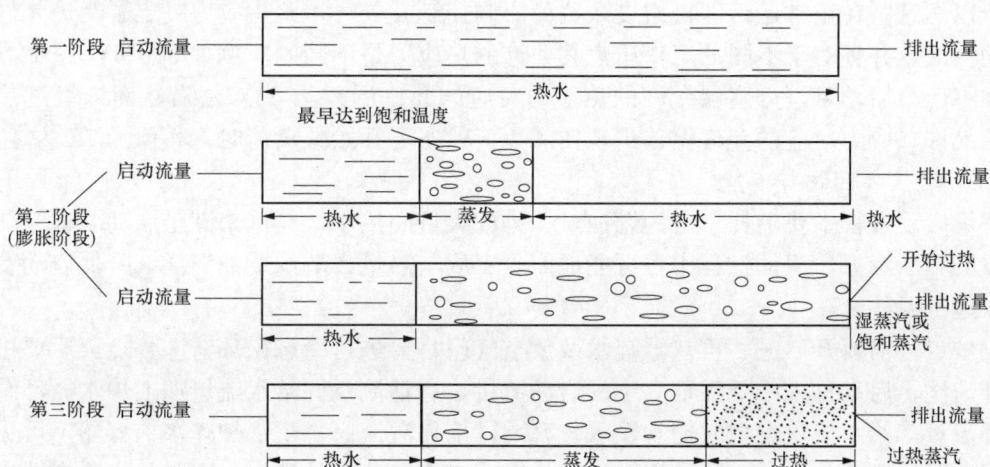

图 10-4　直流锅炉启动过程中的工质状态变化

　　第一阶段，工质加热阶段。在启动初期，全部受热面都起加热水的作用。这个阶段中工质温度逐渐升高，而状态未发生变化，锅炉出口的热水量与给水量相等。

　　第二阶段，工质膨胀阶段。炉点火后，随着燃料投入量的增加，水冷壁内工质温度逐渐升高，当燃料投入量达到某一值时，水冷壁中某处工质温度达到该处压力下所对应的饱和温度，工质开始蒸发，形成蒸发点。随着炉膛热负荷的增大，当水冷壁内工质的温度达到饱和温度时开始汽化，产生蒸汽，工质比体积增大很多倍，例如，压力在 6MPa 时，蒸汽的比体积是水比体积的 25 倍；8MPa 时，蒸汽比体积是水比体积的 17.5 倍。因此，热负荷的不断增加引起受热面局部压力升高，将汽化点后管内的水迅速排挤出去，使锅炉出口排出的工质流量大大超过给水量（即启动流量），这种现象称为工质的膨胀。当汽化点后受热面中的水全部被汽水混合物取代后，锅炉出口流量才恢复到和给水量一致。此时，锅炉的全部受热面分成水的加热和蒸发两个区段。

第三个阶段，正常阶段。当锅炉出口工质变成过热蒸汽时，锅炉受热面就开始形成水的加热、蒸发和过热三个区段。蒸发量等于给水量，工质出口温度达到额定值。

锅炉工质膨胀是直流锅炉启动过程中的重要现象。影响启动过程中汽水膨胀的主要因素有启动压力、给水温度、锅炉蓄水量、燃料投入速度和吸热量的分配。启动时，膨胀量过大将使锅炉内压力和启动分离器水位难以控制。在工质膨胀阶段附近，应保持燃料稳定，减少燃料投入。应了解工质膨胀特性，拟定直流锅炉启动曲线，使锅炉安全度过膨胀期。

6. 启动过程中热应力控制

分离器是直流锅炉中壁厚最大的承压部件，末级过热器出口联箱处于高温高压的运行条件下，而且属于对温度变化十分敏感的厚壁部件，都容易产生热应力而损坏，必须加以保护。为此，各受热面安装有壁温测点用于监视受热面金属管壁受热是否均匀，减少管壁热应力。与分离器连接的储水箱在其金属壁上安装内外壁温度测点，外壁温度直接取自于金属表面，内壁温度则要在金属壁上打一深至壁厚 2/3 处的孔，用此处金属温度代表金属内壁温度。测量出金属内外壁的温差，就可以监视其热应力。

在锅炉启停过程中，受热面壁温和厚壁部件内外壁温差超限，均会发出报警，提示运行人员予以注意。在正常运行即机组投入负荷协调控制方式时，此热应力决定了锅炉允许加减负荷的裕度，并且对于不同的工作压力其允许的热应力是不同的。例如 600MW 超临界压力锅炉在零压力启动时，分离器允许的热应力对应的允许温差为 23℃ 左右；而末级过热器出口联箱允许热应力对应的允许温差出现在满负荷状态下开始减负荷时，其值为 7℃ 左右。

7. 启动热量回收与节能

锅炉启动过程中要消耗一定的燃油量，排放大量的热水、热汽来满足启动要求。随着机组容量的不断增大，启动过程中尽可能地回收工质与热量、节约燃油消耗，降低启动费用显得越来越重要。

锅炉点火前要开启过、再热器疏水及放空气门，要进行冷态循环清洗。点火后要进行热态循环清洗，启动过程中要保证一定的启动流量，启动流量即给水流量加上炉水循环泵出口再循环流量，给水流量偏大时储水箱水位升高，依靠溢流阀排至锅炉疏水扩容器。可见，启动过程中锅炉排放水和蒸汽量是很大的，易造成工质与热量的损失。因此，当分离器出口压力达到一定值时便可关闭过、再热汽疏水及放空气门，热态冲洗结束，水质化验合格后，保证省煤器入口流量的前提下可减少给水流量，控制溢流阀不溢流，避免汽水外排。

锅炉上水时在保证管壁温差不超限情况下提高上水温度，锅炉点火前合理配煤，燃用高挥发分易燃煤种，采用小油枪、等离子等助燃方式来节省燃油量；点火后通过观火孔观察炉内燃烧情况，调整配风保证燃烧效果；通过油枪改造、燃油滤网定期清理、油枪雾化方式改进、增加蓄能器稳定油压等多种手段保证油枪可靠运行及备用。点火后一、二次风温达到制粉系统投入要求时，及时投入制粉系统运行，视燃烧情况及时退出部分油枪运行等系列措施来降低燃油消耗。总之，锅炉启动操作量大、过程复杂，只要启动前精心准备，合理策划，启动过程中精细调整，就可以在保证机组顺利实现启动的同时减少工质浪费，降低启动费用。

二、启动前的准备

1. 启动前的检查工作

启动前，对锅炉设备系统进行全面检查，确认锅炉设备具备启动条件，根据锅炉设备的现状和特性，采取必要的控制措施以便顺利启动。

2. 冷态启动锅炉上水前系统投运及检查

（1）冷却水塔、凝汽器补水。

（2）循环水、开式冷却水系统投运。

（3）投入闭式冷却水系统。

（4）投入凝汽器补充水、凝结水系统，凝汽器开始清洗。

（5）投入主机油系统、盘车。

（6）除氧器上水清洗合格后投入加热。

（7）上水前对锅炉设备进行全面检查。

三、直流锅炉的清洗

新建机组或机组停用期间，直流锅炉的汽水系统和炉前系统会有一些腐蚀产物和其他杂质。若机组启动时未除去这些杂质，会影响直流锅炉的给水品质及锅炉的安全运行，因此，机组首次启动前要进行化学清洗，正常停机后启动过程中要进行冷态清洗和热态清洗。

1. 启动时冷态清洗

直流锅炉的冷态清洗是指在锅炉点火前，用除盐水或凝结水冲洗包括低压加热器、除氧器、高压加热器、省煤器、水冷壁及启动分离器等在内的汽水系统。冷态清洗分两个阶段进行，第一阶段为低压系统的清洗，第二阶段为高压系统的清洗。

（1）低压系统的清洗。当清洗给水泵前的低压系统时，按下列小循环进行：

凝汽器→凝结水泵→前置过滤器→混合床除盐装置→凝结水箱→低压加热器→除氧器→凝汽器（或排地沟）。

在进行低压系统的清洗时，启动凝结水泵，使水流在回路中循环流动，并根据前置过滤器进口水的含铁量控制清洗过程。当前置过滤器进口水中含铁量大于 $1000\mu g/L$ 时，应将清洗水排入地沟；而当前置过滤器进口水中含铁量小于 $1000\mu g/L$ 时，清水经过前置过滤器和混合床除盐装置，除去水中杂质；当前置过滤器进口水中含铁量小于 $200\mu g/L$ 时，可完成对低压系统的清洗，开始进行高压系统的清洗。

（2）高压系统的清洗。当清洗给水泵以后的高压系统时，按下列大循环进行：

凝汽器→凝结水泵→前置过滤器→混合床除盐装置→凝结水箱→低压加热器→除氧器→给水泵→高压加热器→锅炉本体汽水系统→启动分离器→凝汽器（或排地沟）。

在进行高压系统的清洗时启动凝结水泵、给水泵，使水流在回路中循环流动，并根据启动分离器出口水的含铁量控制清洗过程。当启动分离器进口水中的含铁量大于 $1000\mu g/L$ 时，应将清洗水排入地沟；而当启动分离器出口水中含铁量小于 $1000\mu g/L$ 时，清洗水由启动分离器进入凝汽器，然后经前置过滤器和混合床除盐装置除去水中杂质；当启动分离器出口水中含铁量小于 $100\mu g/L$ 时，清洗过程结束。

冷态清洗能除去很多杂质，为了保证直流锅炉点火时有良好的给水水质，必须进行冷态清洗。冷态清洗结束后，锅炉可开始点火。

2. 启动时热态清洗

锅炉点火后，随着启动过程的进行，水温和水压逐渐上升，会把残留在汽水系统内的杂质冲洗出来，使水中杂质含量增加，影响锅炉启动后的汽水品质，因此应该在锅炉启动过程中设法将它们除去。

在锅炉启动过程中，当水温升高到一定值后，应暂时停止升温，并在一段时间内维持锅内水温，使水仍然在高压系统冷态清洗时的循环回路流动。在此期间内，锅炉本体汽水系统中的杂质可被流动着的热水清洗出来，清洗出的杂质在水通过前置过滤器和混合床除盐装置时不断被除去，这种清洗过程称为热态清洗。

由于铁的氧化物在高温水中的溶解度很小，锅炉热态清洗时，若水温过高，易发生铁的氧化物重新沉积现象，因此，在进行热态清洗时，锅炉本体汽水系统出口水温不高于 290℃。

当包覆管出口水的含铁量小于 $100\mu g/L$ 时，热态清洗工作结束。热态清洗结束后，可继续提高水温，并进行锅炉启动过程中的其他步骤。

四、锅炉吹扫与点火

锅炉点火前，需对炉膛进行吹扫，一般要求换气量不少于炉膛容积 4 倍的空气量，风量不少于额定负荷风量的 30%，以防止被吹起的燃料又积沉下来，要求锅炉吹扫时间不小于 5min，确保炉膛中的所有副产物能够清扫出去。

五、启动中燃烧控制

（1）吹扫以及启动初期，总风量不宜过大，通常调整在 35% MCR 左右。炉膛吹扫完成后，各层辅助风挡板开度调整至 20%～25%，以便提高点火初期燃烧的稳定性，二次风箱与炉膛差压控制在 0.5kPa 左右。因二次风温较低，很难起到辅助燃烧的作用，待等离子燃烧器着火稳定、二次风温较高时方可加大等离子燃烧器的二次风配风。

（2）启动时推荐磨煤机投运方式，冷态、温态启动锅炉各受热面温度较低，应优先投入中下层制粉系统。热态、极热态启动时锅炉、汽轮机各部分金属温度较高，要求较高冲转蒸汽参数，应优先投入中上层油组和制粉系统运行，以便尽快提高蒸汽参数，满足汽轮机冲转要求。

（3）在启动后期，尤其在热负荷较高（两台磨运行后）时，应注意逐步关小未运行磨组对应风门。磨煤机投入应选择相邻磨或对冲组合方式，避免因燃烧偏差引起受热面壁温、汽温热偏差过大。

（4）点火初期汽水膨胀期未度过，热负荷投入不可过快。注意观察储水箱水位和储水箱溢流阀动作情况。在锅炉水冷壁汽水膨胀时要停止投入油枪，汽水膨胀结束，储水箱水位正常后再投入油枪。当锅炉汽水膨胀已经度过，储水箱水位开始平稳下降时，将给水控制从限制最小流量转换为自动控制给水流量。

（5）在高、低压旁路开启之前控制锅炉燃烧率，以使炉膛出口的烟温探针显示在任何时候都不超过机组要求的温度，当烟气温度升高到要求温度时，必须减少热输入量。当烟气温度升高到一定温度时，烟气温度探针自动退回。启动磨煤机增减煤量的过程中要做好横向沟通，提前干预，防止储水箱水位大幅波动。

六、升温升压

（1）锅炉点火后，严格控制升温升压速度，温度在 100℃ 以下，温升速度小于 1.1℃/min，到汽轮机冲转前，温升速度小于 1.5℃/min，升压速度小于 0.06MPa/min。冷态启动受热面壁温较低，制粉系统投运优先选择下层制粉系统。热态、极热态要求蒸汽参数要求较高，制粉系统可选择启动中、上层制粉系统来满足较高蒸汽参数的要求。

（2）当汽水分离器压力达到 0.2MPa 时，关闭过热器、再热器各空气门。

（3）汽轮机高、低压旁路暖管后投入，配合锅炉升温、升压，退出烟温探针。

（4）水温合适后准备热态冲洗。冲洗完成后，准备升温升压，这个过程汽水膨胀不是很明显，通过溢流阀都能较好地控制储水箱水位。若要想升温升压速度加快，可以适当控制溢流阀的开度，减少炉水排放量，但是要注意打开主汽管道上的疏水，增加主蒸汽的流动以进行暖管。若后期温度上升缓慢，可以由旁路阀参与控制升温。

（5）储水箱水位也将溢流阀投上自动，保持 15% 左右开度，自动情况下，虚假水位不是太明显，如果手动调整，到分离器出口压力至 0.7～1.1MPa 时注意水位，防止虚假水位影响，使水位升高。溢流阀开度降低后，及时向锅炉少量补水，保持汽压稳定。

七、启动系统控制与干湿态转化

1. 启动系统控制原理

直流锅炉干、湿态转换的过程也是启动系统控制方式的转变，湿转干启动系统控制方式由水位控制切换到温度控制；干转湿启动系统控制方式由温度控制切换到水位控制方式。在湿态运行状态下，给水是通过分离器的水位和蒸汽量来控制的，其控制方法类同亚临界压力控制循环锅炉，分离器的水位需要连续地监视。为了防止启动初期阶段汽水膨胀时分离器水位过高，饱和水进入过热器，除了给水控制水位外，还设置了大气扩容式系统，在扩容器进口设置有两个高水位调节阀，其功能与简单疏水启动系统相同；另外当循环泵发生故障时，该系统也能启动锅炉，只是工质和热量损失较多。

从水位控制到温度控制的切换过程在维持省煤器和蒸发器最小流量的同时，对于燃烧率的控制也很重要，在湿态运行期间，省煤器和蒸发器中的流量保持恒定，此时燃烧率要渐渐地增长以满足产汽量的需求。当负荷增长时，为了维持分离器中的压力，燃烧率也要相应增长，在整个湿态运行过程中分离器中的压力需要一直监视，而燃烧率的增长通过分离器的温度来体现。

最低直流负荷是启动系统的隔离点和锅炉进入干态运行的起始点，在此负荷以下，当燃烧率增长的时候，省煤器和蒸发器中的流量是固定不变的。在最低直流负荷点，燃烧率和给水量达到一个预先设定的点。

当逼近最低直流负荷时，分离器水位消失进入干态，此时蒸汽温度控制投入使用。在切分期间，以分离器出口蒸汽温度作为导前控制点，为了避免温度控制失效重新使启动系统投入运行，分离器出口蒸汽焓值要保持一定的过热度。同时锅炉负荷应按升速率直接通过最低直流负荷点，过热度取决于汽轮机冲转时的压力，对于 600MW 直流锅炉，冷态启动汽轮机冲转时的压力为 8.4MPa，过热温度约 15℃。在直流方式运行时，通过控制煤水比来调节分离器出口温度。根据锅炉性能计算，在 BRL 工况下，当燃料量及给水温度不变时，分离器出口蒸汽温度改变 ±1℃，相应的给水量改变约 ±10t/h，才能维持分离器出口蒸汽温度基本不变。在 BRL 工况下当给水量及给水温度不变时，分离器出口蒸汽温度上升1℃，相应的燃料量（低位发热量约23400kJ/kg）减少约1.2t/h，才能维持分离器出口蒸汽温度基本不变。

2. 湿态转干态

由锅炉给水自动控制分离器水位，负荷逐渐增加，一直到纯直流负荷方式后，检查湿态信号消失，启动系统给水由分离器水位控制方式进入燃水比控制方式，实现湿干态转换，湿干态转换过程如图10-5所示。

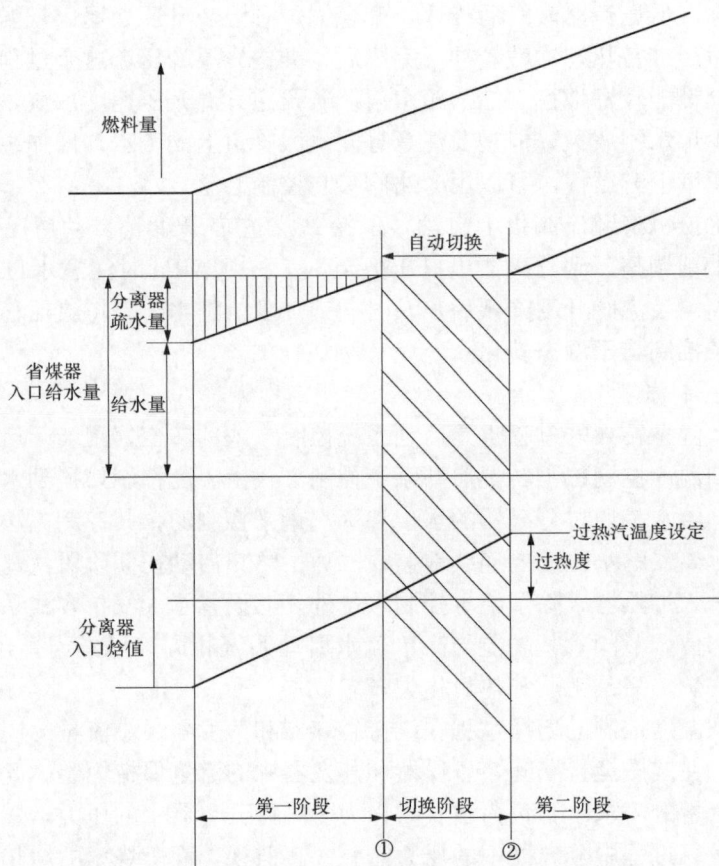

图10-5　湿干态转换过程

第一阶段：省煤器入口的给水流量保持最小流量值，当燃料量逐渐增加时，随之产生的蒸汽量也增加，从分离器下降管返回的水量逐渐减少，分离器水位降低，锅炉给水流量逐渐增加维持水位，进入分离器的汽水混合物湿度逐渐减小，到达①点，分离器入口蒸汽成为饱和蒸汽，此时，锅炉给水流量等于省煤器入口的给水流量，但仍保持在最小流量。

切换阶段：省煤器入口的给水流量仍不变，燃烧率继续增加，进入分离器中的蒸汽温度逐渐升高（此时分离器压力不变），到达②点，分离器出口的蒸汽温度达到设定值。

第二阶段：进一步增加燃烧率，给水量也相应增加，锅炉开始由定压运行转入滑压运行，温度控制系统投入运行，通过控制燃水比控制分离器出口的蒸汽温度及分隔屏出口的一级喷水减温器的前后温差，当锅炉主蒸汽温度增加至设定值，锅炉正式转入干态运行。

3. 湿干态转换注意事项

（1）直流锅炉转干态过程要迅速，尽量缩短此状态运行时间，防止干态与湿态来回切换。

（2）直流锅炉转干态后，要严格监视主再热器壁温和水冷壁壁温（特别是水冷壁壁温），防止超温。

（3）直流锅炉转干态后，增减煤量时要及时增减给水，控制好燃水比，防止汽温大幅度波动。

八、高低压旁路控制

大型火电机组都采用中间再热式热力系统，按机-炉-电的单元配置。由于汽轮机和锅炉特性不同会带来机、炉不匹配的问题，例如汽轮机在空负荷运行时，蒸汽流量仅为锅炉额定蒸发量的 5%～8%，而锅炉最低稳燃负荷为额定负荷的 15%～50%，一般在 30%左右，负荷再低锅炉就不能长时间稳定运行。另外，直流锅炉蓄热能力较汽包炉小得多，在汽轮机冲转、机组并网时由于所需蒸汽量瞬间增加很多，这时锅炉的产汽量就不能满足汽轮机所需蒸汽流量。为了解决单元机组机、炉不匹配问题，便于机组启停、事故处理和适应特殊运行方式，绝大多数再热机组都设置了旁路系统。

1. 旁路系统的类型

旁路控制系统一般分为高压旁路、低压旁路及大旁路等形式。主蒸汽绕过汽轮机高压缸流至冷再热蒸汽管道的称为高压旁路；再热后蒸汽绕过中、低压缸，直接进入凝汽器的称为低压旁路；主蒸汽绕过整个汽轮机而直接引至凝汽器的称为大旁路。一般 600MW 及以上锅炉多采用高压旁路和低压旁路相串联的两级旁路系统。

2. 旁路系统的作用

（1）改善机组的启动性能。

（2）满足机组定压和滑压运行的要求。

（3）保护再热器。

（4）协调启动参数和流量，缩短启动时间，延长汽轮机的寿命。

（5）实现机组快速切负荷功能。

（6）回收工质和热量，降低噪声。

3. 高压旁路系统控制

高压旁路控制系统的主要作用是在机组启停过程中，通过调整高压旁路阀门的开度来控制主蒸汽压力，以适应机组启动的各阶段对主蒸汽压力的要求，同时，通过调整高压旁路后进入再热冷段的蒸汽温度来作为启动时再热汽温的一个调节手段。高压旁路控制系统由压力阀、温控阀、减温水隔断阀控制回路三部分组成。下列情况高压旁路强制关闭：机组负荷大于设定值、给水泵全停、高压旁路出口温度高、高压旁路减温水压力低、汽轮机低压旁路全关。

高压旁路控制分三个运行阶段。第一阶段，锅炉启动升压时，控制主蒸汽压力在1.5MPa 不变，定压方式运行直到高压旁路开度大于最大开度 60%；第二阶段，高压旁路转为滑压运行方式，高压旁路开度保持大于最大开度 60%，汽水分离器入口温升控制在2℃/min，升压到 8.92MPa；第三阶段，高压旁路转为定压方式，控制主蒸汽压力8.92MPa 不变，当汽轮机冲转和发电机并网后，随着机组带负荷，高压旁路逐渐关闭至零。

4. 低压旁路系统控制

对于高、低压串联旁路控制系统,在机组启动过程中,高、低压旁路必须协调动作,才能实现旁路控制系统的功能。在汽轮机冲转前,锅炉产生的新蒸汽经高压旁路进入再热器,再热器送出的蒸汽由低压旁路排至凝汽器。因此低压旁路控制系统的运行状态会影响到凝汽器的安全运行,这是旁路控制系统运行时必须考虑的问题。

(1) 低压旁路压力设定。在启动、低负荷阶段或甩负荷时,低压旁路压力设定为定压运行方式,压力设定值可由运行人员设定,以维持一定的蒸汽流量通过再热器。在额定负荷的 30% 以上时,再热器出口压力定值与负荷成正比。在此阶段,低压旁路运行在滑压方式,设定值为再热器出口压力加上一个下限值 Δp,以保持低压旁路在关闭状态。

(2) 温度控制。因为低压旁路减温器后管道内的介质为汽水两相流,其温度无法准确测量,对喷水控制系统的精确要求不很高,一般减温水温度设定值设定较低,从而保证凝汽器的安全运行。温度控制一般投自动控制,能够实现手/自动的无扰切换。

(3) 凝汽器保护。当运行工况变化使凝汽器不能接受热蒸汽或低压旁路喷水系统失灵,凝汽器保护回路发出控制信号至低压旁路上快速关闭低压旁路压力阀,立即切断进入凝汽器的湿蒸汽。低压旁路自动关闭条件:

1) 低压旁路喷水压力低。

2) 凝汽器温度高。

3) 凝汽器真空低。

4) 低压旁路后温度高。

九、超临界压力直流锅炉温态、热态、极热态启动

1. 超临界压力直流锅炉的启动方式

超临界压力直流锅炉的启动方式按金属温度分类有两种划分方式。一种以汽轮机高压调节级金属温度划分:汽轮机调节级金属温度低于 120℃ 称为冷态启动;汽轮机调节级金属温度在 120~280℃ 称为温一;汽轮机调节级金属温度在 280~415℃ 称为温二;汽轮机调节级金属温度在 415~450℃ 称为热态;当汽轮机调节级金属温度在 450℃ 以上为极热态启动。另一种是按停炉时间长短划分,即停炉一周为冷态启动,停炉 48h 为温态启动,停炉 8h 为热态启动,停炉 2h 为极热态启动。温态、热态、极热态启动前系统检查,辅机启动的操作步骤同冷态启动,炉内检查及连锁实验也不必做,温态、热态、极热态启动和冷态启动相比较,循环清洗过程一般可省略,但启动速度也不能太快,防止工质与受热面温差太大,造成受热面厚壁部件温度变化率过快,内外壁产生较大温差应力使受热面寿命缩短。

2. 启动曲线

锅炉点火后,由于燃料燃烧放热而使锅炉各部分逐渐受热,受热面和其中的工质温度也逐渐升高。水开始汽化后,汽压逐渐升高,从锅炉点火直到汽压升高到工作压力的过程称为升压过程。与此同时,工质的温度在不断升高,由于水和蒸汽在饱和状态下温度和压力之间存在对应关系,所以蒸发受热面的升压过程也就是升温过程。通常以控制升压速度来控制升温速度的大小。

在锅炉的升压、升温过程中,升压、升温的快慢要考虑厚壁金属部件的安全,以及各

管壁之间的温差在正常范围内，避免管壁超温和产生过大热应力。通常根据汽水分离器出口温度和机组启动状态来选择燃料投入率及制粉系统投入顺序。保证锅炉出口蒸汽参数在预定时间内达到启动要求的同时，使锅炉各部件受热均匀不超温，热膨胀良好。因此，针对不同类型的锅炉，应当根据其具体的设备条件，通过对其各种状态启动进行试验，确定升压各阶段的温升率和升压率，由此可制定出锅炉的启动曲线，用以指导锅炉启动时的升压升温操作。

图 10-6 和图 10-7 所示为 HG1900/25.4-YM4 型超临界压力直流锅炉冷态、温态启动曲线。

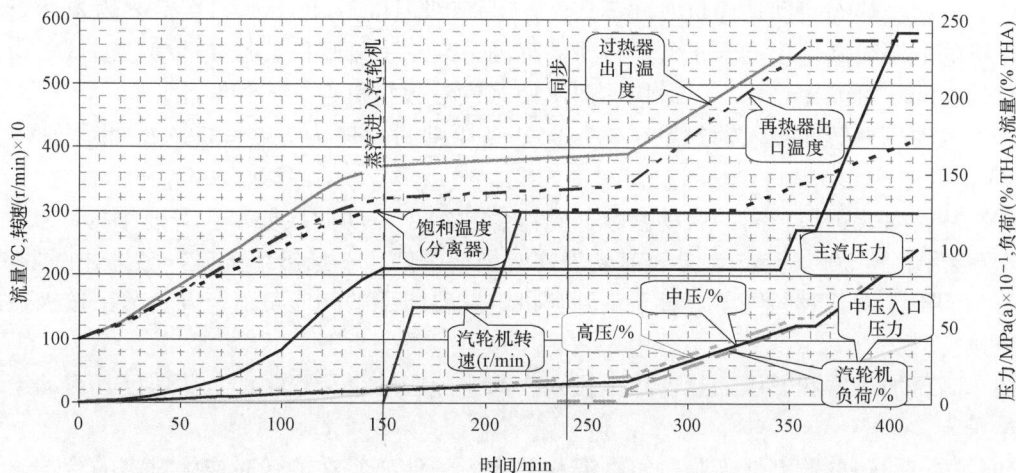

图 10-6　HG1900/25.4-YM4 型超临界压力直流锅炉冷态启动曲线

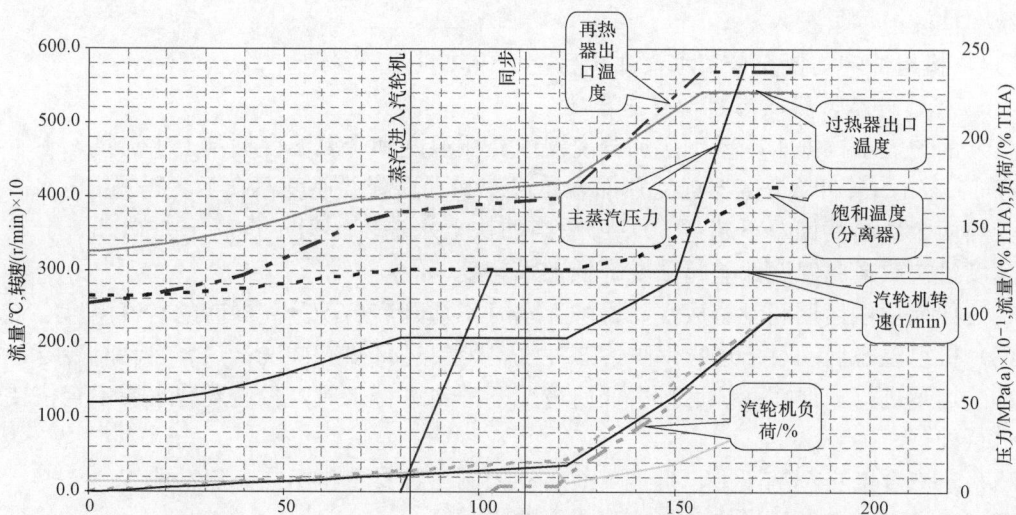

图 10-7　HG1900/25.4-YM4 型超临界压力直流锅炉温态启动曲线

热态和极热态启动锅炉、汽轮机，各部件温度都较高，对蒸汽参数要求也高，锅炉出口蒸汽要求在短时间内达到启动参数，不仅锅炉燃料投入率较冷态启动要快，而且在燃料的投入顺序也有要求，优先投入中、上层油组及制粉系统，来满足启动对蒸汽参数的要求。

3. 超临界压力机组温态、热态、极热态启动要求

（1）机组热态冲转参数：主蒸汽压力为 5～7MPa，主蒸汽温度高于调节级金属温度 50～100℃，再热蒸汽压力为 0.4～0.6MPa，再热蒸汽温度高于进汽区金属温度 20℃。

（2）汽轮机冲转过程中不需要进行打闸试验，并网后可不进行低负荷暖机。

（3）转速达 3000r/min 后，经检查无异常应尽快并网。

（4）根据调节级温度，按不同缸温的启动曲线要求控制汽温、汽压、暖机时间严格进行操作。

（5）机组极热态启动是停机时间不到 1h（调节级温度≥450℃）机组需要恢复运行，此时汽轮机的缸温较高，接近于正常运行时的缸温，启动不用暖机，且在低参数或低负荷状态下停留的时间尽可能短，要求以最快的速率使蒸汽参数与机组缸温相匹配。

（6）汽轮机冲转前投入轴封系统，并保证高压轴封温度为 330～350℃，低压轴封温度为 150℃。

（7）冲转时要选择较高的启动参数，蒸汽参数符合启动曲线要求。升速率为 300r/min/min，直接升速到 3000r/min，全速前要为并网创造条件，一旦机组全速，马上并网带负荷，在初负荷期不能太长时间停留，直至带到与机组缸温匹配的相应负荷，升负荷率按极热态启动曲线执行。

（8）高压加热器和低压加热器尽早投入。为避免因给水量限制加负荷速度，汽动给水泵应尽早投入。

（9）防止冲转参数太低，与机组缸温相差太大，使机组在冲转时产生过多的冷却，出现过大的负胀差。

（10）防止机组在冲转或带初负荷时蒸汽参数下降，一定要保证蒸汽参数逐渐升高。制粉系统在冲转前尽早投入。

（11）机组冲转前要充分疏水，冲转后主、再热汽温要稳定。

4. 温态、热态、极热态启动注意事项

（1）锅炉上水根据水冷壁和启动分离器内介质温度和金属温度控制上水流量，上水流量控制在 150t/h，当启动分离器前受热面金属温度和水温降温速度不高于 2℃/min，水冷壁范围内受热面金属温度偏差不超过 50℃可适当加快上水速度，但不得高于 300t/h，上水期间冷却速度过快或金属温度偏差超限要降低上水速度。

（2）如锅炉停运期间没有放水，锅炉上水时不须开启启动分离器前的空气门。

（3）机组温态启动时不进行锅炉冷态冲洗，但要进行热态冲洗；热态启动时冷态冲洗和热态冲洗均不进行。但在系统运行后任何情况下都要进行水质监督，发现水质不合格要采取措施进行处理。

（4）蒸汽温度、蒸汽压力、机组负荷启动控制参数参考机组热态启动曲线。

（5）建立点火条件后尽快点火，防止锅炉冷却。

🎓 **任 务 描 述**

该任务对应发电厂巡检、运行值班员岗位，可对超临界压力锅炉系统进行巡视检查，可完成直流锅炉启停操作，也是竞赛和证书考核的内容和具体对象。课堂活动要求如下：

（1）连接直流锅炉启动系统工作流程。

（2）分析机组冷态启动曲线，写出主要启动节点参数。

（3）对汽包锅炉进行启动前的检查。

（4）进行汽包锅炉冷态启动操作。

任 务 拓 展

某超临界压力直流锅炉机组冷态启动过程

某超临界压力直流锅炉机组冷态启动过程如图 10 - 8 所示。

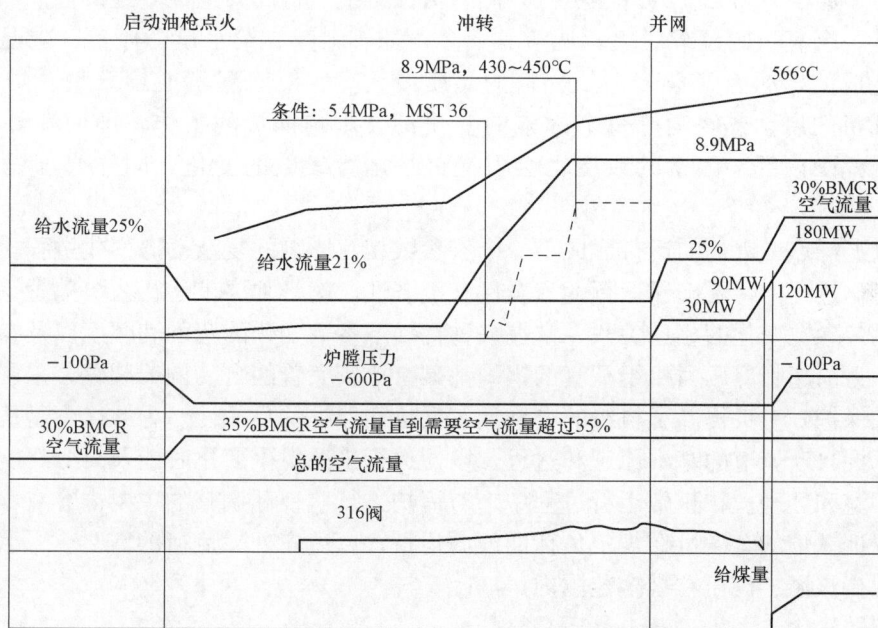

图 10 - 8　某超临界压力直流锅炉机组冷态启动过程

任务3　锅 炉 运 行 调 整

相 关 知 识

一、锅炉运行调整的任务

锅炉、汽轮机和发电机是火力发电厂的三大主要设备。在单元制机组中，它们是一个相互联系不可分割的整体，其中任何一个环节运行状态的变化都将引起其他环节运行状态的改变。因此，在控制方式上必须把机炉电作为一个整体进行监视和操作。在正常运行中各个环节的工作又有其不同的特点，锅炉侧重于调整，汽轮机侧重于监视，而电气则进行与单元机组的其他环节以及外界电力系统的联系。锅炉是一个热惯性较大的调节对象，相对于汽轮机而言，它的调节过程是相当迟缓的，而且锅炉在适应负荷调节的同时，也要保证主蒸汽温度、压力、给水流量、炉膛负压等参数满足要求。同样，汽轮机在适应负荷变化的同时也有自身的一些参数值要满足要求，因此机炉必须采用协调控制的方式。

　　锅炉侧设备运行的好坏在很大程度上决定着整个电厂运行的安全性和经济性。不论是在工业生产还是在发电厂中，锅炉的蒸汽负荷都是经常变动的，即使发电厂担任基本负荷的机组，它的负荷也会有些变动。在我国，超临界压力火电机组大部分担负着电网调峰的任务，负荷波动频繁。为此，在锅炉运行中就要密切监视各个重要参数，在外界负荷变动时采取一定措施，如改变燃料量、空气量以及给水等对锅炉参数进行调整。否则，锅炉的蒸发量和运行参数就不能保持在规定的范围内，严重时将对锅炉机组和整个电厂的安全与经济运行产生重大影响，甚至危及设备和人身安全。因此，锅炉运行的任务就是要根据用户的要求，提供用户所需的一定压力和温度的过热蒸汽，同时保证机组运行的安全性和经济性。

　　锅炉是一个复杂的调节对象，调节参数多，如燃料量、给水量、风量、减温水量、烟气量等。造成的扰动因素众多，如燃料的品质或数量、给水温度或给水量、炉内燃烧工况、锅炉辅机的启动或停运等每个因素的变化都会影响锅炉的工作，即使在外界负荷稳定的时候，锅炉内部某因素的改变也会引起锅炉运行参数的变化，同样要求锅炉进行必要的调整。

　　由于以上特点，锅炉的运行形成了一个多参数相互影响的复杂动态变化过程。在锅炉运行的动态变化过程中，要确保运行的安全性和经济性，就必须要求运行人员熟悉锅炉的动态特性，熟悉各参数变化的相互关联，掌握各种扰动下参数变化的范围和幅度以及参数变化的物理本质。目前超临界压力机组配套的锅炉都具有比较完善的自动调节装置，采用计算机控制、调节和保护，大大提高了机组的自动调节质量和保护的可靠性。为此，大型机组的运行人员还应掌握自动调节的基本原理和过程，以便运行工况发生变化时能及时分析、判断并进行必要的调整和处理。在正常运行过程中，对锅炉进行监视和调整的主要内容有：

　　(1) 保证锅炉的蒸发量在规定负荷曲线内运行，以适应外界负荷的需要。

　　(2) 保持汽温、汽压在规定范围内。

　　(3) 保持给水、炉水、蒸汽品质合格。

　　(4) 保持锅炉良好燃烧，合理调整，减少各项热损失，提高锅炉热效率。

　　(5) 保持各处烟温、壁温、风温在规定范围内，消除热偏差，防止结焦。

　　(6) 做好巡回检查和定期工作，发现缺陷及时处理，确保机组安全运行。

二、单元机组变压运行

　　对单元机组，在不同负荷段采用不同的压力运行方式，即可采用常规的定压运行方式，也可采用滑压运行方式。采用滑压运行方式时汽轮机进汽调门基本全开，它是依靠改变进入汽轮机的主蒸汽压力（同时也改变了进入汽轮机的新蒸汽量），来适应外界负荷的变化，汽轮机的主汽门和调节汽门的开度始终保持不变，即主汽门保持全开，调节汽门保持全开或部分全开，机组的功率靠改变机前压力和蒸汽的质量流量来实现，进入汽轮机的主蒸汽温度维持额定值不变。为了实现滑压运行，必须在保持汽轮机调节阀开度不变的前提下，生成一个与负荷保持某种关系的压力指令。滑压运行方式需要机组在协调方式（或锅炉跟踪方式）下且目标负荷大于一定值（滑压运行的最低负荷）。

　　滑压运行的方式有以下几种：

　　(1) 纯滑压运行方式。指在整个负荷变化范围内，汽轮机调节汽门全开的运行方式。

单纯依靠锅炉主蒸汽压力的变化来调节机组负荷，汽轮机没有节流损失，给水泵耗电量最小，但机组对负荷的适应能力差，不能满足电网一次调频的需要，一般很少采用。

（2）节流滑压运行方式。在正常情况下，汽轮机调节汽门保持5％～15％的节流，当负荷突然增大时全开，利用锅炉的储热量来暂时满足负荷增加的需要，待锅炉蒸汽流量增加，汽压升高后，调节汽门恢复到原位。这种方式有节流损失，但可以快速响应外界负荷的变化。

（3）复合滑压运行方式。机组在高负荷区（一般为80％～100％MCR）保持定压运行（constan pressure mode），用改变喷嘴的开度来调节负荷，在中低负荷区（一般为30％～80％MCR），全开部分调节汽门（如三阀全开）进行滑压运行，在极低负荷区（一般为30％MCR以下）恢复定压运行方式（但压力定值较低），汽轮机在全负荷范围内均能保持较高的效率，同时还有较好的负荷响应能力，因此得到普遍的应用。

例如，某厂锅炉为哈尔滨锅炉厂生产的 HG - 1900/25.4 - YM4 型一次中间再热、超临界压力变压运行带内置式再循环泵启动系统的本生（Benson）直流锅炉，正常运行中采用负荷变压运行方式，如图 10 - 9 所示。锅炉启动中在 35％本生负荷下进行分离器的切分后给水流量与锅炉的产汽量相等，为直流运行状态，此时的控制对象是分离器出口温度（中间点温度）。分离器水位逐渐"蒸干"，转为温度控制。给水调节投入分离器焓值自动，机、炉在

协调方式下进入滑压运行。调门、高压调门按一定顺序依次开启，总体流量按线性变化，调门的开启次序为 1 号＋2 号→3 号→4 号。1号、2号调门同时开启，且在相当大的负荷范围内维持调门的开度基本不变，让进入汽轮机的蒸汽压力随负荷按比例变化，节流损失少，效率高。

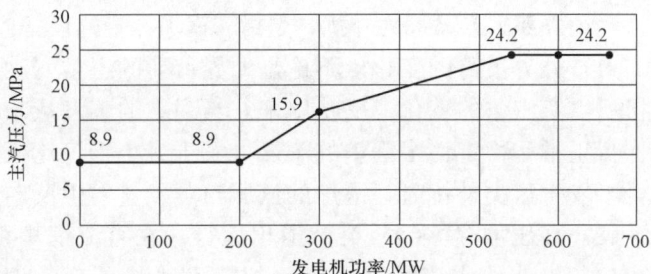

图 10 - 9 某厂超临界压力锅炉压力 - 负荷曲线

汽轮机在高负荷和极低负荷时定压运行，在其他负荷区变压运行，即在30％～90％额定负荷的中低负荷范围内全开部分调节阀变压运行；主蒸汽变压运行，可减少调门节流损失，汽轮机内效率有所提高；用改变汽轮机入口蒸汽压力的方法来改变出力。在低负荷运行时减少给水泵所需功率消耗，使电厂的热效率得到改善；降低启动时热损耗；减少了负荷变化时汽轮机各部分金属温度变化，特别是转子温度变化幅度；减小了负荷变化及启动时的热应力，有利于提高汽轮机运行的可靠性；在负荷变化中高缸排汽温度基本不变，能在更大的负荷范围内保持再热蒸汽温度大体不变，有利于再热汽温的调节。

复合变压运行方式有以下特点：

1）高负荷时定压运行，节流损失和高压缸内工质温度的变化都较小，可提高负荷变化的响应速度，同时调节阀门的运行方式与机组中低负荷阶段的运行方式衔接。

2）汽轮机一般有四个调节阀门，每个阀门管理一组喷嘴，机组在中低负荷范围内运行时，一般三个调节阀门全开，它具有变压运行的优点，当外界负荷变化时临时调节第四个调节阀门开度，利用锅炉的储热能力快速响应外界负荷的变化。

3）给水泵有一定的调速范围，当负荷低于给水泵的最低转速后，给水泵只能定速运行，此时再采用变压运行就不经济了。比如带内置式分离器的直流锅炉，负荷低于一定数值时分

离器处于湿态，在此阶段进行变压运行，分离器壁易产生热应力。因此，在低负荷范围内适宜采用定压运行方式。

要注意的是，在变压运行时，由于主蒸汽压力随着负荷下降相应降低，机组朗肯循环的效率下降（当主蒸汽压力小于 12MPa 时，朗肯循环的效率明显下降），将抵消低负荷时汽轮机内效率提高所带来的收益。所以，适宜采用变压运行的负荷区间，应进行综合的技术经济比较。一般地，300～600MW 级机组，送电端效率在机组负荷小于 70％左右时，定压运行时的下降幅度大于变压运行。所以，机组只有在 70％MCR 以下运行时，采用变压运行的方式才是合理的。当然，是否采用变压运行不仅要考虑经济性，还应考虑汽轮机热应力、汽温要求和给水泵电耗等其他一些因素。

变压运行的机组，其锅炉压力随着负荷的变化而变化，并要经常处于低压运行状态，相应对锅炉的运行性能提出了一些特殊要求。

三、锅炉负荷与蒸汽压力的调节

1. 影响蒸汽压力的因素

引起锅炉汽压变化的原因很多，但可归纳为两个方面：一是锅炉外部因素，二是锅炉内部因素。

锅炉外部因素又称为外扰，是指非锅炉本身的设备或运行原因所造成的扰动，主要包括：

（1）外界负荷的变化。不论是外界负荷的正常变动或事故情况下的负荷突变，均将在汽轮机所需蒸汽量的变化上反映出来。当锅炉的蒸发量与汽轮机所需的蒸汽量平衡时，汽压便能保持正常和稳定；当锅炉的蒸发量大于或小于汽轮机所需的蒸汽量时，则汽压必将升高或降低。发生这类外扰时，锅炉的汽压与蒸发量发生反向变化。

（2）高压加热器因故突然退出运行。在直流锅炉正常运行时，如发生高压加热器突然退出运行，当给水流量未变时锅炉蒸发量将不变，但由于高压加热器所用的汽轮机抽汽量突然减少，而使锅炉出力与汽轮机所需蒸汽量之间的平衡关系遭到破坏，导致锅炉过热汽压的突升。

在汽包锅炉中，高压加热器的退出运行必将引起给水温度的大幅度降低，使锅炉蒸发量下降，当锅炉蒸发量的下降值与高压加热器停用造成汽轮机抽汽量的减少值不平衡时也将使锅炉过热汽压发生变化。

（3）给水压力的变化。对于直流锅炉，锅炉出力主要取决于给水流量（包括减温水流量）的变化，当发生给水泵或给水系统故障等情况，造成给水压力和给水流量大幅度变化时，蒸汽流量必将发生相应变化，此时如汽轮机调节汽门开度不变，则将引起锅炉出口汽压的变化。对于汽包锅炉情况则不同，由于给水压力变化造成给水流量变化时，仅将引起汽包水位发生变化，而对汽压的变化将不产生影响。

（4）燃料品质的变化。燃料品质的变化主要是指燃料低位发热量的变化，对于直流锅炉而言，燃料低位发热量的变化仅对蒸汽温度的变化产生影响，而对锅炉出口的蒸汽流量，除短暂的波动外并不产生直接的影响。但对于汽包锅炉，当燃料的低位发热量发生变化时，将引起锅炉蒸发受热面产汽量的变化，使锅炉出力和汽压发生同向变化。

锅炉内部因素又称为内扰，一般是指由于锅炉本身的设备或运行工况变化所引起的扰动。内扰主要反映在锅炉蒸汽流量的变化上，因而发生内扰时，锅炉汽压与蒸汽流量总是同向变化的。常见的内扰有以下几种：

（1）锅炉燃烧工况的变化。在直流锅炉中，锅炉燃烧工况的变化不会引起蒸汽质量流量的变化，但会对汽温造成影响，影响蒸汽的容积流量，引起系统阻力的变化从而对汽压造成影响。在正常的汽温变化范围内这种影响一般较小，但是在汽包锅炉中，汽压的稳定主要取决于锅炉蒸发受热面产汽量的稳定，而锅炉的产汽量又主要取决于炉内的燃烧工况。当燃烧工况正常时，锅炉汽压的变化一般是不大的。当燃烧工况（包括燃烧程度、风量、燃料量、燃烧器组合方式、配风方式、煤粉细度、炉膛火焰中心位置等）变化时，炉膛热强度或锅炉受热面的吸热比例将发生变化，使锅炉蒸发受热面的吸热量及产汽量相应改变，在外界负荷不变的情况下，由于锅炉蒸发量的变化必将导致锅炉出口汽压的变化。

（2）锅炉设备故障。锅炉正常运行中，如发生安全门误动作、向空排汽阀或汽轮机旁路阀误开、过热器或蒸汽管道泄漏或爆破、锅炉主要辅机（如风机和回转式空气预热器等）故障突然退出运行等故障情况，在汽轮机调速汽门开度不变时，将使锅炉出口压力产生突降。

由于锅炉主蒸汽流量表一般均装设在安全门、排汽阀及高压旁路阀之后的主蒸汽管道上，因而发生上述故障时，锅炉汽压与蒸汽流量也是同向变化的。

2. 锅炉负荷与汽压的调节方式

采用定压运行的单元机组，负荷与汽压的调节方式一般可分为锅炉跟踪方式（又称炉跟机方式）、汽轮机跟踪方式（又称机跟炉方式）和协调方式三种。

（1）锅炉跟踪方式。在锅炉跟踪调节系统中，如图 10-10 所示，负荷目标的指令送至汽轮机主控。在改变负荷时，汽轮机主控按给定的变负荷速率将同步器置于目标负荷的对应开度上，随着汽轮机调速汽门开度的变化，蒸汽流量和汽压成反向变化。主蒸汽压力信号送至锅炉主控，当实际压力与给定压力产生偏差时，锅炉主控将通过改变给水、燃料和风量使压力恢复至给定值。这种调节方式特点是能充分利用锅炉的蓄热能力，对负荷的适应性较好，但变负荷过程中汽压波动较大，尤其对于燃烧设备惯性大而蓄热能力小的锅炉，则汽压波动将更大。

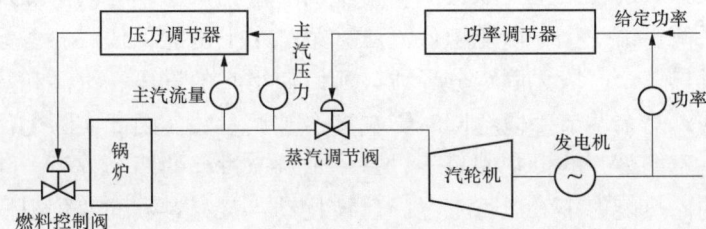

图 10-10 以炉跟机为基础的控制系统

（2）汽轮机跟踪方式。在汽轮机跟踪调节系统中，如图 10-11 所示，负荷目标的指令送至锅炉主控。在改变负荷时，锅炉主控按给定的变负荷速率改变给水、燃料和风量，使锅炉蒸汽流量和汽压发生同向变化。主蒸汽压力信号送至汽轮机主控，通过改变同步器（即调速汽门）开度，使压力维持在给定值并使负荷发生改变。这种调节方式的特点是调压迅速、汽压稳定，但无法利用锅炉蓄热能力且机组的负荷适应性较差。

（3）协调方式。在协调控制系统中，如图 10-12 所示，负荷目标的指令和主蒸汽压力信号，均同时送往锅炉主控和汽轮机主控。在改变负荷时，锅炉主控和汽轮机主控同时动作，分别改变锅炉的给水、燃料、风量和汽轮机的调速汽门开度，同时还根据主蒸汽压力偏

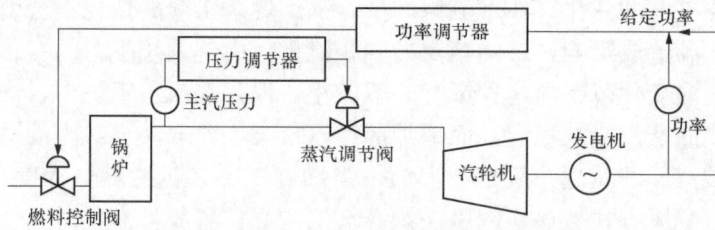

图 10 - 11　以机跟炉为基础的控制系统

离给定值的情况，适当限制汽轮机调速汽门开度的变化和加强锅炉的调节作用。过程结束时，机组负荷达到目标值而主蒸汽压力仍稳定在给定值。这种调节方式综合了锅炉跟踪和汽轮机跟踪方式的优点，既具有汽压控制稳定的特点，又能充分利用锅炉的蓄热和具有较好的负荷适应性。

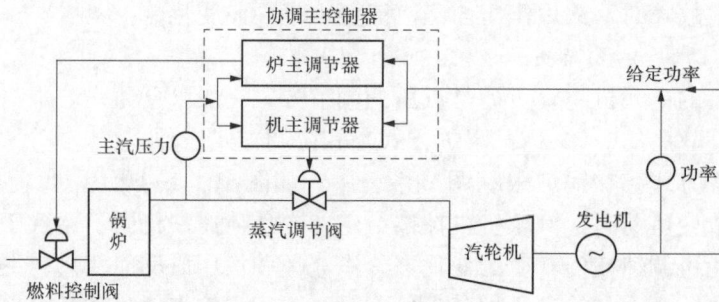

图 10 - 12　机炉协调控制系统

3. 直流炉汽压变化和调节特点

直流锅炉蒸汽参数的稳定主要取决于两个平衡，汽轮机功率与锅炉蒸发量的平衡以及燃料量与给水量的平衡。第一个平衡能稳住汽压，第二个平衡能稳住汽温。但是由于直流锅炉的加热、蒸发、过热三个区段无固定分界线，所以使得它的汽压、汽温和蒸发量之间又是互相依赖紧密相关的，一个调节手段会同时影响多个被调参数。因此实际上汽压和汽温这两个被调参数的调节是不能分开的，它们只不过是一个调节过程的两个方面。除了被调参数的相关性，直流锅炉的储热能力小，运行工况一旦被扰动，蒸汽参数的变化很快、很敏感。

压力调节的任务，实际上就是保持锅炉蒸发量和汽轮机所需蒸汽量的相等。只要时刻保持住这个平衡，过热蒸汽压力就能稳定在额定数值上。所以压力的变动是汽轮机负荷和锅炉蒸发量变动所引起的，压力的变化就反映了这两者之间的不相适应。

对于直流锅炉，炉内燃料放热量的变化并不直接引起蒸发量的改变，由于直流锅炉送出的汽量等于进入的给水量（还应考虑喷水量），因而只有当给水量改变时才会引起锅炉蒸发量的变化。因此，直流锅炉的蒸发量首先应由给水量来保证，然后调节相应燃料以保证其他参数。在手动操作时，因为改变燃烧还牵涉到风量调节等而较为复杂，所以往往先将给水量作为调节手段稳住汽压，而后调节喷水量维持汽温（当锅炉负荷不变时）。

4. 汽包锅炉汽压变化和调节特点

由于存在汽包到过热器出口蒸汽的流动压力降，汽包压力总是高于主蒸汽压力。负荷较高时两者相差大些，负荷较低时两者相差小些。所以，要保持主蒸汽压力稳定，主要应保持适当的汽包压力。汽包内汽压是蒸发设备内部能量的集中表现，其值取决于输入与输出能量的平衡。当输入能量大于输出能量时蒸发设备内部能量增多，汽压上升，反之汽压下降。

定压运行时，汽压的变化反映了锅炉燃烧（或蒸发量）与机组负荷不相适应的程度。汽压降低，说明锅炉燃烧率小于外界负荷的要求；汽压升高，说明锅炉燃烧率大于外界负荷的要求。因此，无论引起汽压变化的原因是外扰还是内扰，都可以通过改变锅炉燃烧率加以调节，即锅炉压力降低时应增加风量和燃料量；反之，则减少燃料量和风量。

汽压的控制与调节以改变锅炉蒸发量作为基本的调节手段。只有当锅炉蒸发量已超出允许值或有其他特殊情况，才会采用增减汽轮机负荷的方法来调节。在异常情况下，若汽压急剧升高，单靠锅炉燃烧调节来不及时，可开启汽轮机旁路或过热器疏水、排气门，以尽快降低汽压。

单元机组滑压运行时，主蒸汽压力根据滑压运行曲线来控制，要求主蒸汽压力与压力定值保持一致，压力定值与发电负荷在滑压运行曲线上是一一对应的关系。滑压运行时的汽压调节，压力定值是一个变量，除此之外，与定压运行的汽压调节没有多大差别。

四、汽温调节

1. 影响主蒸汽温度的因素

影响主蒸汽温度的主要因素有锅炉负荷、给水温度、燃料性质、炉膛出口过量空气系数、炉膛出口烟温及受热面的污染情况等，锅炉给水量、燃料量和送风量的扰动也会引起锅炉汽温波动。

微课 10-1
汽温调节

2. 汽包锅炉汽温调节方法

汽包锅炉过热汽温一般在蒸汽侧用喷水调节，再热汽温一般在烟气侧用通过调整气旁路挡板、分隔烟道挡板、燃烧器摆动角度等进行调节。喷水调节汽温有一定的延迟时间和时间常数，一般情况下延迟时间为 $30\sim60\mathrm{s}$，它使喷水调节阀过调量大，汽温动态偏离大，引起汽温的振荡。为了改善调节品质，除了用过热器出口汽温作为主信号，还采用减温器后的汽温或汽温变化率为反馈信号。现代锅炉还采用负荷指令，汽轮机调节级后汽压及汽轮机前汽压作为汽温调节的超前信号以改善调节品质。

3. 直流锅炉汽温调节方法

直流锅炉主蒸汽温度的调整是通过调节燃料与给水的比例，控制中间点温度（焓值）为基本调节，并以减温水作为辅助调节来完成的。在锅炉直流工况以后启动分离器进口要保持 $20\sim30℃$ 的过热度，当中间点温度（焓值）变化较大时，应适当调整煤水比例以减小焓值的偏差，控制主蒸汽温度正常。

锅炉正常运行中启动分离器内蒸汽温度达到饱和值是煤水比严重失调的现象，要立即针对形成异常的根源进行果断处理（增减热负荷或减水），如果是由于制粉系统运行方式或炉膛热负荷工况不正常引起，要对煤水比进行修正。如炉膛工况暂时难以更正，煤水比修正不能将分离器过热度调整至正常，则要解除给水自动，进行手动调整。主蒸汽一、二级减温水是主汽温度调节的辅助手段，一级减温水用于保证屏式过热器不超温，二级减温水用于对主蒸汽温度的精确调整。正常运行时，一级、二级减温水应保持有一定的调节余量。在一、二级减温水手动调节时要考虑到受热面系统存在较大的热容量，汽温调节存在一定的惯性和延迟，在调整减温水时要注意监视减温器前后的介质温度变化，

注意不要猛增、猛减，要根据汽温偏离的大小及减温器后温度变化情况平稳地对蒸汽温度进行调节；锅炉低负荷运行时调节减温水要注意，减温后的温度必须保持 20℃以上过热度，防止过热器积水。

根据直流锅炉调节的特点，即给水调压、燃料配合给水调温，抓住中间点，喷水微调，这是直流锅炉运行调节的基本原则。

五、直流锅炉给水调节

给水调节的任务是除氧器中加热的给水通过给水泵升压后，经过高压加热器加热，然后进入省煤器，以保障锅炉蒸发量的需求、维持锅炉工质的平衡。给水系统为过热器和再热器提供减温水，以调节过热和再热蒸汽温度，防止过热器和再热器超温。给水系统还为高压旁路提供减温水。

某厂 2×600MW 超临界压力直流锅炉给水设备由一台 35％电动给水泵和两台 50％的汽动给水泵组成，给水由 35％负荷的启动旁路调节阀管道和带主给水电动门的主给水管道并联组成。当负荷低于 35％BMCR 时，给水通过调节电动给水泵勺管实现差压（给水阀前压力与给水压力的差压）控制；储水箱水位在 2350～6400mm 时，锅炉启动系统处于炉水循环泵出口阀控制方式，炉水循环泵出水与主给水流量之和（省煤器入口流量）保持在 700t/h，随着蒸发量的增加（减少），主给水流量上升（下降），循环流量下降（上升）。储水箱水位在 6700～7650mm 时，通过小溢流阀开启来调节。负荷超过 270MW 时，当给水旁路调节门开至 80％以上时，开启主给水动阀，关闭主给水旁路调节门；并泵后，当汽动给水泵投入自动后，电动给水泵自动切手动。电动给水泵与汽动给水泵不能同时投自动。在进行给水管道和给水泵的切换时，应密切注意减温水流量、给水流量及中间点温度的变化，防止汽温大幅波动。给水控制投入自动后，通过控制汽泵转速实现控制省煤器入口流量。

1. 温差控制

温差控制输出送到分离器出口焓值设定回路，对焓值设定进行修正，继而改变给水流量实现设定焓值的匹配。温差控制投入后，温差修正焓值设定，通过对分离器出口焓增的修正实现过热器入口温度控制，最终通过给水流量来达到和温度匹配的要求，温差控制又可以称为减温水量校正调节，它以控制一级减温器入口温度来实现过热器内主蒸汽的温升，从而保持一定的减温水量。一级减温器入口温度设定值的形成是由一级过热器出口温度加一个锅炉负荷指令的一个偏移量，此偏移量是负荷指令的函数。温差控制的目的是使机组在不同负荷过程中合理使用一级喷水，喷水原则是低负荷时基本不使用一级喷水，随着负荷的升高逐渐增大喷水比例，用作汽温的细调。

2. 焓值控制

焓值控制是控制分离器出口蒸汽焓值，通过给水调节煤水比使其接近设定值。分离器出口焓值设定值的形成是由锅炉负荷指令的函数加上温差控制输出修正值。由于分离器前受热面的吸热量约占工质热量 60％，这些受热面包括对流、辐射等各种受热面，具有一定的代表性，而且惯性小，因此选择分离器出口蒸汽焓值作为燃水比信号，能获得较好的控制质量。焓值控制输出对给水流量指令进行修正。

3. 给水流量控制

给水流量控制是将省煤器入口给水流量控制到设定值，给水流量设定值的产生如下：

通过负荷指令经函数形成主蒸汽流量和过热喷水流量，其差值作为给水流量基础定值，再用省煤器出口焓值增量、锅炉承压部件吸热量和分离器出口焓值控制输出进行修正产生给水流量定值。

在机组启动后低负荷阶段，由给水旁路调节阀控制给水流量，电动给水泵转速控制给水差压。当负荷逐渐增加，给水旁路调节阀全开时，主给水电动门打开，这时由电动给水泵转速控制压差切换到控制给水流量。当机组负荷不断增大，启动汽动给水泵，正常运行情况下，两台汽动给水泵运行通过焓值输出指令控制汽泵转速，从而实现给水流量控制。

六、汽包水位调节

1. 汽包水位

汽包水位分正常水位、报警水位和保护动作水位三种。汽包水位标准线一般在汽包中心线下 $100\sim150$mm 处，水位波动限制在标准水位上下 50mm 以内称正常水位。

微课 10-2
汽包水位调节

在锅炉运行中应维持水位在正常水位范围内，并有一定的波动。汽包水位达到报警水位时，应采取紧急措施恢复正常水位。汽包水位达到保护动作水位时，保护装置动作，锅炉自动降低负荷直至机组停止运行。

当汽包水位过高时，汽包蒸汽空间高度减小，汽水分离效果下降，蒸汽携带水分增加，蒸汽品质恶化；水位严重过高时蒸汽大量带水，过热汽温急剧下降，蒸汽管道、汽轮机温度剧变，产生很大的热应力，还可能发生水锤、打坏汽轮机叶片等严重事故。水位过低，引起下降管进口带汽和汽化，使水循环恶化。

在 MCR 负荷下，汽包处于正常水位，如果给水中断，几十秒内汽包存水就会蒸干。例如，1000t/h 亚临界压力自然循环锅炉汽包存水蒸干时间为 76.52s，1025t/h 亚临界压力控制循环锅炉汽包存水蒸干时间为 35.76s，2008t/h 亚临界压力控制循环锅炉为汽包存水蒸干时间 38.54s。

2. 影响锅炉汽包水位的因素

运行中影响锅炉汽包水位的因素有如下三个方面：

（1）蒸发设备输入与输出质量的平衡，即锅炉给水流量与蒸汽流量的平衡关系。这是引起水位变化的根本原因。

（2）蒸汽压力变化引起水、汽容积的变化从而影响汽包水位，其中主要是蒸汽容积的变化，例如汽压上升、蒸汽密度增大、容积减小、汽包水位下降。不同压力下饱和水比体积 v' 和饱和蒸汽比体积 v'' 见表 10-1，压力越高，比体积越小，且随压力升高，比体积变化越小，因此压力越低，比体积对水位影响越大。

表 10-1　　　　　　　不同压力下，饱和蒸汽、饱和水比体积及其倍数

压力/MPa	8	10	12	14	16	18	20
$v''/(m^3/kg)$	0.02349	0.018	0.01425	0.01149	0.00933	0.007534	0.005873
$v'/(m^3/kg)$	0.001384	0.001453	0.001527	0.00161	0.00171	0.001838	0.002038
比体积倍数	16.97	12.39	9.33	7.13	5.46	4.10	2.88

（3）水位以下蒸汽量变化，例如水冷壁吸热增多、产汽量增大、水位以下汽容积增大、水位上升。水变为蒸汽会使容积成倍增加，引起水位迅速变化。不同压力下，饱和蒸汽比体

积 v'' 是饱和水比体积 v' 的倍数见表 10-1。由表 10-1 可知，随着压力升高，饱和水变为饱和蒸汽，容积增加的倍数减少，说明压力越低水位以下蒸汽量变化对水位影响越大。

由上可知，凡是影响给水流量、蒸汽流量、蒸汽压力及水位以下蒸汽量变化的扰动都会引起水位的变化，例如机组负荷、燃烧工况和给水压力等。由于炉水处于饱和状态，在压力变化时不仅工质比体积会变化，也会造成水位以下蒸汽量的变化，例如外界负荷降低，压力升高，对应饱和温度升高，水位以下蒸汽量会减少，水位降低，同时水、汽容积也会减少使水位下降。

3. 给水控制系统

现代大型锅炉一般采用两台可调速汽动给水泵和一台可调速电动给水泵。在机组启动过程中，电动给水泵先在最低转速运行，CCS 来的给水指令控制给水调节阀。机组负荷约 25% 时第一台汽动给水泵投入运行，处于电动给水泵与汽动给水泵并列运行状态。当达到一定给水流量时给水调节阀全开，CCS 指令控制电动泵液力耦合器转速。负荷再增大后第二台汽动给水泵启动，手动方式增速至与第一台汽动给水泵同步，可由手动切换自动。两台汽动给水泵都运行后，电动给水泵手动减速并停运。

根据水位一个信号控制给水流量的方式称为单冲量控制。单冲量控制给水不能克服虚假水位引起的调节偏差。三冲量控制给水就是水位作为主信号，蒸汽流量作为前馈信号，以制止虚假水位的调节偏差；还考虑到改变给水流量到水位响应有一定的延迟时间，再将给水流量信号作为反馈信号以保持给水流量与蒸汽流量的平衡；当给水自发扰动时给水流量信号有前反馈调节的作用，可迅速消除内扰。

现代大型锅炉采用全程给水控制。锅炉启动过程中，由于蒸汽流量和给水流量测量误差大，两个流量之间的差值也大，故只能采用单冲量控制给水，即在给水流量小于 30% 时用水位信号单冲量控制，给水流量大于 30% 时自动从单冲量切换到三冲量控制。

七、锅炉燃烧调整

（一）燃烧调整的任务

锅炉燃烧调整的任务可以归纳如下：

（1）保证锅炉参数稳定在规定范围并产生足够数量的合格蒸汽以满足外界负荷的需要，以维持稳定的汽压。

（2）维护炉膛内稳定负压，保证锅炉运行安全可靠。

（3）保证良好燃烧，尽量减少不完全燃烧损失，以提高锅炉运行的经济性。

（4）调整燃烧使 NO_x、SO_x 及锅炉各项排放指标控制在允许范围内。

微课 10-3
燃烧调整的任务

锅炉燃烧调整的好坏，直接影响锅炉运行的安全性和经济性。如果燃烧不稳定，将引起锅炉参数的波动；炉膛火焰偏斜会造成炉内温度场和热负荷不均匀，引起水冷壁局部区域温度过高，出现结渣甚至超温爆管，也可能引起过热器因热偏差过大而产生超温损坏；炉膛温度较低会造成燃烧不稳定，容易引起炉膛灭火爆燃。

在燃烧过程中，如果风粉配合不当，一、二、三次风配合不好，煤粉细度、炉膛出口过量空气系数调整不当等都会引起燃烧效率下降，使锅炉效率下降。

（二）燃烧控制系统简介

在锅炉运行中，燃烧调整通常由燃烧控制系统来完成。燃烧控制系统由燃料量控制系统、风量控制系统和炉膛风压控制系统三大部分组成。燃烧控制系统的任务是根据机炉

主控制器来调节燃料量、送风量和炉膛风压，使锅炉在安全、经济条件下调节至负荷指令的要求。

锅炉主控制器发出的负荷指令同时作用于燃料、送风控制系统，使燃料量与送风量静态匹配。送风量作为炉膛风压控制系统的前馈信号，使引风量随同送风量按比例动作，炉膛风压反馈信号对引风机进行校正调节。燃料量、送风量、炉膛风压、烟气中氧量作为燃烧调节系统的反馈信号，改善调节品质。

（三）燃烧调节

锅炉运行中，燃烧调整的主要对象是燃料量（煤粉锅炉的煤粉量）、送风量、炉膛氧量和炉膛风压，相应保持合理的风粉配合、燃烧器出口风速及风率等，保证燃烧过程的稳定性和经济性。

1. 燃料量的调节

（1）配中间储仓式制粉系统锅炉的煤粉量调节。当锅炉的负荷变化不大时，改变给粉机转速就可以达到调节的目的。当锅炉的负荷变化较大时，改变给粉机转速不能达到调节的幅度，此时应先采用投入或停止燃烧器的个数做粗调，然后再用改变给粉机的转速做细调。但投停燃烧器时应对称，以免破坏炉膛内的空气动力工况。

微课 10 - 4
燃料量的调节

当投入备用的燃烧器和相应的给粉机时，应先开启一次风门至所需开度，并对一次风管进行吹扫，风压指示正常后才启动给粉机送粉，开启二次风门并调整其开度，观察火焰是否正常；相反，在停运燃烧器时，应先停给粉机并关闭二次风门，而一次风门应再继续吹扫数分钟后再关闭，防止一次风管内出现煤粉沉积。停运的燃烧器应微开一、二次风风门进行冷却。

给粉机的转速调节应按转速 - 出力特性进行，平衡操作，保持给粉均匀，避免大幅度的调节。

（2）配直吹式制粉系统锅炉的煤粉量调节。直吹式制粉系统的出力与锅炉蒸发量直接匹配，当锅炉的负荷变化不大时，改变系统出力就可以达到调节的目的。当锅炉的负荷变化较大（即各磨煤机出力均达到最低或最大值）时，应先采用投入或停止制粉系统套数做粗调，然后再用改变系统的出力做细调。但投停制粉系统时，应注意燃烧器的均衡，以免破坏炉膛内的空气动力工况。

2. 风量的调整

（1）送风调整。送入炉膛的总风量应按最佳过量空气系数所对应的氧量表读数来调整，对于离心式送风机，可以通过电动执行机构操纵进口导向挡板、改变其开度来实现；对于轴流式送风机，可以通过改变风机动叶的安装角进行调节。除了改变总风门外，个别情况下需要借助个别二次风挡板的开度来调节。

微课 10 - 5
风量的调整

送风机并联运行时，当锅炉的负荷变化不大时，一般只要调整送风机进口挡板开度改变送风量即可。如负荷变化较大，需要启停一台送风机时，合理的风机运行方式应按经济技术对比试验结果确定。

（2）炉膛负压及引风量。炉膛负压是反映炉膛燃烧工况正常与否的重要运行参数之一。当燃烧系统出现故障或异常情况时，最先反映的就是炉膛负压的变化。炉膛负压表大幅度摆动往往是炉膛灭火的先兆。

平衡通风的锅炉，在运行中应注意炉膛压力正常，严格监视炉膛负压表的读数，把负压控制在 100Pa 左右。

锅炉引风量的调整是根据送入炉膛内的燃料量和送风量的变化情况进行的，具体调整方法与送风量调整类似。为保持炉膛的负压稳定，在锅炉负荷增加时一般应先增加引风量，再增加送风量，紧接着增加燃料量。在锅炉减负荷时，则应先减燃料量，再减送风量，最后减引风量。

任务描述

该任务对应发电厂运行值班员、值长岗位，可对锅炉进行运行调整，是竞赛和证书考核的内容和具体对象。课堂活动要求如下：

（1）对锅炉机组负荷进行调整。

（2）对锅炉过热蒸汽及再热蒸汽的压力、温度进行调整。

（3）对锅炉给水流量、水位进行调整。

（4）对锅炉燃烧进行调整。

（5）记录机组满负荷运行时的主要参数。

任务拓展

交接班制度

1. 交班

（1）交班前，交班人员应整理好运行日志和各项现场记录，向接班人员详细交代下列事项：与本岗有关的各系统运行方式及其变化情况，经济指标完成情况，设备运行参数及变化情况，设备缺陷、异常及处理以及设备检修情况，设备定期试验与倒换情况，设备检修后的验收情况，设备、环境卫生情况，上级有关命令及要求，下一班的预计工作，存在的问题及注意事项。

（2）除有值长令或事故处理外，交班前 20min 以内不再办理工作票或进行大型操作。

（3）交班人员如发现接班者精神不正常、酗酒等不适合本岗工作的情况的应停止交班，报告生产技术部处理。

（4）交班时，各岗位应提前将本岗负责的公用物品和备品备件整理好，以便接班人员检查；交班人员还应认真回答接班人员提出的问题，必要时陪同接班人员到现场介绍情况。

（5）交班前，交班人员应将本岗卫生打扫干净，各种记录摆放整齐。

（6）交班后，交班值长负责组织全班人员退出现场，召开班后会，总结班中工作情况和应注意事项。

（7）对于接班人员提出的问题，交班人员应在问题解决或经生产技术部批准后方可交班。

2. 接班

接班人员应在接班前 20min 到达工作现场，向交班者了解下列事项：与本岗有关的各系统运行方式及其变化情况，设备缺陷、异常及处理情况，设备定期试验与倒换情况，设备检修后的验收情况，设备、环境卫生情况，上级有关命令及要求，下一班的预计工作。

3. 存在的问题及注意事项

（1）接班前，接班人员应按照设备专责检查设备运行状况，进行全面巡检，查看运行日志、工作票和各种现场记录。

（2）接班前要重点检查上一班操作过的设备、设备缺陷及处理、验收情况、安全措施及设备异动情况。

（3）检查本岗负责的公用物品和备品备件情况，本岗位及现场环境卫生、文明生产情况。

（4）接班前5min值长组织班前会，听取各岗位人员汇报检查状况、设备运行状况和存在的问题，布置工作任务和接班后注意事项。

（5）办理交接班手续。

（6）接班后各辅岗在30min内向值长汇报接班情况，值长根据当值综合情况布置当值工作。

（7）对于接班中发现的问题，如交班重要记录与实际情况不符、重要设备异常而原因未查清又无有效防止措施；工器具、仪表、技术记录、公用规程制度、图纸资料、消防设施不全或遗失、损坏，未写清记录，未明确责任；设备及现场不清洁，卫生不符合交接班规定等，接班人员有权向交班人员声明并要求处理，同时汇报值长申请暂缓接班。

任务4　锅炉事故处理

相关知识

一、锅炉事故处理的原则

锅炉因设备原因或运行操作原因，使蒸发量或参数不能满足电网负荷指令要求或发生人身伤亡都称为事故。火力发电厂事故中有约70%是由锅炉事故引起的。发电厂事故不仅使发电厂本身遭受重大的损失，而且对用户和社会也造成严重危害。锅炉发生事故的原因大致有设备制造、安装、检修的质量问题，运行人员失职，技术水平低以及管理不善等。

微课 10-6　锅炉事故处理的原则

锅炉事故主要有水位事故、受热面爆破事故、炉膛灭火事故、尾部烟道二次燃烧事故等。一旦发生事故，运行人员要沉着冷静，判断正确，处理迅速地把事故消灭在萌芽状态。处理事故的基本原则：

（1）正确判断事故发生的原因，按有关规程迅速消除事故根源，限制事故的发展，解除对人身、设备的威胁；在上述前提下，尽可能保持机组的运行。

（2）威胁人身或设备安全时应事故停炉。

（3）尽最大的努力保持厂用电源正常供给。

1. 立即中断燃料停炉

遇到下列情况之一，应立即中断燃料（煤粉、油）供给或停运锅炉机组：

（1）汽包水位达±300mm。

（2）所有水位计失灵。

（3）主给水管道、主蒸汽管道、水冷壁管或一次汽各受热面发生爆破，无法维持正常运行时。

（4）压力超过动作压力而安全门不动作，同时对空排气无法打开时。

（5）炉膛灭火。

（6）所有引风机或送风机停运时。

（7）炉膛内部或烟道发生严重爆燃引起设备损坏，危及人身安全时。

（8）再热器发生严重泄漏或再热蒸汽中断时。

（9）所有仪表电源失去时。

2. 请示停炉

遇到下列情况之一，应请示总工停炉：

（1）锅炉受热面泄漏，无法消除时。

（2）受热面金属管严重超温，经多方调整无效时。

（3）安全门动作后无法使其回座时。

（4）锅炉严重结焦、堵灰，无法维护正常运行时。

（5）所有操作电源失去时。

（6）锅炉给水、炉水及蒸汽品质严重低于标准，经多方处理无效时。

二、锅炉水位事故

水位事故是汽包锅炉常见的主要事故，可分为缺水事故和满水事故两种。

锅炉缺水分为轻微缺水和严重缺水两种。水位低于最低水位但水位计仍有读数时称为轻微缺水，水位低到水位计已无读数时称为严重缺水。

微课 10 - 7
锅炉水位事故

1. 锅炉缺水事故

缺水事故的现象：汽包水位低或不见水位、低水位报警、给水流量不正常地小于蒸汽流量、过热汽温上升等。

若是轻微缺水，应增加给水流量，逐渐恢复正常水位，若是严重缺水，应立即熄火停炉，严禁向锅炉进水。因为严重缺水时水位低到什么程度无法判断，有可能水冷壁内已缺水，蒸汽过热，水冷壁、汽包壁温升高，如果进水会产生巨大的热应力，同时大量水汽化，压力突然上升，会造成汽包、水冷壁的严重损坏。

汽包锅炉缺水的原因大致包括：

（1）给水自动调节器失灵。

（2）电动给水泵调速系统故障。

（3）电动给水泵出口旁路阀或执行器故障。

（4）负荷或汽压变动过大以及安全阀动作，运行人员未能及时调整。

（5）水位计指示不正确，造成运行人员误判断操作。

（6）对水位监视不够或误操作。

（7）给水管道、省煤器、水冷壁泄漏。

（8）给水压力下降或给水系统阀误关。

（9）排污操作不当。

2. 锅炉满水事故

锅炉满水分轻微满水和严重满水两种。水位高于最高水位，但水位计仍有读数时称为轻微满水，水位高到水位计已无读数时称为严重满水。

满水事故的主要现象：

（1）水位计水位高或不见水位。

（2）高水位报警。

（3）给水流量不正常地大于蒸汽流量。

（4）过热汽温下降。

（5）严重满水时过热汽温急剧下降。

（6）主蒸汽管道有水锤声并发生振动。

（7）阀门、流量孔板及汽轮机法兰和轴封处向外冒白汽。

若是轻微满水，应校核水位计，减小给水流量，必要时开大事故放水阀门，开大蒸汽管上疏水阀门，适当减低负荷。严重满水时应立即停炉，开过热器联箱、蒸汽管道的疏水阀门，开事故放水阀门，待汽包水位恢复正常时重新点火。

3. 锅炉缺、满水事故的防止措施

（1）加强对运行人员的培训、教育，使运行人员切实感到缺、满水对机组安全运行的危害性。

（2）加强业务学习，弄懂弄通给水调节系统的原理、工作性能以及各阀门的编号、位置和作用原理，保证操作的正确性。

（3）严格执行规程规定的操作。

（4）严格细致的检查，发现问题及时处理。

（5）加强安全第一的思想观念，提高监视操作的技能。

（6）严格执行定期工作制度，及时冲洗水位计，核对水位计。

（7）在机组的启停和负荷、汽压大幅度的摆动以及安全阀动作的过程中，要充分了解汽包水位的变化趋势，不要被虚假水位迷惑而造成误操作。

（8）经常组织事故学习和必要的事故演习，提高运行人员事故处理的能力。

（9）对同类型机组所发生的重大事故做好深入细致的学习、分析、讨论，从中吸取教训，避免出现类似事故。

（10）做好事故记录，开好事故分析会。

三、锅炉受热面爆破事故

水冷壁、过热器、再热器及省煤器等受热面的损坏爆破事故是锅炉事故中最常见的一种事故。当受热面管子爆破时，高温、高压汽水从爆破点喷出，不但要停炉限制电负荷，严重时会发生人身伤亡。

1. 水冷壁爆破事故

水冷壁爆破事故的主要现象：

（1）炉膛内发出爆破声。

（2）炉膛风压偏正。

（3）汽包水位下降。

（4）给水流量不正常地大于蒸汽流量。

（5）炉膛两侧烟温、汽温偏差增大。

（6）检查孔与门孔处可听到汽水喷出声，炉墙与门孔不严密处有烟气或蒸汽喷出。

如果爆破后的汽水泄漏不严重，能维持正常水位与炉膛风压，可减负荷运行，等待调度停炉。在此期间必须加强监视，严密注意发展情况。如果爆破后的泄漏严重，无法维持正常汽包水位或正常炉膛负压，燃烧严重不稳定，应事故停炉。停炉后为排除炉中泄漏蒸汽，引风机应继续运行，并加强维持水位，如果水位无法维持，应停止进水。

微课 10 - 8
锅炉缺水
故障处理

微课 10 - 9
锅炉满水
故障处理

水冷壁爆破的原因大致包括：

（1）设计、安装、检修质量不合格。

（2）水压试验时严重超压。

（3）锅炉给水质量不合乎要求，炉水化学处理不当，长期运行在管内造成腐蚀或结垢。

（4）燃烧器附近的水冷壁管被煤粉磨损严重，吹灰器安装不良使管子吹爆。

（5）运行中严重缺水。

（6）水循环不正常及沸腾传热恶化等造成管子金属长期超温。

（7）炉内结焦严重，造成受热不均。

（8）火焰中心偏斜。

（9）炉膛结焦后，大块焦落下砸坏水冷壁。

（10）热膨胀不均匀，长期运行个别管壁损坏。

（11）燃烧器附近高热负荷区水冷壁烟气侧高温腐蚀。

（12）启停过程中升、降压速度太快。

微课 10-10
水冷壁泄漏
故障处理

水冷壁爆破事故的防止措施：

（1）汽包就地水位计和其他二次水位表指示可靠，运行中应经常进行水位计的核对。

（2）运行中应避免低水位运行，正常运行时汽包水位维持在 $0\pm50\mathrm{mm}$，当发生低水位时，应根据不同情况及时进行调整与处理，水位降到 $-100\mathrm{mm}$（低至二值）时，将给水自动改为手动，增大给水，并核对汽包水位。如锅炉正在进行排污时，应立即停止。

（3）保证锅炉进水均匀，在正常运行中不许给水流量大幅度变化。

（4）四角燃烧器应均匀供给燃料量及风量，防止火焰偏斜冲刷水冷壁，并应经常检查燃烧器的工作状态，及时除焦并保持燃烧稳定、均匀，保持汽压稳定。

（5）增减负荷应均匀，不应突增突减。

（6）水冷壁结焦应及时除掉，防止大块焦落下砸坏水冷壁。

（7）严格按规定进行定期排污，排污时间不能过长。

（8）根据积灰情况，按时进行吹灰，吹灰前应充分疏水，不许有湿蒸汽进入吹灰器，严禁使用弯曲变形的吹灰器。

（9）在启动过程中，要特别注意水冷壁及联箱等膨胀是否均匀，上水前后及过程中应记录各处的膨胀值。在膨胀不正常时，可适当增加排污次数。

（10）应严格控制汽包水位，不得超过规定值。当发现膨胀异常增大时，应停止上水或升压，查明原因，消除后再继续升压。

（11）进入锅炉的补水必须除硅合格，尤其在投入运行初期，锅炉启动频繁，必须保证供给足够的除硅水。

（12）停炉期间，必须根据停炉时间的长短，认真执行停炉保护措施。

2. 过热器、再热器爆管事故

过热器爆管事故的主要现象：

（1）有蒸汽喷出声。

（2）炉膛负压下降或变成正压。

（3）炉墙、人孔等不严密处向外冒烟气或蒸汽。

（4）爆破点后烟道两侧有不正常的烟温差。

（5）蒸汽不正常地小于给水流量。

（6）爆破点前过热汽温偏低，爆破点后过热汽温偏高，汽压下降。

（7）省煤器集灰斗内有湿的细灰。

再热器爆管的现象与上述类似。

过热器、再热器爆管严重程度可由汽温变化幅度、炉膛风压、汽包水位等能否维持正常值来判断。发生爆管后仍能维持各参数在正常范围内，则可降低出力维持运行，等待调度停炉，此时必须加强监视，注意事态发展；各项参数不能维持在正常范围内时应紧急停炉。

微课 10 - 11
过热器泄漏
故障处理

过热器与再热器爆管的原因大致包括：

（1）设计不合理，钢材用错，金属监督不严格。

（2）化学监督不严格，蒸汽品质恶化，管内结垢，引起管壁超温。

（3）汽水分离效果差，或汽包水位高使蒸汽品质恶化。

（4）过热器、再热器长期超温运行。

（5）安装焊接质量不佳或被异物堵塞。

（6）管外高温腐蚀与磨损，蒸汽侧水汽腐蚀。

（7）过热器、再热器积灰造成腐蚀，炉膛结焦，造成炉膛出口烟温升高使过热器管壁超温。

微课 10 - 12
再热器泄漏
故障处理

（8）不正确的启停方式造成过热器管壁超温。

（9）运行人员责任心不强、操作调整不当或发生误操作。

（10）奥氏体钢氯腐蚀。

（11）制造、安装与检修质量不合格，管材质量不合格。

（12）启动前酸洗不合理，酸洗后的杂质积存在屏式过热器等低流速区管内，引起管子通道堵塞。

过热器防止爆管的措施：

（1）过热系统结构复杂，使用多种钢材时金属监督尤为重要，要求各部分材料符合设计要求，安装焊接质量合乎有关规程要求，设备进行大小修时要测量膨胀，割管取样检查，发现问题及时处理。

（2）化学人员要严格化验制度，确保水汽品质。

（3）加强燃烧调整，根据锅炉负荷、煤质的变化，及时调整风煤配合比例，保证省煤器出口烟气含氧量为 $4\%\sim6\%$，过热器、再热器两侧烟气温度差不大于 $50℃$。

（4）严格监视过热器各段壁温测点的温度变化情况，不得超过其允许值。如发现超温或测点间变化较大，应认真分析，查找原因及时处理。

（5）控制壁温不超过规定值，必须保证各段汽温不超过规定值，应控制高温对流过热器的出口汽温；各段汽温都在规定范围内正常运行，发现汽温变化超过正常范围应先用调整燃烧来处理，再用减温水调整，尤其在低负荷（包括点火、停炉时）运行时，尽量少用减温水来调汽温，因为压力低，流量小时减温水使用不当容易产生水塞，使局部管过热而发生爆管。

（6）过热器区域吹灰要及时彻底，按规定进行，吹灰蒸汽汽压、汽温符合规程要求，吹灰前要充分疏水，不可使用湿蒸汽吹灰，禁止使用弯曲变形的吹灰器并应及时修复。

（7）过热器的积灰结焦使热偏差增大，个别管子的过热和磨损易引起管子泄漏和爆破，运行中应加强煤质的化验（主要是 DT、ST、FT、A_d 等）和炉膛的火焰观察，根据煤质调整燃烧和接带负荷，当燃用高灰分的煤时应加强吹灰，局部积灰严重时应加强该处的吹灰。

（8）在正常运行中，应尽量发挥自动调节装量的作用，保证主要参数稳定。

（9）停炉后，按规定进行过热器的保养。

再热器防止爆管的措施：

（1）搞好燃烧调整，防止热偏差。再热蒸汽对热偏差比较敏感，比过热器更易超温。除了在设计中采取措施外，运行人员必须注意两侧烟温偏差不能超过允许值（30～50℃）。使氧量在 4%～6%，调整燃烧使火焰在炉膛中充满程度较好，中心不偏斜，燃烧良好。

（2）锅炉启停时，控制好炉膛出口烟温，汽轮机冲转前，再热器内没有蒸汽流通，故处在最恶劣的工况下运行。要及时投入炉膛出口烟温探针，控制烟温不超过管材的允许值，两侧烟温偏差在 30℃～50℃内。停炉时，发电机解列后，投入烟温探针控制烟温不超过管材的允许值。

（3）再热器区域吹灰要及时彻底，按规定进行，吹灰蒸汽的汽压、汽温符合要求，吹灰前将主蒸汽管道内积水进行充分疏水，不可将含水的蒸汽吹入吹灰器，防止吹坏管壁；吹灰器发生弯曲变形后要禁止使用，防止对各管排的距离不均而损坏管壁，并应及时修复。

（4）调整再热汽温要尽量不用或少用喷水减温，发现汽温升高或降低时要及时调整燃烧或调整燃烧器的摆动角度，只有在超温事故情况下才允许使用事故喷水。

（5）防止结焦产生热偏差。再热器布置在炉膛出口处，当煤质低劣、燃烧不好时，易在管外结焦。发现结焦时，要根据煤质接带负荷；及时进行吹灰，如结焦严重、两侧烟温偏差很大（50℃以上）、又无法清除时，应向领导汇报，申请停炉处理。

（6）严格监视高温再热器出口壁温，不得超过允许值。各壁温测点间的数值不应相差很大，如相差很大（20℃以上）时，应认真检查燃烧情况和炉内结焦情况，找出偏差大的原因并及时处理。

（7）停炉后，按规定进行再热器保养。

3. 省煤器爆管

省煤器爆管事故的现象主要有：

（1）给水流量不正常地大于蒸汽流量。

（2）汽包水位下降。

（3）省煤器烟道内有异常声音，下部灰斗内有湿灰。

（4）省煤器出口左右烟温差，空气预热器出口风温下降。

（5）烟道通风阻力增加、引风机电流增大等。

微课 10-13
省煤器泄漏
故障处理

省煤器损坏不严重且能维持汽包水位时，可降低出力维持运行，等待调度停炉，同时加强监视。如果泄漏严重不能维持正常水位时，应事故停炉。停炉后引风机继续运行维持炉膛负压。对有省煤器再循环的锅炉，停炉后不能开启再循环阀门，防止汽包水经省煤器再循环管通向泄漏处漏掉。

省煤器爆管的原因大致包括：

（1）给水品质不合格使管内壁发生氧腐蚀。

（2）飞灰对受热面烟气侧的磨损。

（3）受热面烟气侧的低温腐蚀。

（4）经常启停的机组给水温度多变，省煤器联箱发生疲劳裂纹。

（5）制造、安装及检修质量不合格。

防止省煤器爆管的措施有：

（1）安装焊接质量合乎有关规程要求，设备进行大小修时，要检查管子磨损情况，发现问题及时处理。

（2）化学人员要严格化验制度，确保给水品质。

（3）省煤器区域吹灰要及时彻底，按规定进行，吹灰蒸汽的汽压、汽温符合规程要求，吹灰前要充分疏水，不可使用湿蒸汽吹灰，禁止使用弯曲变形的吹灰器并应及时修复。

（4）运行中应加强煤质的化验（DT、ST、FT、A_d 等）和炉膛的火焰观察，根据煤质调整燃烧和接带负荷，当燃用高灰分的煤时应加强吹灰，局部积灰严重时，应加强该处的吹灰。

四、炉膛灭火爆炸事故

炉膛灭火就是燃烧着的火焰突然熄灭。灭火使炉膛风压骤降，形成真空状态，炉墙受到外界空气侧给予的巨大内向推力时，称为炉膛内爆。炉膛灭火未能及时切断燃料，进入与积存于炉内的燃料又突然燃烧，炉膛风压骤升，形成正压状态，炉墙受到炉内侧给予的巨大外向推力时，称为炉膛外爆。严重的内爆与外爆将使炉墙破坏，水冷壁管破裂，是锅炉的重大事故。

炉膛内燃料燃烧产生的烟气量大于送入炉膛内的空气量，并且燃烧时温度很高，炉内气体的体积大，炉膛突然发生熄火将使炉膛内气体实际容积缩小为 $\frac{1}{6} \sim \frac{1}{5}$，因而炉膛风压骤降。发生破坏性内爆事故的锅炉容量一般在 500MW 以上，其中燃油燃气锅炉占多数。

锅炉外爆事故有以下基本规律：可燃物的相对存积量和发热量越大，外爆使压力升高越大；外爆前炉膛气体温度越低，外爆压力越大。

锅炉点火时点火能量瞬时中断或不足，正常运行中一个或几个燃烧器突然失去火焰，整个炉膛熄火或燃料量漏入停运炉膛，都会引起可燃物存积。每立方米空气中含有 0.05kg 煤粉时就具有爆炸性，一台 600MW 的锅炉，每秒进入炉膛内的煤粉量约 80kg，故炉膛熄火后 1～2s 内就可形成爆炸性可燃混合物。因此，炉膛发生火焰中断、炉膛灭火时必须立即切断燃料。现代大型锅炉，靠运行人员来监视熄火、瞬间切断燃料是较难做到的，必须采用炉膛进行安全监控系统 FSSS（furnace safeguard supervision system）来保证炉膛安全运行。

对于无炉膛安全监控系统的中小型锅炉，运行人员要对炉膛进行安全监控，一旦发现灭火立即切断燃料，再进行通风清扫。

1. 锅炉炉膛灭火事故

炉膛灭火时有以下现象可以判断：

（1）炉膛负压不正常地突然增大。

（2）一、二次风风压下降。

（3）炉膛发黑，火焰监视报警。

（4）蒸汽汽压、汽温及流量迅速下降。

（5）炉膛烟温下降。

（6）氧量不正常地增大。

当炉膛发生灭火时，炉膛安全监控系统 FSSS 立即反应，MFT（主燃料跳闸）动作并按程序进行一系列自动处置。灭火时的处置要点是：

（1）立即切断燃料供应，即停止制粉系统，关闭全部油喷嘴。

（2）关闭过热器一、二级减温水和再热器减温水，以维持汽温。

（3）减小引、送风量至吹扫风量，控制炉膛负压，吹扫 5min，以抽吸出炉内积存的燃料。

（4）查明灭火原因并消除后，才允许重新点火，恢复运行。

在保护装置拒动作的情况下，运行人员应按照灭火保护程序控制的顺序进行人工干预。锅炉灭火后，严禁用"爆燃法"恢复燃烧，避免造成严重的灭火爆炸事故。

当单元机组锅炉发生灭火时，联动汽轮机、发电机跳闸，或者汽轮机、发电机迅速降负荷，以防止锅炉汽压、汽温下降过快，影响设备安全，也为机组重新恢复运行创造条件。

炉膛灭火的原因：

（1）煤的质量太差或煤种突变。

（2）启动或低负荷运行时炉膛温度低，或过量空气系数过大、炉膛大量漏风而使炉膛温度降低。

（3）一次风速过低或过高，四角直流燃烧器气流方向紊乱，给粉机出粉不均匀。

（4）送、引风机跳闸或失去电源。

（5）炉膛吹灰、除渣操作不妥。

（6）水冷壁管爆破，大量汽水喷出，使火焰熄灭。

（7）燃烧器的切换及磨煤机的操作不当。

（8）单元机组发生 FCB（汽轮机组故障快速降负荷）或 RB（锅炉主要辅机故障快速降负荷）动作时，燃烧器管理系统自动处置不当。

（9）制粉系统、燃油系统故障等。

对于大型锅炉，防止灭火的主要措施如下：

（1）CCS 各控制系统不但保证了锅炉的经济性，同时与 FSSS 配合，对机组的安全也有十分重要的作用，因此在运行中必须严格监视其调节质量和功能正常，特别要注意燃料/风比要正常。保持合适的过量空气系数和变负荷率以维持火焰稳定，防止炉膛灭火。发现异常，应立即切手动调整，并通知热工人员处理。

要经常了解燃煤的特性变化、煤粉的磨制情况，以便在运行中做到心中有数，及时联系热工人员，正确地调整各调节系统的正常值，以保持良好的燃烧工况。

（2）磨煤机出口门必须全开或全关，绝不可在中间位置，不能用通过控制单个燃烧器燃料量的办法来调燃烧率。

（3）对于配直吹式制粉系统的锅炉，需带最低稳燃负荷时，必须切除部分制粉系统运行，保留下面一层或两层制粉系统运行，以保证磨煤机供粉管道风粉混合物有一定的速度，每台磨煤机的出力不低于 40%。

（4）在任何工况下，风量不得小于 30% 左右的总风量。

（5）要经常注意炉膛压力正常，控制负压在 30～50Pa。

（6）正常运行中，如发现某层煤粉燃烧时失去火焰，若非火焰监视器故障所致（无故障报警），应立即投入相邻油层助燃，并停止该层制粉系统或给粉机的运行。启动备用制粉系统及相应燃烧器投入运行，接带负荷；并查明燃烧器的故障原因，及时清除缺陷。

（7）经常检查原煤斗煤温，防止原煤温度过高。

（8）经常监视磨煤机出口温度在正常范围，并根据煤质的变化经批准后对给定值作适当的调整。

（9）运行的磨煤机着火后，应立即将该系统切至手动，投入相邻的油层，关闭热风门，尽可能多地增加原煤输入并连续利用冷风运行的办法来熄火，若磨煤机出口温度在几分钟内没有降下来，应加蒸汽灭火。当所有着火现象均已灭时，停止加蒸汽和磨煤输入，让磨煤机运转并通冷风至少 5min，以吹扫系统并使积存的水汽吹净。

（10）若用第（9）条灭火不成功，可用以下两种方法之一灭火。

1）停止磨煤机并隔离，要避免在磨煤机里搅起任何积存物，在火熄灭和温度降到环境温度之前，不要打开任何进入磨煤机的风门。火熄灭后，在磨煤机隔离的前提下，应检查并取出磨煤机内部所有焦物和其他积存物，以避免再着火。

2）关掉给煤机，让磨煤机自己走空其中的燃料，保持磨煤机里通过冷风，到火全部熄灭，当磨煤机冷下来后，停止磨煤机，对磨煤机进行隔离，然后检查并取出磨煤机内部所有焦物和其他积存物。

（11）若煤粉管道内着火时，可按（10）条灭火。

（12）若停运的磨煤机发生着火，应立即隔离磨煤机。关掉一切到磨煤机的风门和挡板。在火完全熄灭时温度降到环境温度，并确认磨煤机确已隔离之前，不要打开任何到磨煤机的风门。

（13）在燃油运行中，要时常检查炉前油压力温度正常，使用蒸汽雾化时还要检查雾化蒸汽压力正常。

2. 锅炉炉膛外爆（爆燃）事故

锅炉产生炉膛外爆（爆燃）事故有以下三个必要条件：

（1）足够的可燃物和氧气量。

（2）可燃物和气体的混合物达到了爆燃浓度。

（3）有足够的点火能量（明火）存在。

锅炉在灭火后如果未能及时切断燃料，在有明火的条件下，容易发生炉膛爆燃事故。切断燃料越迅速，积存在炉膛的燃料量越少，产生爆燃的可能性越小。

造成燃料积存的主要原因包括：

（1）发现炉膛灭火不及时。

（2）FSSS 切断燃料的操作时间偏长。

（3）给煤机的滞后时间偏长。

（4）阀门和挡板的滞后及关闭不严。

（5）误判断、误操作（如继续投粉、投油）等。

锅炉运行中发生炉膛可燃物积存的主要危险工况：

（1）整个炉膛灭火未能及时发现，造成可燃混合物积存。全炉膛灭火的定义由 FSSS 的设计功能确定。对于四角布置直流燃烧器的锅炉，当以监视最上层四角燃烧器的火焰为主时，通常其四个火焰检测器中有 3/4 灭火，则判定为全炉膛灭火；当监测各层火焰和各燃烧器的火焰时，有 3/4 的火焰检测器灭火，则判定为全炉膛灭火。对于对冲布置旋流煤粉燃烧器的锅炉，全部在投燃烧器灭火或灭火燃烧器的比例达到某设定值以上，可判定为全炉膛灭火。

（2）多个燃烧器正常运行时，一个或几个燃烧器突然失去火焰而不能在炉内被继续点燃时，从而积聚可燃混合物。

（3）燃料漏入停用锅炉的炉膛。

实践表明，90％以上的外爆（爆燃）事故发生在锅炉启停过程或低负荷运行时，在上述工况下运行时，应严密监视燃烧器的运行工况及炉膛火焰，保证 FSSS 的正常运行。

防止炉膛外爆（爆燃）事故的原则包括：

（1）保持炉内燃烧稳定，维持较高的炉温。

（2）未燃烧的燃料不得排入或漏入停用锅炉的炉膛。

（3）发现灭火时，应及时对炉膛进行吹扫，排除可燃混合物。

炉膛外爆（爆燃）事故的防止措施包括：

（1）进行吹扫时一定要满足吹扫风量和吹扫时间的要求，保证将炉膛的可燃物完全吹扫出去。

（2）点火时应保持吹扫风量，在点火失败时可以将未燃烧的可燃物带出炉膛。

（3）点火失败后，必须重新进行吹扫后才可以再次点火。

（4）锅炉冷态启动时，避免过早投入制粉系统。在炉温偏低时投入煤粉，容易造成煤粉着火困难，使未燃烧的煤粉积存在炉膛内。

（5）在锅炉启停和低负荷运行以及煤种改变时，应加强对运行工况参数变化的监督，及时进行燃烧和风煤比的调节。

（6）加强燃油系统的管理，定期切换和试验燃油设备和点火装置，禁止使用有缺陷的燃油设备，尤其注意油枪的泄漏。

（7）发现燃烧不稳定时应及早投油助燃，而出现燃烧恶化并发现明显的灭火迹象时禁止投油。

（8）一旦油枪停用，应立即关闭进油阀。

（9）锅炉从点火到机组接带初始负荷，应一直保持不低于 30％左右的额定风量，同时各燃烧器的调风器应保持一定的开度。

（10）当锅炉在低负荷运行时，应停用部分燃烧器及相应的磨煤机或给粉机，使其他运行的燃烧器及相应的磨煤机或给粉机在较高的负荷下运行。

五、锅炉尾部烟道内二次燃烧

烟道再燃烧是烟道内积存了大量的燃料，经氧化升温在烟道发生二次燃烧。

1. 主要现象

（1）锅炉空气预热器入口烟气温度或排烟温度急剧升高超过正常值。

（2）热风温度急剧升高超过正常值。

（3）空气预热器二次燃烧有热点监测报警并且空气预热器入口烟气温度和出口热风温度差降低甚至为负值。

（4）炉膛负压急剧波动。

（5）省煤器处再燃烧，省煤器出口温度不正常升高。

（6）在燃烧点附近人孔、检查孔、吹灰孔等不严密处向外冒烟和火星，烟道、省煤器或空气预热器灰斗、空气预热器壳体可能会过热烧红，在燃烧点附近有较强热辐射感。

2. 发生烟道再燃烧的基本条件

烟道内积存有一定量的可燃物，具备了必要的着火燃烧条件，如温度、氧气等。发生烟道再燃烧的具体原因主要有以下几点：

（1）燃烧工况失调如煤粉过粗、风粉混合不良、配风不当等，造成燃烧不完全，使可燃物积存于烟道内。

（2）锅炉在低负荷下运行时间长，负荷低，炉温低，燃烧不完全，烟气流速低，使含有可燃物的飞灰易于在对流烟道内积存。

（3）锅炉启动、停止频繁，锅炉在启动和停止过程中炉温低，燃料燃烧不完全，容易有可燃物积存在烟道内，加之在启动与停炉过程中，烟气中有较多的剩余氧气，为发生烟道再燃烧创造了有利条件。

（4）吹灰不及时未将沉积于烟道内的可燃物带走，增加了烟道再燃烧的机会。

（5）停炉后各处挡板关闭不严，使空气漏入，为烟道再燃烧提供了氧气。

（6）油枪雾化不良，使尾部受热面上积存油垢和黏附大量未燃尽的煤粉。

3. 烟道的再燃烧的处理

如果排烟温度不正常升高，应立即检查各段烟温、壁温，投入不正常区域的蒸汽吹扫，调整燃烧方式，控制各金属壁温在规定值内，并适当降低负荷消除再燃烧的根源，若无效，排烟温度升高到250℃时，立即手动MFT，此时绝对不能通风，应停止引、送风机。空气预热器维持运行，关闭所有风、烟系统挡板，继续投入蒸汽吹扫灭火。如果火势较大，应投入事故喷水保护过热器和再热器。

在确认烟道再燃烧完全扑灭后，应启动引风机，开启挡板抽出烟道中的烟气和蒸汽，待锅炉完全冷却后，对烟道内所有的受热面进行一次全面检查，消除隐患。

任务描述

该任务对应发电厂运行值班员、值长岗位，可对锅炉简单事故进行处理，是竞赛和证书考核的内容和具体对象。课堂活动要求如下：

（1）处理锅炉水位事故。

（2）处理锅炉"四管"泄漏事故。

（3）处理锅炉灭火事故。

（4）处理锅炉烟道再燃烧事故。

任务拓展

1. 设备巡检管理制度

巡回检查制度是指电力企业为保证发、供电设备的安全经济运行，值班人员必须按规定时间、内容及线路对设备进行巡回检查，以便随时掌握设备运行情况，采取必要措施将事故消灭在萌芽状态。

2. 设备定期试验与倒换制度

定期试验是对设备定期进行试验使之处于良好的备用状态，随时能够根据需要投入运行。定期试验中发现的问题应及时上报、处理。凡具有备用设备的运行设备，必须按运行规程定期进行设备倒换。通过定期倒换避免设备疲劳运行，对倒停设备进行检查、维护和消除缺陷，保证设备在良好状态下运行。

参 考 文 献

[1] 陈学俊，陈听宽. 锅炉原理. 2 版. 北京：机械工业出版社，1991.

[2] 范从振. 锅炉原理. 北京：中国电力出版社，1986.

[3] 姜锡伦，屈卫东. 锅炉设备及运行. 3 版. 北京：中国电力出版社，2018.

[4] 车得福，刘银河，邓磊，等. 锅炉. 3 版. 西安：西安交通大学出版社，2022.

[5] 杨宏民，石晓峰. 锅炉设备及其系统. 北京：中国电力出版社，2014.

[6] 朱全利. 锅炉设备及系统. 北京：中国电力出版社，2006.

[7] 樊泉桂. 锅炉原理. 2 版. 北京：中国电力出版社，2014.

[8] 杨宏民，何航校. 垃圾焚烧发电运行与维护职业技能等级证书培训教材（高级）. 北京：中国电力出版社，2020.

[9] 中国大唐集团公司，长沙理工大学编写组. 单元机组设备运行. 北京：中国电力出版社，2009.